T0189137

Baubetriebswesen und Bauverfahrenstechnik

Reihe herausgegeben von

Peter Jehle, Dresden, Deutschland

Jens Otto, Dresden, Deutschland

Die Schriftenreihe gibt aktuelle Forschungsarbeiten des Instituts Baubetriebswesen der TU Dresden wieder, liefert einen Beitrag zur Verbreitung praxisrelevanter Entwicklungen und gibt damit wichtige Anstöße auch für daran angrenzende Wissensgebiete.
Die Baubranche ist geprägt von auftragsindividuellen Bauvorhaben und unterscheidet sich von der stationären Industrie insbesondere durch die Herstellung von ausgesprochen individuellen Produkten an permanent wechselnden Orten mit sich ständig ändernden Akteuren wie Auftraggebern, Bauunternehmen, Bauhandwerkern, Behörden oder Lieferanten. Für eine effiziente Projektabwicklung unter Beachtung ökonomischer und ökologischer Kriterien kommt den Fachbereichen des Baubetriebswesens und der Bauverfahrenstechnik eine besonders bedeutende Rolle zu. Dies gilt besonders vor dem Hintergrund der Forderungen nach Wirtschaftlichkeit, der Übereinstimmung mit den normativen und technischen Standards sowie der Verantwortung gegenüber eines wachsenden Umweltbewusstseins und der Nachhaltigkeit von Bauinvestitionen.
In der Reihe werden Ergebnisse aus der eigenen Forschung der Herausgeber, Beiträge zu Marktveränderungen sowie Berichte über aktuelle Branchenentwicklungen veröffentlicht. Darüber hinaus werden auch Werke externer Autoren aufgenommen, sofern diese das Profil der Reihe ergänzen. Der Leser erhält mit der Schriftenreihe den Zugriff auf das aktuelle Wissen und fundierte Lösungsansätze für kommende Herausforderungen im Bauwesen.

Norbert Zeglin

Gestaltungsmöglichkeiten bei der öffentlichen Ausschreibung von Bauleistungen

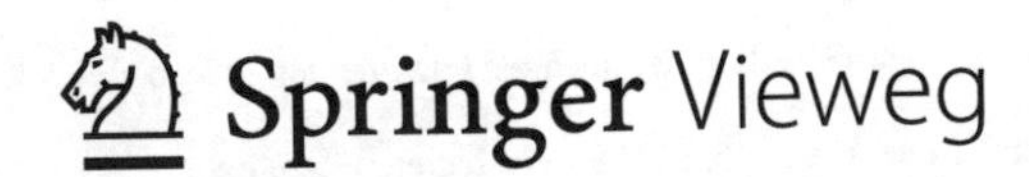

Norbert Zeglin
Berlin, Deutschland

Das vorliegende Werk der Schriftenreihe des Instituts für Baubetriebswesen wurde durch die Fakultät Bauingenieurwesen der Technischen Universität Dresden als Dissertationsschrift mit dem Titel „Gestaltungsmöglichkeiten bei der öffentlichen Ausschreibung von Bauleistungen" angenommen und am 20.06.2022 in Dresden verteidigt.

ISSN 2662-9003 ISSN 2662-9011 (electronic)
Baubetriebswesen und Bauverfahrenstechnik
ISBN 978-3-658-42182-3 ISBN 978-3-658-42183-0 (eBook)
https://doi.org/10.1007/978-3-658-42183-0

Die Deutsche Nationalbibliothek verzeichnet diese Publikation in der Deutschen Nationalbibliografie; detaillierte bibliografische Daten sind im Internet über http://dnb.d-nb.de abrufbar.

Planung/Lektorat: Stefanie Probst
Springer Vieweg ist ein Imprint der eingetragenen Gesellschaft Springer Fachmedien Wiesbaden GmbH und ist ein Teil von Springer Nature.
Die Anschrift der Gesellschaft ist: Abraham-Lincoln-Str. 46, 65189 Wiesbaden, Germany

Geleitwort der Herausgeber

Die inhaltliche Gestaltung sowie die Art der Durchführung von öffentlichen Verfahren für die Vergabe von Bauleistungen sind in der Regel entscheidend für den Projekterfolg größerer Bauvorhaben. Die einschlägigen Vergabevorschriften geben dazu in sehr umfänglicher Art die zu beachtenden Randbedingungen für öffentliche Auftraggeber aber auch für private Bieter vor. Dies führt in der Regel zu sehr langwierigen und administrativ aufwändigen Verfahren mit nur bedingt erfolgsversprechenden Ergebnissen. Im Vergleich zu Vergabeverfahren privater Bauherren führt dies neben der deutlichen Verlängerung der Bauzeit auch häufig zu höheren Baupreisen und suboptimalen Verträgen. Besonders unter Beachtung der aktuellen Marktsituation stellt sich daher die Frage, welche alternativen Beschaffungsmodelle geeignet sind. Alternativ ist zu prüfen, welche Gestaltungs- und Beurteilungsspielräume auch das aktuelle Vergaberecht zulässt, um den Vergabe- und Projekterfolg zu steigern. An dieser Stelle setzt die Arbeit von Herrn Dr. Norbert Zeglin an und geht im Einzelnen konkret auf Potenziale bei der Initiierung, der Durchführung und dem Abschluss von Vergabeverfahren ein. In diesem inhaltlichen Kontext hat das Werk ein Alleinstellungsmerkmal und bietet einen signifikanten Mehrwert für den interessierten Leser im Rahmen der Buchreihe „Baubetriebswesen und Bauverfahrenstechnik".

Die Inhalte dieses Buches sind im Rahmen der Promotion von Herrn Dr. Zeglin am Institut für Baubetriebswesen der TU Dresden entstanden. Seine Arbeit wurde im Juni 2022 an der Fakultät Bauingenieurwesen öffentlich vorgestellt und erfolgreich verteidigt. Die Herausgeber wünschen diesem Werk eine weite Verbreitung und den Lesern einen umfänglichen Erkenntnisgewinn beim Lesen dieser Promotionsarbeit. Weiterhin gehen sie davon aus, dass die Inhalte auch Ausgangspunkt und Motivation für die erforderliche Novellierung des Vergaberechts sind.

Dresden, Mai 2023

Prof. Dr.-Ing. Peter Jehle

Institut für Baubetriebswesen
der Technischen Universität Dresden i. R.

Prof. Dr.-Ing. Dipl.-Wirt.-Ing. Jens Otto

Direktor des Instituts für Baubetriebswesen
der Technischen Universität Dresden

Vorwort des betreuenden Hochschullehrers

In den zehn Büchern über die Architektur berichtet der römische Architekt und Ingenieur Vitruv bereits im 1. Jahrhundert vor Christus über die strengen Regeln, die bei der Vergabe von öffentlichen Bauleistungen in der griechischen Stadt Ephesos in noch früheren Zeiten galten und wie diese umgesetzt wurden. Erste Regeln des Vergaberechts können somit weit über 2.000 Jahre zurückverfolgt werden.

Das moderne Vergaberecht lässt sich bis in das 16. Jahrhundert zurückverfolgen und wird heute maßgeblich durch die europäische Rechtsprechung geprägt. Generell kann festgehalten werden, dass das Vergaberecht in den vergangenen Jahrzehnten in mehreren Richtungen stark ausdifferenziert wurde und den ausschreibenden Stellen relativ enge Handlungskorsette vorgibt, in denen sie sich bewegen können.

Aus Sicht eines öffentlichen Auftraggebers stellt sich somit die Frage, in welchem Rahmen er agieren kann, um einerseits geplante Baumaßnahmen schnell und sicher realisieren und anderseits die Vergabe nach seinen Vorstellungen gestalten zu können. Aus den Handlungsvarianten ergeben sich Chancen und Risiken, die zu bewerten sind.

In der vorliegenden Arbeit analysiert Herr Zeglin in einem ersten Untersuchungsschritt die möglichen Gestaltungspotenziale bei Vergabeverfahren. Mittels einer mehrstufigen empirischer Untersuchung bei Auftraggebern und Auftragnehmern werden danach die Gestaltungspotenziale detailliert überprüft und schließlich hinsichtlich der praktischen Umsetzbarkeit bewertet.

Im vorletzten Kapitel der Arbeit werden die Ergebnisse praxisorientiert aufgearbeitet und zusammengefasst. Für den Praktiker ergeben sich hieraus eine Vielzahl von Hinweisen und Aspekte, welche Gestaltungsspielräume sich ihm ergeben und wie er eine erfolgreiche Ausschreibung und Vergabe absichern kann.

Insoweit stellt die vorliegende Arbeit nicht nur aus vergabetheoretischer Sicht sondern auch für den Praktiker eine sehr wertvolle Arbeit dar, die relativ einzigartig ist und insbesondere verschiedene rechtswissenschaftliche Arbeiten, die sich mit dem Vergaberecht beschäftigen, sinnvoll ergänzt. Somit bleibt zu hoffen, dass diese Arbeit eine weite Verbreitung findet und dazu beiträgt, Vergaben sicherer und erfolgreicher gestalten zu können.

Dresden, Mai 2023

Prof. Dr.-Ing. Rainer Schach

Direktor des Instituts für Baubetriebswesen
der Technischen Universität Dresden i. R.

Vorwort des Verfassers

Die Idee zu dieser anwendungswissenschaftlichen Promotionsarbeit reifte während meiner langjährigen beruflichen Tätigkeit als verantwortlicher Ingenieur für die Vergabe von Bau-, Architekten- und Ingenieurleistungen bei einem Öffentlichen Auftraggeber heran.

Immer häufiger stellte sich die Frage, welche Gestaltungs- und Beurteilungsspielräume im Vergaberecht gesamthaft vorhanden sind und inwiefern Auftraggeber und Bieter davon Kenntnis haben und dieses Wissen praktisch nutzen. Nach vielen Gesprächen mit am Vergabeprozess beteiligten Personen und einer unbefriedigenden Literaturrecherche stieg das persönliche Erkenntnisinteresse so stark an, dass ich entschied, mich mit diesem Thema in der Form einer wissenschaftlichen Qualifizierungsarbeit profund auseinanderzusetzen. Die selbst initiierte Forschungsstudie förderte beachtenswerte Erkenntnisse zutage, die alle am Ausschreibungs- und Vergabeprozess Mitwirkenden interessieren sollten, insbesondere diejenigen, die mit der öffentlichen Auftragsvergabe unmittelbar befasst sind. Sie sind die Zielgruppe dieser Arbeit.

Mein Dank gilt allen, die mich bei der Entstehung dieser Dissertation unterstützt haben. Besonderer Dank gebührt meinem Doktorvater und Erstgutachter, Prof. Dr.-Ing. Rainer Schach für die ausgezeichnete Betreuung am Institut für Baubetriebswesen der Technischen Universität (TU) Dresden. Er gab mir die Möglichkeit, als externer Doktorand zu promovieren, unterstützte meine wissenschaftliche Arbeit mit großem Engagement und räumte mir alle notwendigen Freiheitsgrade einer selbstständigen Bearbeitung ein. Zu Dank verpflichtet bin ich gleichsam Herrn Rechtsanwalt Dr. Urban Schranner, dessen wertvolle Erfahrungen und Kenntnisse im Vergabe- und Baurecht der Entstehung dieser Qualifizierungsarbeit eine sichere Grundlage verliehen, und Herrn Dr. Ekkehard Münzing für die konzeptionelle Hilfestellung. Bedanken möchte ich mich ferner bei allen Teilnehmern der Experteninterviews der ersten qualitativen Teilstudie und jenen der Befragung der zweiten quantitativen Teilstudie mittels Fragebogen.

Die höchste Anerkennung gilt meiner Frau und meinen wundervollen Kindern – ihnen möchte ich diese Arbeit widmen.

Berlin, Mai 2023 Dr.-Ing. M.Sc. Norbert Zeglin

Aus Gründen der besseren Lesbarkeit wurde im Text überwiegend die männliche Form gewählt, die sich immer zugleich auf weibliche/männliche/diverse Personen bezieht und keinesfalls geschlechterdiskriminierend zu verstehen ist.

Inhaltsverzeichnis

Abbildungsverzeichnis

Tabellenverzeichnis

Abkürzungsverzeichnis

ABl.	Amtsblatt
Abs.	Absatz
AEUV	Vertrag über dic Arbeitsweise der Europäischen Union
AG	Auftraggeber
AGB	Allgemeine Geschäftsbedingungen
AN	Auftragnehmer
Anm. d. Verf.	Anmerkung des Verfassers
ARGE	Arbeitsgemeinschaft
AVA	Ausschreibung, Vergabe und Abrechnung von Bauleistungen
Az.	Aktenzeichen
B	Befragter
BGB	Bürgerliches Gesetzbuch
BGBl	Bundesgesetzblatt
BGH	Bundesgerichtshof
BHO	Bundeshaushaltsordnung
BiGe	Bietergemeinschaft
BKR	Baukoordinierungsrichtlinie
BMJV	Bundesministerium der Justiz und für Verbraucherschutz
BMUB	Bundesministerium für Umwelt, Naturschutz, Bau und Reaktorsicherheit
BMVI	Bundesministerium für Verkehr und digitale Infrastruktur
BMWi	Bundesministerium für Wirtschaft und Energie
BU	Bauunternehmen
BVB	Besondere Vertragsbedingungen
BVerfG	Bundesverfassungsgericht
CPV	Common Procurement Vocabulary – Gemeinsames Vokabular für öffentliche Aufträge
DeGEval	Gesellschaft für Evaluation e. V.
DStGB	Deutscher Städte- und Gemeindebund
DIN	Deutsche Normierung gemäß dem Deutschen Institut für Normung
DVA	Deutscher Vergabe- und Vertragsausschuss für Bauleistungen
EDV	Elektronische Datenverarbeitung
Ebd.	Ebenda
EEE	Einheitliche Europäische Eignungserklärung
EN	Europäische Normierung
et al.	et alii (lateinisch für „und andere“)
EG	Europäische Gemeinschaft
EU	Europäische Union
EU-Abl.	Amtsblatt der Europäischen Union
EuG	Europäisches Gericht
EuGH	Europäischer Gerichtshof
EUR-Lex	Europäisches Vergaberecht ab Erreichen des EU-Schwellenwertes
f.	folgende oder fehlt
ff.	fortfolgende
GAT	Gesprächsanalytisches Transkriptionssystem
ggf.	gegebenenfalls

GPA	Government Procurement Agreement
GRM	Gewichtete Richtwertmethode
MED	Gewichtete Medianmethode
GWB	Gesetz gegen Wettbewerbsbeschränkungen
GWB-E	Gesetz gegen Wettbewerbsbeschränkungen im (Referenten-)Entwurf
GU	Generalunternehmer
GÜ	Generalübernehmer
HGrG	Haushaltsgrundsätzegesetz
I	Interviewer
i. d. R.	in der Regel
IKZ	Interkommunale Zusammenarbeit
IPA	Internationales Phonetisches Alphabet
insg. oder i.	insgesamt
IWF	Internationaler Währungsfonds
KMU	Kleine und mittelständische Unternehmen
KT	Kalendertage
LHO	Landeshaushaltsordnung
LV	Leistungsverzeichnis
MiLoG	Mindestlohngesetz
Mw	Mittelwert
N	Grundgesamtheit
N-Lex	Nationales Vergaberecht unterhalb des EU-Schwellenwertes
n	Stichprobe
NaN	Nachauftragnehmer
NU	Nachunternehmer
ÖAG	Öffentlicher Auftraggeber
ÖPP	Öffentlich-Private-Partnerschaft
OLG	Oberlandesgericht
P	Phänomen
RdErl.	Runderlass
RL	Richtlinie
RüM	Rückmeldung
s.	siehe
S.	Seite
Sd	Standardabweichung
sog.	sogenannte
SektVO	Sektorenverordnung
SRZ	Sonderziehungsrechte
StGB	Strafgesetzbuch
TED	Tenders Electronic Daily: Online-Plattform der Europäischen Union (EU) zur Veröffentlichung öffentlicher Aufträge
TTIP	Transatlantische Handels- und Investitionspartnerschaft
TU Dresden	Technische Universität Dresden
TU	Totalunternehmer
TÜ	Totalübernehmer
U	Ursache
u. a.	unter anderem
u. g.	unten genannt
UG	Untersuchungsgruppe
UVgO	Verfahrensordnung für die Vergabe öffentlicher Liefer- und Dienstleistungsaufträge unterhalb der Schwellenwerte (Unterschwellvergabeordnung – UVgO)

UWG	Gesetz gegen unlauteren Wettbewerb
VergModG	Vergabemodernisierungsgesetz
vgl.	vergleiche
VgV	Verordnung über die Vergabe öffentlicher Aufträge (Vergabeverordnung)
VHB	Vergabe- und Vertragshandbuch für die Baumaßnahmen des Bundes
VK	Vergabekammer
VOB	Vergabe- und Vertragsordnung für Bauleistungen
VOB/A	Vergabe- und Vertragsordnung für Bauleistungen, Teil A: Allgemeine Bestimmungen für die Vergabe von Bauleistungen (Abschnitt 1)
VOB/A-EU	Vergabe- und Vertragsordnung für Bauleistungen, Teil A: Allgemeine Bestimmungen für die Vergabe von Bauleistungen, Vergabebestimmungen in Anwendungsbereich der Richtlinie 2014/24/EU (Abschnitt 2)
VOB/A VS	Vergabe- und Vertragsordnung für Bauleistungen, Teil A: Allgemeine Bestimmungen für die Vergabe von Bauleistungen, Vergabebestimmungen in Anwendungsbereich der Richtlinie 2009/81/EG (Abschnitt 3) Verteidigung und Sicherheit
VOB/B	Vergabe- und Vertragsordnung für Bauleistungen, Teil B: Allgemeine Vertragsbedingungen für die Ausführung von Bauleistungen
VOB/C	Vergabe- und Vertragsordnung für Bauleistungen, Teil C: Allgemeine Technische Vertragsbedingungen für Bauleistungen
VSVgV	Vergabeverordnung Verteidigung und Sicherheit
VÜA	Vergabeüberwachungsausschuss
W	Wirkung
WE	Werterwartung
WTO	World Trade Organisation
WuM	Werk- und Montageplanung
z. B.	zum Beispiel
ZPO	Zivilprozessordnung
ZTV	Zusätzliche technische Vertragsbedingungen
ZVB	Zusätzliche Vertragsbedingungen

1 Einleitung

Kapitel 1 bietet einen ersten Überblick über das Forschungsvorhaben. Neben der kontextuellen Einbindung der Thematik in einen übergeordneten Zusammenhang stehen das wissenschaftlich-planmäßige Vorgehen und die Grundidee der Forschungsarbeit im Vordergrund.

1.1 Thematische Einordnung und Fallauswahl/Abgrenzung

Die vorliegende Arbeit ist thematisch im Bauingenieurwesen verortet, das zu den angewandten technischen Wissenschaften zählt. Innerhalb des Teilgebietes Baubetriebswesen wird sie – aufgrund des ökonomischen Bezuges – der Fachdisziplin Baubetriebswirtschaft zugeordnet, die sich unter anderem mit der Ausschreibung, Vergabe und Abrechnung von Bauleistungen (AVA), mit preiskalkulatorischen und vertraglichen Aspekten sowie mit marktwirtschaftlichen Belangen der Baubranche befasst[1].

Ferner wird das Thema maßgeblich durch das europäische und deutsche Vergaberecht beeinflusst, das die Vergabe öffentlicher Aufträge durch alle öffentlichen und teilweise privatrechtlichen Auftraggeber zusammenfassend reglementiert. Hierunter sind sämtliche Vergabevorschriften und Haushaltsregelungen zu verstehen, die Öffentliche Auftraggeber bei der Beschaffung zu beachten haben. Hieraus resultieren wiederum bestimmte vergaberechtliche Prozedere, die am Ausschreibungs- und Vergabeprozess beteiligten Personen berücksichtigen müssen.

Im Rahmen dieser Arbeit wird thematisch ausschließlich auf die Vergabe von *Bauleistungen* fokussiert. Liefer- und Dienstleistungen einschließlich freiberufliche Leistungen werden in Anbetracht des ansonsten zu weit gefassten Untersuchungsspektrums nicht näher betrachtet. Zur Vereinfachung wurden die verwendeten Begriffe „Öffentlicher Auftraggeber“ mit ÖAG

---

[1] Vgl. *Berner, F./Kochendörfer, B./Schach, R.*, Grundlagen der Baubetriebslehre 2 Baubetriebsplanung, 2013, S. 10 f.

N. Zeglin, *Gestaltungsmöglichkeiten bei der öffentlichen Ausschreibung von Bauleistungen*, Baubetriebswesen und Bauverfahrenstechnik,

und „Bauunternehmen" mit BU abgekürzt. Einschränkungsbedingt wird ebenso nicht auf die Sektorenverordnung (SektVO) und die Vergabeverordnung Verteidigung und Sicherheit (VSVgV) mit ihren Besonderheiten Bezug genommen.

Die methodische Abgrenzung gegenüber den einschlägigen, literaturbasierenden Forschungsarbeiten, die in diesem Kapitel noch weitergehend vertieft werden, besteht im bislang weitgehend unbeachteten *empiristischen Forschungsansatz*.

Die Arbeit berücksichtigt die im Februar 2021 geltende Gesetzes- und Rechtslage und die in Deutschland veröffentlichte themenrelevante Literatur und Forschung.

Das Bundesministerium für Wirtschaft und Energie (BMWi) hat auf seiner Homepage die Modernisierung des europäischen Vergaberechts folgendermaßen angekündigt: *„Am 28.3.2014 sind die neuen EU-Vergaberichtlinien im EU-Amtsblatt veröffentlicht worden. Die drei Richtlinien zur Modernisierung des EU-Vergaberechts treten damit am 17.4.2014 in Kraft und müssen innerhalb von zwei Jahren in das deutsche Recht umgesetzt werden. Nachdem sich die Mitgliedstaaten, das Europäische Parlament und die EU-Kommission bereits im Juni 2013 auf die neuen Richtlinientexte geeinigt hatten, haben das Europäische Parlament (15.1.2014) und die Mitgliedstaaten (11.2.2014) die neuen EU-Vergaberichtlinien Anfang des Jahres 2014 auch formal angenommen. Die EU-Vergaberichtlinien sind bis April 2016 in deutsches Recht umzusetzen."*[2] Von dieser Umsetzung sind drei Richtlinien (RL) in puncto Vergabe betroffen, wobei nur die Richtlinie 2014/24/EU über die Vergabe öffentlicher Aufträge (ersetzt die Vergabekoordinierungsrichtlinie VKR 2004/18/EG) aufgrund der thematischen Definition für diese Arbeit relevant ist.

1.2 Ausgangssituation, Problemstellung und Erkenntnisinteresse

Im öffentlichen Auftragswesen steigen die Anforderungen an Öffentliche Auftraggeber (ÖAG) und Bauunternehmen (BU) als Bewerber/Bieter stetig an. Die Durchführung einer rechtssicheren Vergabe und die erfolgreiche Teilnahme an einem Vergabeverfahren werden dadurch zunehmend schwieriger.

Tatsächlich ist das Vergaberecht mit seinen umfangreichen formalen Anforderungen bei vielen an öffentlichen Vergabeverfahren Beteiligten unbeliebt – es wird mitunter als rigide und unflexibel empfunden. Dieses Feld wurde zunehmend, möglicherweise in Anbetracht der Komplexität und der sich stetig entwickelnden Rechtsprechung, den Juristen überlassen. Verstehen und anwenden müssen allerdings die bei den öffentlichen Auftraggebern mit dem Ausschreibungs- und Vergabeprozess betrauten Personen und auf der Seite der Bieter die Kalkulatoren sowie alle mit der Akquisition eingebundenen Personen.

2 *Bundesministerium für Wirt*[illegible]

Welche Gestaltungs- und Beurteilungsspielräume lassen die formalen Vorgaben des Vergaberechts zu, und inwiefern eröffnen sich weitere Einflussmöglichkeiten während des Beschaffungsprozesses? Welche Auswirkungen haben sie auf die Praxis? Diesen Grundfragen gilt es ausführlich nachzugehen. Genauer: Ob und wie wirken sich diese Gestaltungsmöglichkeiten auf die strategische Auftragsvergabe und -beschaffung im Einzelnen aus, welche Motivation liegt jeweils bei den Akteuren vor, und wie erklären das jeweilige Verhalten und die jeweiligen Interaktionen die auftretenden Phänomene? Diese zentrale Fragestellung wird mit steigender Komplexität der Vergabethematik, der sich ständig verändernden Gesetze und der notwendigen Interpretation mittels Rechtsprechung für die Praxis zunehmend relevant.

Am Beispiel der Wertung von Nebenangeboten bei Beschränkung auf den Preis als alleiniges Zuschlagskriterium verdeutlicht sich die Dynamik. Am 23.1.2013 erging durch den Bundesgerichtshof (BGH) der Beschluss, dass es *nicht zwingend* erscheint, dass eine Zulassung von Nebenangeboten entgegensteht, wenn das Hauptangebot allein nach dem Preis zu werten ist[3] – insbesondere dann nicht, wenn die Beschränkung auf dieses Wertungskriterium sachgerecht ist. Die Möglichkeit, bei Zulassung von Nebenangeboten nur den Preis als Wertungskriterium anzuwenden, wurde ausdrücklich bestätigt. Nur ein Jahr später erging durch den BGH allerdings das folgende Urteil: „*Ist […] der Preis alleiniges Zuschlagskriterium, dürfen Nebenangebote grundsätzlich nicht zugelassen und gewertet werden.*"[4] Derzeit bedeutet dies für Auftraggeber: Sollen bei künftigen Vergaben Nebenangebote zugelassen und soll als Zuschlagskriterium nur das wirtschaftlich günstigste Angebot benannt werden, müssen im Vorfeld neben dem Preis noch andere Kriterien für die Bewertung aufgestellt werden. Eine Konsequenz daraus könnte beispielsweise die zulässige Einreichung *mehrerer Hauptangebote* ein und desselben Bieters sein, sofern sich diese in technischer Hinsicht unterscheiden, so die Vergabekammer Münster[5], das OLG Düsseldorf[6] und die Vergabekammer des Bundes[7]. Für Bieter könnte dies ein nicht zu unterschätzender strategischer Vorteil sein, da sich die Chancen auf einen Zuschlag durch die Abgabe mehrerer, hinreichend differenzierter Hauptangebote signifikant erhöhen ließen.

Das Problem stellt sich folgendermaßen dar: Bei den Beteiligten besteht Unsicherheit wegen der unklaren Situation und ein gewisses Misstrauen bei gleichzeitig hohem Erfolgsdruck. Kleine Fehler, Unachtsamkeit oder falsche Annahmen können erhebliche Auswirkungen haben, die im Vergabeverfahren mitunter nicht oder nur schwer zu beeinflussen sind. So können unvollständige und/oder fehlerhafte und/oder widersprüchliche Leistungsbeschreibungen zu Aufhebungen und somit zu Verzögerungen im Bauablauf führen. Auf Bieterseite können fehlende Angaben, unvollständige Unterlagen oder unkluge Kalkulationen zum Ausschluss des Bieters vom Wettbewerb führen.

---

[3] Vgl. Bundesgerichtshof (BGH), Beschluss vom 23.1.2013, X ZB 8/11.
[4] Bundesgerichtshof (BGH), Urteil vom 7.1.2014, X ZB 15/13.
[5] Vgl. Vergabekammer (VK) Münster, Beschluss vom 2.5.2012, 5/12.
[6] Vgl. Oberlandesgericht (OLG) Düsseldorf, Beschluss vom 1.10.2012, Verg 34/12.
[7] [illegible] (VK Bund), Beschluss vom 29.1.2014, VK 1-123/13.

Diese Gegebenheiten und die beobachteten Phänomene, unter anderem kreative Angebotskalkulationen, fragwürdige Wertungsprozesse, Verhandlung statt Aufklärung, Claim-Management, Anti-Claim-Management, machen es notwendig, diesen Sachverhalt intensiver zu erforschen. Allein die Vermutung, dass Bewerber/Bieter und Auftraggeber höchst unterschiedliche Vorstellungen von dem Begriff „wirtschaftlichstes Angebot" haben dürften, macht eine Untersuchung äußerst interessant.

Erste Diskussionen unter Öffentlichen Auftraggebern (ÖAG) und Bauunternehmen (BU) ergaben, dass die Praxistauglichkeit des Vergaberechts unterschiedlich eingeschätzt wird. Während ein Teil der Befragten das Vergaberecht durchweg als bürokratisches, unflexibles und wirtschaftsfernes Verwaltungswerk ansehen, waren andere Befragte gänzlich anderer Meinung. Beispielsweise war von den angesprochenen Vergabeverantwortlichen zu vernehmen, dass Schwierigkeiten und Besonderheiten zwar vorhanden, mitunter deutlich geringer oder berechenbarer seien, als vielfach unterstellt werde. Besonders problematisch seien die Vorgänge oftmals erst dann, wenn zu hohe Anforderungen und Erwartungen gestellt würden und übermäßiges Taktieren den Blick auf die vorhandenen Freiheiten verstelle. Der Erfahrungsaustausch zeigt, dass schwierige Situationen durch ungenügendes Wissen und durch Fehler entstehen. Angesichts derart unklarer oder unterschiedlicher Positionen entbrannte eine kontroverse Diskussion und weckte das wissenschaftliche Interesse.

Die anschließende Literaturrecherche ergab, dass bereits einige Untersuchungen, überwiegend Qualifizierungsarbeiten, existieren, die die Thematik der öffentlichen Auftragsvergabe zum Gegenstand haben. Allerdings gibt es nur wenige wissenschaftliche Untersuchungen über den Zusammenhang mit der strategischen Ausrichtung bei der Ausschreibung und Vergabe von Bauleistungen. Genau betrachtet bietet der überwiegende Teil dieser Arbeiten lediglich ungesicherte Annahmen und Zusammenhangsvermutungen und sind bisweilen älteren Datums. Offenbar ist in Deutschland bislang niemand auf die Idee gekommen, die involvierten Parteien über die Anwendungstauglichkeit des Vergaberechts zu befragen, um das angerissene Problem pragmatisch zu lösen und die Kenntnislücke zu schließen.

Nach gedanklicher Reifung erfolgte der Entschluss, diese Thematik wissenschaftlich zu vertiefen.

1.3 Aktueller Forschungsstand und wissenschaftliche Kenntnislücke

Im Zuge der Literaturrecherche, konnten einige wissenschaftliche Untersuchungen ausfindig gemacht werden, die partielle Themen- und Methodenbezüge aufweisen (Betrachtung ab dem Jahr 2009).

Zunächst ist die Arbeit von Wulf HIMMEL[8] aus dem Jahr 2015 zu nennen, die sich mit den Vorteilen und dem Nutzen von technischen Nebenangeboten öffentlicher Bauaufträge für Investoren und Auftraggeber befasst. Diese Arbeit, die einen Vergleich zwischen Deutschland, Österreich und der Schweiz anstellt, ist sowohl thematisch und auch von der Methodik interessant, weil sie quantitative Daten mittels Fragebogen erhebt.

Es wurden drei größere literaturbezogene juristische Untersuchungen für verschiedene Teilbereiche ausfindig gemacht. Hierbei handelt es sich um die Analyse zur Verwendung des neuen Vergaberechts von Justus BARTELT[9] aus dem Jahr 2017, in der die *„Bestimmtheit, Klarheit und Systemgerechtigkeit des Vergaberechts oberhalb der Schwellenwerte"* untersucht werden. Ferner die Schnittstellenbetrachtung zwischen Vergaberecht und Privatrecht über *„Die Auswirkungen eines fehlerhaften oder verzögerten Vergabeverfahrens auf den privatrechtlichen Bauvertrag"* von Patrick EHRET[10] aus 2017 und die in 2018 erschienene Dissertation von Fabian MEISZ[11], der die gesellschaftsrechtlichen Reorganisationen sowie deren Folgen auf die öffentliche Auftragsvergabe aufarbeitet. In diesen ausschließlich literaturbasierenden Studien werden die rechtlichen Aspekte fokussiert. Sie stellen eine Grundlage für weitere Überlegungen dar.

Es gibt einige Publikationen, die die strategischen Gesichtspunkte im weiteren Sinne und unter bestimmten Voraussetzungen behandeln. So veröffentlichte Philipp SCHLEISSING[12] 2012 eine Arbeit, die sich dem vergaberechtlichen Aspekt des Inhouse-Geschäfts widmet. 2013 betrachtete Carsten OEHME[13] die Vergabe von Aufträgen als öffentlich-rechtliches Handlungsinstrument, und Jörg DECKERS[14] analysierte 2010 die Relevanz von Änderungen für die Vergabe.

Darüber hinaus konnten einige wissenschaftliche Arbeiten ermittelt werden, die strategische Aspekte im engeren Sinn aufweisen und vom Inhalt her geeignet erschienen und deshalb für diese Arbeit herangezogen wurden. Hier ist zunächst die Arbeit von Verena POSCHMANN[15] zu nennen, die bereits 2010 Umgehungsmöglichkeiten des Vergaberechts durch Vertragsgestaltung untersucht hat. Neben der Fallgestaltung liegt das Hauptaugenmerk auf möglichen Vertragsänderungen durch Öffentliche Auftraggeber.

---

8 Vgl. *Himmel, W.*, Nutzenoptimierte Vergabe öffentlicher Bauaufträge, 2015, S. 1 ff.

9 Vgl. *Bartelt, J.*, Der Anwendungsbereich des neuen Vergaberechts, 2017, S. 1 ff.

10 Vgl. *Ehret, P.*, Die Auswirkungen eines fehlerhaften oder verzögerten Vergabeverfahrens auf den privatrechtlichen Bauvertrag, 2017, S. 1 ff.

11 Vgl. *Meiß, F.*, Gesellschaftliche Umstrukturierungen und die Auswirkungen auf die Vergabe öffentlicher Aufträge, 2018, S. 1 ff.

12 Vgl. *Schleissing, P.*, Möglichkeiten und Grenzen vergaberechtlicher In-House-Geschäfte, 2012, S. 1 ff.

13 Vgl. *Oehme, C.*, Die Vergabe von Aufträgen als öffentlich-rechtliches Handlungsinstrument in Deutschland und Frankreich, 2013, S. 1 ff.

14 Vgl. *Deckers, J.*, Die vergaberechtliche Relevanz von Änderungen öffentlicher Aufträge, 2010, S. 1 ff.

15 Vgl. *Poschmann, V.*, Vertragsänderungen unter dem Blickwinkel des Vergaberechts, 2010, S. 1 ff.

Mit der Verbesserung der Eignungsprüfung bei der Vergabe öffentlicher Bauaufträge setzte sich Daniel SCHNEIDER[16] 2016 als Promovend in Braunschweig auseinander. Er zeigt zunächst die Anforderungen an die Bietereignung durch den Auftraggeber sowie das Prüfprozedere auf und vollzieht dann eine Befragung unter Vergabestellen und Bauunternehmen. Die Auswertungsergebnisse münden schließlich in detaillierten Optimierungsvorschlägen.

Sascha HOFMANN[17] hat sich in seiner Dissertationsschrift *„Bewertung der Nachhaltigkeit von Bauunternehmen"* mit der Schaffung eines Bewertungsmodells hinsichtlich nachhaltig agierender Bieter für die Ausschreibung und Vergabe von Bauleistungen im Hochbausegment befasst. Nach Auswertung und Operationalisierung generiert er einen kompakten Kriterienkatalog zur Prüfung und Einstufung der Nachhaltigkeit. Mit der Integration eines Nachhaltigkeitsmanagements im Bauwesen hat sich gleichsam Marco WACH[18] im Jahr 2018 wissenschaftlich auseinandergesetzt. Anhand umfassender empirischer Untersuchungen analysiert er sehr differenziert die unterschiedlichen Sichtweisen auf diese Thematik.

Frauke KOCH[19] legte 2013 eine beachtenswerte Dissertationsstudie zum Thema Flexibilisierungspotenziale im Vergabeverfahren vor. Schwerpunkte sind die Bereiche Nachverhandlungen und Nebenangebote. Die Arbeit basiert ausschließlich auf Literatur, empirische Forschung wird nicht betrieben.

Eine thematisch passende aber ältere Arbeit stellt die im Rahmen einer Promotion durchgeführte Untersuchung von Axel TAUSENDPFUND[20] aus dem Jahr 2009 dar, die sich inhaltlich mit Gestaltungs- und Konkretisierungsmöglichkeiten im Vergaberecht befasst. In dieser nicht empirischen Arbeit werden zwar alle Verfahrensarten betrachtet, faktisch nur mit Bezug auf die Bieter. Der strategische Aspekt fällt dabei etwas knapp aus, und die Auftraggeberseite wird kaum thematisiert.

Weiterhin gibt es Studien über das weitgespannte Feld der Betriebswirtschaftslehre, des Einkaufs, des Verkaufs und der Verhandlungspsychologie, die durchaus interessant sind und der Vollständigkeit halber erwähnt seien, auf die hier wegen der anders gelagerten Ausrichtung nicht weiter eingegangen wird.

Zusammenfassend ist hinsichtlich der Auswertung vorhandener Literatur festzustellen, dass einige Teilaspekte zwar bereits untersucht wurden, die Gestaltungsmöglichkeiten bei der öffentlichen Auftragsvergabe bislang erstaunlicherweise auf vergleichsweise geringes Forschungsinteresse gestoßen ist. Wie bereits aufgezeigt wurde, wird es meist als Teilaspekt innerhalb der juristischen Bearbeitung behandelt. Die bisherige Forschung lässt die Frage

---

[16] Vgl. *Schneider*, D., Optimierung der Eignungsprüfung bei der Vergabe öffentlicher Bauaufträge nach VOB/A, 2016, S. 1 ff.
[17] Vgl. *Hofmann, S.*, Bewertung der Nachhaltigkeit von Bauunternehmen, 2017, S. 1 ff.
[18] Vgl. *Wach, M.*, Nachhaltigkeitsmanagement in Bauunternehmen, 2018, S. 1 ff.
[19] Vgl. *Koch, F.*, Flexibilisierungspotenziale im Vergabeverfahren, 2013, S. 1 ff.
[20] Vgl. *Tausendpfund, A.*, Gestaltungs- und Konkretisierungsmöglichkeiten des Bieters im Vergaberecht, 2009, S. 1 ff.

nach Gestaltungsmöglichkeiten bislang weitgehend offen. Die Aufarbeitung des bisherigen Forschungsstandes macht deutlich, dass kritische Untersuchungen fehlen, die den Fokus auf wirtschaftliche Aspekte legen. Vor allem waren keine empirischen Ansätze zu finden; insofern besteht ein eindeutiges *Forschungsdefizit*. Dabei sind die theoretischen Vermutungen über die Wirkung des Verhaltens durchaus weitreichend; schließlich ist grundsätzlich davon auszugehen, dass Funktion und Struktur des Vergaberechts das Handeln der Auftraggeber und Bewerber/Bieter verändern. Da an dieser Stelle noch keine exakten Hypothesen hinreichend substanziiert werden können, zunächst folgende *Vorannahme*: Wenn es zutrifft, dass die Erkenntnisse zu Gestaltungs- und Beurteilungsspielräumen den Beschaffungsprozess beeinflussen, dann müssen sich die Möglichkeiten und Grenzen sowie ihre Auswirkungen auf die Praxis feststellen lassen.

1.4 Untersuchungsleitende Forschungsfragen

Die aus dem Forschungsstand abgeleiteten Forschungsfragen, auf die die Untersuchung Antworten liefern soll, lauten:

1. Wird das Vergaberecht von den Anwendern, also den öffentlichen Auftraggebern und den privatwirtschaftlichen Bewerbern/Bietern als sinnvoll und praktikabel erachtet?
2. Lassen die formalen Vorgaben des Vergaberechts eine Einflussnahme grundsätzlich zu?
3. Welche Gestaltungsspielräume und Hemmnisse sind gesamthaft vorhanden und wie werden diese von den Beteiligten eingeschätzt?
4. Können aus den Befragungsergebnissen Anregungen und Handlungsempfehlungen für die Ausschreibungs- und Vergabepraxis geschlussfolgert werden?
5. Inspiriert die gewonnene Erkenntnislage zu neuen Ideen für eine innovative Weiterentwicklung der öffentlichen Vergabe von Bauleistungen?

Die Eingrenzung des Themas erfolgt zwangsläufig durch die Präzisierung der Aufgabenstellung und deren Formulierung als Fragen. *„Ohne eine Untersuchungsfrage geriete man sofort in Schwierigkeiten: Wer einen Experten über einen sozialen Prozess interviewen möchte, den er rekonstruieren will, der muss ihm Fragen stellen. Diese Fragen werden aus dem Erkenntnisinteresse des Interviewers, das heißt aus der Untersuchungsfrage abgeleitet. Nur wer weiß, was er herausbekommen möchte, kann auch danach fragen.“*[21]

[21] *Gläser, J. / Laudel, G.*, Experteninterviews und qualitative Inhaltsanalyse als Instrumente rekonstruierender Untersuchungen, 2012, S. 63.

1.5 Zielsetzung, Lösungsansatz und Ergebnisausblick

Dieses Promotionsvorhaben knüpft somit an bereits Vorhandenes, in einigen Aspekten allerdings nur fragmentarisch Thematisiertes an und beabsichtigt, durch einen kritischen Vergleich zuvor analysierter Positionen und durch empirische Ergebnisse zu eigenständigen, neuen Erkenntnissen zu gelangen. Die Ergebnisse sollen vornehmlich Anregungen geben, Argumente liefern und praktikable Lösungen vermitteln. Der übergeordnete Anspruch besteht darin, einen nachvollziehbaren und reproduzierbaren wissenschaftlichen Beitrag zum Verständnis des öffentlichen Auftragswesens zu leisten und mit den gewonnenen Informationen an der aktuellen Debatte um die Weiterentwicklung des Vergaberechts hinsichtlich Praktikabilität mitzuwirken und den Stand der Forschung zu erweitern. BÄNSCH/ALEWELL schätzen den wissenschaftlichen Fortschritt folgendermaßen ein: *„Erkenntnisfortschritt vollzieht sich eher selten in genialen Großsprüngen. In aller Regel ist es das geduldige – und häufig zeitraubende – Erarbeiten kleiner Schritte aus dem Fortschritt entsteht.“*[22] Die Sichtung der relevanten Literatur und die informellen Gespräche unter anderem mit Kollegen, ÖAG, BU im Vorfeld haben deutlich gemacht, dass ein grundlegender Bedarf an einer Untersuchung dieser praxisbezogenen Thematik besteht.

Neben diesen weit gefassten hat diese Untersuchung noch enger gefasste Ziele: Zunächst gilt es, den aktuellen Sachverhalt der öffentlichen Vergabeverfahren im Bauwesen gründlich zu analysieren und problemzentriert zu systematisieren. Hierbei kann durchaus an die bestehenden Untersuchungen angeknüpft werden. Insbesondere ist zu prüfen, wie Öffentliche Auftraggeber und private Bewerber/Bieter die Gestaltungspotenziale bei der Ausschreibung und Vergabe einschätzen. Hierbei sind alle relevanten Zusammenhänge empirisch zu untersuchen und die vergaberechtlich zulässigen Gestaltungs- und Beurteilungsspielräume sowie die Auswirkungen auf die Praxis zu erörtern. Zukunftsorientiert sollen aus den gewonnen empirischen Erkenntnissen progressive Handlungsempfehlungen für die Praxis hergeleitet werden und – soweit möglich – gar neuartige Ideen für eine innovative Weiterentwicklung der öffentlichen Vergabe von Bauleistungen aufgezeigt werden.

Das Thema ist, wie die nachfolgenden Kapitel zeigen werden, zweifelsfrei durch die Gesetzgebung, die Rechtsprechung und die juristische Bearbeitung auf gewisse Weise vorgeprägt. Diese Arbeit soll auf wissenschaftlichem Wege zu praktischen Erkenntnissen auf der Anwendungsebene führen. Es geht also nicht darum, eine weitere ausschließlich literaturgestützte Abhandlung vorzulegen. Diese Belange sind durchaus wichtig; im Rahmen dieser Arbeit sind hingegen vorrangig die Einschätzungen der in die Vergabe unmittelbar involvierten Parteien von Interesse.

Im Hinblick der zu erwartenden Ergebnisse wird grundsätzlich davon ausgegangen, dass die aufgestellten Forschungsfragen beantwortet und die Leithypothese bestätigt werden können.

22 *Bänsch, A. / Alewell, D.*, Wissensch[illegible]

Es wird also angenommen, dass eine strategische Ausrichtung durchaus möglich ist und dass die formalen Vorgaben des Vergaberechts dem grundsätzlich nicht entgegenstehen. Darüber hinaus sollen die tatsächlichen Gestaltungs- und Beurteilungsspielräume zutage gefördert werden, die von den Beteiligten genutzt werden. Hier wird gleichfalls mit verhalten positiven, also bestätigenden Resultaten gerechnet. Ferner wird vermutet, dass die involvierten Parteien etwaige Vergabehemmnisse sehr wohl erkennen und deren potenzielles Risiko einschätzen können.

1.6 Aufbau und methodische Vorgehensweise

Wie in Abbildung 1 dargestellt, umfasst die Arbeit neun Kapitel und beginnt in **Kapitel 1 Einleitung** mit der Einführung in das Forschungsthema. Hierin werden zunächst das Forschungsinteresse und die Motivation der Untersuchung, die Befunde der einschlägigen wissenschaftlichen Literatur, die Hauptargumente, die wissenschaftliche Relevanz und die Struktur der Arbeit einführend dargelegt.

Das **Kapitel 2 Grundlagen des Vergaberechts und der öffentlichen Auftragsvergabe** bietet ein Exzerpt über die aktuellen Vergaberechtsstrukturen auf europäischer und nationaler Ebene. Nach einer knappen Begriffsbestimmung und Darlegung der ökonomischen Bedeutung öffentlicher Auftragsvergaben werden die verschiedenen Regelungsmaterien kompakt erläutert.

Darauf aufbauend erfolgt in **Kapitel 3 Analyse möglicher Gestaltungspotenziale im Vergabeverfahren** die gezielte Sondierung nach vergaberechtlichen Instrumenten und Einflussoptionen für Öffentliche Auftraggeber (ÖAG) und Bauunternehmen (BU) innerhalb bestehender Gesetzen, Verordnungen, Vorschriften unter Berücksichtigung der Rechtsprechung. Kapitel zwei und drei bilden somit den thematisch-fachlichen Unterbau der Arbeit.

Gegenstand des **Kapitels 4 Untersuchungskonzeption** ist die Darlegung des empiristischen Forschungsdesigns und der planmäßigen Fall- und Methodenauswahl. Der Forschungsaufbau sieht ein methodenkombiniertes Vorgehen in zwei Teilstudien vor: Eine qualitative Teilstudie mittels strukturierter Experteninterviews in Kapitel 5 und eine quantitative Teilstudie anhand eines standardisierten Fragebogens in Kapitel 7.

Innerhalb des **Kapitels 5 Empirisch-qualitative Teilstudie** erfolgt die mündliche Befragung der beiden Untersuchungsgruppen ÖAG und BU. Hierzu müssen zunächst die Experteninterviews inhaltlich und organisatorisch vorbereitet werden: unter anderem Festlegung der Interviewkonfiguration, Formulierung von Fragen, Entwicklung und Testung eines Leitfadens, Vorbereitung des Interviewers auf die Dialogführung. Ferner sind die Gespräche zu initiieren, die Einzelinterviews mit den Experten zu führen und die dabei audioaufgezeichneten Dialoge zu verschriftlichen. Die so erzeugten qualitativen Interviewdaten sind schließlich zu bereinigen, einer inhaltlichen Auswertung zu unterziehen und die Ergebnisse auf ihre Bedeutsamkeit für die Verfahrensgestaltung hin zu interpretieren.

Abbildung 1: Gliederung der methodenkombinierten Studie

Kapitel 6 Theoretische Fundierung: Mithilfe der Ergebnisse der ersten, qualitativen Teilstudie ist beabsichtigt, eine forschungstheoretische Grundlage für die zweite, quantitative Teilstudie zu konstituieren. Die Intention dabei ist, eine abstrakte Reduktion der vielschichtigen Ausschreibungs- und Vergabesituation zu schaffen und Forschungshypothesen sowie Zusammenhangsvermutungen aufzustellen, die sich quantitativ statistisch testen lassen.

Die zweite, **empirisch-quantitative Teilstudie** wird im vorletzten **Kapitel 7** behandelt. Es ist eine *schriftliche Befragung* von Öffentlichen Auftraggebern (ÖAG) und Bauunternehmen (BU) vorgesehen, die mittels standardisiertem Fragebogen die aus der ersten Teilstudie resultierenden bedeutsamsten Gestaltungspotenziale eingehender untersucht. Um dies zu ermöglichen ist es erforderlich, das Datenerhebungsinstrument Fragebogen sowohl von der Anlage, des Designs und der Fragen/Antwortvorgaben exakt anzulegen und vor der Datenerhebung ausführlich zu erproben und zu verbessern. Es müssen gleichsam organisatorische Vorbereitungen getroffen werden, um die Befragung unterstützend zu flankieren. Die erhobenen Daten sind aufzubereiten und die Gestaltungspotenziale, die aufgestellten Forschungshypothesen und die Zusammenhangsvermutungen statistisch umfassend zu analysieren. Näheres zur statistischen Auswertung wird in Abschnitt 7.5 dargelegt.

In **Kapitel 8 Ausgang der Untersuchung** ist beabsichtigt, die Resultate der statistischen Auswertung hinsichtlich ihrer praktischen Bedeutung eingehend zu besprechen und einer Reflexion durch die Teilnehmer zu unterziehen. Basierend auf dieser Erörterung sollen originäre Handlungsempfehlungen für die Ausschreibungs- und Vergabepraxis geschlussfolgert und neue Ideen für die öffentliche Ausschreibung und Vergabe von Bauleistungen entwickelt werden. Ferner sollen Antworten auf die Forschungsfragen gefunden und die Zielerreichung betrachtet werden.

Im resümierenden letzten **Kapitel 9 Schlussbetrachtung** werden die bedeutsamsten Ergebnisse der Arbeit zusammengeführt, die Grenzen der Untersuchung dargelegt und verschiedene Anschlussmöglichkeiten für die weiterführende Erforschung zum Thema der öffentlichen Auftragsvergabe aufgezeigt.

Die wesentlichen Instrumente und Hilfsmittel der Untersuchung sind auszugsweise und in vereinfachter Form der Anlage beigefügt.

2 Grundlagen des Vergaberechts und der öffentlichen Auftragsvergabe

2.1 Begriffsbestimmung

Zunächst wird eine für das Verständnis notwendige, möglichst eindeutige Definition der wesentlichen fachlichen Termini vorgenommen, so wie sie kontextbezogen in dieser Arbeit verwendet werden.

Vergaberecht: *„Unter dem Begriff Vergaberecht"*, so ZEISS, *„werden die Verfahrens- und Rechtsschutzregeln zusammengefasst, die beim Einkauf von Waren und Dienstleistungen sowie der Beschaffung von Bauleistungen beachtet werden müssen."*[23] Eine gemäße Bestimmung erließ bereits am 13.6.2006 das Bundesverfassungsgericht (BVerfG): *„Als Vergaberecht wird die Gesamtheit der Normen bezeichnet, die ein Träger öffentlicher Verwaltung bei der Beschaffung von sachlichen Mitteln und Leistungen [...] zu beachten hat."*[24]

Vergabeverfahren: DAGEFÖRDE definiert das Vergabeverfahren als ein *„förmliches Verfahren, das von öffentlichen Auftraggebern einzuhalten ist, wenn sie Bau-, Dienstleistungen oder Waren beschaffen wollen, und das mit dem Abschluss eines privatrechtlichen Vertrages endet"*.[25]

Öffentlicher Auftrag gemäß Gesetz gegen Wettbewerbsbeschränkungen (GWB 2021): *„Öffentliche Aufträge sind entgeltliche Verträge zwischen öffentlichen Auftraggebern oder Sektorenauftraggebern und Unternehmen über die Beschaffung von Leistungen, die die Lieferung von Waren, die Ausführung von Bauleistungen oder die Erbringung von Dienstleistungen zum Gegenstand haben."*[26]

Dieser Festlegung nach hat der öffentliche Auftrag folglich vier Bestandteile: einen Beschaffungszweck, einen gültigen Vertrag resultierend aus Angebot und Annahme nach dem Bürgerlichen Gesetzbuch (BGB 2020)[27], einer geldwerten Vergütung und einer marktfähigen Leistung. Die Interpretation des Entgeltbegriffs ist bei der Bewertung öffentlicher Aufträge

---

23 *Zeiss, C.*, Sichere Vergabe unterhalb der Schwellenwerte, 2012, S. 17.
24 Bundesverfassungsgericht (BVerfG), Beschluss vom 13.6.2006, 1 BvR 1160/03.
25 *Dagefförde, A.*, Einführung in das Vergaberecht, 2013, S. 2.
26 § 103 Abs. 1 GWB 2021.
27 Vgl. § 145 ff. BGB 2020.

N. Zeglin, *Gestaltungsmöglichkeiten bei der öffentlichen Ausschreibung von Bauleistungen*, Baubetriebswesen und Bauverfahrenstechnik,

von der Vergabestelle im weit gefassten Sinne zu deuten und beinhaltet jegliche Vergütungsweise.[28]

Öffentlicher Auftraggeber: Für die formal richtige Einstufung der Beschaffungs- und Nachfrageseite als Öffentlicher Auftraggeber (ÖAG) kommt für Vergaben oberhalb der EU-Schwellenwerte das Gesetz gegen Wettbewerbsbeschränkungen (GWB 2021) und unterhalb der EU-Schwellenwerte das Haushaltsrecht zur Anwendung. Grundlage dieser Teilungsregelung bildet das europäische Vergaberecht als Gemeinschaftsrecht mit der Richtlinie 2014/24/EU über die Vergabe öffentlicher Aufträge. Im GWB 2021 stellt der Begriff des Auftraggebers und somit die Klassifizierung als ÖAG nicht auf institutionelle, sondern ausschließlich auf funktionelle Kriterien ab.[29] Das heißt, dass bei der Bestimmung, ob ein Auftraggeber einen ÖAG im Sinne des GWB 2021 darstellt, nicht per se die vorab definierte staatliche oder staatsnahe Organisationsform ausschlaggebend ist. Vielmehr ist entscheidend, ob ein Auftraggeber in seiner Funktion staatliche Aufgaben ausübt (sogenannter funktionaler Auftraggeberbegriff). Insbesondere fallen unter anderem folgende Gebietskörperschaften darunter: der Bund, die Bundesländer, die Gemeinden und Städte. Ferner zählen juristische Personen öffentlichen und privaten Rechts hinzu, die mit der Absicht gegründet wurden, im Allgemeininteresse liegende Aufgaben nicht gewerblicher Art zu erfüllen und die von der öffentlichen Hand beherrscht oder überwiegend finanziert werden. *„Öffentliche Auftraggeber sind dabei nicht nur öffentliche Einrichtungen, sondern auch bestimmte private Unternehmen im Bereich des Verkehrs, der Trinkwasserversorgung und der Energieversorgung, die dem Vergaberecht unterliegen.“*[30] Das GWB 2021 führt folglich Verbände, zum Beispiel kommunale Zweckverbände, staatlich subventionierte Auftraggeber und Baukonzessionäre an. Der Geltungsbereich erstreckt sich auf natürliche oder juristische Personen des privaten Rechts, die im Bereich Trinkwasser- und Energieversorgung, Abfall, Verkehr und Telekommunikation tätig und somit Sektorenauftraggeber sind. Dies trifft desgleichen für natürliche oder juristische Personen des privaten Rechts zu, die für Baumaßnahmen an öffentlichen Einrichtungen wie beispielsweise Verwaltungen, Schulen oder Krankenhäusern zuständig sind. Unterhalb der EU-Schwellenwerte erfolgt die Bestimmung hinsichtlich der Eigenschaft eines ÖAG durch das Haushaltsrecht. Die rechtlichen Grundlagen dafür sind die Grundsätze des Haushaltrechts des Bundes und der Länder,[31] die Bundeshaushaltsordnung (BHO)[32], die jeweils geltenden Landeshaushaltsordnungen (LHO) sowie die Haushaltsordnungen der Gemeinden. Des Weiteren sind bei öffentlich finanziell geförderten Einzelprojekten eventuell gesonderte Auflagen bezüglich der Vergabe zu beachten. Den haushaltsrechtlichen Regelungswerken ist durchgehend der Grundsatz zu entnehmen, dass ein

[28] Vgl. *Dageförde, A.*, Einführung in das Vergaberecht, 2013, S. 4.
[29] Vgl. § 99 Abs. 1-4 GWB 2021.
[30] *Bundesministerium für Wirtschaft und Energie (BMWi)*, Öffentliche Aufträge und Vergabe, 2021: Übersicht und Rechtsgrundlagen auf Bundesebene. Internet.
[31] Vgl. § 30 Gesetz über die Grundsätze des Haushaltsrechts des Bundes und der Länder – Haushaltsgrundsätzegesetz (HGrG).
[32] Vgl. § 55 Abs. 1 Bundeshaushaltsordnung (BHO).

ÖAG jede öffentliche Organisation ist, die dem herrschenden Haushaltsrecht unterworfen ist. Für Bauleistungen stellt die VOB die Basis dar: *„Rechtliche Grundlage für die Vergabe und Abwicklung der dafür abgeschlossenen öffentlichen Bauaufträge ist die Vergabe- und Vertragsordnung für Bauleistungen (VOB). Die VOB/A regelt die Vergabe von Bauleistungen."*[33]

Bewerber und Bieter: *„Als Bewerber werden die* [Anm. d. Verf.: Bau-]*Firmen bezeichnet, die sich um die Abgabe eines Angebotes bemühen, zum Zwecke der Beauftragung durch einen ÖAG, oder die zur Abgabe eines Angebotes aufgefordert wurden. Hat ein Bewerber ein Angebot abgegeben, so ist er zum Bieter geworden."*[34]

Bauleistungen: *„Bauleistungen sind Arbeiten jeder Art, durch die eine bauliche Anlage hergestellt, instand gehalten, geändert oder beseitigt wird."*[35]

2.2 Ökonomische Bedeutung der öffentlichen Auftragsvergabe

Das Europäische Parlament beziffert das Handelsvolumen aller öffentlichen Aufträge in der Europäischen Union (EU) auf *2.438 Milliarden €* pro Jahr.[36] Dies beinhaltet alle Bau-, Liefer- und Dienstleistungen. Nach einer Einschätzung des Deutschen Städte- und Gemeindebundes (DStGB) beläuft sich *„Das Marktvolumen aller öffentlichen Aufträge in Deutschland [...auf] mindestens 300 Milliarden Euro jährlich."*[37]

Der Gesamtwert der *öffentlichen Bauauftragsvergaben* in Deutschland wird vom Bundesministerium des Innern, für Bau und Heimat für das Jahr 2018 auf circa *55 Milliarden €* taxiert.[38] Durch das Bundesland Sachsen wurden im Jahr 2019 *öffentliche Bauaufträge* im Gesamtwert von über *800 Millionen €* ausgeschrieben und beauftragt: *„Im Jahr 2019 wurden vom Freistaat Sachsen öffentliche Bauaufträge ab dem Schwellenwert von 5,548 Millionen Euro im Wert von rund 808,1 Millionen Euro vergeben."*[39]

Demgemäß groß ist der wirtschaftliche Stellenwert der öffentlichen Auftragsvergabe in der EU in Deutschland und in Sachsen.

33 *Bundesministerium des Innern, für Bau und Heimat,* Bauauftragsvergabe VOB, 2021. Internet.

34 *Belke, A.*, Vergabepraxis für Auftragnehmer, 2017, S. 32.

35 Vgl. § 1 VOB/A 2019, abweichend § 1 EU VOB/A: Bauaufträge.

36 Vgl. *Europäisches Parlament*, Öffentliches Auftragswesen: Handelsvolumen öffentlicher Aufträge, 2021. Internet.

37 *Deutscher Städte- und Gemeindebund (DStGB)*, Vergaberecht: Marktvolumen aller öffentlichen Aufträge in Deutschland, 2021. Internet.

38 Vgl. *Bundesministerium des Innern, für Bau und Heimat,* Bauauftragsvergabe 2018, 2021. Internet.

39 *statista Das Statistik-Portal*: Öffentliche Aufträge: Wert der Bauaufträge nach auftraggebenden Bundesländern im Jahr 2019, 2021. Internet.

2.3 Intention und Grundsätze des Vergaberechts

Vorrangige Intention jeder öffentlichen Beschaffung ist – geht man von einem Wettbewerb mehrerer Bieter aus – die *bestmögliche Leistungen zu günstigsten Angebotspreisen* zu erhalten, um öffentliche Finanzmittel sparsam und wirkungsvoll zu verwenden. Die Notwendigkeit der Anwendung des Vergaberechts als staatlich geregeltes Prozedere ergibt sich aus der Tatsache, dass die öffentliche Hand, im Gegensatz zu privatrechtlichen Unternehmen, sich bei der Daseinsvorsorge nicht zwingend ökonomisch verhalten muss, da sie weder mit anderen Wirtschaftsteilnehmern am Markt konkurriert noch sich gewinnorientiert ausrichten muss.[40] Das Vergaberecht lässt sich von den übergeordneten Zielen her in drei grundsätzliche Kategorien einteilen, dem sogenannten Zweck-Trias: erstens die wirtschaftliche Beschaffung, zweitens die Herstellung von Wettbewerb und drittens die Wahrung von Bieterrechten.[41] Bei der Verfolgung dieser Primärziele baut das Vergaberecht auf folgenden, allgemeingültigen Grundsätzen des § 97 GWB 2021 auf, die alle Öffentlichen Auftraggeber (ÖAG) bei jeder Beschaffung von Leistungen, unabhängig ob Liefer-, Dienst- oder Bauleistungen, im Sinne eines verbindlichen Bieteranspruchs zwingend einzuhalten haben:[42]

- Wettbewerbsprinzip gemäß § 97 Abs. 1 GWB 2021,
- Transparenzgebot gemäß § 97 Abs. 1 GWB 2021,
- Gebot der Wirtschaftlichkeit und Verhältnismäßigkeit gemäß § 97 Abs. 1 GWB 2021,
- Gebot der Gleichbehandlung und Verbot von Diskriminierung gemäß § 97 Abs. 2 GWB 2021,
- Qualität, Innovation, soziale und umweltbezogene Aspekte gemäß § 97 Abs. 3 GWB 2021,
- Förderung mittelständischer Interessen gemäß § 97 Abs. 4 GWB 2021,
- Verwendung elektronischer Mittel gemäß § 97 Abs. 5 GWB 2021.

Diese Grundsätze entsprechen § 2 Abs. 1 bis 3 VOB/A 2019 und § 2 EU Abs. 1 und 2 VOB/A mit der Konsequenz, dass zwischen europäischen und nationalen Vergabeverfahren keine Gegensätze bestehen. Ein wichtiger Unterschied besteht in der Nachprüfungsmöglichkeit für Vergabeverfahren ab dem Erreichen der EU-Schwelle, die im Unterschwellenbereich so nicht vorhanden ist.[43] Darüber hinaus sind sowohl die Aspekte des Bieterschutzes als auch die Auftragsvergabe an ausschließlich fachkundige, leistungsfähige und zuverlässige Bieter zu nennen, auf die weiter unten nochmals eingegangen wird.

[40] Vgl. *Rechten, S./Röbke, M.*, Basiswissen Vergaberecht, 2014, S. 19.
[41] Vgl. *Wietersheim, M. v.*, Vergaberecht, 2017, S. 12 f.
[42] Vgl. *Ferber, T.*, Bieterstrategien im Vergaberecht, 2014, S. 20 f.
[43] Vgl. *Noch, R.*, Vergaberecht [illegible]

„Ziel des Vergaberechtes ist es, dem öffentlichen Auftraggeber Sach- und Personalmittel zu den preiswertesten und besten Konditionen zu beschaffen. Auch soll das Vergaberecht Korruption und Vetternwirtschaft verhindern und Wettbewerb, Gleichbehandlung und Transparenz auf dem Markt gewährleistet werden.“[44]

2.4 Öffentliche Auftragsarten

Gemäß § 103 Abs. 1 GWB 2021 gliedern sich die öffentlich-rechtlichen Auftragsarten in

- Lieferaufträge: *„Lieferung von Waren“*,
- Bauaufträge: *„Ausführung von Bauleistungen“* und
- Dienstleistungsaufträge: *„Erbringung von Dienstleistungen“*.

Bei leistungsvermischten Aufträgen erfolgt die Einstufung der Auftragsart nach dem jeweiligen Schwerpunkt der benötigten Leistung. Der ÖAG hat demnach vorerst zu klären, welche Leistungsart an der Gesamtheit der Leistungen überwiegt.

Bauaufträge sind nach dem GWB 2021: *„Verträge über die Ausführung oder die gleichzeitige Planung und Ausführung von Bauleistungen [...] oder eines Bauwerkes für den öffentlichen Auftraggeber oder Sektorenauftraggeber, das Ergebnis von Tief- oder Hochbauarbeiten ist und eine wirtschaftliche oder technische Funktion erfüllen soll.“*[45] Hierbei ist die Auslegung des Terminus *„öffentlicher Bauauftrag“* großzügig zu fassen. Besonders hervorgehoben ist die Bedingung, dass beim Auftraggeber ein direktes wirtschaftliches Interesse an der Bauleistung vorhanden sein muss. Allerdings ist es dabei nicht unbedingt erforderlich, dass der ÖAG gleichsam der Eigner des zu erstellenden Bauwerks ist.[46] Dies ist für den Bauauftrag, so der Europäische Gerichtshof (EuGH) bestätigend, letztlich nicht maßgeblich, bildet doch der Bauvertrag selbst die Anspruchsgrundlage des Auftraggebers.[47]

2.5 Aktuelle Vergaberechtsstruktur

Ausgehend von dieser vergangenheitsbezogenen Entwicklungsbetrachtung soll im Folgenden das derzeit gültige Vergaberecht, das durch eine Vielzahl internationaler, europäischer und nationaler Gesetzmäßigkeiten und Stufenordnungen beeinflusst ist, charakterisiert werden. Abbildung 2 zeigt, dass sich die rechtliche Hierarchie von überstaatlichen Abkommen teilglobaler und europäischer Prägung, über nationalstaatliche Bestimmungen bis hin zu haushaltsrechtlichen Regelwerken auf Bundes-, Länder- und Kommunalebene spannt. Das

---

44 *Bundesministerium für Wirtschaft und Energie (BMWi)*, Öffentliche Aufträge, 2015. Internet.
45 § 103 Abs. 3 Nr. 1 und 2 GWB 2021 und § 1 EU Abs. 1 VOB/A 2019.
46 Vgl. *Rechten, S./Röbke, M.*, Basiswissen Vergaberecht, 2014, S. 63.
47 Vgl. *Europäischer Gerichtshof (EuGH)*, Beschluss vom 25.3.2010, C-451/08.

deutsche Vergaberecht ist durch eine nacheinander angeordnete, kaskadenförmige Architektur gekennzeichnet und differenziert in der Anwendung zwischen Vergabewerten *unterhalb* und *ab Erreichen* der EU-Schwellenwerte.[48]

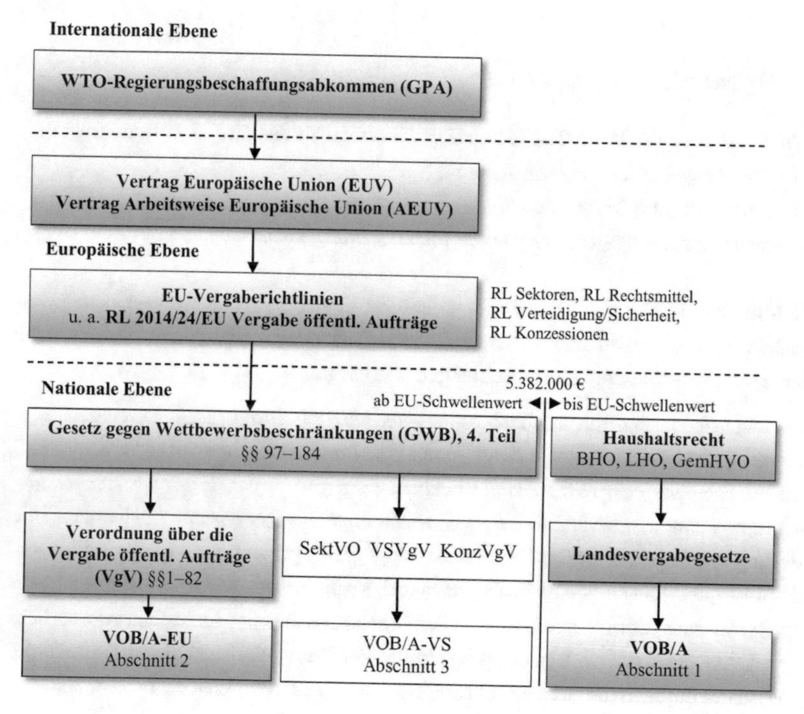

Abbildung 2: Bauauftragsbezogene Struktur des Vergaberechts in Anlehnung an VON WIETERSHEIM, S. 5 ff.

Das Bundesministerium für Wirtschaft und Energie (BMWi) zu den Vorschriften der Vergabe im Unterschwellbereich: *„Bei Vergaben unterhalb der Schwellenwerte findet traditionell Haushaltsrecht Anwendung. Über entsprechende Verweise in der Bundeshaushaltsordnung sowie in den Landeshaushaltsverordnungen/Landesvergabegesetzen finden folgende Regelungen Anwendung: Für die Vergabe von Bauleistungen: Vergabe- und Vertragsordnung für Bauleistungen, Teil A (VOB/A), Abschnitt 1: Basisparagraphen, Allgemeine Bestimmungen für die Vergabe von Bauleistungen (VOB/A).“*[49]

---

48 Vgl. *Byok, J./Jaeger, W.*, Kommentar zum Vergaberecht, 2011, S. 17.

49 *Bundesministerium für Wirtschaft und Energie (BMWi)*, Öffentliche Aufträge und Vergabe, Übersicht und

2.5.1 Regierungsbeschaffungsabkommen der WTO

Mit Wirkung zum 1.1.1996 ist die Europäische Union dem Regierungsbeschaffungsabkommen (Government Procurement Agreement GPA) der Welthandelsorganisation (WTO) beigetreten.[50] Diese auf öffentliche Beschaffung abstellende Vereinbarung gilt folglich für alle 19 WTO-Vertragsparteien,[51] wobei die Europäische Union (EU) mit ihren derzeit 27 Mitgliedsstaaten[52] einer dieser 19 Unterzeichner ist. Die übergeordnete Bedeutung des Abkommens besteht in der Gewähr diskriminierungsfreier, transparenter und rechtsstaatlicher Vergaben öffentlicher Aufträge sowie einer verbindlichen Zusicherung, dass alle GPA-Mitglieder wechselseitig uneingeschränkten Zugang zu allen GPA-Mitgliedsmärkten erhalten. Darüber hinaus entspringen diesem Abkommen die weiter unten erläuterten EU-Schwellenwerte.

2.5.2 „Verfassungsrecht" der Europäischen Union

Auf EU-Ebene bilden zwei über Jahre fortgeschriebene Gründungsverträge das Fundament europäischer Politik: Der *Vertrag über die Europäische Union (EUV)* mit konstitutiven Bestimmungen und der *Vertrag zur Gründung der Europäischen Gemeinschaft (EGV)*, der mit dem Abschluss des Vertrages von Lissabon zum 1.12.2009 in den *Vertrag über die Arbeitsweise der Europäischen Union (AEUV)* übergegangen ist. Im AEUV sind unter anderem gesetzmäßig die Grundfreiheiten verankert, die unter anderem den freien Waren-, Personen- sowie Dienstleistungs- und Kapitalverkehr[53] gewährleisten sowie die Mitgliedsstaaten zur Einhaltung elementarer Leitsätze wie Transparenz, Gleichbehandlung und wechselseitige Zubilligung der vereinbarten Maxime verpflichten. *„Diese Rechtsvorschriften regeln nicht nur die Vergabe von Bau-, Liefer- und Dienstleistungsaufträgen durch die öffentliche Hand (herkömmliche Sektoren) und die Auftraggeber in den Sektoren Wasser, Energie, Verkehr und Telekommunikation (besondere Sektoren), sondern sehen auch Rechtsmittel für die Unternehmen vor."*[54] Der AEUV stellt somit die *primärrechtliche* Basis der europäischen Vergaberegelungen dar, weshalb er mitunter als „europäisches Verfassungsrecht" tituliert wird, obwohl es sich genau genommen um ein völkerrechtliches Abkommen zwischen Mitgliedsstaaten der Europäischen Union handelt.[55]

---

50 Vgl. *Reidt, O.* u. a., Vergaberecht, 2011, S. 892.

51 Vgl. *Deutsches Vergabeportal*, 19 Vertragsparteien der WTO am GPA: Armenien, Aruba, Europäische Union (27 Mitgliedsstaaten), Hongkong (China), Island, Israel, Japan, Kanada, Liechtenstein, Moldau, Montenegro, Neuseeland, Norwegen, Schweiz, Singapur, Südkorea, Taiwan, Ukraine und die USA. Internet.

52 Vgl. *Europäische Union*, 27 Mitgliedsstaaten seit 1.1.2021: Belgien, Bulgarien, Dänemark, Deutschland, Estland, Finnland, Frankreich, Griechenland, Irland, Italien, Kroatien, Lettland, Litauen, Luxemburg, Malta, Niederlande, Österreich, Polen, Portugal, Rumänien, Schweden, Slowakei, Slowenien, Spanien, Tschechien, Ungarn und Zypern. Internet.

53 Vgl. Artikel 28, 56 und 63 ff. Vertrag über die Arbeitsweise der Europäischen Union (AEUV).

54 *Weyand, R.*, Vergaberecht, 2013, S. 32.

55 Vgl. *Weyand, R.*, Vergaberecht, 2013, S. 32.

2.5.3 EU-Vergaberichtlinien

Die Inkraftsetzung und Konkretisierung der allgemein verbindlichen Vergaberegeln erfolgt mittels Erlass *sekundärrechtlicher* Rechtsnormen, den Vergaberichtlinien. Diese gelten in den jeweiligen Mitgliedstaaten nach Artikel 288 Satz 3 AEUV allerdings nicht unmittelbar, sondern bedürfen stets einer Umsetzung in nationales Recht. Den Nationalstaaten steht hierbei – vorausgesetzt, die Erlasse entsprechen den beabsichtigten europäischen Zielsetzungen – durchaus ein bestimmter Gestaltungsfreiraum zu. Wie in der anfänglichen thematischen Einordnung und Abgrenzung ausgeführt wurde, ist für die Themenstellung dieser Untersuchung die Richtlinie 2014/24/EU des Europäischen Parlaments und des Rates vom 26. Februar 2014 über die öffentliche Auftragsvergabe bedeutsam. Auf die übrigen Richtlinien und historische Vorläufer wird deshalb nicht weiter eingegangen.

2.5.4 Richtlinie 2014/24/EU über die öffentliche Auftragsvergabe

Anknüpfend an die vergaberechtliche Entwicklung bedarf es einer prägnanten Zusammenfassung der wichtigsten Inhalte und Änderungen der bis 2016 umzusetzenden Vergaberichtlinie 2014/24/EU. Zunächst besteht der Anspruch der Novellierung des EU-Rechtsrahmens in der kontinuierlichen Vereinfachung und Flexibilisierung der Vergabeverfahren, um insbesondere kleineren und mittelständischen Unternehmen den Marktzugang zu vereinfachen und bei den Auftraggebern die Effizienz zu erhöhen. Neben modifizierten Regelungen zur Inhouse-Vergabe und interkommunalen Zusammenarbeit hinsichtlich der Zulässigkeit des Wesentlichkeitskriteriums „Drittumsatz" von bis zu 20 % sind nunmehr unbeträchtliche Privatbeteiligungen statthaft, sofern keine Sperrminoritäten vorliegen oder nennenswerter Einfluss auf den kontrollierten Teil ausgeübt wird. Ferner wurde in Artikel 31 als neue Verfahrensart die *Innovationspartnerschaft* eingeführt, die sich von der Wesensart her am Verhandlungsverfahren orientiert. Hierbei werden Forschung und Entwicklung einer innovativen Schöpfung einerseits und die anschließende Beschaffung dieses Werks andererseits nicht länger als zwei getrennte Vergabevorgänge betrachtet, sondern prozessual miteinander verschmolzen. Ferner wurden Anpassungen bei den Eignungs- und Zuschlagskriterien für die bessere Durchsetzung umweltorientierter und gesellschaftlicher Interessen vorgenommen. Beim Eignungsaspekt ist der Passus entfallen, der bislang die AG-Forderung eines Mindestumsatzes von mehr als dem Doppelten des geschätzten Auftragswertes ermöglichte. Allerdings besteht nach Artikel 58 Abs. 3 weiterhin die Ausnahmemöglichkeit, bei risikobehafteten Aufträgen durchaus höhere Mindestumsätze vorzugeben. Hilfreich sollte die Initiierung einer einheitlichen europäischen Eigenerklärung sein, die vom Bieter gemäß Artikel 59 nunmehr elektronisch zu erbringen ist. Ferner gab es bei den Zuschlagskriterien bedeutende Änderungen, die die Simplizität und Überschaubarkeit der Vergaberegularien fördern sollen. So ist bei der Zuschlagserteilung künftig ausschließlich auf das wirtschaftlich günstigste Angebot abzustellen. Nach der Richtlinie 2014/24/EU bleibt es den jeweiligen EU-Mitgliedsstaaten im Sinne einer gewissen Handlungsfreiheit überlassen, ob der Angebotspreis als einziges Zuschlagskriterium zugelassen werden kann. Vor dem Hintergrund, dass nunmehr nicht mehr ausschließlich unternehmensbezogene Eignungskriterien (z. B. die allgemeine Personalsituation), sondern auch auftragsbezogene Zuschlagskriterien (z. B. die persönlichen Qualifikationen einzelner Mitarbeiter für die konkrete Erfüllung der Bauaufgabe) betrachtet werden können, verwischt die bisherige konsequente Unterscheidung von Eignungs- und Zuschlagskriterien in zunehmendem Maße. In Artikel 68 wird ferner auf die Betrachtung des gesamten Lebenszyklus und nicht mehr nur auf die der isolierten Hauptleistung abgestellt.

Abschließend sei noch auf die Notwendigkeit zur *E-Vergabe*, also der verpflichtenden Einführung einer verbindlichen, vollelektronischen Vergabeabwicklung eingegangen, die eine weitergehende Vereinfachung und Nachvollziehbarkeit des Vergabeprozesses bewirken soll. Neben einigen anderen Punkten, unter anderem einfacherer Marktzugang für potenzielle Bieter einschließlich frei verfügbarer Vergabeunterlagen, Verringerung des Aufwandes beim Einkauf und allgemeiner Kostensenkung, umfasst die E-Vergabe im Wesentlichen die konsequent digitale Zurverfügungstellung der Ausschreibungs- und Vergabeunterlagen, die transparente Abbildung der Kommunikation und des Informationsaustausches zwischen Auftraggeber und Bietern während der Angebotsfrist sowie die Angebotsabgabe via EU-Amtsblatt oder EU-zertifizierten E-Vergabesystemen. Im Zusammenhang mit der E-Vergabe wurden die Verfahrensarten *elektronische Auktion* nach Artikel 35 und *elektronischer Katalog* nach Artikel 36 eingeführt. Für die Realisierung der vollständigen E-Vergabe wurde eine ungleich längere, nämlich viereinhalbjährige Frist – bis zum 18. Oktober 2018 – eingeräumt.

2.5.5 EU-Schwellenwerte

Das Vergaberecht untergliedert sich in zwei grundsätzliche Komplexe: einem Unterschwellenbereich mit nationaler Prägung (N-Lex) und einen Bereich ab Erreichen der Schwellenwerte mit europäischer Prägung (EUR-Lex) nach dem Government Procurement Agreement (GPA).

Maßgeblich für die Einordnung von Vergaben sind die über die EU-Richtlinien in der Vergabeverordnung (VgV, Fassung 2016, Änderung 2021, nachfolgend VgV 2021 bezeichnet) festgelegten *Schwellenwerte* und die damit einhergehende Verpflichtung, ab dem Erreichen dieser Auftragswertgrenze die europäischen Regelungen anzuwenden. Um eine ständige Adaption der Schwellenwerte innerhalb der VgV 2021 zu vermeiden, wurde ein dynamischer Verweis[56] auf nachfolgende, allgemeingültige EU-Verordnungen vorgenommen. Demnach sind die Richtlinien in allen Teilen, insbesondere den Zielen, verbindlich und gelten in jedem der 27 Mitgliedsstaaten unmittelbar. Durch die EU-Kommission werden die in

€ valutierten Schwellenwerte alle zwei Jahre in Sonderziehungsrechten (SZR)[57] überprüft; wegen der Kursschwankungen wird ihre Höhe jeweils angepasst. Seit dem 1.1.2022 gilt für den Zeitraum 2022 und 2023 der EU-Schwellenwert für Bauaufträge von *5.382.000 € netto*.

2.5.6 Gesetz gegen Wettbewerbsbeschränkungen

Auf nationaler Ebene ist zunächst auf das Gesetz gegen Wettbewerbsbeschränkungen (GWB 2021), das aufgrund seines marktwirtschaftlichen Ordnungsformats mitunter als *Kartellgesetz* bezeichnet wird, näher einzugehen. In der Bundesrepublik Deutschland regelt dieses bedeutende Gesetz seit 1958 die wettbewerbs- und kartellrechtlichen Belange mit den Zielen, uneingeschränkten Wettbewerb für alle Marktteilnehmer zu schaffen und zu bewahren sowie gegen etwaige Marktbeschränkungen und -missbräuche vorzugehen. Die letzte umfassende, 10. Novellierung des GWB erfolgte mit Wirkung zum 18.1.2021[58]. In dieser Arbeit wird auf die Fassung des GWB 2021 abgestellt. Im Wesentlichen behandelt das GWB 2021 Direktiven hinsichtlich des Verbotes von Wettbewerbsbeschränkungen, den Missbrauch monopolartiger Verhältnisse, die Behördenorganisation und das Vergaberecht. Aspekte des Marktverhaltens und der Geschäftspraktiken in puncto Moralität und Rechtschaffenheit werden nicht durch das GWB 2021, sondern durch das Gesetz gegen unlauteren Wettbewerb (UWG) geregelt und durch die Kartellämter verfolgt.

Die nationalen Vergabevorschriften wurden vom Gesetzgeber im vierten Teil des GWB 2021 verankert und sind in drei Abschnitte gegliedert. Der *erste Abschnitt* (§§ 97–114 GWB 2021) bestimmt die verfahrensrechtlichen Grundsätze und Prinzipien sowie die Billigung subjektiver Bieterrechte im Vergabeverfahren. Es werden die ausschreibungspflichtigen Auftraggeber wie beispielsweise Gebietskörperschaften und Anstalten öffentlichen Rechts (§§ 99 und 100 GWB 2021), der öffentliche Auftrag sowie die öffentlichen Auftrags- und Vertragsarten einschließlich der Ausnahmen (§ 103 und §§ 107–109 GWB 2021) festgeschrieben. Der *zweite Abschnitt* (§§ 115–135 GWB 2021) behandelt unter anderem die juristischen Optionen zur Verfahrensüberprüfung und Gewährleistung eines effektiven Rechtsschutzes durch Nachprüfungsverfahren bei den Vergabekammern (VK), Beschwerden bei den Oberlandesgerichten (OLG) und gegebenenfalls beim Bundesgerichtshof (BGH). Darüber hinaus sind in § 119 die Vergabeverfahrensarten exakt definiert.[59] Der *dritte Abschnitt* (§§ 136–154 GWB 2021) beschreibt die Vergabe von öffentlichen Aufträgen in besonderen Bereichen und für Konzessionen.

---

[57] Vom Internationalen Währungsfonds (IWF) 1969 eingeführte Kunstwährung als Zahlungsmittel auf IWF-Sonderkonten in Form von Buchkrediten (kein Handel an Devisenmärkten). Engl.: Special Drawing Rights (SDR).

[58] Vgl. *Bundesministerium der Justiz und für Verbraucherschutz (BMJV)*, Gesetz gegen Wettbewerbsbeschränkungen (GWB 2021), S. 1. Internet.

[59] Vgl. *Noch, R.*, Vergaberecht [illegible]

2.5.7 Vergabeverfahrensarten

Bereits mit der Festlegung der Vergabestrategie wählt der Öffentliche Auftraggeber die angemessene Vergabeart aus. Anhand des geschätzten Vergabewerts und des EU-Schwellenwerts muss dieser differenzieren, welche Vergabeart anzuwenden ist. Ab dem Erreichen des EU-Schwellenwerts kommen nach § 119 Abs. 1 GWB 2021 und § 3 EU VOB/A 2019 die fünf europäischen Vergabeverfahrensarten, das *Offene Verfahren*, das *Nicht offene Verfahren*, das *Verhandlungsverfahren* und der *Wettbewerbliche Dialog* sowie die *Innovationspartnerschaft* in Betracht. Unterhalb der EU-Schwellenwerte gibt es vier nationale Vergabeverfahrensarten, die *Öffentliche Ausschreibung*, die *Beschränkte Ausschreibung*, die nicht förmliche *Freihändige Vergabe* und den *Direktauftrag* für Bauleistungen bis 3.000 € Nettoauftragswert.[60] Obwohl verschiedene Termini existieren, sind die in Abbildung 3 aufgeführten Vergabearten über oder unter der EU-Schwelle substanziell miteinander vergleichbar.

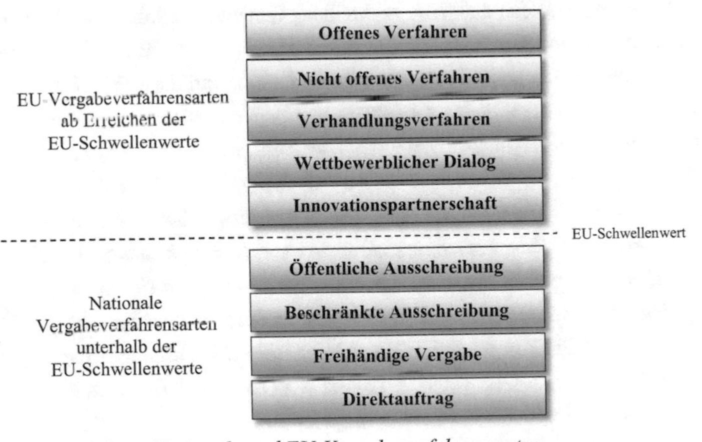

Abbildung 3: Nationale und EU-Vergabeverfahrensarten

2.5.7.1 Nationale Vergabeverfahren unterhalb der EU-Schwellenwerte

Die *Öffentliche Ausschreibung* ist unterhalb der EU-Schwellenwerte als einstufige[61] Regelvergabeart verpflichtend anzuwenden. Allerdings haben Bund und Länder in der VOB/A 2019 neben einigen Ausnahmetatbeständen gleichsam Wertgrenzen fixiert, bis zu denen die Beschränkte Ausschreibung durchgeführt werden kann:[62] 50.000 € für Ausbauge-

---

60 Vgl. *Berner, F./Kochendörfer, B./Schach, R.*, Grundlagen der Baubetriebslehre 1 Baubetriebswirtschaft, 2020, S. 122.

61 Einreichung von Angebot und Eignungsnachweisen gleichzeitig in einem Durchgang, ohne vorgeschaltetem Teilnahmewettbewerb mit Eignungsfokus.

werke, Landschaftsbau, Straßenausstattung; 150.000 € für Tief-, Verkehrswege- und Ingenieurbau; 100.000 € für alle übrigen Gewerke. Direktaufträge für Bauleistungen bis je 3.000 € Nettoauftragswert.

Die Zulässigkeit einer *Beschränkten Ausschreibung* richtet sich nach drei Fallgruppen: erstens den Wertgrenzen, zweitens danach, ob eine vorherige Öffentliche Ausschreibung nicht zu einem akzeptablen Resultat geführt hat, und drittens nach Überlegungen hinsichtlich Dringlichkeit oder Geheimhaltung. Der ausschlaggebende Unterschied beider Vergabearten, die Limitierung der Bieteranzahl, geht aus der VOB/A 2019 hervor: *„Bei Öffentlicher Ausschreibung werden Bauleistungen im vorgeschriebenen Verfahren nach öffentlicher Aufforderung einer unbeschränkten Zahl von Unternehmen zur Einreichung von Angeboten vergeben. Bei Beschränkten Ausschreibungen (Beschränkte Ausschreibung mit oder ohne Teilnahmewettbewerb) werden Bauleistungen im vorgeschriebenen Verfahren nach Aufforderung einer beschränkten Zahl von Unternehmen zur Einreichung von Angeboten vergeben."*[63] Demnach kann einer Beschränkten Ausschreibung ferner ein Teilnahmewettbewerb vorgeschaltet werden, um aus dem Kreis der Bewerber eine definierte Anzahl geeigneter Bieter zu ermitteln. Bei der Beschränkten Ausschreibung ohne Öffentlichen Teilnahmewettbewerb ist vom Auftraggeber die Eignung der festgelegten Bieter konsequenterweise vor der Angebotsaufforderung festzustellen. Der ÖAG ist bei der Bestimmung der Vergabeart allerdings verpflichtet, diejenige Vergabeart anzuwenden, die den größtmöglichen Wettbewerb gewährleistet. Nach ALTHAUS/HEINDL ergibt sich hieraus eine *„Hierarchie der Vergabearten mit dem Vorrang der Öffentlichen Ausschreibung vor der Beschränkten Ausschreibung mit Öffentlichen Teilnahmewettbewerb, diese mit dem Vorrang vor der Beschränkten Ausschreibung ohne Öffentlichen Teilnahmewettbewerb und diese mit dem Vorrang vor der Freihändigen Vergabe"*.[64] Die Rangfolge ist also nicht beliebig. Die Bekanntmachung von Öffentlichen Ausschreibungen erfolgt gemäß § 12 Abs. 1 VOB/A 2019 in Tageszeitungen, amtlichen Veröffentlichungsblättern oder auf Internetportalen.

Zu den nicht förmlichen Vorgängen zählen gemäß § 3a Abs. 3 VOB/A 2019 geringwertige Aufträge bis zu einer Nettowertgrenze von 10.000 € und alle *Freihändigen Vergaben*, die dadurch gekennzeichnet sind, dass Bieter in nicht formalisierten Verfahren unter Einhaltung der Vergabegrundsätze und unter Wettbewerbsbedingungen zur Angebotsabgabe aufgefordert werden.[65] Die Freiheitsgrade bei der Verfahrensausgestaltung sind deutlich größer, da die Vergaberegularien der VOB/A 2019, insbesondere das Verhandlungsverbot (§ 15 VOB/A 2019), nicht berücksichtigt werden müssen. Ausnahmen stellen verbindliche VOB/A-Anordnungen dar, die zwingend einzuhalten sind, wie beispielsweise die Durchführung einer Eignungsprüfung vor Angebotsaufforderung (§ 6a Abs. 1 VOB/A 2019), die Aufstellung der Verfahrensfristen hinsichtlich Zuschlag und Angebotsbindung (§ 10

[63] § 3 Abs. 1 und 2 VOB/A 2019, abweichend VOB/A-EU.
[64] *Althaus, S. / Heindl, C.*, Der öffentliche Bauauftrag, 2013, S. 186.
[65] Vgl. § 3a Abs. 3 VOB/A 2019.

VOB/A 2019) oder die vertrauliche Angebotsbehandlung (§ 14 Abs. 8 VOB/A 2019). Obwohl nicht explizit aufgeführt, ist sowohl der Devise der losweisen Vergabe (§ 5 VOB/A 2019) sowie der Dokumentations- und Informationspflicht (§ 20 VOB/A 2019) nachzukommen.[66] Die Freihändige Vergabe kann angewandt werden, wenn andere Verfahren wegen eines unverhältnismäßigen Aufwandes oder besonderer Dringlichkeit, zum Beispiel bei Havarien oder Notfällen, nicht zweckdienlich erscheinen oder wenn nur ein ganz bestimmtes Unternehmen geeignet ist.[67]

Die vierte und letzte nationale Vergabeverfahrensart ist gemäß § 3a Abs. 4 VOB/A 2019 der *Direktauftrag* für Bauleistungen bis einem Nettoauftragswert in Höhe von 3.000 €.

2.5.7.2 EU-Vergabeverfahren ab Erreichen der EU-Schwellenwerte

Oberhalb der EU-Schwellenwerte stimmt das *Offene Verfahren* (§ 119 Abs. 3 GWB 2021 und § 3b EU Abs. 1 VOB/A 2019) weitgehend mit der öffentlichen Ausschreibung auf nationaler Ebene überein. Es unterscheidet sich von dieser unter anderem in der zusätzlichen Verpflichtung zur EU-weiten Bekanntmachung im Amtsblatt der Europäischen Union[68] TED und der Veröffentlichung in nationalen Medien und auf Vergabeportalen wie beispielsweise Deutsches Ausschreibungsblatt, Deutsches Vergabeportal oder E-Vergabe-Online. Es wird somit eine *unbeschränkte Anzahl* von Unternehmen zur Angebotsabgabe aufgefordert. Genau wie das inländische Pendant stellte das Offene Verfahren bislang das Standardverfahren dar, von dem, wie bereits dargelegt wurde, nur in wohlbegründeten Ausnahmefällen abgewichen werden konnte – beispielsweise dann, wenn die benötigte Leistung aufgrund ihrer spezifischen Art nur von wenigen Bietern erbracht werden kann, wenn der Aufwand unverhältnismäßig zum Nutzen wäre, eine Dringlichkeit bestünde oder das Bauvorhaben der Geheimhaltung unterläge.[69] Mit der Vergaberechtsreform 2016 besteht für den ÖAG die Möglichkeit, zwischen dem Offenen und Nicht offenen Verfahren frei zu wählen.[70]

Das *Nicht offene Verfahren* (§ 119 Abs. 4 GWB 2021 und § 3b EU Abs. 2 VOB/A 2019) lehnt sich wiederum an die zweistufige Beschränkte Ausschreibung mit öffentlichem Teilnahmewettbewerb an, wobei gleichsam eine öffentliche Bekanntmachung im EU-Amtsblatt vorgeschrieben ist. Zunächst müssen alle interessierten Bieter ihre Eignung für den vakanten Bauauftrag im Zuge des Antrages auf Teilnahme durch Nachweise aufzeigen. Aus dem Kreis der Bewerber selektiert der Öffentliche Auftraggeber (ÖAG) mindestens fünf geeignete Bieter, hierin liegt die Beschränkung, die er dann in einem zweiten Schritt zur Angebotsabgabe auffordert.[71]

---

66 Vgl. *Althaus, S./Heindl, C.*, Der öffentliche Bauauftrag, 2013, S. 183 ff.
67 Vgl. § 3a EU Abs. 3 VOB/A 2019.
68 Als Ergänzung (frz. supplément), zumeist in der Onlineversion Tenders Electronic Daily (TED), im Informationssystem für die öffentliche Auftragsvergabe (SIMAP – système d'information pour les marchés publics).
69 Vgl. § 3a EU Abs. 3 VOB/A 2019.
70 Vgl. § 119 Abs. 2 GWB 2021.
71 [illegible] *und Handelskammer zu Berlin*, Die Vergabe öffentlicher Aufträge, 2015, S. 6. Internet.

Das *Verhandlungsverfahren* (§ 119 Abs. 5 GWB 2021 und § 3b EU Abs. 3 VOB/A 2019) kann mit und ohne Teilnahmewettbewerb erfolgen. Insofern ein Teilnahmewettbewerb vorgesehen ist, *„wird im Rahmen des Teilnahmewettbewerbs eine unbeschränkte Anzahl von Unternehmen öffentlich zur Abgabe von Teilnahmeanträgen aufgefordert. Jedes interessierte Unternehmen kann einen Teilnahmeantrag abgeben."*[72] Beim *Verhandlungsverfahren* ohne Teilnahmewettbewerb richtet sich der ÖAG mit seiner Beschaffungsabsicht dagegen direkt an ausgesuchte potenzielle Bieter, um die Konditionen des Bauauftrages im Einzelnen auszuhandeln. Unter Verweis auf § 14 Abs. 3 VgV 2021 ist das Verhandlungsverfahren nach SCHRANNER zulässig, *„wenn eine Anpassung vorhandener Lösungen notwendig ist, der Auftrag konzeptionelle und innovative Lösungen umfasst, eine Vergabe [...] wegen der konkreten Umstände, die mit der Art, der Komplexität oder dem rechtlichen oder finanziellen Rahmen oder den damit einhergehenden Risiken [...] ohne vorherige Verhandlung nicht möglich ist, die Leistung nicht hinreichend genau beschrieben werden kann [...], im vorangegangenen offenen oder nicht offenen Verfahren keine ordnungsgemäßen oder nur annehmbaren Angebote eingereicht worden sind."*[73] Ein ausdrückliches Verhandlungsverbot wie bei den anderen EU-Vergabeverfahrensarten existiert allerdings nicht. Sofern die Vergabegrundsätze beachtet werden, steht dem ÖAG ein deutlich größerer Handlungsspielraum bei der Verfahrensgestaltung zu. Das Verhandlungsverfahren der Freihändigen Vergabe im Unterschwellenbereich gleich.

Der *Wettbewerbliche Dialog* nach § 119 Abs. 6 GWB 2021 und § 3b EU Abs. 4 VOB/A 2019 kann dann angewendet werden, wenn der Auftragnehmer den Bedarf aufgrund von hoher Komplexität im Detail nicht endgültig bestimmen kann und die Leistung folglich in keinem der vorgenannten Verfahren vergeben werden kann. Der Wettbewerbliche Dialog ist als *„Unterfall eines besonders vorstrukturierten Verhandlungsverfahrens"*[74] zu verstehen. Dieser Dialog zwischen mehreren Marktteilnehmern und dem ÖAG dient der gemeinsamen Erörterung außerordentlich vielschichtiger Aufgabenstellungen mit dem Ziel, eine mögliche, auf den Beschaffungsbedarf ausgerichtete Lösung zu entwickeln. Anhand der miteinander erarbeiteten Leistungsbeschreibung erfolgt anschließend die Angebotsabfrage unter den beteiligten Bietern. Das Verfahren läuft in folgenden fünf Phasen ab: Bekanntmachung und Beschreibung, Teilnehmerauswahl, Konsultation und Dialog, Angebotsstellung sowie Zuschlagserteilung.[75]

Die *Innovationspartnerschaft* (§ 119 Abs. 7 GWB 2021 und § 3b EU Abs. 5 Nr. 1 bis 9 VOB/A 2019) kann bei Bedarf nach neuartigen, fortschrittlichen Produkten oder Leistungen, die am Beschaffungsmarkt derart nicht erhältlich sind,[76] eingesetzt werden. Die Abgrenzung

---

72 § 3b EU Abs. 3 Satz 1 VOB/A 2019.
73 *Schranner, U.*, Überblick zum neuen Vergaberecht 2016, 2016, S. 16.
74 *Leinemann, R.*, Die Vergabe öffentlicher Aufträge, 2011, S. 127.
75 Vgl. *Althaus, S./Heindl, C.*, Der öffentliche Bauauftrag, 2013, S. 191.
76 Vgl. § 119 Abs. 7 GWB 2021.

zum Verhandlungsverfahren und zum Wettbewerblichen Dialog, deren Einsatzsphären Gemeinsamkeiten aufweisen, zum Beispiel durch mehrere aufeinanderfolgende Phasen, besteht nach HETTICH allerdings darin, *„dass der Markt grundsätzlich die Mittel oder die Lösungen bereit hält, die erforderlich sind, um die Bedürfnisse des öffentlichen Auftraggebers zu erfüllen. Die Innovationspartnerschaft verknüpft damit die Beschaffung von Forschungsdiensten mit Erwerbselementen.“*[77] HETTICH hinterfragt den Mehrwert dieser zusätzlichen Verfahrensart, da der Gesetzgeber mit dem Wettbewerblichen Dialog *„bereits ein vorgefertigtes Verfahren für spezielle Beschaffungssituationen bereit hält, auf das der Auftraggeber jederzeit zugreifen kann“.*[78] Genau betrachtet handelt es sich eher um ein zweistufiges Vertragskonstrukt als einen neuen Verfahrenstypus. Zunächst erfolgt der Vergabeteil mit Teilnahmewettbewerb und Angebotsphase, dann die vertragliche Abwicklung mit Produktschaffung und Projektrealisierung. Ob alle ÖAG das jeweils notwendige Erfahrungswissen besitzen, um mit dem Auftragnehmer im Dialog Lösungen erarbeiten und originelle Lösungen beurteilen zu können, ist eher zu bezweifeln.

Dem ÖAG steht bei der Wahl und Anlage des Vergabeverfahrens ein Beurteilungsspielraum zu, solange das Vorgehen im Konsens mit den allgemeinen Vergabegrundsätzen steht. Zwar haben alle Bieter ein prinzipielles Anrecht auf eine vorschriftsgemäße Verfahrensdurchführung innerhalb dieser Grenzen, eine Einflussnahme auf den ÖAG oder gar eine Vorgabe ist dadurch allerdings nicht abgedeckt. Bereits die nicht korrekte Bestimmung der Vergabeverfahrensart kann eine Verletzung des Vergaberechts darstellen. Bei der Wahl der Vergabeart obliegt es dem Auftraggeber, zu begründen, warum gegebenenfalls vom Grundsatz der Regelverfahrensanwendung abgewichen wurde. Bei einer etwaigen Nachprüfung durch die Vergabekammer wird kontrolliert, ob die vom Auftraggeber im Vergabeverfahren getroffenen Entscheidungen nicht den Vergabegrundsätzen entgegenstehen und ob die Ermessensspielräume legitim ausgelegt wurden.[79]

2.5.8 Verordnung über die Vergabe öffentlicher Aufträge

Die Verordnung über die Vergabe öffentlicher Aufträge (VgV 2021), kurz Vergabeverordnung, erfüllt im Kern zwei Anliegen: Einerseits werden die bundeseinheitlich geltenden Maximen des GWB 2021 näher bestimmt, zum Beispiel durch inhaltliche Verfahrensvorgaben wie Energieeffizienzkriterien,[80] andererseits wird auf die weiterführenden Reglements der Vergabe- und Vertragsordnungen (VOB) verwiesen. Seit der Vergaberechtsreform 2016 übt die VgV 2021 mit der Integration weiterer Verfahrensregelungen allerdings mehr als bisher eine *Scharnierfunktion* zwischen diesen Regelungsmaterien aus. Die genannten Verweise

[77] *Hettich, L. / Braun, C. / Soudry, D.*, Das neue Vergaberecht, 2014, S. 34.
[78] Ebd.
[79] Vgl. *Weyand, R.*, Vergaberecht, 2013, S. 44.
[80] [illegible] Vergaberecht für Anbieter, S. 2, Internet.

erfolgen im Übrigen *statisch*, d. h. die Modifizierungen haben keine zwangsläufige Verbindlichkeit in der VgV 2021, sondern bedürfen vielmehr einer gesonderten Anpassung.

Obwohl ohne Bauleistungsbezug sei der Vollständigkeit halber an dieser Stelle auf die Unterschwellenvergabeordnung (UVgO 2017)[81] hingewiesen, die die Vergabe öffentlicher Liefer- und Dienstleistungsaufträge unterhalb der EU-Schwellenwerte statuiert.

2.5.9 Vergabe- und Vertragsordnung für Bauleistungen

Die *Vergabe- und Vertragsordnung für Bauleistungen* (VOB), die im Einzelnen durch den Deutschen Vergabe- und Vertragsausschuss für Bauleistungen (DVA) konzipiert wurde und stetig fortentwickelt wird, ist zunächst ein nicht offizielles Regularium. *„Auf den ersten Blick erscheint es merkwürdig, dass eine Vereinspublikation quasi wie ein Gesetz ‚in Kraft' tritt. Der Verordnungsgeber hat allerdings in den Vergabeverordnungen auf die VOB/A verwiesen und darin geregelt, dass [... die] VOB/A [...] von Auftraggebern [...] anzuwenden sind."*[82] Für öffentliche und gleichgestellte Auftraggeber wurde der Gebrauch der VOB somit verbindlich vorgeschrieben.[83] Für Öffentliche Auftraggeber hat Teil A der VOB demnach Gesetzescharakter.[84] Auf Landes- und kommunaler Ebene wird ebenso verfahren.

Die VOB besteht aus drei Teilen: Teil A enthält die für die Ausschreibung und Vergabe relevanten *Allgemeinen Bestimmungen für die Vergabe von Bauleistungen (VOB/A – DIN 1960)* für Öffentliche Auftraggeber und ist wiederum in drei Abschnitte unterteilt: *Abschnitt eins* regelt Vergaben unterhalb der EU-Schwelle (VOB/A 2019-Basisparagrafen §§ 1 bis 24) mit der Verwendungsobliegenheit aus den Haushaltsordnungen des Bundes, der Länder, der Gemeinden und den Landesvergabegesetzen, *Abschnitt zwei* regelt Vergaben ab Erreichen der EU-Schwelle (VOB/A-EU-Vergabebestimmungen im Anwendungsbereich der Richtlinie 2014/24/EU §§ 1 bis 24) und *Abschnitt drei* regelt Vergaben für Verteidigung und Sicherheit (VOB/A-VS-Vergabebestimmungen im Anwendungsbereich der Richtlinie 2009/81/EG §§ 1 bis 22 VS). Die Teile B und C, auf die nicht weiter eingegangen wird, beinhalten die Allgemeinen Vertragsbedingungen für die Ausführung von Bauleistungen (VOB/B – DIN 1961) und die Allgemeinen Technischen Vertragsbedingungen für Bauleistungen (VOB/C – ATV) mit dem Charakter einer Allgemeinen Geschäftsbedingung (AGB).

---

[81] Verfahrensordnung für die Vergabe öffentlicher Liefer-und Dienstleistungsaufträge unterhalb der EU-Schwellenwerte (Unterschwellenvergabeordnung – UVgO 2017).

[82] *Rohrmüller, J.*, Vergaberecht, 2014, S. 8.

[83] In Anwendung seit dem 19.7.2012 gemäß § 6 VgV 2021 in der Fassung aufgrund der Änderungsverordnung vom 12.7.2012 (BGBl. I, S. 1508).

[84] Vgl. [illegible]

2.5.10 Vergabehandbuch des Bundes

Für Hochbauleistungen des Bundes ist von den jeweiligen (Dienst-)Stellen das vom Bundesministerium für Umwelt, Naturschutz, Bau und Reaktorsicherheit (BMUB) herausgegebene *Vergabe- und Vertragshandbuch für die Baumaßnahmen des Bundes* (VHB)[85] anzuwenden. Das VHB, Ausgabe 2017, in seiner fortgeschriebenen Fassung von 2019 unterliegt einer ständigen Überarbeitung infolge der Entwicklungen im Vergabe- und Baurecht. Es setzt einerseits *„die Vergabe- und Vertragsordnung für Bauleistungen (VOB) Teile A und B um“*[86] und schafft andererseits dadurch *„die Voraussetzung für eine weitestgehend einheitliche, rechtssichere Durchführung von Vergabeverfahren und wird als Arbeitsmittel für die vertragliche Abwicklung von Bauaufträgen genutzt.“*[87] Nach Auffassung der Vergabekammer Lüneburg ist das VHB zunächst einmal *„nur eine Verwaltungsvorschrift und mangels Außenwirkung nicht als rechtliche Grundlage [...] geeignet.“*[88] Folglich benötigt die Anwendung des VHB innerhalb der Ausschreibung einen Verweis in den Vergabeunterlagen oder der Bekanntmachung.

Das VHB 2017 enthält Ausführungsbestimmungen zur VOB, Arbeitshilfen und Formblätter (FB) und gliedert sich in sechs Abschnitte, wobei die ersten drei Abschnitte die Vergabethematik behandeln: 1. Vorbereitung der Vergabe, 2. Vergabeunterlagen, 3. Durchführen der Vergabe, 4. Bauausführung, 5. Nachtragsmanagement und 6. Sonstiges.

Einige Länder und Gemeinden verwenden das VHB 2017, andere hingegen haben für ihre mit Bauaufgaben betrauten Verwaltungsstellen eigenständige Kompendien herausgebracht. Diese orientieren sich im unterschiedlichen Maße am VHB 2017, sodass die Situation nicht einheitlich ist. In Bayern gilt beispielsweise das umfangreiche VHB Bayern, das ausdrücklich die Regelungen des VHB 2017 impliziert: *„Die Behörden des Freistaats Bayern haben bei der Vergabe von Bauleistungen für den Bund und den Freistaat Bayern nach Teil A der VOB sowie nach den in diesem VHB enthaltenen Richtlinien und bei Bauleistungen für den Freistaat Bayern nach VVöA* [Anm. d. Verf.: Verwaltungsvorschrift zum öffentlichen Auftragswesen] *unter Verwendung der Formblätter des VHB zu verfahren.“*[89] Hingegen spricht das Land Sachsen in seinem zur *„groben Orientierung“*[90] dienenden Vergabeleitfaden die Empfehlung aus, für Vergaben das VHB 2017 heranzuziehen.[91] Auf Kommunaler Ebene und bei öffentlich-rechtlichen Betrieben finden sich darüber hinaus

---

85 Weitere Handbücher für die Vergabe und Ausführung von Bauleistungen im Straßen- und Brückenbau (HVA B-StB), Lieferungen und Leistungen im Straßen- und Brückenbau (HVA L-StB) und freiberuflichen Leistungen der Ingenieure und Landschaftsarchitekten im Straßen- und Brückenbau (HVA F-StB).

86 https://www.vob-online.de/de/vhb, 2.12.2020.

87 Ebd.

88 Vergabekammer (VK) Lüneburg, Beschluss vom 29.10.2014, VgK-39/2014.

89 Handbuch für die Vergabe und Durchführung von Bauleistungen durch Behörden des Freistaates Bayern (VHB Bayern), Bayerischen Staatsministerium für Wohnen, Bau und Verkehr, München: 2019, S. 1.

90 Leitfaden zur Vergabe öffentlicher Aufträge im kommunalen Bereich im Freistaat Sachsen, Sächsisches Staatsministeriums des Innern, Dresden: 2015, S. 5.

zahlreiche Ratgeber, Richtlinien, Handlungsanweisungen etc. Auf die Anwendung einzelner Formblätter wird im nachfolgenden Kapitel 3 nochmals Bezug genommen.

2.6 Kapitelzusammenfassung

Unter dem Terminus *Vergaberecht* werden alle Gesetzesvorgaben, Prinzipien und Regelwerke verstanden, die Öffentliche Auftraggeber (ÖAG) und Bauunternehmen (BU) als Bieter und Bewerber bei der Ausschreibung und Vergabe von Bauleistungen einzuhalten haben. Aufgrund der kaskadenförmigen Anordnung von GPA, GWB, VgV und VOB sowie der EU-Schwellenwertdifferenzierung nach Auftragsart und Vergabewert gehört diese Materie zu den diffizileren Rechtsgebieten in Deutschland. Hinzu kommen eine sehr dynamische Rechtsprechung und eine umfängliche Vergaberechtsreform im Jahr 2016.

Es galt zunächst, einen aktuellen Überblick über diese komplexe Situation zu gewinnen, um im Folgekapitel die möglichen Gestaltungsspielräume innerhalb des Vergabeverfahrens herausarbeiten zu können.

3 Analyse möglicher Gestaltungspotenziale im Vergabeverfahren

In diesem Kapitel werden unter Berücksichtigung von Gesetzgebung und Rechtsprechung anhand der Teilabläufe des Vergabeverfahrens die möglichen Gestaltungsspielräume im Vergabeverfahren analysiert, beginnend mit der Initiierungs- und Vorbereitungsphase, in der die maßgeblichen Weichenstellungen für die anschließende Durchführung des Vergabeverfahrens vorgenommen werden.

3.1 Initiierung des Vergabeverfahrens

Der Öffentliche Auftraggeber (ÖAG) muss im Vorfeld der eigentlichen Angebotsabfrage bereits einige wichtige Faktoren gewissenhaft eruieren, die für den weiteren Fortgang aller Überlegungen essenziell sind. Zunächst ist mit angemessenem zeitlichen Vorlauf eine *Bedarfsermittlung* durchzuführen und intern die *Finanzierung* des Beschaffungsprojektes abzustimmen. Mit hoher Wahrscheinlichkeit sind darüber hinaus verschiedene *Wirtschaftlichkeitsbetrachtungen* unter Einschätzung des aktuellen Beschaffungsmarktes und etwaiger Änderungsdynamiken vorzunehmen. Zu berücksichtigen sind ferner alle erforderlichen Genehmigungen der unterschiedlichen Behörden.

Der Öffentliche Auftraggeber (ÖAG) muss zunächst anhand der benötigten Leistung und der Auftragsart, zum Beispiel Bauleistung/Bauauftrag gemäß § 103 Abs. 3 GWB 2021, die korrekte *Vergabeordnung,* beispielsweise VOB, und die *Vergabeart*, zum Beispiel Offenes Verfahren, richtig bestimmen. Abweichungen von den vorgesehenen Verfahren sind, sofern diese zulässig sind, in der Vergabeakte nachvollziehbar zu begründen. Andernfalls geht der ÖAG ein erhebliches Risiko ein: eventuell wird das Vergabeverfahren durch die Vergabekammer aufgehoben und müsste folglich neu initiiert werden. Ein bereits erteilter Zuschlag wäre dann nichtig. In diesem Zusammenhang hat der ÖAG die *Schätzung des Auftragswer-*

N. Zeglin, *Gestaltungsmöglichkeiten bei der öffentlichen Ausschreibung von Bauleistungen*, Baubetriebswesen und Bauverfahrenstechnik,

tes und eine wettbewerbsfördernde sowie mittelstandsfördernde *Bildung von Teil- und Fachlosen*, also der Schaffung von Arbeitspaketen der Menge und der Gewerke nach,[92] vorzunehmen. Nach regelmäßiger Rechtsprechung sind Fachlose immer dann zu schaffen, wenn sich marktseitig fachbezogene Angebotsstrukturen entwickelt haben.[93]

SOLBACH/BODE äußern sich zur Herstellung der notwendigen Vergabereife wie folgt: *„Um Schadenersatzansprüche von Wettbewerbsteilnehmern zu vermeiden, müssen Auftraggeber […] das Vergabeverfahren so vorbereiten, dass die tatsächlichen und rechtlichen Voraussetzungen für den Beginn der Leistungsausführung gegeben sind, sog. Vergabereife.“*[94] Weiter zum rechtlichen Hintergrund: *„Mit Einleitung eines Vergabeverfahrens durch den Auftraggeber und Bekundung des Teilnahmeinteresses durch den Bieter* [Anm. d. Verf.: z. B. durch VHB-Formblatt 114[95]] *entsteht zwischen beiden ein vorvertragliches Vertrauens- bzw. Schuldverhältnis mit wechselseitigen Rücksichtnahme- bzw. Schutzpflichten.“*[96] Die VOB/A 2019 stellt dies in einem den Bieter schützenden Passus ausdrücklich hervor: *„Der (VOB/A-EU: öffentliche) Auftraggeber soll erst dann ausschreiben, wenn alle Vergabeunterlagen fertig gestellt sind und wenn innerhalb der angegebenen Fristen mit der Ausführung begonnen werden kann.“*[97]

3.1.1 Beschaffungsbedarf und Leistungsbestimmungsrecht des AG

Der Öffentliche Auftraggeber (ÖAG) unterliegt bei seiner Entscheidung, bestimmte Leistungen beschaffen zu wollen, zwar verschiedenen Einflüssen, aus vergaberechtlicher Sicht ist er allerdings frei, ob eine Leistung beschafft werden soll oder nicht. Mitnichten ist er verpflichtet, alle in Frage kommenden Lösungsansätze für die Aufgabenerfüllung oder Zielerreichung zu eruieren oder gar gegenüber den Bietern zu vertreten. Dies wäre ein unverhältnismäßiger Einschnitt in die Kompetenzen des ÖAG.[98] Erst der Entschluss, den Bedarf am Markt durch externe Anbieter mittels Vergabeverfahren zu decken, löst die Anwendungsnotwendigkeit des Vergaberechts aus.[99] *„Die Beschaffungsentscheidung unterliegt nicht dem Vergaberecht, sie ist ihr zeitlich vorgelagert. Der Auftraggeber kann beschaffen, was er beschaffen möchte – solange er die Vorgaben des auf ihn anwendbaren Haushaltsrechts oder Fördermittelbescheide einhält.“*[100]

---

[92] Vgl. *Solbach, M./Bode, H.*, Praxiswissen Vergaberecht, 2015, S. 131 f.
[93] Vgl. Vergabekammer des Bundes (VK Bund), Beschluss vom 9.5.2014, VK 1-26/14.
[94] *Solbach, M. / Bode, H.*, Praxiswissen Vergaberecht, 2015, S. 136 f.
[95] VHB 2017, Formblatt 114 Aufforderung zur Interessenbestätigung.
[96] Ebd.
[97] § 2 Abs. 6 VOB/A 2019 und § 2 EU Abs. 8 VOB/A 2019.
[98] Vgl. Vergabekammer (VK) Sachsen-Anhalt, Beschluss vom 19.3.2015, 2 VK LSA 1/15.
[99] Vgl. Oberlandesgericht (OLG) Düsseldorf, Beschluss vom 1.8.2012, VII-Verg 10/12.
[100] *Contag, C. / Zanner, C.* [illegible]

3.1.2 Strategische Grundsatzfestlegungen

Der Öffentliche Auftraggeber (ÖAG) sollte neben grundsätzlichen Überlegungen – beispielsweise der Erwägung, Gebäude nicht zu errichten, sondern gegebenenfalls „nur" zu mieten oder zu erwerben – gleichsam eruieren, wie sich vorhandene Wagnisse, etwa durch die Vergabe von Baukonzessionen, besser verteilen lassen. Ferner sollte die Möglichkeit geprüft werden, Leistungen gegebenenfalls direkt, d. h. ohne wettbewerbliches Vergabeverfahren, zu vergeben. Neben den klassischen Einzelvergaben können neuerdings nach § 103 Abs. 5 GWB 2021 Bauleistungen grundsätzlich auch als Rahmenverträge ausgestaltet werden. Insbesondere sollten Überlegungen angestellt werden, ob Leistungen vergabefrei mittels Inhouse-Vergabe (siehe Abschnitt 3.1.2.1) oder auf dem Wege der interkommunalen Kooperation (siehe Abschnitt 3.1.2.2) vergeben werden können oder das Konstrukt einer Öffentlich-Privaten-Partnerschaft (ÖPP, siehe Abschnitt 3.1.2.3) sinnvoll wäre.

3.1.2.1 Inhouse-Vergabe

Die Vergabevorschriften erstrecken sich nicht auf Beschaffungen im Rahmen der öffentlich-öffentlichen-Zusammenarbeit. So sind *Inhouse-Vergaben*, bei denen öffentliche Beauftragungen von Liefer , Bau und Dienstleistungen nicht an privatrechtliche Unternehmen, sondern ohne öffentliche Ausschreibung an öffentlich-rechtliche Betriebe innerhalb der eigenen Organisationsstruktur erfolgen, davon nicht tangiert.[101] Gemäß § 108 Abs. 1 GWB 2021 müssen für ein vergaberechtsfreies Inhouse-Geschäft drei Bedingungen erfüllt sein:

1. Kontrolle: Der ÖAG muss eine *„ähnliche Kontrolle wie über seine eigenen Dienststellen"* ausüben.
2. Wesentlichkeit: *„Mehr als 80 Prozent der Tätigkeiten der juristischen Person"*, also des beabsichtigten Auftragnehmers, müssen *„der Ausführung von Aufgaben dienen, mit denen sie von dem öffentlichen Auftraggeber […] betraut wurde"*.
3. Private Kapitalinteressen: *„An der juristischen Person"* darf *„keine direkte private Kapitalbeteiligung"* bestehen, *„mit Ausnahme nicht beherrschender Formen der privaten Kapitalbeteiligung und Formen der privaten Kapitalbeteiligung ohne Sperrminorität, die durch gesetzliche Bestimmungen vorgeschrieben sind und die keinen maßgeblichen Einfluss auf die kontrollierte juristische Person vermitteln."*

Der öffentliche Auftrag ist explizit dadurch bestimmt, dass ein Vertragsverhältnis zwischen einem ÖAG und einem privatwirtschaftlichen Unternehmen erforderlich ist. Dieses Merkmal ist beim Inhouse-Geschäft nicht gegeben. Demzufolge ist die Inhouse-Vergabe kein kaufmännisches Geschäft im engeren Sinne, sondern eine funktionsbezogene interne Handlung des ÖAG. Es handelt sich um eine besondere Form einer vergaberechtsfreien Vergabe ohne Anwendung des GWB 2021. *„Im Hinblick auf den Sinn und Zweck des Vergaberechts,* *die Beschaffung öffentlicher Auftraggeber am Markt zu regeln, kommt es entscheidend darauf an, ob sich die Leistungserbringung durch das beauftragte Unternehmen wie eine ‚Eigenleistung' des öffentlichen Auftraggebers (dann In-house-Geschäft) oder als Beschaffung von Leistungen, die durch private Dritte erbracht werden sollen (dann Drittbeauftragung), darstellt.*"[102]

Unter die öffentlich-rechtlichen Betriebe fallen einerseits die *selbstständigen* Betriebe, mit privatrechtlicher Grundlage wie beispielsweise AG oder GmbH, oder mit öffentlich-rechtlicher Grundlage, wie beispielsweise Körperschaften und Anstalten öffentlichen Rechts. Andererseits zählen gleichsam *unselbstständige* Regiebetriebe, zum Beispiel Theater und Museen, und Eigenbetriebe wie Wasser- und Energieversorgung hinzu.[103] Nach BERNER/KOCHENDÖRFER/SCHACH ist ein Regiebetrieb *„vollständig in den öffentlichen Haushalt des jeweiligen Betriebsträgers (Landkreis, Stadt, Gemeinde) integriert und wird dort haushaltsmäßig geführt."*[104] Der Eigenbetrieb hingegen kennzeichnet sich durch *„eine organisatorische Eigenständigkeit und über ein eigenes Rechnungswesen."*[105]

3.1.2.2 Interkommunale Zusammenarbeit

„Interkommunale Zusammenarbeit ist neben eigener Leistungserbringung und Vergabe ein wichtiges Instrument des Verwaltungshandelns. Sie ist höchst vielfältig in ihrer Tragweite, in ihrer Komplexität und in den damit einhergehenden Herausforderungen."[106] Während es sich bei der Inhouse-Vergabe um eine vertikale Struktur, also die Beauftragung von Tochter- und Enkelgesellschaften handelt, stellt die interkommunale Zusammenarbeit (IKZ) eine horizontale Kooperation dar, bei der Synergien generiert werden sollen. Beide Beschaffungsvarianten sind von der Anwendung des Vergaberechts freigestellt, wenn dadurch gemeinsame Ziele erreicht werden sollen, die Beschaffung allein im öffentlichen Interesse erfolgt und das Wesentlichkeitskriterium von 20 % nicht erreicht wird.[107] Die interkommunale Zusammenarbeit ist für jede Körperschaft eine praktikable Möglichkeit, die Effektivität und Effizienz öffentlicher Organisation durch gemeinsame Aufgabenerfüllung zu erhöhen. Da keine vertraglichen Bindungen mit privatrechtlichen Auftragnehmern eingegangen werden, ist die interkommunale Zusammenarbeit keine öffentliche Auftragsvergabe, die dem Vergaberecht unterliegt. Sie ist somit vergaberechtsfrei. Allerdings sind durchaus die Grundsätze der Wirtschaftlichkeit und Sparsamkeit zu beachten. Insofern sind Partnerschaften, die aus-

---

102 *Leinemann, R.*, Die Vergabe öffentlicher Aufträge, 2011, S. 55.
103 Vgl. *Berner, F./Kochendörfer, B./Schach, R.*, Grundlagen der Baubetriebslehre 1 Baubetriebswirtschaft, 2020, S. 69 f.
104 *Berner, F./Kochendörfer, B./Schach, R.*, Grundlagen der Baubetriebslehre 1 Baubetriebswirtschaft, 2020, S. 71 f.
105 Ebd.
106 *Kommunale Gemeinschaftsstelle für Verwaltungsmanagement*, Interkommunale Zusammenarbeit erfolgreich planen, durchführen und evaluieren, 2009, S. 3.
107 Vgl. § 108 Abs. 6 GWB 2021.

schließlich im Gemeinwohl gründende Funktionen erfüllen und nicht im Wettbewerb zu anderen Marktteilnehmern stehen, als unkritisch zu betrachten. Als typische Beispiele für die IKZ können infrastrukturelle Abwasser- und Wasserversorgung und interkommunale Organisationen zum Breitbandausbau, zur Energieversorgung, aber auch ein gemeinsamer Bauhof und dergleichen aufgeführt werden.

3.1.2.3 Öffentlich-Private-Partnerschaft

Modelle Öffentlich-Private-Partnerschaften (ÖPP), bei der öffentliche Strukturen und privatwirtschaftliche Unternehmen befristet zusammenarbeiten, können durchaus hilfreich sein, wenn es etwa darum geht, öffentliche Pflichten zu erfüllen oder Mittel sparsam zu verwenden. Der Nutzen dieser Kooperation, die im Übrigen keine Privatisierung darstellt, entsteht durch eine sinnvolle Aufteilung der Pflichten und der Wagnisse unter den Partnern, wobei die wesentlichen Entscheidungen gewöhnlich beim Bund, den Länder und Kommunen verbleiben und der private Partner die Ausführungsregie übernimmt. Nach LEINEMANN handelt es sich *„um die Kooperation staatlicher Stellen und privatwirtschaftlicher Unternehmen bei der Konzeptionierung, Finanzierung und Erbringung bislang staatlich erbrachter öffentlicher Leistungen oder bei dem Betrieb entsprechender Einrichtungen"*.[108] Unter dem Begriff ÖPP werden verschiedenste Gestaltungsformen subsumiert, die grundsätzlich durch die Einbringung privater Fähigkeiten zur effizienteren und sparsameren Funktionsbewältigung gekennzeichnet sind. Da für das ÖPP-Modell private Dritte mit der Aufgabenerledigung gewonnen werden sollen, sind, anders als beim Inhouse-Geschäft oder der interkommunalen Zusammenarbeit, die vergaberechtlichen Regularien unbedingt zu beachten. Als Verfahrensarten kommen überwiegend das Verhandlungsverfahren oder der Wettbewerbliche Dialog zum Einsatz, wobei zunächst die Eignungsanforderungen ermittelt werden und anschließend eine inhaltlich-rechnerische Gegenüberstellung der möglichen Versionen erfolgt. In diesem Abstimmungsverlauf werden projektbezogene ÖPP-Charakteristika im Detail festgelegt, die unter anderem den Lebenszyklus, die Teilung der Aufgaben, die finanzielle Ausgestaltung und die Risikoverteilung betreffen – es geht also darum, auf welche Dauer das ÖPP-Projekt ausgerichtet ist, wie die Einzelaufgaben sowie die Verantwortung und die Kompetenzen zwischen den Partnern verteilt sind, wie die Finanzierung erfolgt und wer welche Risiken trägt. In der Regel erfolgt die Vergütung der Unternehmensleistungen, durch den Betrieb und/oder den Unterhalt des Projektgegenstandes über die Vertragsdauer[109], die eine meist langjährige Nutzungsdauer einschließt. ÖPP-Vorhaben finden sich schwerpunktmäßig im Hochbau, beispielsweise für Bildung, Verwaltung und Gesundheit, und im Verkehrswegebau, insbesondere Autobahnen.

Das Bundesministerium für Verkehr und digitale Infrastruktur (BMVI) beschreibt die Vorteile von ÖPP dahingehend, dass *„durch die Zusammenarbeit von öffentlicher Hand und*

---

[108] *Leinemann, R.*, Die Vergabe öffentlicher Aufträge, 2011, S. 64.
[109] [illegible] public public partnership, 2007, S. 32.

Privatwirtschaft [...] Synergien entstehen [können], die zu einer deutlich schnelleren Projektabwicklung führen. Gleichzeitig erweist sich die Ausführungsqualität als überdurchschnittlich, weil die Projektstrecken über einen längeren Zeitraum in der Verantwortung der privaten Partner verbleiben. Und nicht zuletzt führen optimierte Finanzierungsstrukturen bei ÖPP-Projekten dazu, dass eine ÖPP-Realisierung im konkreten Fall wirtschaftlicher sein kann als eine herkömmliche Beschaffung.“[110] Ungleich kritischer analysiert hingegen MÜHLENKAMP in seiner Wirtschaftlichkeitsbetrachtung zu Public Private Partnership das regelmäßig von der Politik propagierte Ziel der Steigerung der Kosteneffizienz bei der Erfüllung öffentlicher Aufgaben durch Private. Er betrachtet die politisch-administrativen Vorgänge und Entscheidungen unter Berücksichtigung der unterschiedlichen Partikularinteressen der Beteiligten und kommt zu folgendem Fazit: *„Summa summarum dürften PPP in der Realität im Regelfall nicht das halten, was im Vorfeld errechnet und versprochen wird. Der öffentlichen Hand und der Öffentlichkeit/dem Steuerzahler ist in Hinblick auf PPP also zur Vorsicht [...] zu raten. Politisch-ökonomisch lassen sich diese Defekte erklären: PPP stellt nämlich ein Instrument dar, welches zur Umgehung haushaltsrechtlicher Budgetbeschränkungen geeignet ist.“*[111] MÜHLENKAMP empfiehlt, das Haushaltsrecht gegen eine Umgehung von Haushaltsengpässen auszurichten, die Wirtschaftlichkeitsuntersuchungen zu standardisieren und Transparenz zu schaffen.

3.1.3 Taktische Lenkung

3.1.3.1 Schätzung des Auftragswertes

Der Valutierung der voraussichtlichen Auftragswerte durch den Öffentlichen Auftraggeber (ÖAG) kommt eine große Bedeutung zu, da die Wahl der anzuwendenden europaweiten und nationalen Vergabeverfahren maßgeblich von ihr abhängt. Nach § 3 Abs. 1 und 3 Vergabeverordnung (VgV 2021) ist dabei stets auf die zum *Zeitpunkt der Bekanntmachung* voraussichtliche *Nettogesamtvergütung* abzustellen. Ferner wird klargestellt, dass manipulative Berechnungen mit dem Umgehungsvorsatz, die EU-Schwellenwerte zu unterschreiten, nicht statthaft sind: *„Die Wahl der Methode zur Berechnung des geschätzten Auftragswerts darf nicht in der Absicht erfolgen, die Anwendung der Bestimmungen des Teils 4 des Gesetzes gegen Wettbewerbsbeschränkungen oder dieser Verordnung zu umgehen.“*[112] Bei der Ermittlung der Netto-Vergabewerte, beispielsweise auf der Basis von DIN 276: 2018-12, sind ausnahmslos alle Fach- und Teillose zu berücksichtigen, die funktional mit dem Beschaf-

---

[110] *Bundesministerium für Verkehr und digitale Infrastruktur (BMVI):* Öffentlich-Private Partnerschaften (2021). Internet.

[111] *Mühlenkamp, H.*, Ökonomische Analyse von Public Private Partnerships (PPP), 2010, S. 38 f.

[112] § 3 Abs. 2 VgV 2021.

fungsvorhaben im Zusammenhang stehen. In der Regel handelt es sich um die Kostengruppen (KG) 200 bis 500[113]. *„Nicht zum Gesamtauftragswert gehören die Baunebenkosten* [Anm. d. Verf.: KG 700]*, die Grundstückskosten* [Anm. d. Verf.: KG 100]*, die Kosten der öffentlichen Erschließung* [Anm. d. Verf.: anteilig KG 200]*, die Kosten für Vermessung und Vermarktung, die Kosten für bewegliche Ausstattungs- und Einrichtungsgegenstände* [Anm. d. Verf.: KG 600] *sowie etwaige Entschädigungen und Schadensersatzleistungen [...] Insgesamt dürfen an die Schätzung selber jedoch keine übertriebenen Anforderungen gestellt werden [...]. Eine Schätzung nach DIN 276 reicht aus.“*[114] Ausnahmen können räumliche und längere zeitliche Abschnitte bilden, die darüber hinaus sogar in sich geschlossene Anforderungen erfüllen. Inhaltlich anders gelagerte Projekte können dagegen zweifelsfrei gesondert ausgeschrieben werden. Bei der Evaluierung sind vom Auftraggeber wirklichkeitsnahe, marktübliche Werte heranzuziehen, die sich nicht an gegebenenfalls limitierten Haushaltsmitteln orientieren.[115] In die Schätzung der Vergabewerte sind alle direkten Leistungsentgelte und indirekten Verwertungserlöse einzurechnen, die im Kontext der Beschaffung stehen. Sollte die Vergabe vertragliche Alternativen und Optionen beinhalten, zum Beispiel Leistungsänderungen und Laufzeitverlängerungen, so müssen diese einbezogen werden. Probleme treten zumeist dann auf, wenn die Schätzungen nur knapp unterhalb der anzusetzenden EU-Schwellenwerte oder Wertgrenzen liegen – insbesondere dann, wenn alle oder nur die Mehrheit der Angebote diese preislich übersteigen. Sobald sich Derartiges abzeichnet, sollte die Wertermittlung nochmals durchgesehen und in der Vergabeakte festgehalten werden. Im Zweifel sollte der Auftraggeber erwägen, von vornherein nach den EU-Regularien auszuschreiben.[116]

3.1.3.2 Zuordnung der formal richtigen Vergabeordnung

Je nach Auftragsart und geschätztem Nettoauftragswert muss der ÖAG die anzuwendende Vergabeordnung zuordnen. Ob beispielsweise für Bauleistungen die VOB/A 2019 oder die VOB/A-EU 2019 zugrunde gelegt werden muss, hängt davon ab, ob der Auftragswert den EU-Schwellenwert erreicht. Bei gemischten Leistungen, etwa Liefer- und Bauleistungen, kann der ÖAG sich allerdings nicht die ihm genehmere Vergabeordnung oder den für ihn günstigeren EU-Schwellenwert aussuchen; es kommt vielmehr darauf an, welche Leistung von der Wertigkeit her überwiegt und für die Vertragserfüllung bestimmenden Charakter hat.

---

[113] Acht Kostengruppen (KG) gemäß DIN 276: 2018-12: 100 Grundstück, 200 Vorbereitende Maßnahmen, 300 Bauwerk – Baukonstruktionen, 400 Bauwerk – Technische Anlagen, 500 Außenanlagen und Freiflächen, 600 Ausstattung und Kunstwerke, 700 Baunebenkosten, 800 Finanzierung.

[114] VK Rheinland-Pfalz, Beschluss vom 18.7.2006, VK 18/06.

[115] Vgl. *Zeiss, C.*, Sichere Vergabe unterhalb der Schwellenwerte, 2012, S. 53.

[116] [illegible] Basiswissen Vergaberecht, 2014, S. 74.

3.1.3.3 Bildung von Teil- und Fachlosen

Um möglichst viel Wettbewerb – insbesondere mit Beteiligung kleinerer und mittlerer Unternehmen (KMU) – zu ermöglichen, ist der ÖAG verpflichtet, die Bauleistungen der Menge und den Gewerken nach in einzelne marktgängige Teil- und Fachlose aufzuteilen (Einzellosvergabe).[117] Allerdings haben die Bieter kein Anrecht darauf, dass bestimmte, auf ihre betriebliche Tätigkeit oder Produkte ausgerichtete Lose gebildet werden. Sollte es dem ÖAG nicht möglich sein, geeignete Arbeitspakete zu bilden, etwa wenn die Abwicklung des Bauvorhabens oder der Beschaffungsmarkt keine sinnvolle Aufteilung zulässt, bedarf es einer stichhaltigen technisch-wirtschaftlichen Begründung. Ein plausibler Grund, von der grundsätzlichen losweisen Vergabe abzusehen, besteht beispielsweise darin, dass bei einer gebündelten Vergabe geringere Kosten entstehen. Dem Auftraggeber steht es darüber hinaus frei, zur Verteilung von wirtschaftlichen und technischen Wagnissen[118] eine zweckmäßige *Limitierung von Losen* vorzunehmen, sodass Bieter beispielsweise nur auf maximal zwei Lose Angebote abgeben können. Mit der Vergabebekanntmachung kann neben der Angebotslimitierung genauso eine Zuschlagslimitierung vorgegeben werden. Hierbei muss der Bieter zunächst auf alle Lose anbieten, aus denen der ÖAG dann im Auftragsfall beispielsweise höchstens zwei bezuschlagen kann (§ 5 VOB/A 2019 und § 5 EU VOB/A 2019).

3.1.3.4 Gesamtvergabe der Bauleistung

Allerdings: *„Bei der Vergabe kann aus wirtschaftlichen oder technischen Gründen auf eine Aufteilung oder Trennung verzichtet werden.“*[119] Demnach können mehrere Teil- und Fachlose ausnahmsweise zusammengefasst werden, wenn eine Einzellosvergabe unökonomisch oder technisch ineffektiv ist und dies vom ÖAG plausibel begründet werden kann. Der Nutzen einer Gesamtvergabe muss sorgsam und auftragsbezogen mit den mittelständischen Interessen der losweisen Vergabe abgewogen werden und diese im Ergebnis eindeutig dominieren. Denkbar wären übergreifende technische Verfahren oder notwendige bautechnische Kenntnisse oder unverhältnismäßig hohe Kosten durch inadäquate Loszuschnitte. Die bloße Zweckmäßigkeit, eine einfachere Leistungsabgrenzung hinsichtlich Mängelverfolgung oder ein erhöhter Koordinationsaufwand begründen mithin keine Gesamtvergabe. Der Entschluss gegen eine Einzellosvergabe und für eine Gesamtvergabe an einen Generalunternehmer/-übernehmer (GU/GÜ) oder Totalunternehmer/-übernehmer (TU/TÜ) ist einlässlich zu substantiieren und zu dokumentieren. *„Angesichts der allgemein sinkenden Zahl an Bewerbern für öffentliche Bauaufträge und der relativ geringen Zahl von Generalunternehmern ist ein starker Wettbewerb nicht immer selbstverständlich. Für die Schaffung von mehr Wettbewerb müssen Auftraggeber besonderes Augenmerk auf die Marktattraktivität ihrer Vergabe legen. Dazu gehört es, Verfahren transparent, schlank und kooperativ zu gestalten. Auch hier*

[117] Vgl. § 97 Abs. 4 Satz 2 GWB 2021.
[118] Vgl. Oberlandesgericht (OLG) Düsseldorf, Beschluss vom 14.11.2012, VII-Verg. 28/12.
[119] § 5 Abs. 2 Satz 2 VOB/A 2019 [illegible]

bringt die Einbindung des Know-hows der Bauunternehmen in die Projektplanung Vorteile. Die Steigerung der Attraktivität setzt Marktkenntnis voraus, die vor allem durch Markterkundung erlangt werden kann. "[120]

3.1.3.5 Markterkundung

Seit der Vergaberechtsreform 2016 eröffnet die Vergabeverordnung (VgV 2021) die strategische Möglichkeit einer am Markt ausgerichteten Kontaktansprache potenzieller Bieter, soweit die Vergabegrundsätze Berücksichtigung finden: „*Vor der Einleitung eines Vergabeverfahrens darf der öffentliche Auftraggeber Markterkundungen zur Vorbereitung der Auftragsvergabe und zur Unterrichtung der Unternehmen über seine Auftragsvergabepläne und -anforderungen durchführen.* "[121] Demzufolge könnte die Markterkundung faktisch die Abweichung vom Postulat der Losbildung und Produktneutralität begründen, wodurch ein neuerliches Spannungsfeld erzeugt würde. Hingegen sind Doppelausschreibungen, die vom Auftraggeber inhalts- und zeitgleich am Markt aus Sondierungsgründen platziert werden, im Sinne des Bieterschutzes nach § 2 Abs. 5 VOB/A 2019 und § 2 EU Abs. 7 Satz 2 VOB/A 2019 weiterhin grundsätzlich unzulässig. Hingegen ist eine erneute Ausschreibung derselben Leistung nach regulärer Aufhebung des laufenden Vergabeverfahrens durchaus möglich. Unter bestimmten Umständen des Einzelfalls, unter anderem bei einer zweiten Finanzierungsvariante ohne Haushaltsmittel oder vorheriger Information in der Bekanntmachung und den Vergabeunterlagen, sind Parallelausschreibungen zulässig.[122]

3.1.3.6 Wahl der Vergabeverfahrensart

Grundsätzlich kann der ÖAG frei entscheiden, ob er das *Offene* oder *Nicht offene Vergabeverfahren* wählt.[123] Allerdings sollte dokumentiert werden, zum Beispiel mittels VHB-Formblatt 111[124], welche Kriterien für den Entschluss, das Nicht offene Verfahren zu favorisieren, ausschlaggebend waren. Beispielsweise die Verfahrensdauer, die Marktsituation oder die Ansprüche. Bei der Einschränkung des Marktes sind dann die Eignungs- und Zuschlagskriterien gegebenenfalls präziser zu formulieren.

Die Anwendung des *Verhandlungsverfahrens* wurde außerordentlich vereinfacht.[125] Der Auftraggeber sollte allerdings bedenken, ob das hierfür notwendige Know-how in Anbetracht der bislang zurückhaltenden Anwendung dieses Verfahrenstypus tatsächlich vorhanden ist. Die Bieter erkennen Defizite in der Regel sehr schnell und nutzen vorhandene

---

120 *KPMG Law*, News Services: Vergabe an Generalunternehmer – Leitfaden für öffentliche Auftraggeber, 2021. Internet.

121 § 28 Abs. 1 VgV 2021 und ähnlich in § 2 EU Abs. 7 Satz 1 VOB/A 2019.

122 Vgl. *Schranner, U.*, Allgemeine Erläuterungen zu den Verhandlungen über den Abschluss eines Bauvertrages, 2013, S. 128 ff.

123 Vgl. § 119 Abs. 2 GWB 2021.

124 VHB 2017, Formblatt 111 Vergabevermerk – Wahl der Vergabeart.

Schwächen konsequent für sich aus. Zwar darf über das gesamte Leistungsspektrum verhandelt werden; aus der Anwendung des Verhandlungsverfahrens lässt sich allerdings kein zwingendes Gebot des ÖAG ableiten, dass verhandelt werden müsste.[126] Die Vergabeverordnung zu den Grenzen des Verhandlungsverfahrens: *„Dabei darf über den gesamten Angebotsinhalt verhandelt werden mit Ausnahme der […] festgelegten Mindestanforderungen und Zuschlagkriterien"* und *„der endgültigen Angebote."*[127] Folglich hat kein Bieter einen grundsätzlichen rechtlichen Anspruch auf die Verhandlung seines Angebotes. Keinesfalls darf die Notwendigkeit der Erfüllung der Mindestanforderungen und einer lückenlosen Verfahrensdokumentation aus dem Blickfeld geraten. Sollen Bieter gar angeregt werden, eigene Optimierungsvorschläge in das Verhandlungsverfahren einzubringen, sind vom Auftraggeber vorher Nebenangebote zuzulassen.

Bei der *Innovationspartnerschaft* liegt die Schwierigkeit in der einsatzspezifischen Abgrenzung zum Verhandlungsverfahren. Jenseits der vergaberechtlichen Diskussion lassen sich mindestens zwei kritische Aspekte ausmachen, die der ÖAG zu bedenken hat. Zunächst bedarf es eines gehörigen Erfahrungswissens, um mit dem Auftragnehmer im Dialog Lösungen erarbeiten und originelle Lösungen beurteilen zu können. Darüber hinaus muss aufgrund des unterbliebenen Wettbewerbs ein finanziell ausgleichender Ansporn geschaffen werden, um den Auftragnehmer zu kostengünstigen Lösungen zu motivieren.

3.1.3.7 Bestimmung der Verfahrensfristen

Einen weiteren wichtigen Baustein stellen die in Abbildung 4 exemplarisch aufgeführten Verfahrensfristen dar, die der Auftraggeber hinreichend angemessen dimensionieren muss.

Das Vergabeverfahren beginnt mit Auftragsbekanntmachung durch den ÖAG (§ 12 VOB/A 2019 und § 12 EU Abs. 3 VOB/A 2019). Nach der Bekanntmachung kann diese parallel auf nationalen Plattformen zusätzlich veröffentlicht werden, nicht vorher. Ab diesem Zeitpunkt beginnt die *Angebotsfrist*, in der interessierte Bieter Unterlagen anfordern und sichten, über die Beteiligung entscheiden und Angebote erarbeiten und schließlich einreichen können. Allerdings ist dies erst dann möglich, wenn die Veröffentlichung im EU-Amtsblatt innerhalb der *Veröffentlichungsfrist* tatsächlich erfolgt ist. Diese beläuft sich auf maximal *fünf Tage,* wobei in der Regel früher publiziert wird. Die Angebotsfrist endet zu einem konkreten Endtermin mit Datum und Uhrzeit nach der Angebotsöffnung. Die für die Bieter tatsächlich zur Verfügung stehende Bearbeitungszeit ist allerdings signifikant kürzer, da neben der Veröffentlichungsfrist ebenso die Dauer für Abruf/Zustellung der Vergabeunterlagen, interne und externe Zustellzeiten, die Entscheidung über die Teilnahme sowie Wochenenden und gesetzliche Feiertage berücksichtigt werden müssen. Je nach Konstellation verbleiben den Bietern demnach deutlich kürzere Bearbeitungszeiten, Dies kann bei komplexen

[126] Vgl. § 17 Abs. 11 VgV 2021.
[127] § 17 Abs. 10 VgV 2021.

Ausschreibungen problematisch sein, zumal die Bieter ihr Kalkulationspersonal disponieren, die für die Kalkulation benötigten Preisinformationen beim Handel einholen und gegebenenfalls Nachauftragnehmerleistungen einplanen müssen. Dem ÖAG eröffnen sich Möglichkeiten zur Verkürzung der Angebotsfrist. So kann der ÖAG vor der Vergabebekanntmachung im EU-Amtsblatt eine *Vorinformation* einstellen, um interessierte Bieter über die anstehende Ausschreibung zu informieren, und dadurch die regelmäßige Angebotsfrist verkürzen. Hierfür müssen allerdings einige Bedingungen vom Auftraggeber positiv geprüft worden sein: 1. Die Vorinformation muss alle geforderten Informationen beinhalten. 2. Die Vorinformation muss mindestens 35 Tage und darf 3. längstens zwölf Monate[128] vor der Absendung der Bekanntmachung erfolgen. Die Angebotsfrist endet mit dem Ablauf des veröffentlichten Datums und der Uhrzeit. Eine Fristsetzung innerhalb der Angebotsfrist, bis wann die Abforderung der Vergabeunterlagen durch den Bieter zu erfolgen hat, ist nicht zulässig.

Selbstverständlich können vom ÖAG im Vorhinein längere, die Mindestfristen übersteigende Zeiträume festgelegt werden. Sollten beispielsweise während der Angebotsfrist Baustellenbegehungen, ergänzende Unterlagen oder zusätzliche Auskünfte aufgrund von Bieterfragen notwendig werden, muss die Angebotsfrist verlängert werden, und die Bieter müssen darüber informiert werden. Dies ist insofern relevant, als rechtzeitig beantragte Auskünfte vor Ablauf der Angebotsfrist allen Bewerbern in gleicher Weise zu erteilen sind, da die Bieter die neuen und eventuell kalkulationsrelevanten Erkenntnisse ansonsten nicht mehr in ihren Angebotsstellungen berücksichtigen können.

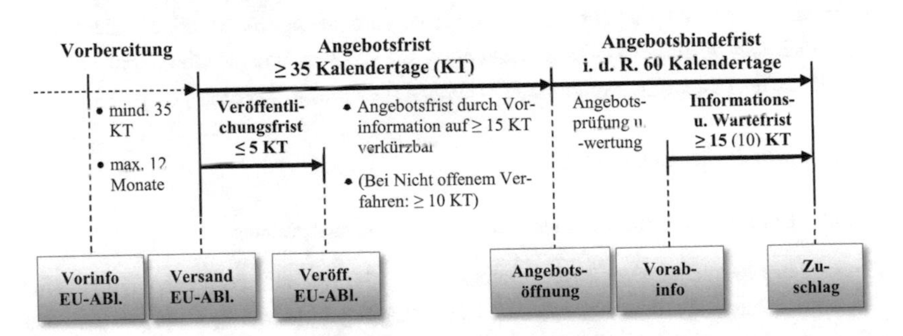

Abbildung 4: Regelfristen für Bauleistungen im Offenen Verfahren

Beabsichtigt der Auftraggeber während der Angebotsfrist eine Verlängerung derselben, beispielsweise für zusätzliche Auskünfte, so sind alle Bieter unverzüglich und zeitgleich darüber zu informieren. In der Praxis haben sich anonymisierte Fragen-Antworten-Listen bewährt, die durch den Auftraggeber fortlaufend erstellt und in unregelmäßigen Intervallen versendet werden, damit alle Bieter über denselben Kenntnisstand verfügen.

[128] [illegible] § 12 EU Abs. 2 Nr. 1 lit. d VOB/A 2019

Für die Dauer der *Bindefrist* sind, wie der Wortlaut schon vermuten lässt, die Bieter mit Ablauf der Angebotsfrist und Beginn der Angebotsöffnung rechtlich an ihre Angebote gebunden. Während der Angebotsfrist können die Bieter ihre bereits eingereichten Angebote allerdings schriftlich jederzeit wieder zurückziehen.[129]

Unverzüglich nach der Angebotsprüfung und -wertung und vor der Zuschlagserteilung erfolgt durch den ÖAG im Rahmen seiner Informationspflicht die schriftliche *Vorabinformation* an alle involvierten Bieter über den geplanten Zuschlag mit namentlicher Nennung des Unternehmens, das für die Beauftragung vorgesehen ist, sowie der Nennung der Gründe für die Nichtberücksichtigung und des frühestmöglichen Vertragsschlusses.[130] Der Zuschlag darf allerdings – sofern es sich um ein Vergabeverfahren ab Erreichen der EU-Schwelle handelt – erst nach Ablauf der *Wartefrist* von 15 oder zehn (bei elektronischem Versand) Kalendertagen[131] erteilt werden. Ein vorheriger Zuschlag wäre unzulässig und von Anfang an unwirksam.[132] Der ÖAG sollte jede Verkürzung der Regelfristen gut bedenken, nachvollziehbar begründen und in der Vergabeakte nachprüfbar dokumentieren.

3.1.3.8 20-Prozent-Kontingent

Der ÖAG hat nach § 3 Abs. 9 VgV 2021 die gesetzliche Möglichkeit, innerhalb eines Bauauftrags von der Pflicht zur öffentlichen Ausschreibung abzuweichen, sofern die geschätzten Auftragswerte der vorgesehenen Lose im Einzelnen 1.000.000 € und in der Summe 20 % aller Losauftragswerte nicht überschreiten.[133] Die sogenannte „Bagatellklausel" mutet zunächst unscheinbar an, hat für den Auftraggeber eine strategisch wichtige Bedeutung – schließlich können projektkritische Leistungen, die die genannten Bedingungen erfüllen, ohne Berücksichtigung der komplexen EU-Regularien beschafft werden.

3.1.4 Operative Detailsteuerung

3.1.4.1 Bestimmung unternehmensbezogener Eignungskriterien

Gemäß den allgemeinen Vergabegrundsätzen nach § 97 GWB 2021 dürfen ÖAG öffentliche Bauaufträge ausschließlich an *fachkundige*, *leistungsfähige*, *zuverlässige* und *gesetzestreue* Unternehmen vergeben, sofern deren Angebote nicht bereits im Vorfeld wegen zwingender oder fakultativer Umstände auszuschließen sind. Hieraus resultiert die Obliegenheit des Auftraggebers, die Eignung anhand der bereits in der Bekanntmachung aufzuführenden *Eignungskriterien*, die jeder Bieter mit der Angebotsabgabe nachzuweisen hat, zu überprüfen. Die Gesetzeslage nach § 122 Abs. 2 GWB 2021 und § 6 EU Abs. 2 VOB/A 2019 sieht vor,

[129] Vgl. § 10 Abs. 2 VOB/A und § 10a EU Abs. 7 VOB/A 2019.
[130] Vgl. § 134 Abs. 1 GWB 2021 und § 19 Abs. 1 und 2 VOB/A 2019 und § 19 EU Abs. 2 VOB/A.
[131] Vgl. § 134 Abs. 2 GWB 2021 und § 19 EU Abs. 2 Satz 3 VOB/A 2019.
[132] Vgl. § 135 Abs. 1 GWB 2021.
[133] Vgl. § 3 Abs. 9 VgV 2021.

dass ein Unternehmen dann über die Eignung verfügt, *„wenn es die durch den öffentlichen Auftraggeber im Einzelnen zur ordnungsgemäßen Ausführung des öffentlichen Auftrags festgelegten Kriterien (Eignungskriterien) erfüllt. Die Eignungskriterien dürfen ausschließlich Folgendes betreffen: 1. Befähigung und Erlaubnis zur Berufsausübung, 2. wirtschaftliche und finanzielle Leistungsfähigkeit, 3. technische und berufliche Leistungsfähigkeit."*

Der Öffentliche Auftraggeber (ÖAG) kann nach eigenem Ermessen Art und Umfang von Eignungsanforderungen bestimmen, soweit diese *sachlich gerechtfertigt* und *angemessen* sind.[134] Um die Nachweispflichten auf die Bieter gleichverständlich übertragen zu können, müssen die Anforderungen an die Eignung vom Auftraggeber im Vorfeld exakt bestimmt werden. Die Aspekte der Fachkunde betreffen die Kenntnisse, Fähigkeiten und Erfahrungen, die für die Erfüllung der Bauaufgabe unabdingbar sind: die Leistungsfähigkeit, die wirtschaftliche und finanzielle sowie die technische und personelle Situation des Bieters. Die Eignungsnachweise sind nach § 6a VOB/A 2019 und § 6a EU VOB/A 2019 vom Bieter in erster Linie durch selbstgefertigte Bekundungen zu erbringen und gegenüber Nachweisen Dritter stets zu bevorzugen. In der Praxis werden wegen der Vereinfachung und der Gleichbehandlung der Bieter häufig formularmäßige Eigenerklärungen vorgegeben, zum Beispiel das VHB-Formblatt 124[135], die dann verpflichtend zu verwenden sind.

Hinsichtlich der allgemeinen Eignungskriterien können beim Bieter unter anderem folgende Nachweise und Erklärungen eingeholt werden:[136] Umsätze von Bauleistungen mittels Bilanzen, vergleichbare Leistungen in Form von Referenzen und die Arbeitskräfteentwicklung der letzten drei Geschäftsjahre. Nach der Auffassung des OLG München sind Referenzen immer dann geeignet, wenn die benötigten Leistungen mit den bereits erbrachten Vergleichsleistungen weitgehend übereinstimmen, sodass dem ÖAG Folgerungen im Hinblick auf das aktuelle und zukünftige Potenzial möglich sind.[137] Ferner können nicht nur Nachweise notwendiger Qualifikationen und Befähigungen oder Erlaubnisse zur Berufsausübung des eingesetzten Personals verlangt werden, sondern ferner Angaben zu Insolvenz, Liquidation und etwaigen schweren Verfehlungen des Bieters. In der Regel werden zusätzlich Unbedenklichkeitsbescheinigungen der Finanzämter hinsichtlich der Zahlung von Steuern und Abgaben sowie Beiträgen zur Sozialversicherung und zur Berufsgenossenschaft gefordert. Es können darüber hinaus technische Nachweise wie Maschinen- und Gerätelisten erbeten werden. Dies ist insbesondere dann notwendig, wenn spezielle Geräte wie beispielsweise Tunnelbohrmaschinen benötigt werden. Übliche Handwerkzeuge fallen hier nicht darunter, da Ausstattung und Ausrüstung ohne Weiteres am Markt durch Kauf oder mietweise zu beschaffen sind. In gewisser Weise trifft dieser Umstand ebenso auf den personellen Aspekt

---

134 Vgl. Oberlandesgericht (OLG) Düsseldorf, Beschluss vom 21.12.2011, VII-Verg 74/11.

135 VHB 2017, Formblatt 124 Eigenerklärung zur Eignung.

136 Vgl. § 6a Abs. 2 Nr. 1-9 VOB/A 2019 § 6a EU Nr. 2 und 3 VOB/A 2019.

137 Vgl. Oberlandesgericht (OLG) München, Beschluss vom 12.11.2012, Verg 23/12.

zu. Anknüpfend an die Mindestlohnthematik bleibt festzuhalten, dass eine Verpflichtungserklärung über die Zahlung von gesetzlichen Mindestlöhnen keinen Eignungsnachweis darstellt.[138] Die allgemeine Eignung kann bei Bauunternehmen gleichsam durch eine Eintragung in das Verzeichnis des Vereins für die Präqualifikation von Bauunternehmen e. V.[139] erfolgen. Ein solcher Eintrag oder Nachweis, beispielsweise mittels der Einheitlichen Europäischen Eignungserklärung (EEE),[140] signalisiert dem Auftraggeber die grundsätzliche Eignung des Bieters. Kritisch wird es, wenn Bieter, insbesondere im Zusammenspiel mit Bietergemeinschaften und/oder Nachauftragnehmern, über keine oder nur wenige eigene Sachmittel oder Beschäftigte verfügen. Es erscheint fraglich, ob ein hohes Maß an Fremdmitteln eine wettbewerbsfähige Angebotskalkulation überhaupt zulässt.

Da allseitige Informationen keine belastbaren Schlüsse auf die tatsächliche, aktuelle Leistungsfähigkeit oder gar Fachkunde zulassen – zumal die Angaben stets vergangenheitsbezogen sind –, können zusätzliche, am Bauauftrag ausgerichtete Eignungskriterien berücksichtigt werden.[141] Der ÖAG kann ferner einen allgemeinen und auftragsbezogenen Mindestumsatz verlangen.[142] Dieser ist gemäß ständiger Rechtsprechung auf maximal dem Doppelten der Auftragshöhe zu begrenzen. Wichtig ist dabei, dass Branchenneulinge keinesfalls diskriminiert werden dürfen.

„Durch die Definition von Mindestanforderungen an die fachliche, technische und finanzielle Leistungsfähigkeit steht dem Auftraggeber ein wichtiges Steuerungsinstrument zur Verfügung" – allerdings nur dann, *„wenn sie wirksam aufgestellt wurden, eine sachgerechte Filterfunktion aufweisen, keine abschreckende Wirkung entfalten und hinsichtlich des Prüfaufwandes handhabbar sind".*[143] Zu viele und zu hohe oder unmaßgebliche Eignungshürden schränken also den Gestaltungsspielraum des ÖAG und gleichermaßen den Wettbewerb unnötig ein. Der Auftraggeber ist an die durch ihn einmal aufgestellten Eignungsattribute grundsätzlich gebunden und kann diese im Verfahrenslauf nicht ohne Weiteres abändern.

Im Jahr 2013 führte die Technische Universität Braunschweig eine empirische Untersuchung hinsichtlich des Umgangs Öffentlicher Auftraggeber (ÖAG) mit den Vorgaben zur Eignungsprüfung durch.[144] Es wurde der Hypothese nachgegangen, dass diese Direktive in der Anwendung nicht immer eingehalten wird. Die Datenerhebung erfolgte bei den Vergabestellen auf Bundes-, Landes- und Gemeindeebene mittels Fragebogen. Das wichtigste Ergebnis der Studie war, dass den Vorgaben zur Eignungsprüfung in der Praxis nicht immer entsprochen wird. Es wurde deutlich, dass die Vergabestellen der ÖAG die Eignung sehr wohl einer Kontrolle unterziehen, diese in Art und Umfang oftmals nicht den Anforderungen

[138] Vgl. Vergabekammer (VK) Westfalen, Beschluss vom 25.1.2015, VK 18/14.
[139] Auf www.pq-verein.de/pq_liste/index.html ist die Suche nach präqualifizierten Unternehmen möglich.
[140] Vgl. § 48 Abs. 3 VgV 2021: Der ÖAG ist verpflichtet, das EEE zu akzeptieren.
[141] Vgl. § 6a Abs. 3 und 4 VOB/A 2019 und § 6a EU Nr. 2 Satz 2 VOB/A 2019.
[142] Vgl. § 45 Abs. 1 Nr. 1 VgV 2021.
[143] *Solbach, M. / Bode, H.*, Praxiswissen Vergaberecht, 2015, S. 156 f.
[144] Vgl. *TU Braunschweig*, [illegible]

der VOB/A 2019 und VOB/A-EU 2019 genügt. Ein möglicher Erklärungsansatz liegt in den umfangreichen und divergierenden Regelungen. Als Folge davon akzeptieren die Auftraggeber verstärkt Eigenerklärungen als Eignungsnachweise.

3.1.4.2 Festlegung und Gewichtung auftragsbezogener Zuschlagskriterien

Nach der Vergaberechtsreform 2016 gilt weiterhin die Devise, dass gemäß GWB 2021 das wirtschaftlichste Angebot den Zuschlag erhält. Neu ist hingegen, dass dieses nunmehr nach dem besten *Preis-Leistungs-Verhältnis* zu ermitteln ist.[145] Die wirtschaftliche Prüfung von Angeboten erfolgt dabei anhand auftragsbezogener *Zuschlagskriterien*. Die wiederholte gerichtliche Überprüfung der letzten Jahre bestätigte, dass die Eignungskriterien unabhängig von den Zuschlagskriterien zu behandeln sind und keinesfalls mit diesen vermengt werden dürfen.[146] Dieser Stringenz folgend, sind Eignungs- und Wirtschaftlichkeitsprüfung zwei grundsätzlich unterschiedliche Arbeitsschritte. Während die Eignungskriterien, wie zuvor erläutert wurde, zunächst der generellen Findung geeigneter Bieter oder dem Ausschluss ungeeigneter Bieter dienen, erfüllen die auf den Auftragsgegenstand abstellenden Zuschlagskriterien und deren Gewichtung untereinander den Zweck, für die anschließende Vergabeentscheidung den Bieter zu ermitteln, der das wirtschaftlichste Angebot abgibt – dies muss nicht das Angebot mit dem niedrigsten Preis sein. Hierunter fallen neben dem zwingenden Zuschlagskriterium des Angebotspreises beispielsweise der technische Wert, die Bauqualität und das vorgesehene Qualitätsmanagement, effiziente Ausführungszeiten, Umwelteigenschaften von Bauprodukten und -verfahren, Baustellenorganisation samt Logistik, das Umsetzungskonzept mit Personalangaben oder etwaige Folgekosten für Betrieb und Wartung.[147] Die konsequente Trennung von Eignungs- und Zuschlagskriterien ist in § 127 Abs. 1 GWB 2021 und in § 58 VgV 2021 mittlerweile aufgeweicht. Seit der Vergaberechtsreform können darüber hinaus Erfahrungen von Projekt- und Bauleistungen einfließen, die genau genommen zu den unternehmensbezogenen Kriterien gehören, *„wenn die Qualität des eingesetzten Personals erheblichen Einfluss auf das Niveau der Auftragsausführung* [Anm. d. Verfassers: und somit auf die ökonomische Wertigkeit] *haben kann.“*[148] Das OLG Düsseldorf hat deshalb bereits im Jahr 2015 hinsichtlich der personenbezogenen Zuschlagskriterien gefordert, von der gesonderten Betrachtung von Eignungs- und Zuschlagsmerkmalen abzurücken.[149] Bei standardisierten Bauleistungen kann der Angebotspreis durchaus das einzige Zuschlagskriterium sein. Beabsichtigt der ÖAG, das wirtschaftlichste Angebot nur nach dem niedrigsten Preis zu ermitteln, so sind Zuschlagskriterien und Gewichtung obsolet.

---

[145] Vgl. § 127 Abs. 1 Satz 3 GWB 2021.
[146] Vgl. Europäischer Gerichtshof (EuGH), Beschluss vom 12.11.2009, C-199/07.
[147] Vgl. § 127 Abs. 1 GWB 2021, § 58 Abs. 2 VgV 2021, § 16d Abs. 1 Nr. 4 VOB/A 2019 und § 16d EU Abs. 2 Nr. 1 VOB/A 2019.
[148] § 58 Abs. 2 Nr. 2 VgV 2021, § 16d Abs. 1 Nr. 5b VOB/A 2019 und § 16d EU Abs. 2 Nr. 2 lit. b VOB/A 2019.
[149] Vgl. Oberlandesgericht (OLG) Düsseldorf, Beschluss vom 29.4.2015, VII-Verg 35/14.

Zwar ließen sich durch reine Preiswettkämpfe mögliche Verfahrensfehler und Konfliktpotenziale reduzieren, wirksame Instrumente der Verfahrensbeeinflussung hin zu einem Preis- und Leistungswettbewerb blieben dann unberücksichtigt. Nur durch die Berücksichtigung weiterer Kriterien, beispielsweise den Lebenszyklus[150] betreffend, können wichtige Verfahrensimpulse gesetzt werden, die dazu beitragen, Bieter zur Entwicklung ideenreicher und hochwertiger Lösungen zu motivieren.

Genau wie die Eignungskriterien sind auch die Zuschlagskriterien und deren Priorisierung/Gewichtung bereits mit der Vergabebekanntmachung und den Vergabe- und Vertragsunterlagen, zum Beispiel mittels VHB-Formblatt 227[151], zu offenbaren[152] und vom ÖAG im Sinne einer Eigenverpflichtung ohne Abweichungen bei der Prüfung zu handhaben. Die Zuschlagskriterien sind dabei so festzulegen, dass sie unverändert auf zugelassene Nebenangebote anwendbar sind.

Hinsichtlich der korrekten Gewichtung der Zuschlagskriterien gibt es eine interessante Diskussion; es geht darum, dass ÖAG neben dem niedrigsten Angebotspreis gleichsam nicht geldliche Zuschlagskriterien berücksichtigen möchten. In der bisherigen Bauvergabepraxis wurde häufig für den Preis ein Anteil von circa 90 bis 95 % und die übrigen, nicht monetären Zuschlagskriterien ein Anteil von circa 5 bis 10 % angesetzt. Das OLG Düsseldorf hat im Jahr 2013 derartige Gewichtungen für vergaberechtswidrig erklärt, da sie reine Alibifunktion hätten, um die unzulässige Abfrage von Nebenangeboten zu umgehen.[153] Vor dem in der Problemstellung aufgezeigten Hintergrund, dass der BGH im Jahr 2014 Nebenangebote bei alleiniger Anwendung des Preiskriteriums als unzulässig eingestuft hat, hat die Kombination verschiedener Zuschlagskriterien bezüglich einer strategischen Verfahrensgestaltung zunehmend an Bedeutung gewonnen. Schon zwei Jahre zuvor erging ein richtungsweisendes Urteil in Bezug auf die Gewichtung preislicher und nicht preislicher Wertungskriterien, worin der Angebotspreis als ein wichtiges, die Vergabeentscheidung substanziell beeinflussendes Entscheidungsmerkmal eingestuft wurde, das nicht bis zur Bedeutungslosigkeit marginalisiert werden könne.[154] Daraus erfolgte erstaunlicherweise die entgegengesetzte Schlussfolgerung, dass nämlich selbst dann gegen das Wirtschaftlichkeitsprinzip verstoßen werden könne, wenn außerpreisliche Kriterien geringfügig und der Angebotspreis vorrangig gewichtet würden. Dies führte in der Rechtsprechung konsequenterweise dazu, dass Gewichtungen von 90 zu 10 % als vergaberechtswidrig eingestuft wurden.[155] Um die unklare Situation zu verdeutlichen, sei auf einen Beschluss der Vergabekammer des Bundes aus dem Jahr 2014

[150] Nach Maßgabe des ÖAG ist eine Kostendirektive mit Bezug auf die Berechnung des gesamten Lebenszyklus möglich (siehe § 59 VgV 2021 und § 16d EU Abs. 2 Nr. 5).
[151] VHB 2017, Formblatt 227 Gewichtung Zuschlagskriterien.
[152] Vgl. Oberlandesgericht (OLG) Düsseldorf, Beschluss vom 9.4.2014, Verg 36/13.
[153] Vgl. Oberlandesgericht (OLG) Düsseldorf, Beschluss vom 27.11.2013, VII-Verg 20/13.
[154] Vgl. Oberlandesgericht (OLG) Düsseldorf, Beschluss vom 21.5.2012, VII-Verg 3/12.
[155] Vgl. Oberlandesgericht (OLG) [illegible]

verwiesen:[156] Diese hat argumentiert, dass eine 90-zu-10 %-Verteilung der Zuschlagskriterien für Preis und technischen Wert, je 5 % für die beiden Unterkriterien Bauverfahren und Bauablauf, *keine Vorschriftenverletzung* gegen das Wirtschaftlichkeitsgebot gemäß § 97 Abs. 1 GWB 2021 darstelle, wenn es sich nicht um Vorwandfunktionen handele. Schließlich würden detaillierte Konzepte verlangt, die von den Bietern einen ungleich höheren Aufwand forderten als einfache, vom Auftraggeber vorgegebene Sachverhaltsbestätigungen. Nach SCHUMM *„steht der der öffentlichen Hand bei der Festlegung der Zuschlagskriterien und deren Ausgestaltung beim übergeordneten Zuschlagskriterium des wirtschaftlichsten Angebots aufgrund seines Bestimmungsrechtes aber ein von den Nachprüfungsbehörden nur begrenzt überprüfbares Festlegungsspielraum zu. Eine Kontrolle hat sich vor allem auf die Vertretbarkeit zu beschränken und damit auf die Frage der sachlichen Rechtfertigung und Angemessenheit der gewählten Unterkriterien. Diesen Festlegungsspielraum verlässt der öffentliche Auftraggeber nach derzeitiger Rechtsprechung dann, wenn der Preis unter- oder überbewertet ist, und daher beim Zuschlagkriterium wirtschaftlichstes Angebot am Rande der Wertung steht, ohne in ein angemessenes Verhältnis zu den übrigen Wertungskriterien gebracht worden zu sein.“*[157] Exakte Vorstellungen zu adäquaten Anteilen einzelner Kriterien, die keinen Umgehungsverdacht wecken, gibt es bis dato nicht. Die Entwicklung praxisgerechter Gewichtungsmöglichkeiten von Zuschlagskriterien bleibt folglich abzuwarten. Bis dahin sollten bei Anwendung weiterer Zuschlagskriterien als nur des Angebotspreises vom ÖAG aussagefähige Konzepte bei den potenziellen Bietern eingeholt werden, die dann eine differenzierte Angebotsauswertung ermöglichen. Für eine bessere Gegenüberstellung der Konzepte in der Angebotsauswertung sollten Aufbau, Inhalt und Umfang der verlangten Konzepte zuvor genau bestimmt werden.[158]

3.1.4.3 Aufstellung der Wertungsmethode

Dem Öffentlichen Auftraggeber (ÖAG) stehen für die Ermittlung des *wirtschaftlichsten Angebots* verschiedene, mehr oder weniger praktikable Wertungsmethoden zu Verfügung, die in Anbetracht einer notwendigen Einzelfallwürdigung und der Limitierung dieser Arbeit nicht weiter dargelegt werden können. Allgemein erfolgen die Strukturierungen und Gewichtungen der Zuschlagskriterien und Unterkriterien nach ihrer jeweiligen Relevanz, prozentual oder mittels Vergabe von Leistungspunkten und gestaffelt nach Hierarchiestufen. Bevor die Zuteilung auf die einzelnen Kriterien und Stufen vorgenommen werden kann, muss zunächst die maximale Gewichtungspunktzahl bestimmt werden, da andernfalls keine Teil- und Gesamtrelationen herstellbar wären. Anschließend werden alle Angebote anhand

---

[156] Vgl. Vergabekammer des Bundes (VK Bund), Beschluss vom 4.1.2014, VK 2-118/13.

[157] *Schumm, M.*, Wer hat denn nun Recht? – Richtige Gewichtung der Zuschlagskriterien schwer gemacht! Internet.

[158] [illegible] öffentlicher Aufträge, 2011, S. 231

ihrer individuell erzielten Gesamtpunktzahl und je nachdem, welche Berechnungspraktik[159] der ÖAG zugrunde legt, in einen Gesamtzusammenhang gestellt. Wie zuvor bei den Eignungs- und Zuschlagskriterien ist hier das vorgesehene Wertungsschema auf die Besonderheiten der Bauaufgabe auszurichten und vorher bekannt zu machen. Bei der Festlegung verfügt der Auftraggeber wiederum über einen Ermessensspielraum, der nur bedingt überprüfbar ist. Es besteht zwar keine Notwendigkeit, ein Bewertungssystem zu verwenden, allerdings müsste beim Einsatz einer bestimmten Matrix diese, genau wie die anzuwendende Punktvergabesystematik, in der Vergabebekanntmachung mitgeteilt werden. Schließlich müssen Bieter nachvollziehen können, unter welcher konkreten Voraussetzung ein Kriterium als genügend oder ungenügend gewertet wird.[160] Keinesfalls darf der Auftraggeber die Bewertung derart unbestimmt lassen, dass die Bewertungsverhältnisse für die Bieter vage bleiben. Vielmehr ist in den Vergabeunterlagen aufzuzeigen, wie das fiktive Optimum der maximalen Punktzahl zu erreichen ist und mit welchen Punktabzügen bei Abweichungen zu rechnen ist.[161] Ist das nicht der Fall, können Bieter diesen Vorenthalt bis zum Ablauf der Angebotsfrist wegen Intransparenz rügen.

Zur Vertiefung empfehlen sich unter anderem die Publikationen von AX/SCHNEIDER/HÄFNER[162] und die mathematische Vergleichsbetrachtung der gebräuchlichsten Zuschlagsformeln Richtwertmethode und Medianmethode hinsichtlich Gewichtung von Preis und Leistung von BARTSCH.[163]

3.1.4.4 Zulassung und Ausschluss von Nebenangeboten

Der folgenden Ausführung sei die Definition von Nebenangeboten vorausgeschickt. Zunächst handelt es sich um Angebote, die von den vom Auftraggeber aufgestellten Vergabe- und Vertragsunterlagen technisch und/oder vertraglich differieren und somit, aufgrund der Änderungen an den Vertragsunterlagen nach § 16 VOB/A 2019 und § 16 EU VOB/A 2019, vom Sachverhalt des Ausschlusses erfasst werden. Bei Änderungen an der Leistungsbeschreibung liegen stets *technische Nebenangebote* und bei Änderungen an den Vertragsbedingungen *kaufmännische Nebenangebote* vor. Anders sind *Hauptangebote* auszulegen, die als von der vorgesehenen Leistung nach zulässigerweise abweichende Gegenofferten zu verstehen sind. Diese liegen dann vor, wenn von den Bietern gleichwertige Produkte oder anderweitige Ausführungen bei funktionalen Ausschreibungen angeboten werden. Wichtig ist, dass inhaltliche Unterschiede vorhanden sind, da diese Hauptangebote ansonsten vom Auftraggeber als übereinstimmend gewertet und ausgeschlossen werden müssten.

[159] Beispielsweise Preis-Leistungs-Methode, einfache Richtwertmethode, erweiterte Richtwertmethode, gewichtete Richtwertmethode nach Referenzwert oder Median.
[160] Vgl. Vergabekammer (VK) Westfalen, Beschluss vom 5.8.2015, VK 2-16/15.
[161] Vgl. Vergabekammer des Bundes (VK Bund), Beschluss vom 1.2.2016, VK 2-3/16.
[162] Vgl. *Ax, T./Schneider, M./Häfner, S.*, Die Wertung von Angeboten durch den öffentlichen Auftraggeber, 2005, S. 1 ff.
[163] Vgl. *Bartsch, W.*, Schwächen von Zuschl…

Bei der Handhabung von Nebenangeboten ist zu unterscheiden, ob der geschätzte Vergabewert unterhalb oder oberhalb der EU-Schwelle liegt. Bis zum Erreichen der EU-Schwellenwerte sind Nebenangebote gemäß § 12 Abs. 1 Nr. 2 lit. j VOB/A 2019 grundsätzlich zulässig, sofern diese vom Auftraggeber nicht von vornherein ausdrücklich ausgeschlossen wurden. Bei EU-Vergabeverfahren müssen Nebenangebote gemäß § 13 EU Abs. 3 VOB/A 2019 vom ÖAG wiederum explizit zugelassen sein, ansonsten können sie mit der ersten Wertungsstufe nicht mehr berücksichtigt werden. Nebenangebote sind allerdings immer dann nicht zugelassen, wenn vom ÖAG in der Vergabebekanntmachung keine Angaben gemacht wurden. Der Auftraggeber muss sich an seine einmal getroffene Festlegung, Nebenangebote zu berücksichtigen oder nicht, bis zum Verfahrensende halten. Die Bieter müssen unbedingt die vom ÖAG, beispielsweise über das VHB-Formblatt 226[164], bestimmten Mindestanforderungen an Nebenangebote beachten.

Dem Bieter eröffnet sich unter Umständen die Möglichkeit, *mehrere Hauptangebote* zu unterbreiten. Dies allerdings nur, wenn diese sich leistungsinhaltlich, zum Beispiel in den Produkten, voneinander unterscheiden und, wenn diese nicht von der Leistungsbeschreibung abweichen und diese Option nicht ausdrücklich untersagt ist. Die Vergabekammer des Bundes dazu: „*Die Wertbarkeit und damit auch die Zuschlagsfähigkeit mehrerer Hauptangebote ein und desselben Bieters setzt indes voraus, dass diese jeweils hinreichend differenziert sind, so dass jedem Hauptangebot ein eigener und eindeutiger Erklärungsinhalt beigemessen werden kann.*“[165] Den Unternehmen steht es darüber hinaus frei, Hauptangebote als Einzelbieter und im Unternehmensverbund als gleich zu behandelnde Bietergemeinschaft zu offerieren.

Unter welchen Voraussetzungen ein Nebenangebot möglicherweise als ein Hauptangebot interpretiert werden kann, hat die Vergabekammer Sachsen in einem Beschluss definiert. Dies kommt demnach nur in Betracht, wenn entweder anhand der Aufmachung des Angebots für die Vergabestelle auf den ersten Blick zu erkennen ist, dass der Bieter beabsichtigt, ein weiteres Hauptangebot zu unterbreiten, oder dieses sich inhaltlich in den beschriebenen Leistungsrahmen einfügt.[166] Ein als Nebenangebot kenntlich gemachtes Angebot kann allerdings, ebenso wenig wie ein leistungsabweichendes Angebot, nachträglich nicht in ein Hauptangebot *umgedeutet* werden.[167]

---

164 VHB 2017, Formblatt 226 Mindestanforderungen an Nebenangebote.
165 Vergabekammer des Bundes (VK Bund), Beschluss vom 29.1.2014, VK 1-123/13.
166 Vgl. Vergabekammer (VK) Sachsen, Beschluss vom 10.4.2014, 1/SVK/007-14.
167 [illegible] Bundes (VK Bund), Beschluss vom 21.10.2015, VK 2-97/15.

Für die Vertiefung der überaus interessanten Nebenangebotsthematik empfiehlt der Verfasser die aufschlussreiche Monographie *Nebenangebote für Bauleistungen* von Mirko SEIFERT aus dem Jahr 2018.[168] In einer umfangreichen empirischen Untersuchung werden sowohl Personen aus dem Kreise der Vergabestellen/Auftraggeber als auch der Bieter/Auftragnehmer über Nebenangebote dezidiert befragt. Die aufschlussreichen Ergebnisse zeigen dem Leser das unterschätze Potenzial von Nebenangeboten auf.

3.1.4.5 Erstellung der Vergabeunterlagen

Die Vergabe- und Vertragsunterlagen sollen alle Informationen beinhalten, die interessierte Bieter benötigen, um am Vergabeverfahren teilzunehmen und ein Angebot eindeutig kalkulieren zu können. Eine Gesamtübersicht der vom Bieter einzureichenden Unterlagen, zum Beispiel in Form des VHB-Formblatts 216[169], hilft bei der Orientierung. Sie umfassen als Erstes das *Anschreiben*, in dem lediglich in prägnanter Weise zur Abgabe eines Angebots aufgefordert wird[170], da bereits mit der Vergabebekanntmachung die wesentlichen Angaben zur Vergabe mitgeteilt wurden. Darüber hinaus die *Bewerbungsbedingungen* einschließlich Zuschlagskriterien und Gewichtung, das Prozedere für die Vergabeabwicklung, die Verfahrensfristen sowie die inhaltlichen als auch formalen Anforderungen an die Angebote, die Preisermittlung, beispielweise gemäß VHB[171], und Nachweise zu subsumieren. Diese werden zumeist in einem Leitfaden zusammengefasst. Dazu kommen die *Vertragsunterlagen* in Form von Leistungsbeschreibungen und die *vertraglichen Bedingungen* sowie weitere für die Vergabe notwendige Unterlagen. Unterschieden werden allgemeine, besondere (BVB), und zusätzliche Vertragsbedingungen (ZVB). Die VOB/A 2019 und VOB/A-EU 2019 hierzu: *„In den Vergabeunterlagen ist vorzuschreiben, dass die Allgemeinen Vertragsbedingungen für die Ausführung von Bauleistungen (VOB/B) und die Allgemeinen Technischen Vertragsbedingungen für Bauleistungen* [ATV] *(VOB/C) Bestandteile des Vertrages werden."* Und weiter: *„Das gilt auch für etwaige Zusätzliche Vertragsbedingungen* [ZVB] *und etwaige Zusätzliche Technische Vertragsbedingungen* [ZTV], *soweit sie Bestandteile des Vertrags werden sollen."*[172]

3.1.4.6 Beschreibung des Leistungsgegenstandes

Das Herzstück der Vergabeunterlagen ist die Leistungsbeschreibung, in der die vom Öffentlichen Auftraggeber (ÖAG) benötigte Leistung, funktional mittels Leistungsprogramm oder detailliert anhand eines Leistungsverzeichnisses, erschöpfend beschrieben wird. Ihr Umfang

---

[168] *Seifert, Mirko* [2018]: Nebenangebote für Bauleistungen, Aus Forschung und Praxis, Schriftenreihe des Instituts für Baubetriebswesen der Technischen Universität Dresden, Bd. 19, Dresden: expert-verlag (Hrsg. Schach, R.), 2018.

[169] VHB 2017, Formblatt 216 – Verzeichnis der im Vergabeverfahren vorzulegenden Unterlagen.

[170] Ebd., Formblätter 211 und 211 EU – Aufforderung zur Abgabe eines Angebots.

[171] Ebd., Formblätter 221 Preisermittlung bei Zuschlagskalkulation, 222 Preisermittlung bei Kalkulation über die Endsumme und 223 Aufgliederung der Einheitspreise.

[172] § 8a Abs. 1 VOB/A 2019 und § 8a EU [illegible]

erstreckt sich demnach von wenigen Seiten bis zu mehrere Aktenordner füllenden Ausschreibungstexten.

Einige Kernaussagen der VOB/A 2019 und VOB/A-EU VOB/A 2019:

„Die Leistung ist eindeutig und so erschöpfend zu beschreiben, dass alle Unternehmen (VOB/A-EU: Bewerber) die Beschreibung im gleichen Sinne verstehen müssen und ihre Preise sicher und ohne umfangreiche Vorarbeiten berechnen können."[173]

„Dem Auftragnehmer darf kein ungewöhnliches Wagnis aufgebürdet werden für Umstände und Ereignisse, auf die er keinen Einfluss hat und deren Einwirkung auf die Preise und Fristen er nicht im Voraus schätzen kann."[174]

„Bedarfspositionen sind grundsätzlich nicht in die Leistungsbeschreibung aufzunehmen. Angehängte Stundenlohnarbeiten dürfen nur in dem unbedingt erforderlichen Umfang in die Leistungsbeschreibung aufgenommen werden."[175]

Beachtenswert ist ein Beschluss der Vergabekammer Lüneburg, nach dem ein Auftraggeber die Vergabeunterlagen während der Angebotsfrist durchaus verändern kann, wenn dadurch kein Bieter diskriminiert wird. Im konkreten Einzelfall hatte der ÖAG ein zunächst verwendetes Leistungsverzeichnis durch ein Leistungsprogramm ersetzt.[176]

3.1.4.7 Produktneutralität, Produktspezifikation, Leitfabrikate

„In technischen Spezifikationen darf nicht auf eine bestimmte Produktion oder Herkunft oder ein besonderes Verfahren, das die von einem bestimmten Unternehmen bereitgestellten Produkte charakterisiert, oder auf Marken, Patente, Typen oder einen bestimmten Ursprung oder eine bestimmte Produktion verwiesen werden, es sein denn, dies ist durch den Auftragsgegenstand gerechtfertigt oder der Auftragsgegenstand kann nicht hinreichend genau und allgemein verständlich beschrieben werden; solche Verweise sind mit dem Zusatz "oder gleichwertig" zu versehen."[177]

Ein „Zuschneiden" der Leistungen auf bestimmte Bieter oder Hersteller ist demnach nicht zulässig, selbst wenn dies mit dem Blick auf das bestehende, dem Vergabeverfahren vorangestellte Leistungsbestimmungsrecht des ÖAG zunächst möglich erscheint. Etwaige konkrete Spezifikationen müssen bei Abweichung vom Grundsatz allerdings nachvollziehbar objektiv auftragsbezogen[178] sein. Da stets ein größtmöglicher Wettbewerb herzustellen ist, dürfen Produktvorgaben keine diskriminierende Wirkung entfalten.[179] Die Nennung von

[173] § 7 Abs. 1 Nr. 1 VOB/A 2019 und § 7 EU Abs. 1 Nr. 1 VOB/A 2019.
[174] § 7 Abs. 1 Nr. 3 VOB/A 2019 und § 7 EU Abs. 1 Nr. 3 VOB/A 2019.
[175] § 7 Abs. 1 Nr. 4 VOB/A 2019 und § 7 EU Abs. 1 Nr. 4 VOB/A 2019.
[176] Vgl. Vergabekammer (VK) Lüneburg, Beschluss vom 7.10.2015, VgK-31/2015.
[177] § 7 Abs. 2 VOB/A 2019 und § 7 EU Abs. 2 VOB/A 2019.
[178] Vgl. Oberlandesgericht (OLG) Jena, Beschluss vom 25.6.2014, 2 Verg 1/14.
[179] Vgl. Oberlandesgericht (OLG) Karlsruhe, Beschluss vom 15.11.2013, 15 Verg 5/13.

Leitfabrikaten betrifft dagegen nicht ein konkretes Produkt, es dient vielmehr der Beschreibung der benötigten, nicht anders zu umschreibenden Leistung. Konkrete Vorgaben sind durchaus zulässig: *„Als sach- und auftragsbezogene Aspekte anerkannt sind solche, die sich z.B. aus der besonderen Aufgabenstellung, aus technischen oder gestalterischen Anforderungen oder aus der Nutzung der Sache ergeben wie etwa die Zweckmäßigkeit einer einheitlichen Wartung. Auch wirtschaftliche Erwägungen können eine Rolle spielen. Die Gründe müssen jedoch gewichtig sein, weil es sich (als Abweichung von den EU-rechtlich garantierten Grundfreiheiten) um einen eng auszulegenden Ausnahmetatbestand handelt."*[180] Das bedeutet im Umkehrschluss, dass vom AG vorgegebene Produkte dann nicht mit dem Zusatz „oder gleichwertig" zu versehen sind, wenn exakt diese und keine anderen Leistungen gewollt sind. Die Bieter sollten sich, selbst bei Abweichungen von den vom ÖAG aufgestellten Anforderungen, präzise an die Produktangaben im Wortlaut halten, da ansonsten das Angebot ausgeschlossen werden muss.[181] Eine unzulässige Produktvorgabe sollte dann nachgelagert geklärt werden.

3.1.5 Bildung von Bieter- und Arbeitsgemeinschaften

Der Öffentliche Auftraggeber (ÖAG) hat zu beachten, dass Bietergemeinschaften (BiGe) und Einzelbieter gleichzusetzen sind.[182]

Vor Angebotsabgabe oder Einreichung des Teilnahmeantrages ist die Bildung von Bietergemeinschaften grundsätzlich zulässig,[183] sofern diese im Zusammenhang mit der Vergabe nicht den beabsichtigten Wettbewerb verhindern. Nach Ansicht des OLG Düsseldorf verstoßen selbst Bietergemeinschaften, die einzig aus konzernverbundenen Tochter- und Enkelgesellschaften bestehen, nicht gegen das Wettbewerbs- oder Kartellrecht.[184] Gemäß § 13 Abs. 5 VOB/A 2019 und § 13 EU Abs. 5 VOB/A 2019 müssen Bietergemeinschaften die beteiligten Mitglieder und einen bevollmächtigten Vertreter gegenüber dem Auftraggeber namhaft machen[185] – zum Beispiel durch Verwendung des VHB-Formblatts 234[186].

Bei der Bildung oder Änderung von Bietergemeinschaften *nach Angebotsabgabe* und während der Angebotsfrist ist die Rechtsprechung nicht eindeutig. Während das OLG Düsseldorf[187] dies per se als unzulässig erachtet, hat das OLG Celle[188] entschieden, dass das Ausscheiden eines Mitglieds keinesfalls zwangsläufig zum Angebotsausschluss führt, sondern der AG zunächst prüfen muss, ob die verbleibenden Mitglieder weiterhin über die nötige Eignung verfügen oder nicht.

---

180 *Reguvis Fachmedien*, Produktvorgabe ist durch den Auftragsgegenstand gerechtfertigt, 2021. Internet.
181 Vgl. Oberlandesgericht (OLG) Schleswig, Beschluss vom 11.5.2016, 54 Verg 3/16.
182 Vgl. § 6 Abs. 2 VOB/A 2019 und § 6 EU Abs. 3 Nr. 2 Satz 1 VOB/A 2019.
183 Vgl. Vergabekammer (VK) Südbayern, Beschluss vom 1.2.2016, Z3-3-3194-1-58-11/15.
184 Vgl. Oberlandesgericht (OLG) Düsseldorf, Beschluss vom 29.7.2015, Verg 6/15.
185 Vgl. § 13 Abs. 5 VOB/A 2019 und § 13 EU Abs. 5 VOB/A 2019.
186 VHB 2017, Formblatt 234 Erklärung Bieter-/Arbeitsgemeinschaft.
187 Vgl. Oberlandesgericht (OLG) Düsseldorf, Beschluss vom 26.1.2005, Verg 45/04.
188 Vgl. Oberlandesgericht (OLG) Celle, [illegible]

Nach Zuschlagserteilung ist dies zwar grundsätzlich zulässig, allerdings besteht bei wesentlicher Abwandlung das Risiko einer unzulässigen De-facto-Vergabe. Deshalb muss bei Wegfall von BiGe/ArGe-Partnern vom AG überprüft werden, ob Fachkunde und Leistungsfähigkeit der verbleibenden Vertragskonstruktion weiterhin gegeben sind. Dies gilt ebenso für Nachunternehmer.

3.1.6 Einsatz von Nachunternehmern

In Abschnitt 2 der VOB/A 2019, also ab Erreichen des EU-Schwellenwertes, ist in § 6a EU Nr. 3 lit. i) VOB/A 2019 die Einbindung von Nachunternehmen (NU) geregelt: *„Zum Nachweis der beruflichen und technischen Leistungsfähigkeit kann der öffentliche Auftraggeber je nach Art, Menge oder Umfang oder Verwendungszweck der ausgeschriebenen Leistung verlangen: Angabe, welche Teile des Auftrags der Unternehmer unter Umständen als Unteraufträge zu vergeben beabsichtigt."* Im ersten Abschnitt der VOB/A 2019 (Unterschwellverfahren) ist dies hingegen nicht weiter geregelt. Auf Verlangen des Auftraggebers, zum Beispiel mittels VHB-Formblätter 233 und 236[189], muss der Bieter mit seinem Angebot detaillierte Angaben dazu machen, welche Leistungsteile der Gesamtleistung durch Nachunternehmer im Einzelnen ausgeführt werden sollen und wie hoch die anteiligen Angebotspreise jeweils sind.[190] Zwar ist der Bieter grundsätzlich in der Bestimmung des Nachunternehmereinsatzes frei, allerdings kann dieser vom Auftraggeber eingeschränkt werden, wenn spezielle Umstände dies rechtfertigen.[191] Wird gar für eine bestimmte Leistung eine notwendige Fachkunde und Leistungsfähigkeit zwingend benötigt, muss der Bieter den zutreffenden Nachweis bereits mit der Angebotsabgabe erbringen. Einmal fehlende Angaben zu Nachunternehmerleistungen können später nicht mehr nachgereicht werden.[192] Wichtig im Zusammenhang mit der Eignungsleihe ist, dass ÖAG direkt vorgeben können, dass Bieter und Nachunternehmen gemeinsam für die Bauausführung haften.[193]

3.2 Durchführung des Vergabeverfahrens

Nachdem der Öffentliche Auftraggeber (ÖAG) auf der Grundlage des Bedarfs und der Finanzierung den Entschluss gefasst hat, das Vergabeverfahren mit den strategischen Weichenstellungen und taktischen Detailfestlegungen zu realisieren, beginnt mit der Absendung der Vergabebekanntmachung die nach außen wahrnehmbare Phase des Vergabeverfahrens[194].

[189] VHB 2017, Formblätter 233 Verzeichnis der Nachunternehmerleistungen und 236 Verpflichtungserklärung anderer Unternehmen.
[190] Vgl. Oberlandesgericht (OLG) Dresden, Beschluss vom 8.5.2013, Verg 1/13.
[191] Vgl. Europäischer Gerichtshof (EuGH), Beschluss vom 7.4.2016, C-324/14.
[192] Vgl. Vergabekammer (VK) Sachsen-Anhalt, Beschluss vom 3.6.2015, 3 VK LSA 24/15.
[193] Vgl. § 47 Abs. 3 VgV 2021.
[194] Vgl. Vergabekammer (VK) Rheinland-Pfalz, Beschluss vom 14.12.2015, VK1-14/15.

3.2.1 Auftragsbekanntmachung

Dreh- und Angelpunkt der Vergabe ist die Auftragsbekanntmachung im EU-Amtsblatt, die der ÖAG mittels standardisiertem Formular[195] und der dem Auftrag zuzuordnenden CPV-Codes[196] veröffentlicht. Letztere helfen dem interessierten Bieter bei der zielgerichteten Suche nach öffentlichen Aufträgen. In sechs Abschnitten des Standardformulars der Auftragsbekanntmachung sind alle Angaben aufgeführt, die potenzielle Bieter für die erste Einschätzung des Auftrags, der abgefragten Leistungen und der Anforderungen benötigen: von den Auftraggeberdaten über den Auftragsgegenstand und die Auftragsbedingungen bis zu den Informationen zum Vergabeverfahren und zur Auftragsvergabe. Diese Angaben hat der ÖAG gleichsam verwaltungsintern zu dokumentieren, zum Beispiel mittels VHB-Formblätter 121 und 122[197].

3.2.2 Entscheidung über die Teilnahme an einer Ausschreibung

Unmittelbar nachdem der Bieter von einer interessanten Ausschreibung erfahren hat oder zur Angebotsabgabe aufgefordert wurde[198], sollte er den Bekanntmachungs- oder Ausschreibungstext, bei EU-Vergabeverfahren beispielsweise im TED[199], intensiv studieren. Die Entscheidung über eine Teilnahme an einer Ausschreibung sollte erst nach gründlicher Untersuchung der Vergabe- und Vertragsunterlagen getroffen werden. Etwaige Unvollständigkeiten oder Unklarheiten, Diskrepanzen zur Bekanntmachung, Fehler, unangemessene Anforderungen und Festlegungen können durch gezieltes Nachfragen oder Rügen eruiert werden, wozu der Bieter ohnehin verpflichtet ist. Für eine wirkungsvolle Angebotserstellung und zur Erhöhung der Chancen auf den Zuschlag sollte der Bieter inhaltliche und strategische Fragen – gleichfalls in Bezug auf die Fragen anderer Bieter, die bereits gestellt wurden – direkt an den Auftraggeber richten.

3.2.3 Kommunikation zwischen Auftraggeber und Bewerbern/Bietern

Während der Angebotsphase gilt für Vergabeverfahren bis zum EU-Schwellenwert: *„Erbitten Unternehmen zusätzliche sachdienliche Auskünfte über die Vergabeunterlagen, so sind diese Auskünfte allen Unternehmen unverzüglich in gleicher Weise zu erteilen."*[200] Ab Erreichen des EU-Schwellenwertes: „*Rechtzeitig beantragte Auskünfte über die Vergabeunterlagen sind spätestens sechs Kalendertage vor Ablauf der Angebotsfrist allen Unternehmen in*

---

[195] Vgl. *Supplement zum Amtsblatt der Europäischen Union, Formular Auftragsbekanntmachung*, 2021, Internet.

[196] Common Procurement Vocabulary: Einheitliche Nomenklatur der Europäischen Union (EU) für öffentliche Aufträge zur Beschreibung des Auftragsgegenstandes.

[197] VHB 2017, Formblatt 121 Bekanntmachung Öffentliche Ausschreibung, Formblatt 122 Bekanntmachung Teilnahmewettbewerb.

[198] VHB 2017, Formblätter 211 und 211 EU – Aufforderung zur Abgabe eines Angebots.

[199] Tenders Electronic Daily: Online-Plattform der Europäischen Union (EU) zur Veröffentlichung öffentlicher Aufträge.

[200] § 12a Abs. 4 VOB/A 2019.

gleicher Weise zu erteilen. Bei beschleunigten Verfahren nach § 10a EU Absatz 2 [Anm. d. Verf.: verkürzte Angebotsfrist 15 Tage], *sowie § 10b EU Absatz 5* [Anm. d. Verf.: wegen Dringlichkeit verkürzte Angebotsfrist 15 Tage/10 Tage] *beträgt diese Frist vier Kalendertage.*"[201] Allerdings kann der ÖAG unter anderem konkrete Schlusstermine für die Stellung von Bieterfragen in den Vergabeunterlagen vorgeben.[202]

Grundsätzlich sind Fragen der Bieter wegen des Transparenz- und Gleichbehandlungsgebotes, selbst unmittelbar vor Ablauf der Angebotsfrist, umgehend vom ÖAG zu beantworten und erbetene Vergabeunterlagen versenden. Je nach Informationsgehalt, sollte vom ÖAG erwogen werden, gegebenenfalls die Angebotsfrist zu verlängern.

Üblicherweise werden durch den Auftraggeber alle eingehenden Bieterfragen anonymisiert und in einem fortlaufenden Fragen-Antworten-Katalog dem gesamten Bieterkreis zur inhaltlichen Berücksichtigung bei der Angebotskalkulation zur Verfügung gestellt. Aus Bietersicht ist allerdings zu beachten, dass jede aufgeworfene Frage den konkurrierenden Bietern ein Stück der eigenen Angebotsstrategie offenbart und gegebenenfalls Schlussfolgerungen auf die Zielsetzung oder das Vorgehen ermöglicht. Erfahrene Bieter verfolgen und analysieren die Kommunikation zwischen den Wettbewerbern und dem Auftraggeber sehr genau und versuchen, daraus Vorteile abzuleiten. Ob und wann Fragen an den ÖAG gerichtet werden und welche das sind, ist somit fast ebenso bedeutsam wie die Frage, ob die Antworten überhaupt zu dem beabsichtigten Informationsvorteil führen. Gleichsam sollten Auftraggeber sehr gut überlegen, wie umfänglich und detailliert Auskünfte erteilt werden, ohne dass dabei Folgefragen desselben Bieters oder anderer Bieter ausgelöst werden. Neben inhaltlich berechtigten Fragen und Auskünften stellt gleichsam die Kommunikation während der Angebotsphase ein strategisches Moment dar, selbst wenn es nur mit der Absicht genutzt wird, den Auftraggeber dazu zu bewegen, die Angebotsfrist zu verlängern. Eine Verlängerung liegt allerdings weitgehend im pflichtgemäßen Ermessen der ÖAG, darf aber nicht zugunsten einzelner Bieter erfolgen.[203]

3.2.4 Angebotserstellung und -eingang

Für die rechtzeitige Einreichung der Angebote sind ausschließlich die Bieter verantwortlich. Verspätete Angebotseinreichungen führen aufgrund des Gleichheitsgrundsatzes zwangsläufig zum Ausschluss.

Etwaige Fehler in der Angebotskalkulation verantwortet alleinig der Bieter,[204] ein späterer Einspruch wegen Irrtums[205] sind nicht möglich. Der ÖAG ist keinesfalls verpflichtet und

[201] § 12a EU Abs. 3 VOB/A 2019.
[202] Vgl. Oberlandesgericht (OLG) Saarbrücken, Beschluss vom 18.5.2016, 1 Verg 1/16.
[203] Vgl. Vergabekammer des Bundes (VK Bund), Beschluss vom 15.10.2018, VK 1-89/18.
[204] Vgl. Oberlandesgericht (OLG) Naumburg, Beschluss vom 22.11.2004, 1 U 56/04.
[205] Vgl. § 119 BGB 2020.

auch kaum in der Lage, eine Überprüfung der Kalkulation durchzuführen. Die Preisermittlung ist demnach mit größtmöglicher Präzision durchzuführen. Sollten Bieter nach der Angebotsöffnung feststellen, dass Fehler in der Angebotskalkulation vorliegen, sollte diese dem Auftraggeber mitgeteilt werden.

3.2.4.1 Rücknahme des Angebots

Bis zum Ablauf der Angebotsfrist können Bieter ihre eingereichten Haupt- und Nebenangebote ohne Angabe von Gründen schriftlich zurückziehen.[206] Innerhalb der Bindefrist ist eine Angebotsrücknahme nicht möglich.

3.2.4.2 Angebotsöffnung

Die Angebotsöffnung erfolgt nach Ablauf der Angebotsfrist. *„Abhängig davon, ob ausschließlich elektronische Angebote oder schriftliche Angebote zugelassen sind, kommen im unterschwelligen Bereich die § 14 VOB/A 2019 oder § 14a VOB/A 2019, bei EU-weiten Ausschreibungen der § 14 EU VOB/A 2019 […] zur Anwendung."*[207] Die Angebotsöffnung ist vom ÖAG zu protokollieren.[208] Hierfür kann er sich beispielsweise des VHB-Formblatts 313[209] bedienen. Gleichsam sind verspätet eingegangene Angebote[210] und auch Angebote, die zwar innerhalb der Angebotsfrist zugegangen, *„aber dem Verhandlungsleiter nicht vorgelegen"*[211] haben, aufzunehmen. Mit dem Ende der Angebotsfrist und der Öffnung der Angebote beginnt die Zuschlagsfrist. Unabhängig von dem EU-Schwellenwert dürfen die Öffnungsprotokolle (Niederschriften) nicht veröffentlich werden.[212] *„Die Angebote und ihre Anlagen sind sorgfältig zu verwahren und geheim zu halten."*[213]

3.2.5 Angebotsprüfung und -wertung

Im Anschluss an die Angebotsöffnung erfolgt die *Prüfung und Wertung* der vorliegenden Angebote durch den Auftraggeber. Das VHB 2017 sieht in der Richtlinie zu Formblatt 321, Nr. 2 bis 5 einen vierstufigen Prüf- und Wertungsablauf vor: 1. Formale Prüfung der Angebote, 2. Rechnerische, technische und wirtschaftliche Prüfung der Angebote, 3. Eignungsprüfung und 4. Wertung der Angebote. Der ÖAG hat hierbei strikt die Prüfabfolge und die Trennung der einzelnen Arbeitsschritte zu beachten. Die Veränderung des Ab-

[206] Vgl. § 10 Abs. 2 VOB/A 2019 und §§ 10a und 10b EU Abs. 7 VOB/A 2019.
[207] *Berner, F./Kochendörfer, B./Schach, R.*, Grundlagen der Baubetriebslehre 1 Baubetriebswirtschaft, 2020, S. 361.
[208] Vgl. § 14 Abs. 3 VOB/A 2019 und § 14 EU Abs. 3 VOB/A 2019.
[209] VHB 2017, Formblatt 313 Niederschrift über die (Er)Öffnung der Angebote.
[210] Vgl. § 14 Abs. 4 VOB/A 2019 und § 14 EU Abs. 4 VOB/A 2019.
[211] Ebd. Abs. 5.
[212] Vgl. Ebd. Abs. 7.
[213] Ebd. Abs. 8

laufs, die Vermengung von Prüfungsphasen oder die nochmalige Verwendung eines auf anderer Stufe bereits eingesetzten Prüfattributs stellen eine Verletzung der Bieterrechte dar.[214] BRÄKLING formuliert das Ziel dieses Prozesses folgendermaßen: *„Im Ergebnis der Angebotsauswertung soll der Auftraggeber ein präzises Gefühl für die Chancen und Risiken einer Vergabe bekommen.“*[215]

3.2.5.1 Erste Stufe – Formale Prüfung der Angebote

Zunächst wird in einer ersten Durchsicht anhand der vom Öffentliche Auftraggeber (ÖAG) zuvor festgelegten Anforderungen die formale Zulassung oder der Ausschluss und anhand der einzureichenden Unterlagen die Vollständigkeit der Angebote geprüft. Als Hilfsmittel kann das VHB-Formblatt 315[216] herangezogen werden. Differenziert wird nach *zwingenden* und fakultativen Gründen. Letztere billigen dem ÖAG bei der Einschätzung, ob ein optionaler Ausschluss vorzunehmen ist, einen gewissen *Ermessensspielraum* zu.

Zwingende Ausschlussgründe gemäß § 16 Abs.1 VOB/A 2019 und § 16 EU VOB/A 2019: Der ÖAG hat bei der Prüfung formaler Präklusionsaspekte keinen Beurteilungsspielraum. So sind beispielsweise Angebote, die nicht bis zum Eröffnungstermin vorliegen, zwingend auszuschließen. Allerdings: *„Ein Angebot, das nachweislich vor Ablauf der Angebotsfrist dem (öffentlichen) Auftraggeber zugegangen war, aber dem Verhandlungsleiter nicht vorgelegen hat, ist mit allen Angaben in die Niederschrift oder in einem Nachtrag aufzunehmen.“*[217] Darüber hinaus bestehen weitere Gründe. Unter anderem sind Angebote auszuschließen, die vom Bieter *nicht rechtsverbindlich unterzeichnet* wurden oder in denen vom Bieter inhaltliche *Änderungen* an den Vergabeunterlagen vorgenommen wurden, ohne dass Nebenangebote zugelassen sind,[218] oder die vorsätzlich unzutreffende Erklärungen enthalten. Sobald das Angebot beispielsweise auf bieterseitige Geschäfts- oder sonstige Bedingungen abstellt oder ein Angebot gar als „freibleibend“ deklariert wurde, kann folglich keine deckungsgleiche Willenserklärung durch Zuschlag und somit kein Bauvertrag mehr zustande kommen. Dies gilt ebenso für Änderungen an den Fristen und allen anderen Vertragsparametern. Angebote sind selbst dann konsequenterweise auszuschließen, wenn begründete Zweifel an *veränderten Eintragungen* des Bieters bestehen, d. h. Informationen nicht hinreichend zuverlässig sind. Nicht eineindeutige, nicht lesbare oder korrigierte Angaben würden ansonsten einer Interpretation durch den Auftraggeber unterliegen. Sofern in dieser Stufe bekannt ist, dass Angebote, durch *wettbewerbsbeschränkende Abrede* zustande kamen, sind diese auszuschließen. Dies trifft desgleichen auf mischkalkulierte Angebote zu, bei denen

---

214 Vgl. *Industrie- und Handelskammer zu Berlin*, Die Vergabe öffentlicher Aufträge, 2015, S. 8 f. Internet.

215 *Bräkling, E. / Oidtmann, K.*, Beschaffungsmanagement – Erfolgreich einkaufen mit Power in Procurement, 2019, S. 283.

216 VHB 2017, Formblatt 315 Vergabevermerk – Erste Durchsicht.

217 § 14 Abs. 5 Satz 1 VOB/A 2019 und 14 EU Abs. 5 Satz 1 VOB/A 2019.

218 [illegible] (VK) Lüneburg, Beschluss vom 6.2.2015, VgK-49/2014.

mehrere Leistungspositionen in unzulässiger Weise vom Bieter miteinander verbunden wurden. Beispielsweise könnten Zulagepositionen in Normalpositionen „eingepreist" werden – dies wäre allerdings noch nicht in der ersten Stufe festzustellen. Fehlende Preisangaben[219] führen unweigerlich zum Ausschluss des Angebots, genauso wie nachgeforderte, nicht rechtzeitig eingereichte Erklärungen und Nachweise.[220] Grundsätzlich müssen alle Angebote ausgeschlossen werden, die nicht allen Vorgaben eines Leistungsverzeichnisses (LV) entsprechen.[221] Nach der Auffassung des OLG Dresden[222] und der Vergabekammer des Bundes[223] kommen Angebotsausschlüsse jedoch nur bei Abweichungen von unmissverständlichen und eindeutigen Vorgaben des ÖAG in Betracht, die dem Bieter eine sichere Kalkulation ohne umfassende Vorarbeit ermöglichen. Eineindeutige Vorgaben des ÖAG können dem Bieter demnach nicht zum Nachteil gereicht werden. Der Bieter sollte bei bestehenden Bedenken an der Rechtmäßigkeit oder der fachlichen Richtigkeit der Vergabeunterlagen keinesfalls durch eigene, relativierende Angebotsauslegung korrigierend gegensteuern,[224] sondern vielmehr den ÖAG bis zum Ablauf der Angebotsfrist auf festgestellte Mängel oder vorhandene Zweifel hinweisen oder solche durch Nachfragen klären. Angebote sind auch dann zwingend auszuschließen sind, wenn – nachweislich oder durch rechtskräftige Verurteilung – Steuern und Abgaben zur Sozialversicherung nicht bezahlt wurden.[225]

Fakultative Ausschlussgründe: Öffentliche Auftraggeber (ÖAG) können bei Insolvenz oder Liquidation von Unternehmen nach *eigenem Ermessen* deren Angebote vom Verfahren ausschließen. Allerdings sollten diese Umstände zunächst zutreffend ermittelt werden – selbst dann, wenn *„nachweislich eine schwere Verfehlung begangen wurde, die die Zuverlässigkeit als Bewerber oder Bieter in Frage stellt"*[226] oder wenn Abgaben, Steuern, Sozialversicherungsbeiträge oder Zahlungen an die Berufsgenossenschaften nicht gezahlt wurden. Schlechtleistungen aus vorherigen Aufträgen können wegen mangelnder Zuverlässigkeit zum Ausschluss führen.[227] Voraussetzungen der Ermessensauslegung hierfür sind eine gute Dokumentation, eine Anhörung des Bieters und eine abgewogene Prognoseentscheidung Das Befinden darüber entfällt, sobald vom ÖAG Unbedenklichkeitsbescheinigungen bereits mit der Bekanntmachung verpflichtend eingefordert werden.

Nachfordern fehlender Unterlagen: Fehlende Unterlagen müssen vom ÖAG nachgefordert werden. Durch die Rechtsprechung hat sich eine Nachforderungsordnung entwickelt, die näher betrachtet werden muss. Der Auftraggeber ist verpflichtet, Bieter aufzufordern *„fehlende, unvollständige oder fehlerhafte unternehmensbezogene Unterlagen – insbesondere*

---

[219] Vgl. Oberlandesgericht (OLG) Düsseldorf, Beschluss vom 24.9.2014, Verg 19/14.
[220] Vgl. Vergabekammer (VK) Sachsen-Anhalt, Beschluss vom 15.7.2015, 1 VK LSA 8/15.
[221] Vgl. Vergabekammer (VK) Nordbayern, Beschluss vom 10.3.2016, 21. VK-3194-03/16.
[222] Vgl. Oberlandesgericht (OLG) Dresden, Beschluss vom 21.2.2020, Verg 7/19.
[223] Vgl. Vergabekammer des Bundes (VK Bund), Beschluss vom 24.3.2016, VK 2-15/16.
[224] Vgl. Vergabekammer (VK) Lüneburg, Beschluss vom 28.1.2016, VgK-50/2015.
[225] Vgl. § 123 Abs. 4 GWB 2021.
[226] § 16 Abs. 2 Nr. 3 VOB/A 2019, kein Pendant in VOB/A-EU.
[227] Vgl. Oberlandesgericht (OLG) München, [illegible]

Erklärungen, Angaben oder Nachweise – nachzureichen, zu vervollständigen oder zu korrigieren, oder fehlende oder unvollständige leistungsbezogene Unterlagen – insbesondere Erklärungen, Produkt- und sonstige Angaben oder Nachweise – nachzureichen oder zu vervollständigen (Nachforderung).“[228] Bei der Bestimmung der Frist, innerhalb ein Bieter die nachgeforderten Unterlagen nachzureichen hat, ist der ÖAG frei. Der Zeitraum muss allerdings angemessen dimensioniert sein. In der Rechtsprechung hat sich hierfür ein Mindestzeitraum von sechs Kalendertagen herausgebildet.[229] Widersprüchliche oder nicht eindeutige Erklärungen sind dabei wie fehlende Unterlagen zu behandeln.[230] Der ÖAG kann vom Bieter verlangen, stets aktuelle Nachweise einzureichen.[231] Dies erstreckt sich gleichsam auf fehlende Angaben zu Hersteller und Typen[232] oder zur Vorlage der Urkalkulation[233]. Die Nachforderung weist allerdings eine klare Trennlinie auf. *Unvollständige Angaben* dürfen nicht nachträglich eingeholt und bereits eingereichte Angebotsunterlagen nicht inhaltlich nachgebessert werden. Ferner gilt nach der Vergabeverordnung (VgV 2021): *„Die Nachforderung von leistungsbezogenen Unterlagen, die die Wirtschaftlichkeitsbewertung der Angebote anhand von Zuschlagkriterien betreffen, ist ausgeschlossen.“*[234] Zwei weitere Rechtsprechungen veranschaulichen die Komplettierungsthematik. Das OLG Dresden hat folgendermaßen entschieden: *„Ist wegen einer inhaltlichen Unvollständigkeit schon gar kein wirksames Angebot abgegeben worden, so handelt es sich nicht um das Fehlen von Erklärungen oder Nachweisen. Das Angebot ist vielmehr auszuschließen, ohne dass dem Bieter Gelegenheit gegeben werden darf, es nachzubessern.“*[235] Das OLG Düsseldorf hat ergänzt, dass das Nachfordern lediglich der Vervollständigung oder Sinndeutung dient, *„nicht aber auf deren Austausch durch andere, bessere Nachweise.“*[236] Folgt man dieser Auffassung, kann der Auftraggeber in der Bekanntmachung nicht geforderte Erklärungen und Nachweise vom Bieter später nicht mehr nachfordern, dadurch entstandene Versäumnisse können also nicht geheilt werden.[237] Ebenso können zwar nachweislich geforderte, dem Bieter im Vergabeverfahren zu Unrecht abverlangte Bestätigungen nicht eingeholt werden und Angebote deshalb nicht ausgeschlossen werden. Der ÖAG kann gemäß § 16a Abs. 3 VOB/A 2019 und § 16a EU Abs. 3 VOB/A 2019 mit der Vergabebekanntmachung bestimmen, dass das Nachfordern von fehlenden Unterlagen ausgeschlossen ist.

Eine Besonderheit stellen, wie bereits dargelegt, das *Fehlen von Angebotspreisen* und die eingeschränkte Möglichkeit der Nachforderung dar. Die VOB/A 2019 und VOB/A-EU zum Angebotsausschluss: *„Dies gilt nicht für Angebote, bei denen lediglich in unwesentlichen*

---

228 § 16a Abs. 1 VOB/A 2019 und § 16a EU Abs. 1 VOB/A 2019.
229 Vgl. Oberlandesgericht (OLG) Düsseldorf, Beschluss vom 14.11.2018, Verg 31/18.
230 Vgl. Vergabekammer (VK) Westfalen, Beschluss vom 26.1.2015, VK 24/14.
231 Vgl. Vergabekammer (VK) Rheinland, Beschluss vom 23.3.2020, VK 8/20.
232 Vgl. Vergabekammer (VK) Lüneburg, Beschluss vom 24.8.2015, VgK 28/2015.
233 Vgl. Vergabekammer (VK) Nordbayern, Beschluss vom 29.10.2015, 21. VK-3194-35/15.
234 § 56 Abs. 3 Satz 1 VgV 2021.
235 Oberlandesgericht (OLG) Dresden, Beschluss vom 21.2.2012, Verg 1/12.
236 Oberlandesgericht (OLG) Düsseldorf, Beschluss vom 12.9.2012, VII-Verg 108/11.
237 Vgl. Oberlandesgericht (OLG) Koblenz, Beschluss vom 30.3.2012, Verg 1/12.

Positionen die Angabe des Preises fehlt und sowohl durch die Außerachtlassung dieser Position der Wettbewerb und die Wertungsreihenfolge nicht beeinträchtigt werden als auch bei Wertung dieser Positionen mit dem jeweils höchsten Wettbewerbspreis."[238] Diese Ausführungsbestimmung ist mit Schwierigkeiten verbunden und wirft sogleich mehrere Folgefragen auf: Wie ist eine unwesentliche Position definiert? Wie sind solche Positionen bei der Wertung auszulegen, insbesondere wenn mehrere Hauptangebote vorliegen? Bedeutet ein Strich bei der Preisangabe null €, dies wäre dann eine zulässige Preisangabe[239], und ist dies dann unwesentlich, oder handelt es sich gar um ein unvollständiges Angebot? Welche Preise sind mit der Beauftragung gültig? Insbesondere bezüglich nicht eindeutiger Preiskalkulation muss der ÖAG vor Ausschluss zunächst aufklären.[240] Ist für den ÖAG abschließend nicht ergründbar, ob die Preisangabe null € bedeutet oder kein Angebotspreis vorliegt, darf ein Angebot nicht gewertet werden.[241] Widersprüchliche Preisangaben dürfen nicht aufgeklärt werden.[242] Die Angebotskalkulation liegt allein in der Verantwortungssphäre des Bieters; etwaige fehlerhafte Angaben können im Nachhinein nicht mehr korrigiert werden,[243] anders als fehlende, unwesentliche Einzelangaben oder inhaltliche Unzulänglichkeiten.[244] Diese Thematik leitet sogleich in die zweite Stufe der Angebotsprüfung über.

3.2.5.2 Zweite Stufe – Rechnerische, technische und wirtschaftliche Prüfung der Angebote

Auf der zweiten Wertungsstufe erfolgt die Prüfung der Angebotspreise der verbleibenden Angebote.[245] Hierbei sind alle Angebote, deren Preise, gemessen an der zuvor sorgfältig erstellten Kostenermittlung und der Marktsituation, unangemessen, spekulativ oder gar unzulässig mischkalkuliert erscheinen, zunächst zwingend abzuklären[246] und gegebenenfalls von der weiteren Wertung auszuschließen. Hintergrund ist, dass der Zuschlag nicht auf ein Angebot mit einem unangemessenen hohen oder niedrigen Preis erteilt werden darf.[247] Im ersten Fall müsste der Auftraggeber mit einer Budgetüberschreitung des Bauvorhabens rechnen, im zweiten Fall riskiert er gegebenenfalls eine unzulängliche Bauleistung, da der potenzielle Auftragnehmer aufgrund eines möglichen Unterkostenangebots das Bausoll nicht in der vorgegebenen Qualität oder Zeit oder nur mittels Nachtragsmanagement oder dergleichen erreichen kann. Insofern handelt es sich in erster Linie nicht um eine bieterschützende Vorschrift, sondern die Vorschrift dient dem Zweck, den Auftraggeber vor Schaden zu bewahren

---

238 § 16a Abs. 2 Satz 3 VOB/A 2019 und § 16a EU Abs. 2 Satz 3 VOB/A 2019.
239 Vgl. Vergabekammer (VK) Nordbayern, Beschluss vom 23.6.2020, RMF-SG 21-3194-5-11.
240 Vgl. Oberlandesgericht (OLG) Düsseldorf, Beschluss vom 11.5.2016, Verg 50/15.
241 Vgl. Vergabekammer (VK) Südbayern, Beschluss vom 3.5.2016, Z3-3-3194-1-61-12/15.
242 Vgl. Vergabekammer (VK) Nordbayern, Beschluss vom 31.1.2020, RMF-SG21-3194-4-52.
243 Vgl. Vergabekammer des Bundes (VK Bund), Beschluss vom 18.2.2016, VK 1-2/16.
244 Vgl. Vergabekammer (VK) Sachsen-Anhalt, Beschluss vom 20.5.2015, 2 VK LSA 2/15.
245 Vgl. § 16c Abs. 1 VOB/A 2019 und § 16c EU Abs. 1 VOB/A 2019 und VHB 2017 Richtlinien zu Formblatt 321 3. Abschn.
246 Vgl. Vergabekammer (VK) Mecklenburg-Vorpommern, Beschluss vom 27.11.2014, 2 VK 16/14.
247 Vgl. § 16d Abs. 1 Nr. 1 VOB/A 2019 [illegible]

– in erster Linie deshalb, weil dem zweitplatzierten Bieter dadurch ein gewisser Vorteil entsteht. In der Rechtsprechung hat sich eine Aufgreifschwelle in Höhe von ±20 % herausgebildet, ab der der ÖAG zur Angemessenheitsprüfung veranlasst ist.[248] [249] [250] Hierbei ist die Preisdifferenz des zu betrachteten Angebots zum nächstgelegenen Angebot oder zur Kostenermittlung zu beachten.[251] Dies wird in der Praxis durchaus als problematisch angesehen. Der Bieter ist dazu angehalten, sich im Rahmen seiner Mitwirkungspflichten an der Aufklärung der Unangemessenheit von Preisen zu beteiligen; bei unzureichender Mitwirkung droht der Ausschluss des Angebotes vom Vergabeverfahren. Damit fundiert beurteilt werden kann, ob ein unzulässiges Unterkostenangebot vorliegt, ist die detaillierte Angebotskalkulation oder Urkalkuation des Bieters heranzuziehen und auf Titel- sowie Positionsebene gewissenhaft zu prüfen. Nach der Auffassung des OLG Brandenburg hat der Auftraggeber hierbei das gesamte *Preis-Leistungs-Verhältnis*, also den Angebotspreis im Verhältnis zum Leistungswert, zu betrachten. Der Angebotsausschluss ist vorzunehmen, sobald diese Relationen nicht adäquat sind und es dem Anbieter nicht gelingt, Ernsthaftigkeit und Erträglichkeit des Angebots zu fundieren.[252] Folglich müssen ebenso alle vorhandenen Preisbedingungen, wie etwa Preisgleitklauseln, Sondervorschläge, betrachtet werden. In diesem Zusammenhang ist anzumerken, dass nicht jedes Unterkostenangebot grundsätzlich auszuschließen ist, da individuelle Unternehmensziele durchaus zu berücksichtigen sind.[253] Falls durch bessere Organisation der Geschäftstätigkeit Einsparungen gewährt oder durch marktsituativer Sonderkonditionen, Preisnachlässe, Skonti zugestanden werden können, so ist das nicht per se unzulässig. Allerdings sind reine Verdrängungswettbewerbe dadurch nicht abgedeckt. Für die Bieter empfiehlt es sich gegebenenfalls, auf derartige Umstände bereits bei der Angebotsabgabe hinzuweisen. Sofern bei der Ermittlung des Gesamtpreises aus der Multiplikation der Menge und des Einheitspreises Rechen- und/oder Übertragungsfehler festgestellt werden, hat eine Korrektur zu erfolgen, wobei im Zweifel stets der angebotene Einheitspreis maßgeblich ist. Bei substantiierten Bedenken ist der ÖAG berechtigt und verpflichtet, vom Bieter Aufklärung zu verlangen, die bei Nichtgewährung durch den Bieter gemäß § 15 Abs, 2 VOB/A 2019 und § 15 EU Abs. 2 VOB/A 2019 zwangsläufig zum Ausschluss des Angebots führt.[254] [255] Seitens des Bieters besteht allerdings kein Recht, Zweifel des Auftraggebers ohne vorherige Aufforderung „vorauseilend" aufzulösen. Nach dem Abschluss der rechnerischen Prüfung ist der Auftraggeber, dem Transparenzgedanken folgend, verpflich-

---

[248] Vgl. Oberlandesgericht (OLG) Düsseldorf, Beschluss vom 2.8.2017, Verg 17/17.
[249] Vgl. Vergabekammer (VK) Hessen, Beschluss vom 22.7.2020, 69d-VK-33/2019.
[250] Vgl. Vergabekammer des Bundes (VK Bund), Beschluss vom 29.07.2019, VK 1-47/19.
[251] Vgl. Vergabekammer (VK) Sachsen, Beschluss vom 26.5.2015, 1/SVK/015-15.
[252] Vgl. Oberlandesgericht (OLG) Brandenburg, Beschluss vom 22.3.2011, Verg W 18/10.
[253] Vgl. Vergabekammer (VK) Sachsen-Anhalt, Beschluss vom 25.9.2018, 3 VK LSA 53/18.
[254] Vgl. Kammergericht (KG) Berlin, Beschluss vom 7.8.2015, Verg 1/15.
[255] Vgl. Vergabekammer des Bundes (VK Bund), Beschluss vom 27.5.2020, VK 2-21/20.

tet, das Protokoll der Angebotsöffnung um die geprüften Angebotssummen zu vervollständigen und auf Ersuchen des Bieters Einsicht in das Protokoll zu gewähren, die Bieternamen und deren Angebotspreise sowie die Anzahl der eingereichten Nebenangebote mitzuteilen.[256]

3.2.5.3 Dritte Stufe – Eignungsprüfung

Nach der Feststellung der Ordnungsmäßigkeit der Angebote eruiert der Öffentliche Auftraggeber (ÖAG) anhand ein- und gegebenenfalls nachgereichter Nachweise, welche Bieter über die zuvor an der Bauaufgabe ausgerichteten und in der Auftragsbekanntmachung und Vorinformation veröffentlichten unternehmensbezogen Eignungsparameter[257] verfügen oder nicht.[258] Es handelt sich somit um eine Eignungsvorhersage zum voraussichtlichen Zeitpunkt der Bauausführung. Angebote nicht geeigneter Bieter werden vom weiteren Vergabeverfahren ausgeschlossen und keiner inhaltlichen Kontrolle innerhalb der vierten Stufe mehr unterzogen. Sollte dem Vergabeverfahren ein Teilnahmewettbewerb vorgeschaltet sein, erfolgt die Eignungsprüfung nicht mit der Angebotsprüfung, sondern bereits vorher mit der Prüfung der Teilnahmeanträge. Wie bereits ausgeführt wurde, darf es bei der Eignungsprüfung nicht zu einer Vermengung mit den Zuschlagskriterien kommen.

Der ÖAG hat alle eingereichten Unterlagen umfänglich und qualitativ zu bewerten. Bei der inhaltlichen Einschätzung der Erklärungen und Nachweise verfügt der Auftraggeber über einen gewissen Wertungsspielraum, der durch eine eventuell angerufene Vergabekammer nur sehr eingeschränkt überprüft werden kann. Gelangt der Auftraggeber zum Zeitpunkt der Zuschlagsentscheidung zu der sachverhaltsbasierenden Erkenntnis, dass der Bieter oder die Bietergemeinschaft nicht über die notwendige Eignung verfügt, ist das Angebot auszuschließen. Der Zuschlag darf keinesfalls auf ein Angebot eines nicht geeigneten Bieters erteilt werden – selbst dann nicht, wenn nur ein einziges Angebot vorliegen sollte. So verhält es sich ferner, wenn der Bieter die ausdrücklich geforderten Erklärungen und Nachweise nicht, nur unvollständig oder verspätet vorlegt. Entbehrlich sind Nachweise, sobald der Bieter beim Verein für *Präqualifikation* offiziell gelistet ist: *„Der Nachweis der Eignung und des Nichtvorliegens von Ausschlussgründen […] kann ganz oder teilweise durch die Teilnahme an Präqualifizierungssystemen erbracht werden.“*[259] Der Auftraggeber kann und muss bei positiver Präqualifikation des Bieters die notwendige Fachkunde und Leistungsfähigkeit unterstellen und die allgemeine Eignung als erfüllt ansehen.

Bei der Beteiligung einer *Bietergemeinschaft* am Vergabeverfahren ist durch den Auftraggeber gleichsam zu klären, inwiefern die einzelnen Mitglieder der Bietergemeinschaft und die Bietergemeinschaft gesamthaft die Eignungsaspekte erfüllen. Selbst wenn jeder Bieter

[256] Vgl. § 14a Abs. 7 VOB/A 2019 und § 14 EU Abs. 6 VOB/A 2019.
[257] Vgl. § 122 Abs. 4 GWB 2021.
[258] § 16b Abs. 1 VOB/A 2019 und § 16b EU Abs. 1 VOB/A 2019 und VHB 2017 Richtlinien zu Formblatt 321 4. Abschn.
[259] § 122 Abs. 3 GWB 2021.

sich unbeschränkt der notwendigen Fachkunde und Leistungsfähigkeit anderer Unternehmen bedienen kann, sind die Erfüllungskonstellationen den Anteilen nach den Beteiligten eindeutig zuzuordnen.

Bieter und Bietergemeinschaften können fehlende Eignung durch Eignungsleihe komplettieren, indem geeignete *Nachunternehmer (NU)* eingesetzt werden. In der Regel fordern Auftraggeber von den in die engere Wahl kommenden Bietern NU-Übersichten mit Angaben zu den Leistungsanteilen an der Gesamtbauleistung und Verpflichtungserklärungen ein. Dies erfolgt zumeist nach dem Ablauf der Angebotsfrist, allerdings noch vor der Erteilung des Zuschlags. Verlangt der ÖAG von den vom Bieter vorgesehenen Nachunternehmern Tauglichkeitsbelege, müssen diese, mit den aufgestellten Anforderungen übereinstimmen; andernfalls droht der Ausschluss. Dieser Ausschluss wäre wiederum obsolet, wenn der Nachunternehmer im gleichen Maße präqualifiziert ist – insbesondere deshalb, weil es dem präqualifizierten Bieter mit der Teilnahme am Präqualifikationssystem obliegt, ausschließlich vorqualifizierte Unternehmen zu verpflichten. Wie bei den Bietergemeinschaften kann gleichfalls eine Änderung im geplanten NU-Einsatz vor der Zuschlagserteilung gegen das Nachverhandlungsverbot verstoßen und zum Ausschluss führen. Keinesfalls darf ein beabsichtigter Nachunternehmereinsatz als Nachteil ausgelegt werden.[260]

3.2.5.4 Vierte Stufe – Wertung der Angebote

Als Letztes vollzieht der ÖAG mit der Wertung von Haupt- und Nebenangeboten anhand der vorab bekannt gemachten Zuschlagskriterien und des Wertungsschemas die Ermittlung und Auswahl des wirtschaftlichsten Angebots.[261]

Keinesfalls darf nochmals die Eignung oder gar ein „Mehr an Eignung" eingebracht werden, da dies bereits in der dritten Stufe anhand der vom ÖAG im Vorfeld aufgestellten und kommunizierten Eignungskriterien erfolgte.[262] Das heißt, dass alle Bieter im *gleichen Maße geeignet* sind, wenn der ÖAG zuvor die Eignung festgestellt hat. Demnach wäre eine erneute Berücksichtigung der Eignung in der abschließenden Angebotsauswertung unzulässig.

3.3 Abschluss des Vergabeverfahrens

Nach dem Abschluss der Wertungsstufe geht das Vergabeverfahren in die letzte Phase, den Abschluss des Vergabeverfahrens, über.

[260] Vgl. Oberlandesgericht (OLG) Düsseldorf, Beschluss vom 31.10.2012, VII-Verg 1/12.
[261] § 16d VOB/A 2019 und § 16d EU VOB/A 2019 und VHB 2017 Richtlinien zu Formblatt 321 5. Abschn.
[262] [illegible] Vergaberecht in der Unternehmenspraxis, 2013, S. 96.

3.3.1 Aufklärung der Angebotsinhalte

Der Öffentliche Auftraggeber (ÖAG) kann bei berechtigten Zweifeln zu folgenden Themen beim Bieter nachdrücklich Aufklärung, also Aufschluss über unklare Angebotsbelange, fordern:

- Eignung, vornehmlich technische und wirtschaftliche Leistungsfähigkeit,
- Angebotsstellung als solches (Haupt- und Nebenangebote),
- vorgesehene Realisierung des Bauvorhabens,
- Herkunft von Materialien und Bauteilen sowie
- preisliche Angemessenheit, gegebenenfalls anhand der Angebotskalkulation.[263]

Von der Reihenfolge her sieht das VHB 2017 die „Aufklärung des Angebotsinhalts", sozusagen als fünfte Stufe, unmittelbar *nach* der Wertung vor.[264] Hingegen ist in der VOB/A 2019 ist die Aufklärung thematisch in § 15 und § 15 EU angelegt, also noch *vor* „Ausschluss von Angeboten" (§ 16 und § 16 EU), „Nachforderung von Unterlagen" (§ 16a und § 16a EU), „Eignung" (§ 16b und § 16b EU), „Prüfung" (§ 16c und § 16c EU) und „Wertung" (§ 16d und § 16d EU).

Zur besseren Vorbereitung und im Sinne eines zügigen Aufschlusses innerhalb eines vorgesehenen Bietergesprächs ist es ratsam, dem Bieter neben der formellen Einladung den konkreten Klärungsbedarf als Fragen vorab schriftlich mitzuteilen. Dies ermöglicht es dem Bieter, benötigte Unterlagen oder Erklärungen bei Lieferanten oder Nachauftragnehmer einzuholen. Zwar ist eine rein schriftliche Klärung denkbar, allerdings vergibt sich der ÖAG dann die Möglichkeit direkter Nach- oder Folgefragen, die sich aus den Antworten und dem Gesprächsverlauf ergeben können. Widersprüchliche Angebotsangaben müssen vom ÖAG vor einem Ausschluss unbedingt aufgeklärt werden.[265] Sollte der Bieter sich dem Aufklärungsbegehren verweigern oder die – abermals angemessen zu dimensionierende – Frist ergebnislos verstreichen lassen, muss der ÖAG die eingereichten Angebote des betreffenden Bieters zwingend ausschließen.[266]

3.3.2 Verhandlungsverbot

Das Verhandeln von Angebotspreisen und -inhalten ist wegen der Wahrung der Vergabegrundsätze gemäß § 15 Abs. 3 VOB/A 2019 und § 15 EU Abs. 3 VOB/A 2019 generell nicht zulässig – es sei denn, sie ist wegen einer funktionalen Beschreibung der Bauleistung im Sinne einer notwendigen, unerheblichen Präzisierung oder Anpassung des Leistungsgegenstandes geboten[267] oder es wurde von vornherein ein Verhandlungsverfahren gewählt.

---

[263] Vgl. § 15 Abs. 1 Nr. 1 VOB/A 2019 und § 15 EU Abs. 1 Nr. 1 VOB/A 2019.
[264] Vgl. VHB 2017 Richtlinien zu Formblatt 321 6. Abschn.
[265] Vgl. Oberlandesgericht (OLG) Düsseldorf, Beschluss vom 21.10.2015, Verg 35/15.
[266] Vgl. § 15 Abs. 2 VOB/A 2019 und § 15 EU Abs. 2 VOB/A 2019.
[267] Vgl. § 15 Abs. 3 VOB/A 2019 und § 15 EU Abs. 3 VOB/A 2019.

3.3.3 Abschließender Prüfbericht mit Vergabevorschlag

Nach der Aufklärung aller aufklärungsbedürftigen Angebote wird der vorläufige Prüfbericht (VHB-Formblatt 315[268]) um die Aufklärungserkenntnisse vervollständigt und zum *abschließenden Prüfbericht mit Vergabevorschlag* finalisiert, beispielsweise anhand des VHB-Formblatts 321[269]. Er thematisiert die Angebotssituation, die Prüfabfolge und die Wertung. Der Vergabevorschlag ist sozusagen eine logische, stark verdichtete Ableitung aller finalen Ergebnisse und Erkenntnisse aus dem Vergabeverfahren und stellt eine Empfehlung für den Entscheidungsträger des ÖAG dar.

Öffentliche Auftraggeber (ÖAG) bedienen sich auch externer Dienstleister. Allerdings darf ein solcher nur eine unterstützende, aufarbeitende Funktion ausüben, keinesfalls über die Vergabe entscheiden.[270] Dies steht allein dem öffentlichen Auftraggeber zu. Erst die korrekte Entscheidung durch den ÖAG ermöglicht eine gültige Zuschlagserteilung.[271]

3.3.4 Vergabeentscheidung – Zuschlag oder Aufhebung

Der ÖAG entscheidet daraufhin über den Zuschlag oder über die Aufhebung der Ausschreibung (Dokumentation VHB-Formblätter 331 oder 351[272]), sofern keine annehmbaren Angebote vorliegen. Die Ausschreibung ist aufzuheben, wenn keine mit dem Vergaberecht und den Ausschreibungsbedingungen konformen Offerten vorliegen, wenn die Kostenermittlung deutlich überschritten wurde oder sonstige triftige Beweggründe vorhanden sind.[273] *„Kern der Vergabeentscheidung ist dabei der Entscheidungsprozess* [Anm. d. Verf.: zur Auftragsvergabe]. *Dieser Prozess muss sicherstellen, dass der wirklich beste Anbieter den Auftrag bekommt und das Vergabeverhalten somit einer systematischen ‚Bestenauswahl' entspricht."*[274] Ein Auftraggeber muss allerdings keinen Zuschlag erteilen, wenn sich der Beschaffungsbedarf über die zu erwartenden Anpassungen hinaus *erheblich* geändert hat und er eine derartige Realisierung des Bauvorhabens nicht mehr beabsichtigt.[275] Allerdings ist die Aufhebung kein Routinevorgang und der bloße Hinweis auf entstehende Mehrkosten stellt keinen Aufhebungsgrund dar.[276] Die *deutliche* Überschreitung der Kosten um > 10% hingegen ist ein schwer wiegender Aufhebungsgrund.[277] Die ungenügende Finanzierung des Bauvorhabens kann auch eine Aufhebung des Vergabeverfahrens aus schwerwiegenden

268 VHB 2017, Formblatt 315 Vergabevermerk – Erste Durchsicht.
269 VHB 2017, Formblatt 321 Vergabevermerk – Wertungsübersicht.
270 Vgl. Vergabekammer (VK) Nordbayern, Beschluss vom 18.6.2020, RMF-SG21-3194-5-7.
271 Vgl. Oberlandesgericht (OLG) München, Beschluss vom 15.7.2005, Verg 14/05.
272 VHB 2017, Formblätter 313 Vergabevermerk – Entscheidung über den Zuschlag und 351 Vergabevermerk – Entscheidung über die Aufhebung/Einstellung.
273 Vgl. § 17 Abs. 1 Nr. 1 bis 3 VOB/A 2019 und § 17 EU Abs. 1 Nr. 1 bis 3 VOB/A 2019.
274 *Bräkling, E. / Oidtmann, K.*, Beschaffungsmanagement – Erfolgreich einkaufen mit Power in Procurement, 2019, S. 360.
275 Vgl. Vergabekammer des Bundes (VK Bund), Beschluss vom 11.12.2020, VK 2-91/20.
276 Vgl. Vergabekammer (VK) Sachsen, Beschluss vom 17.01.2019 – 1/SVK/033-18.
277 [illegible] (VK) Lüneburg, Beschluss vom 08.06.2020, VgK-09/2020.

Gründen konstituieren, sofern eine sorgfältige und gut dokumentierte Kostenermittlung vorliegt.[278] [279] Das Aufhebungsermessen muss dabei auf zutreffender Tatsachengrundlage beruhen.[280] Beispielsweise stellt die Covid 19-Pandemie einen triftigen Aufhebungsgrund dar.[281] Eine Aufhebung und anschließende Neuausschreibung ist insbesondere dann nicht statthaft, wenn dadurch versucht wird, Preiskorrekturen an den Angebotsergebnissen durch kostengünstigere Ausführungsvarianten vorzunehmen.[282] Nach der Auffassung des OLG Frankfurt sind verhaltensbedingte Fehler der Vergabestelle, beispielsweise die Verwendung einer unzulänglichen Leistungsbeschreibung oder veränderten Planung, keine Aufhebungsgründe.[283] Mit der Aufhebung und der Information an die beteiligten Bieter ist das Vergabeverfahren formell beendet. Zu beachten ist, dass bei ungerechtfertigter Einstellung unzufriedene Bieter eventuell Schadenersatzansprüche geltend machen oder die Aufhebung anfechten können. Der Rechtsschutz (siehe Abschnitt 3.4) gilt auch nach Aufhebung der Ausschreibung.[284]

3.3.5 Vorinformation an Bieter hinsichtlich der Zuschlagsabsicht

Unterhalb der EU-Schwellenwerte sind im Anschluss an die Vergabeentscheidung nach § 19 Abs. 2 VOB/A 2019 diejenigen Bieter schriftlich zu informieren, die dies Verlangen und deren Angebote keine Berücksichtigung finden sollen. Gleichsam ist der mit dem Zuschlag beabsichtigte Bieter zu nennen. Für die Absage kann der ÖAG das VHB-Formblatt 332[285] verwenden. *„Auf Verlangen sind den nicht berücksichtigten Bewerbern oder Bietern innerhalb einer Frist von 15 Kalendertagen nach Eingang ihres in Textform gestellten Antrags die Gründe für die Nichtberücksichtigung ihrer Bewerbung oder ihres Angebots in Textform mitzuteilen, den Bietern auch die Merkmale und Vorteile des Angebots des erfolgreichen Bieters sowie dessen Name."*[286] Der Zuschlag an den Bieter mit dem wirtschaftlichsten Angebot kann unverzüglich, also ohne Wartezeit erfolgen. Bieter die bereits in einer der Wertungsstufen ausgeschlossen oder wegen der Kriterien und Wertung nicht weiterverfolgt werden, sind vom ÖAG ohne Zeitverzug anhand VHB-Formblatt 336[287]zu informieren.[288] Bei Vergabeverfahren über dem EU-Schwellenwert hat der ÖAG die nicht berücksichtigten Bieter *vor* der Erteilung des Zuschlags über den Namen des beabsichtigten Unternehmens, das früheste Datum der Beauftragung und die Beweggründe der Nichtberücksichtigung unverzüglich in Textform zu informieren[289], beispielsweise anhand der VHB-Formblätter

[278] Vgl. Vergabekammer (VK) Thüringen, Beschluss vom 20.5.2020, 250-4002-817/2020-E-003-SHK.
[279] Vgl. Vergabekammer (VK) Rheinland, Beschluss vom 23.04.2019, VK 6/19.
[280] Vgl. Vergabekammer (VK) Südbayern, Beschluss vom 15.05.2020, Z3-3-3194-1-37-10/19.
[281] Vgl. Vergabekammer des Bundes (VK Bund), Beschluss vom 6.5.2020, VK 1-32/20.
[282] Vgl. Vergabekammer (VK) Nordbayern, Beschluss vom 15.3.2016, 21. VK-3194-42/15.
[283] Vgl. Oberlandesgericht (OLG) Frankfurt, Beschluss vom 4.8.2015, 11 Verg 4/15.
[284] Vgl. Vergabekammer (VK) Nordbayern, Beschluss vom 5.7.2019. RMF-SG21-3194-4-23.
[285] VHB 2017, Formblatt 332 Absageschreiben Bieter.
[286] § 19 Abs. 3 VOB/A 2019.
[287] VHB 2017, Formblatt 336 Mitteilung über Nichtberücksichtigung.
[288] Vgl. § 19 Abs. 1 VOB/A 2019 und § 19 EU Abs. 1 VOB/A 2019.
[289] Vgl. § 134 GWB 2021.

332 bis 336[290]. *„In EU-Vergabeverfahren ist allen Bietern, deren Angebote nicht berücksichtigt werden sollen, spätestens 15 Kalendertage vor der Auftragserteilung der Name des Bieters, dessen Angebot angenommen werden soll und der Grund der vorgesehenen Nichtberücksichtigung mitzuteilen."*[291] Sollten diese Mitteilungen nicht erfolgen, führt dies nach § 135 Abs. 1 Nr. 1 GWB 2021 dazu, das der Bauvertrag von Beginn an unwirksam ist.

3.3.6 Zuschlag nach Wartefrist

Bei Vergabeverfahren über dem EU-Schwellenwert kann der ÖAG nach Ablauf der Einspruchsfristen von 15 oder verkürzten zehn Kalendertagen[292] und sofern kein Bieter in diesem Zeitraum ein Nachprüfungsverfahren nach § 160 GWB 2021 angestrengt hat, den Zuschlag/Auftrag erteilen, zum Beispiel anhand der VHB-Formblätter 338 bis 340[293]. Die Annahme des Angebots sollte umgehend erfolgen, *„mindestens aber so rechtzeitig [...], dass dem Bieter die Erklärung noch vor Ablauf der Bindefrist [...] zugeht".*[294] Sobald der Zuschlag wirkungsvoll erfolgt ist, kann im Grunde kein Nachprüfungsantrag mehr gestellt und das Vergabeverfahren nicht mehr aufgehoben werden.[295]

3.3.7 Vergabedokumentation

Nach § 20 VOB/A 2019 und § 20 EU VOB/A 2019 mit Verweis auf § 8 VgV 2021 ist jedes Vergabeverfahren in den jeweiligen Arbeitsschritten, Handlungen, Eruierungen und Begründung stets zeitnah zu dokumentieren – beispielsweise anhand der VHB-Formblätter und der E-Vergabeplattform. Der zentrale Vergabevermerk ist umgehend und fortlaufend zu aktualisieren und nicht erst nachdem dem Zuschlag anzulegen.[296] Mindestens folgende Angaben sind gemäß § 20 VOB/A 2019 auszuweisen:

„1. Name und Anschrift des Auftraggebers,
2. Art und Umfang der Leistung,
3. Wert des Auftrags,
4. Namen der berücksichtigten Bewerber oder Bieter und Gründe für ihre Auswahl,
5. Namen der nicht berücksichtigten Bewerber oder Bieter und die Gründe für die Ablehnung,
6. Gründe für die Ablehnung von ungewöhnlich niedrigen Angeboten,

---

[290] VHB 2017, Formblätter 332 Absageschreiben – Bieter, 333 Informationsschreiben an erfolgreichen Bieter, 334 Informations- und Absageschreiben nach § 134 GWB 2021 und 336 Mitteilung über Nichtberücksichtigung – Bewerber.

[291] VHB 2017 Richtlinien zu Formblatt 334 Informations- und Absageschreiben nach § 134 GWB 2021, 3. Abschn.

[292] Verkürzungsoption bei elektronischer Übermittlung (oder Telefax) der Zuschlagsinformation gemäß § 134 Abs. 2 GWB 2021.

[293] VHB 2017, Formblatt 338 Auftragsschreiben, 339 Ergänzung des Auftragsschreibens und 340 Bestellschein.

[294] § 18 Abs. 1 VOB/A 2019 und § 18 EU Abs. 1 VOB/A 2019.

[295] Vgl. Vergabekammer (VK) Saarland, Beschluss vom 01.03.2018, 3 VK 07/17.

[296] Vgl. Oberlandesgericht (OLG) Celle, Beschluss vom 11.2.2010, 13 Verg 16/09.

7. *Name des Auftragnehmers und Gründe für die Erteilung des Zuschlags auf sein Angebot,*
8. *Anteil der beabsichtigten Weitergabe an Nachunternehmen, soweit bekannt,*
9. *bei Beschränkter Ausschreibung, Freihändiger Vergabe Gründe für die Wahl des jeweiligen Verfahrens,*
10. *gegebenenfalls die Gründe, aus denen der Auftraggeber auf die Vergabe eines Auftrages verzichtet hat.*"[297]

Bei EU-Vergabeverfahren sieht § 8 VgV 2021 noch einige ergänzende und weitere Angaben vor:

„1. *den Namen und die Anschrift des öffentlichen Auftraggebers sowie Gegenstand und Wert des Auftrags, der Rahmenvereinbarung oder des dynamischen Beschaffungssystems,*
2. *die Namen der berücksichtigten Bewerber oder Bieter und die Gründe für ihre Auswahl,*
3. *die nicht berücksichtigten Angebote und Teilnahmeanträge sowie die Namen der nicht berücksichtigten Bewerber oder Bieter und die Gründe für ihre Nichtberücksichtigung,*
4. *die Gründe für die Ablehnung von Angeboten, die für ungewöhnlich niedrig befunden wurden,*
5. *den Namen des erfolgreichen Bieters und die Gründe für die Auswahl seines Angebots sowie, falls bekannt, den Anteil am Auftrag oder an der Rahmenvereinbarung, den der Zuschlagsempfänger an Dritte weiterzugeben beabsichtigt, und gegebenenfalls, soweit zu jenem Zeitpunkt bekannt, die Namen der Unterauftragnehmer des Hauptauftragnehmers,*
6. *bei Verhandlungsverfahren und wettbewerblichen Dialogen die in § 14 Absatz 3 genannten Umstände, die die Anwendung dieser Verfahren rechtfertigen,*
7. *bei Verhandlungsverfahren ohne vorherigen Teilnahmewettbewerb die in § 14 Absatz 4 genannten Umstände, die die Anwendung dieses Verfahrens rechtfertigen,*
8. *gegebenenfalls die Gründe, aus denen der öffentliche Auftraggeber auf die Vergabe eines Auftrags, den Abschluss einer Rahmenvereinbarung oder die Einrichtung eines dynamischen Beschaffungssystems verzichtet hat,*
9. *gegebenenfalls die Gründe, aus denen andere als elektronische Mittel für die Einreichung der Angebote verwendet wurden,*
10. *gegebenenfalls Angaben zu aufgedeckten Interessenkonflikten und getroffenen Abhilfemaßnahmen,*
11. *gegebenenfalls die Gründe, aufgrund derer mehrere Teil- oder Fachlose zusammen vergeben wurden, und*
12. *gegebenenfalls die Gründe für die Nichtangabe der Gewichtung von Zuschlagskriterien.*"[298]

[297] § 20 Abs. 1 Nr. 1 bis 10 VOB/A 2019.
[298] § 8 VgV 2021 durch Verweis in § 20 EU VOB/A 2019

Anhand der Dokumentation – des Öffnungsprotokolls, des Preisspiegels, der Gewichtungsberechnung, der Bewertungsmatrix und Bietergesprächsprotokolle – müssen die angerufenen Rechtsmittelinstanzen den Verfahrensverlauf jederzeit ermessen und gegebenenfalls beeinflussen können.[299] Einer durchgängigen Dokumentation ist dann Genüge getan, wenn aus einzelnen Aufzeichnungen in der Gesamtheit die verschiedenen Verfahrensschritte, die bestimmenden Erkenntnisse und die Entschlussumstände ersichtlich werden.[300]

3.4 Rechtsschutz im Vergabeverfahren

Für Bewerber und Bieter, die sich während eines aus ihrer Sicht unrechtmäßigen Vergabeverfahrens benachteiligt sehen, sieht das Vergaberecht verschiedene Rechtsschutzmöglichkeiten vor. Grundsätzlich werden *Primärrechtschutz* und *Sekundärrechtschutz* unterschieden. Während es bei der primärrechtlichen Betrachtung im Wesentlichen darum geht, ein gegenwärtiges, fehlerhaftes Vergabeverfahren in eine ordnungsgemäße Situation zurückzuversetzen, wird sekundärrechtlich nur auf Schadensersatzansprüche abgestellt. Der Primärrechtsschutz hat unter anderem den Zweck, den Auftraggeber zur Ausschreibung anzuhalten, das Vergabeverfahren und die Vergabe- und Vertragsunterlagen bei Verstößen anzupassen und eine unrechtmäßige Zuschlagserteilung zu verhindern. Der Sekundärrechtschutz fokussiert dagegen auf den Ausgleich schuldhafter Pflichtverletzungen[301] des ÖAG, also den Ersatz von Aufwand für Angebotserstellung und rechtlicher Unterstützung, sowie den entgangenen Gewinn. Das Rügespektrum erstreckt sich vom unzutreffenden Schwellwertbezug über die Anwendung der falschen Vergabeordnung oder Vergabeart, eine unterlassenen Losbildung und deplatzierte Eignungsanforderungen bis hin zu Fristverstößen.

3.4.1 Rechtsschutz unterhalb der EU-Schwellenwerte

Aufgrund der haushaltsrechtlichen Beschaffenheit des nationalen Vergaberechts ist der Rechtsschutz unterhalb der EU-Schwellenwerte nicht weitergehend reglementiert. Folglich besteht bei der Verletzung subjektiver Bieterrechte kein vorgezeichneter Rechtsweg zur Wahrung von Bieterinteressen vor der Vergabekammer (VK). Etwaige Vergaberechtsverstöße können grundsätzlich nur sekundärrechtlich bei den zuständigen Vergabeprüfstellen, Aufsichtsbehörden oder Zivilgerichten auf Bundes- oder Landesebene beanstandet werden. Die zivilgerichtlichen Rechtsschutzmöglichkeiten beschränken sich auf die Erwirkung einer einstweiligen Unterlassungsverfügung gegen die Zuschlagserteilung gemäß der Zivilprozessordnung (ZPO).[302]

---

299 Vgl. Vergabekammer (VK) Baden-Württemberg, Beschluss vom 14.11.2013, 1 VK 37/13.

300 Vgl. Vergabekammer des Bundes (VK Bund), Beschluss vom 26.2.2007, VK 2-9/07.

301 Vgl. § 276 BGB 2020: Fahrlässige oder vorsätzliche Handlungen oder Unterlassungen.

302 [illegible] Beschluss vom 29.6.2015, 4 O 141/15.

3.4.2 Rechtschutz ab Erreichen der EU-Schwellenwerte

Über die europäischen Vergaberichtlinien sieht das deutsche GWB 2021[303] mit Erreichen der EU-Schwellenwerte einen Primärrechtsschutz zur Wahrung der subjektiven Bieterrechte im Vergabeverfahren ausdrücklich vor. Auf nationaler Ebene stellt das *Vergabenachprüfungsverfahren* den primärrechtlichen Schutz gegen Festlegungen öffentlicher Auftraggeber sicher.[304] Die Bieter haben somit die Möglichkeit, erstinstanzlichen Rechtsschutz durch die Einleitung eines Vergabenachprüfungsverfahrens bei der vom Auftraggeber innerhalb der Ausschreibungsunterlagen zu benennenden zuständigen Vergabekammer zu erlangen. Voraussetzung hierfür sind die schriftliche Antragstellung auf Einleitung eines Nachprüfungsverfahrens und die rechtzeitige begründete Rüge des Verstoßes.[305] Darüber hinaus kann in zweiter Instanz gegen die Beschlussfassung der Vergabekammer unverzüglich *Beschwerde beim Vergabesenat* des verantwortlichen OLG eingereicht werden. Die Bandbreite subjektiver Schutzrechte erstreckt sich sehr weit über alle Teilaspekte des Vergabeverfahrens und beinhaltet Fehleinschätzungen bei den Vergabestellen genauso wie gängige Wettbewerbsrechte und Verwaltungsregeln.[306]

3.5 Ermessensspielraum der Auftraggeber

Über das gesamte Vergabeverfahren steht dem ÖAG ein von den Vergabekammern und den Oberlandesgerichten begrenzt überprüfbarer Ermessensspielraum zu. Dies führt dazu, dass grundsätzlich *„nur die Einhaltung der Verfahrensvorschriften, die richtige und vollständige Erfassung des der Entscheidung zugrunde gelegten Sachverhalts, das Bestehen sachwidriger Kriterien für die Entscheidung und die richtige Anwendung des Ermessens- und Beurteilungsspielraums“*[307] auf Konformität überprüft werden. *„Die Aufhebung eines Vergabeverfahrens ist eine von den Nachprüfungsinstanzen nur eingeschränkt überprüfbare Ermessensentscheidung, nämlich, ob die Vergabestelle überhaupt ihr Ermessen ausgeübt hat (gegebenenfalls Ermessensnichtgebrauch) oder ob sie das vorgeschriebene Verfahren nicht eingehalten hat, von einem nicht zutreffenden oder unvollständig ermittelten Sachverhalt ausgegangen ist, sachwidrige Erwägungen in die Wertung mit eingeflossen sind oder der Beurteilungsmaßstab nicht zutreffend angewandt worden ist (Ermessensfehlgebrauch).“*[308]

---

303 Vgl. §§ 155 ff. GWB 2021.
304 Vgl. *Müller-Mitschke, T.*, Konfliktfeld De-facto-Vergabe, 2012, S. 5.
305 Vgl. Vergabekammer (VK) Hessen, Beschluss vom 5.2.2020, 69d-VK-27/2019.
306 Vgl. *Noch, R.*, Vergaberecht kompakt, 2015, S. 198 f.
307 *Schütte, D. B.* u. a., Vergabe öffentlicher Aufträge: Eine Einführung anhand von Fällen aus der Praxis, 2014, S. 10.
308 Vgl. Vergabekammer (VK) Sachsen-Anhalt, Beschl[illegible]

3.6 Kapitelzusammenfassung

Durch die Analyse möglicher Gestaltungsspielräume innerhalb der verschiedenen Vergabeverfahren konnte aufgezeigt werden, dass in den unterschiedlichen Stadien durchaus mehr oder minder wirksame Einflusspotenziale sowohl für Öffentlichen Auftraggeber (ÖAG) als auch für Bauunternehmen (BU) als Bieter vorhanden sind. In welchem Maß diese den Beteiligten bekannt sind und in der Praxis Anwendung finden, soll in den folgenden beiden Teilstudien – qualitativ mittels Interviews und quantitativ mittels Fragebogen – untersucht werden. Um bereits mit der qualitativen Teilstudie aus der dargelegten großen Bandbreite nur die wirkungsvollsten Gestaltungsmöglichkeiten untersuchen zu können, wurden zuvor die vielversprechendsten Themenkomplexe eingegrenzt. Insbesondere in den Bereichen der strukturellen Lenkung, der Detailsteuerung und der Durchführung bestehen augenscheinlich die meisten Möglichkeiten der Einflussnahme auf die Vergabe. Die Vorbereitung des Vergabeverfahrens mit strategischen Überlegungen sowie die formale Schlussphase mit etwaigen Rügen und Vergabenachprüfungsverfahren sind zweifellos sehr interessant, für die Einwirkung im Sinne einer positiven Beeinflussung eher als untergeordnet anzusehen. Es ist zu erwarten, dass die Interviewten die Verfahrensoptionen und -perspektiven gerade hinsichtlich der identifizierten Aspekte differenziert einschätzen. Demgemäß wurde der Interviewleitfaden an den vorselektierten Aspekten ausgerichtet.

Bevor die einzelnen Teilstudien erläutert werden, wird im folgenden Kapitel zunächst die Grundkonzeption der Forschung dargelegt.

4 Untersuchungskonzeption

4.1 Forschungsdesign, Fall- und Methodenauswahl

Mit dem Untersuchungsbeginn waren Entscheidungen bezüglich des Forschungsdesigns und der anzuwendenden Methoden zu treffen, schließlich hängen hiervon maßgeblich die Qualität des Datenmaterials, die Aussagekraft der Ergebnisse und somit der Ausgang der gesamten Untersuchung ab. Deshalb und wegen der intersubjektiven Rekonstruierbarkeit ist es erforderlich, das methodische Vorgehen und die einzelnen Entscheidungen sorgfältig darzulegen. Die in Tabelle 1 übersichtsartig dargestellten Klassifizierungskriterien des Forschungsdesigns (in Fettdruck) werden in den nachfolgenden Abschnitten diskutiert und festgelegt.

Tabelle 1: Klassifizierungskriterien für Forschungsdesigns

Kennzeichen	Designvariante
1. Wissenschaftsparadigma:	- quantitative Studie
	- qualitative Studie
	- methodenkombinierte Studie
2. Erkenntnisziel:	- grundlagenwissenschaftliche Studie
	- Anwendungswissenschaftliche Studie
	a) unabhängige Studie
	b) Auftragsstudie
3. Gegenstand:	**- empirische Studie**
	a) Originalstudie
	b) Replikationsstudie
	- Methodenstudie
	- Theoriestudie
	a) Review/Forschungsüberblick
	b) Metaanalyse
4. Empirische Datenbasis:	**- Primäranalyse**
	- Sekundäranalyse
	- Metaanalyse
5. Studientypus:	**- explorative 1. Teilstudie: induktiv-theoriebildend**
	- explanative 2. Teilstudie: deduktiv-hypothesenprüfend
	- deskriptive Studie
6. Zugang:	- experimentelle Studie
	- quasiexperimentelle Studie

N. Zeglin, *Gestaltungsmöglichkeiten bei der öffentlichen Ausschreibung von Bauleistungen*, Baubetriebswesen und Bauverfahrenstechnik,

Kennzeichen	Designvariante
	- nicht experimentelle Studie
7. Untersuchungsort:	**- Feldstudie**
8. Anzahl d. Untersuchungszeitpunkte:	- als **Querschnittstudie ohne Messwiederholung**
	- als Längsschnittstudie mit Messwiederholung
9. Anzahl d. empirischen Objekte:	**- Einzelfallstudie**
	- Gruppenstudie

Quelle: Darstellung in Anlehnung an DÖRING/BORTZ, S. 183

4.1.1 Empirische Grundausrichtung

Ausgangspunkt für die Auswahl des Untersuchungsinstrumentes war die Frage, welche Vorgehensweisen und Forschungsmethoden für die Untersuchung zur Gewinnung der benötigten Daten überhaupt in Betracht kommen. Bei der Auswahl und Entwicklung der Methodik wurde auf die Fragestellung und die Zielsetzung, genauer: auf Zielerreichung, fokussiert.

In der Wissenschaft wird nach der Art des Erkenntnisgewinns grundsätzlich zwischen drei Grundtypen wissenschaftlichen Arbeitens differenziert: diskursiven, gestaltenden und empirischen Arbeiten. Bei einer empirischen Untersuchung resultiert der Informationsgewinn aus der Erhebung von Daten und deren Ausdeutung. Die Hauptvorteile liegen darin, dass das Design der Untersuchung optimal an die Fragestellung angepasst und neue Daten gewonnen werden können. Da bislang keine gesicherten Daten zur Thematik vorliegen, die Gestaltungsmöglichkeiten bei Ausschreibung und Vergabe empirisch untersuchbar sind und ein solides Vorwissen zum Thema besteht, wurde eine *empirische Primärforschung* als sehr zielführend erachtet.

4.1.2 Qualitatives und quantitatives Wissenschaftsverständnis

Bei der Generierung wissenschaftlich verwertbarer Erkenntnisse werden in der empirischen Forschung in methodischer Hinsicht grundsätzlich zwei Forschungsrichtungen unterschieden: qualitative und quantitative Methoden.

In der *explorativ-qualitativen* Forschung haben sich in den unterschiedlichen Fachrichtungen und Intentionen verschiedene Erhebungsmethoden etabliert, z. B. Befragung, Beobachtung, die, anders als bei der quantitativen Forschung, eine aufgeschlossenere und anpassungsfähigere Beziehung zum Forschungsobjekt ermöglichen. Beim qualitativen Paradigma steht das Verständnis der subjektiven Standpunkte der Teilnehmer im Fokus; das Ziel ist es, unbekannte Phänomene zu ergründen, Theorieansätze herauszubilden und Hypothesen aufzustellen.[309] Das qualitative Paradigma ist durch eine absichtlich geringe Forschungsstruktur gekennzeichnet – mithilfe geringer Fallzahlen und kleiner Stichproben (n) wird nicht numerisches Datenmaterial erhoben und deutend analysiert, um daraus induktiv einen theoreti-

[309] Vgl. *Hug, T./Poschenik, G.*, Empirisch for[illegible] 2020, S. [illegible]

schen Ansatz und Hypothesen abzuleiten. Das Herzstück bilden wenige, offen gestellte Forschungsfragen, die letztlich eine Einschätzung der Relevanz der Einzelaspekte ermöglichen sollen. Auswahlverfahren/Stichprobenziehung, Datenerhebung, -aufbereitung und -auswertung verlaufen zirkulär-wiederholend, und zwar so lange, bis keine maßgeblich neuen Aufschlüsse mehr zu verzeichnen sind.

Im Gegensatz dazu ist das *quantitative* Paradigma durch eine linienförmige und vorstrukturierte Forschungsanordnung geprägt, die ablaufbedingt mit einem theoretischen Ansatz und der Aufstellung von Hypothesen beginnt, mittels standardisierter Werkzeuge und anhand möglichst repräsentativer Stichproben zahlenmäßige Werte generiert und mit einer statistischen Signifikanzprüfung abschließt.[310]

In Tabelle 2 sind die bestehenden Unterschiede qualitativer und quantitativer Forschungsparadigmen gegenüberstellend dargelegt, die jeweils individuellen Stärken aufweisen.

Tabelle 2: Merkmale qualitativer und quantitativer Forschung

Kriterium	**Qualitative Forschung**	**Quantitative Forschung**
Basis	Sozialkonstruktivismus	Kritischer Rationalismus
Forschungsperspektive	innere Sicht, Nähe des Forschers zum Gegenstand	Sicht von außen, Distanziertheit des Forschers
Forschungskontext	realitätsnahe, „weiche" Daten	replizierbare, „harte" Daten
Forschungsprozess	dynamisch, veränderbar	statisch, fest
Theoriebezug	Theorien entwickelnd, Hypothesen generierend	bestehende Theorien prüfend, vorhandene Hypothesen prüfend
Vorgehensweise	analytische Induktion[311] Daten → Theorie Interpretation von Fakten	logische Deduktion[312] Theorie → Daten standard. Messung von Fakten
Erkenntnisinteresse	verstehend: Erforschung von Lebenswelten und Interaktionen, subjektive Sichtweisen	erklärend: Begründung von verallgemeinerbaren Kausalitäten, objektive Fakten
Methodik	einzelfallorientiert: Gruppendiskussion, Befragung, Inhaltsanalyse, Beobachtung	stichprobenorientiert: Versuch, Experiment, Befragung

Quelle: Darstellung in Anlehnung an HUG/POSCHESCHNIK, S. 107

4.1.3 Implementierung kombinierter Forschungsmethodik

In der empirischen Forschungswirklichkeit löst sich die bislang strikte Differenzierung zwischen qualitativer und quantitativer Forschung zunehmend auf. Zwar bestehen teilweise noch immer Gegensätze, vorrangig sind dies die dogmatischen Sichtweisen der unterschied-

[310] Vgl. *Mayring, P.*, Design, 2010, S. 228.

[311] Schlussfolgerung vom Einzelnen zum Allgemeinen: vom Fall und den Resultaten zur Regel.

[312] [illegible] Allgemeinen zum Einzelnen: von der Regel und dem Fall zum Resultat.

lichen Forschungslager, allerdings hat sich die Anwendung kombinierter Forschungsmethoden in der praktischen Anwendung mittlerweile erfolgreich etabliert.[313] Für die Aufgabenstellung dieser praxisorientierten Forschungsstudie stellte sich die Synthese aus *qualitativer Vorbefassung* und *quantitativer Generalisierung* als besonders geeignet heraus.

Der Forschungsprozess sieht eine *sequenzielle Abfolge* zweier komplementärer Teilstudien vor, bei der die Resultate der *qualitativen Teilstudie* über den wissenschaftstheoretischen Ansatz unmittelbar mit der anschließenden *quantitativen Teilstudie* verbunden werden. Da nicht alle Gestaltungspotenziale gleichbedeutend sein dürften, dient die qualitative Teilstudie der Ermittlung der relevanten Ausformungsaspekte und somit direkt der Konkretisierung der quantitativen Teilstudie. Die explorative Teilstudie soll eine vertiefende Sondierung des Forschungsproblems ermöglichen und der Aufstellung eines Theoriemodells und der Hypothesen dienen. In der anschließenden explanativen Teilstudie wurden die analysierten qualitativen Ergebnisse integriert und die abgeleiteten Hypothesen statistisch geprüft. Beiden Teilstudien wurden hinsichtlich der Basisnotation des Designs eine gleich hohe Priorität eingeräumt: QUAL → QUANT[314].

Dieses planvoll aufeinander bezogene Vorgehen sollte eine eingehende Erforschung ermöglichen. Der Nutzen liegt insbesondere darin, dass

- statistische Zusammenhänge des quantitativen Teils verständlicher werden,
- qualitative Befunde an Bedeutung zunehmen, wenn Zahlenmaterial vorliegt,
- die Wahrscheinlichkeit einer zulässigen Ergebnisverallgemeinerung zunimmt,
- quantitative Ergebnisse infolge der qualitativen Detailliertheit an Bedeutung zunehmen,
- durch die Verknüpfung von Qualität und Quantität das Problem besser verstanden wird,
- die Aufschlüsse umfangreicher und vollständiger sind und unterschiedliche Perspektiven ermöglichen/bieten sowie
- die Bandbreite und Tiefe der Forschungsfragen größer ist.[315]

Allerdings gestaltete sich der Forschungsprozess dadurch länger und erforderte eine höhere Methodenkompetenz.

4.1.4 Qualitätsindikatoren der Untersuchung

Um eine persönliche Beeinflussung durch den Forscher zu reduzieren, wurden folgende Grundsätze beachtet: größtmögliche Aufgeschlossenheit, hohe methodische Anpassungsfähigkeit, kommunikative und kooperative Beziehung zu den Befragten, kritische Betrachtung der eigenen Befangenheit.[316] Die vorliegende Untersuchung ist an den Beurteilungsstandards

---

[313] Vgl. *Bortz, J./Döring, N.*, Forschungsmethoden und Evaluation, 2016, S. 27.
[314] Vgl. *Kuckartz, U.*, Mixed Methods: Methodologie, Forschungsdesigns und Analyseverfahren, 2014, S. 70.
[315] Ebd. S. 53 f.
[316] Vgl. *Bortz, J./Döring, N.*, Forschungsmethoden [illegible]

der Gesellschaft für Evaluation e. V. (DeGEval) ausgerichtet, die folgende vier grundlegende Eigenschaften guter Evaluation formuliert hat:

1. *Nützlichkeit*: Identifizierung der Beteiligten und Betroffenen und Berücksichtigung ihrer Interessen und Informationsbedürfnisse, Kompetenz und Glaubwürdigkeit des Forschers, verständliche Berichterstattung, Nutzen und Nutzung.
2. *Durchführbarkeit*: angemessenes und professionelles Verfahren, adäquates Verhältnis des Aufwandes für die Beteiligten/Betroffenen und den Forscher zum intendierten Nutzen, diplomatisches Vorgehen
3. *Fairness/Ethik*: Darlegung der Rechte und Pflichten der Beteiligten, Prüfung und Darstellung von Stärken und Schwächen der Untersuchung, unparteiische Positionierung, Offenlegung von Ergebnissen und Berichten, Persönlichkeitsrechte und Integrität der Beteiligten unter anderem durch Freiwilligkeit, Nachteilsvermeidung, Anonymisierung und vertraulicher Umgang mit Daten
4. *Genauigkeit*: Exakte Beschreibung des Gegenstandes und des Forschungskonzeptes, kontextuelle Einbindung, Beschreibung des Zwecks, des Vorgehens, der Fragestellungen, der Methoden, Angabe von Informationsquellen, valide und reliable Informationen, systematische Fehlerprüfung, angemessene Analyse und begründete Schlussfolgerungen[317]

4.1.5 Datenerhebungsmethodik

Für das zuvor formulierte Erkenntnisinteresse hat sich die *Befragung* als zielführende Erhebungsmethode erwiesen. Die wissenschaftliche Befragung erfolgte gemäß des Forschungsaufbaus zweiteilig: zunächst in Kapitel 5 qualitativ für die hypothesengenerierende explorative Teilstudie als persönlich-mündlich geführtes *problemzentriertes Experteninterview*, basierend auf einem teilstrukturierten Interviewleitfaden mit offenen Fragen und Notizen und anschließend in Kapitel 7 für die hypothesenprüfende explanative Teilstudie quantitativ anhand eines *schriftlichen standardisierten Fragebogens*.

4.1.6 Vertraulichkeit und Datenschutz

Um die Privatsphäre und Persönlichkeitsrechte der Teilnehmer zu wahren, erfolgte die Anonymisierung der im Rahmen der qualitativen Teilstudie geführten Interviews unmittelbar nach den Einzelgesprächen. Dies geschah, indem die gewonnenen Audiodaten vor ihrer Auswertung in neutrale Informationen transkribiert wurden. Das personalisierte Rohdatenmaterial wurde und wird weiterhin streng vertraulich behandelt, die Datenerhebung der quantitativen Teilstudie erfolgte von Beginn an vollständig anonym.

317 Vgl. Gesellschaft für Evaluation e. V., Standards für Evaluation, 2016, S. 2 ff. Internet.

4.1.7 Stichprobenbestimmung für beide Teilstudien

Gemäß der qualitativen Forschungspraxis und aufgrund pragmatischer Erwägungen kam für die Bestimmung der beiden Stichproben (n) der *qualitativen Teilstudie* eine *zielgerichtete Auswahl* zum Einsatz. Hierbei wurde aktiv auf langfristig bestehende Geschäftskontakte des Verfassers zu Bauunternehmen (BU) und Vertretern Öffentlicher Auftraggeber (ÖAG) zurückgegriffen. Um sicherzustellen, dass es sich bei den zu Interviewenden tatsächlich um Experten handelt, wurde in persönlichen Gesprächen nochmals die einschlägige Berufserfahrung und das vorhandene Ausschreibungswissen überprüft sowie die berufliche Position erfragt, um deren Stellung in der Arbeitsorganisation sowie der Aussagekraft zu erkennen (Geschlecht, Qualifikation, Funktion/Stellung, Alter, Berufserfahrung, Branche, Leistungen, Kenntnisse in der öffentlichen Auftragsvergabe):

- ÖAG-Nr. 1: Frau, Dipl.-Kauffrau, Leitung Unternehmenseinkauf, 50 bis 55 Jahre, 25 Jahre Berufserfahrung, Bauwesen, Bauaufträge ober und unterhalb EU-Schwelle, rd. 90 Vergaben/Jahr (davon 5 oberhalb EU-Schwelle), alle Vergabeverfahrensarten.
- ÖAG-Nr. 2: Mann, Betriebswirt, Bereichsleitung Einkauf, 45 bis 50 Jahre, 20 bis 25 Jahre Berufserfahrung, u. a. Bauwesen, Bauaufträge ober und unterhalb EU-Schwelle, rd. 50 Vergaben/Jahr (davon 2 bis 3 oberhalb EU-Schwelle), schwerpunktmäßig Offenes Verfahren und Verhandlungsverfahren.
- ÖAG-Nr. 3: Mann, Wirtschaftsstudium, Mitarbeiter Einkauf, 30 bis 35 Jahre, 15 Jahre Berufserfahrung, Bauwesen, Bauaufträge ober und unterhalb EU-Schwelle, rd. 30 Vergaben/Jahr (davon 2 oberhalb EU-Schwelle), Offenes- und Nichtoffenes Verfahren und Verhandlungsverfahren.
- ÖAG-Nr. 4: Frau, Wirtschaftsstudium, Bereichsleitung Beschaffung, 55 bis 60 Jahre, 30 Jahre Berufserfahrung, Bauwesen, Bauaufträge ober und unterhalb EU-Schwelle, rd. 250 Vergaben/Jahr (davon 15 bis 20 oberhalb EU-Schwelle), alle Vergabeverfahrensarten.
- ÖAG-Nr. 5: Mann, Jurist, Leitung Beschaffung, 60 bis 65 Jahre, 35 Jahre Berufserfahrung, Bauwesen, Sektorenauftraggeber, Bauaufträge ober und unterhalb EU-Schwelle, rd. 1.500 Vergaben/Jahr (davon rd. 300 oberhalb EU-Schwelle), alle Vergabeverfahrensarten.

- BU-Nr. 1: Mann, Bauingenieur, Geschäftsführer, 55 bis 60 Jahre, 30 Jahre Berufserfahrung, Bauwesen, Hoch- und Tiefbau, mittelständisches Unternehmen (bis 249 Beschäftigte und bis 50 Millionen € Umsatz), Bauaufträge ober und unterhalb EU-Schwelle.
- BU-Nr. 2: Mann, Dipl.-Kaufmann, Geschäftsführer, 60 bis 65 Jahre, 40 Jahre Berufserfahrung, Bauwesen, Infrastruktur und Tiefbau, mittleres Unternehmen (bis 249 Beschäftigte und bis 50 Millionen € Umsatz), Bauaufträge ober und unterhalb EU-Schwelle.

- BU-Nr. 3: Mann, Prokurist und Kalkulator, 50 bis 55 Jahre, 30 Jahre Berufserfahrung, Bauwesen, Hoch- und Ausbau, mittelständisches Unternehmen (bis 249 Beschäftigte und bis 50 Millionen € Umsatz), Bauaufträge ober und unterhalb EU-Schwelle.
- BU-Nr. 4: Mann, Dipl.-Kaufmann, Niederlassungsleiter, 45 bis 50 Jahre, 15 bis 20 Jahre Berufserfahrung, Bauwesen, Hochbau, GU, Großunternehmen (über 249 Beschäftigte und über 50 Millionen € Umsatz), Bauaufträge ober und unterhalb EU-Schwelle.
- BU-Nr. 5: Mann, Dipl.-Ing. Maschinenbau, Leiter Großprojekte, 50 bis 55 Jahre, 25 bis 30 Jahre Berufserfahrung, Bauwesen TGA, Großunternehmen (über 249 Beschäftigte und über 50 Millionen € Umsatz), Bauaufträge ober und unterhalb EU-Schwelle.

Dieser persönliche Zugang sollte zu einer höheren Teilnahmeakzeptanz und einer größtmöglichen Datenqualität führen. Üblicherweise umfassen qualitative Studien mit Leitfadeninterviews Stichproben von zehn bis maximal 20 Befragten.[318] Der Erhebungsumfang wurde für die intensiven Experteninterviews zunächst auf jeweils *fünf Interviewpartner* pro Untersuchungsgruppe (UG) ÖAG und BU, insgesamt also auf *n = 10 Interviews*, festgelegt. Bei ausbleibender Erkenntnissättigung oder stetiger Förderung neuer Aufschlüsse war eine schrittweise Erweiterung um jeweils zwei zusätzliche bis maximal 20 Interviewpartner vorgesehen. Wie die anschließende Auswertung der qualitativen Interviewdaten im Forschungsverlauf zeigt, war dies aufgrund des guten Zuspruchs nicht erforderlich. Die Geltungsstärke der Einschätzungen der zehn befragten Personen und der daraus resultierenden Erkenntnisse wird, wenngleich zehn Interviews eher das Minimum darstellen, als hoch erachtet. Durch den hohen Aufwand für Interviewführung und Transkription. kam eine darüber hinausgehende Stichprobe nicht in Betracht. Der Rekrutierungsplan sah eine bewusste Auswahl in Frage kommender Personen vor, die nach der subjektiven Einschätzung des Verfassers gut erreichbar waren, über maßgebliches Expertenwissen verfügen, die fraglichen Einschätzungen vornehmen konnten und zu einem Interview grundsätzlich bereit waren. KUCKARTZ formuliert: *„Dient die qualitative Studie primär der Entwicklung des Instruments der quantitativen Studie, ist [...] purposive Sampling* [Anm. d. Verf.: gezielte Auswahl] *angeraten.“*[319] Dieser Empfehlung folgend, wurden mit den ausgewählten Personen Experteninterviews geführt.

Bei der Festlegung des Stichprobenplans der *quantitativen Teilstudie* ging es zunächst um die beiden *Grundgesamtheiten (N)* für Öffentliche Auftraggeber (ÖAG) und Bauunternehmen (BU). Für keine der beiden Untersuchungsgruppen konnte die Anzahl der Gesamtobjekte innerhalb der Bundesrepublik Deutschland genauer quantifiziert werden. Schätzungen zufolge beläuft sich die Zahl der staatlichen Vergabestellen auf Kommunal-, Landes- oder Bundesebene in Deutschland auf annähernd 30.000[320] bis 40.000[321], die der Bauunternehmen

---

318 Vgl. *Bortz, J./Döring, N.*, Forschungsmethoden und Evaluation, 2016, S. 373.
319 *Kuckartz, U.*, Mixed Methods: Methodologie, Forschungsdesigns und Analyseverfahren, 2014, S. 86.
320 Vgl. *Submissionsanzeiger*, Ausschreibungs- und Vergabelexikon, 2020. Internet.
321 [illegible] Öffentliche Ausschreibungen, 2020. Internet.

des Bauhauptgewerbes auf rund 75.000[322]. Wegen dieser Unübersichtlichkeit und aus pragmatischen Erwägungen fokussiert diese Untersuchung der *Auswahlgesamtheit*, also derjenigen Untersuchungseinheiten, die potenziell in die Stichprobe (n) hineingelangen können, daher auf ein einziges Bundesland. Gegebenenfalls kann in einer Anschlussstudie untersucht werden, ob sich Unterschiede zwischen verschiedenen Bundesländern ergeben. Da sich der Wohnsitz des Verfassers in Berlin befindet, fiel die Wahl auf Berlin. Die Auswahlgesamtheit für die Öffentliche Auftraggeber (ÖAG) bildeten die auf den Onlineportalen der Senatsverwaltung für Stadtentwicklung und Wohnen des Landes Berlin[323] und der Vergabekooperation Berlin[324] gelisteten 195 ÖAG, aus denen eine 20-Prozent-Zufallsstichprobe von *n = 39 Objekten* für die Teilerhebung arbiträr gezogen wurde. Für die Bauunternehmen (BU) wurde aufgrund ausbleibender Informationen angefragter Interessenverbände im Bauwesen erneut die eigene Datenlage bemüht. Aus der Auswahlgesamtheit von 485 potenziellen Bauunternehmen (BU), die sich bereits an öffentlichen Ausschreibungen beteiligt haben und somit über entsprechende Kenntnisse verfügen, wurde gleichfalls eine 20-Prozent-Zufallsstichprobe mit *n = 97 Objekten* gezogen. STEINER/BENESCH haben zur Stichprobenuntergrenze folgende Faustregel aufgestellt: *„Für die Repräsentativität einer Stichprobe und die Anwendbarkeit der meisten Test- und Schätzverfahren der analytischen Statistik sollte jedoch ein Mindestumfang von 30 Fällen pro Untergruppe […] gegeben sein.“*[325] Beide Untersuchungsgruppen übertreffen diese Anzahl. Bedenken bestehen dahin, dass sich die Expertise der Fragebogenausfüllenden während der Erhebung nicht überprüfen lässt. Anders als bei den qualitativen Interviews ist die Abwesenheit des Forschers sogar methodisch impliziert. Eventuell fehlender Sachverstand sollte sich im Zuge der Auswertung zeigen, beispielsweise durch eine geringe Rücklaufquote, einen mäßigen Bearbeitungsgrad oder durch willkürliches Ankreuzen. Für die statistische Analyse wurde ein Signifikanzniveau, also eine Irrtumswahrscheinlichkeit α von konservativen und forschungsüblichen 5 % festgelegt.

4.2 Kapitelzusammenfassung

In diesem Kapitel galt es, eine eigenständige, auf die kontextualen Forschungsfragen abgestellte Untersuchungskonzeption herauszuarbeiten, die sich an bewährten Standards orientiert und darüber hinaus den Anforderungen wissenschaftlicher Arbeit entspricht.

---

322 Vgl. *statista Das Statistik-Portal*, Bauhauptgewerbe – Anzahl der Betriebe in Deutschland 2018, 2019. Internet.
323 Vgl. *Berliner Stadtentwicklung*, Übersicht öffentlicher Auftraggeber, 2020. Internet.
324 Vgl. *Vergabekooperation Berlin*, Öffentliche Auftraggeber, 2020. Internet.
325 *Steiner, E. / Benesch, M.*, Der Fragebogen, 2018, S. 24.

5 Empirisch-qualitative Teilstudie

Als Datenerhebungsmethode für die explorative Teilstudie kommt die *wissenschaftliche mündliche Befragung* zum Einsatz, die für den Bereich der qualitativen Forschung häufig in Form von differenziert strukturierten *Interviews* angelegt wird.

Nach der einschlägigen Fachliteratur sind mündliche Befragungen als Kommunikationsform dann angezeigt, wenn nicht objektive Sichtweisen verfügbar gemacht werden sollen, die andernfalls nicht zu erhalten oder nicht direkt zu beobachten sind. Wissenschaftliche Interviews gelten hierbei als einstiegsgünstige Befragungsart, da sie vom Interviewer moderiert werden und der Befragte sich nicht allein mit den Fragen befassen muss, Interviewer und Befragter haben also persönlichen Kontakt zueinander. Durch die verbale Kommunikation können viele Meinungen und Einschätzungen in relativ kurzer Zeit generiert werden. Ferner war von der Möglichkeit auszugehen, durch gezielte Ansprachen und Rückfragen die Beschaffenheit der Daten besser einschätzen zu können.

Allerdings waren im Vorfeld einige Herausforderungen sorgfältig zu erwägen. Zunächst musste jeder der Befragten individuell angesprochen werden. Dies stellte sich als äußerst zeitintensiv heraus, führte jedoch zu einer großen Teilnahmebereitschaft. Ferner galt es, sich auf die persönliche Interaktion mit verschiedenen Personen einzustellen. Ein vorbereitendes Training musste nur vom Verfasser absolviert werden, da dieser alle Interviews selbst und zudem anhand eines Leitfadens durchführte. Das Augenmerk lag besonders auf der Auswahl der richtigen Interviewpartner. Auf diese und andere wichtige Aspekte wird im Folgenden intensiv eingegangen.

5.1 Grundformen des Interviews

Da unterschiedliche methodische Variationen qualitativer Interviews existieren, war es zunächst unverzichtbar, die möglichen Ausprägungen der Interviews zu eruieren. Hierbei

N. Zeglin, *Gestaltungsmöglichkeiten bei der öffentlichen Ausschreibung von Bauleistungen*, Baubetriebswesen und Bauverfahrenstechnik,

zeigte sich, dass eine Vielzahl von Abwandlungen und Begrifflichkeiten besteht, die im Grunde kaum übersichtlich erfasst werden kann. *„Die Vielfalt ist beeindruckend und zugleich verwirrend, denn die Bezeichnungen werden uneinheitlich verwendet und die Systematiken stützen sich auch bei ein und denselben Autoren auf unterschiedliche Kriterien: Mal zielt die Bezeichnung auf einen speziellen Forschungsgegenstand oder Anwendungsbereich, mal wird eine Unterscheidung nach Besonderheiten der Erhebungs- oder auch Auswertungsstrategie getroffen.“*[326] Mitunter finden sich für vergleichbare Verfahren unterschiedliche Termini und umgekehrt, manche Interviews werden nach ihren Eigenschaften, manche nach der Untersuchungsgruppe bezeichnet. Deshalb lag der Fokus zunächst auf den drei Basistypen: dem erzählenden oder narrativen Interview, dem diskursiv-dialogischen Interview und dem Experteninterview. Narrative Interviews kamen von Beginn an nicht in Betracht, da keine offenen Erzählungen wie beispielsweise Lebensgeschichten oder historische Ereignisse im Mittelpunkt des Interesses standen, bei denen der Interviewer den Befragten zum spontanen Erzählen bringen soll. Ungleich passender erschien eine erörternde Gesprächsform, die einen gemeinsamen Gedankenaustausch über die Vergabethematik ermöglicht. Sie ist gekennzeichnet durch eine allgemeine Sondierung, in der mittels Sachfragen und Erzähleinladungen Datenmaterial erzeugt wird, und eine spezifische Sondierung, bei der mittels Zurückspiegelung, Verständnisfragen und Konfrontation ein Verständnis vom Interviewthema entstehen soll.[327] Dabei besteht jederzeit die Möglichkeiten, beim Befragten weitere Auskünfte einzuholen, neue Aspekte zu introduzieren und die Geltung etwaiger Erklärungsansätze zu hinterfragen. Insofern hat der Interviewende eine dynamischere Funktion inne als bei narrativen Interviews.

Das Experteninterview ist eine sozialwissenschaftlich etablierte Interviewform und gilt immer dann als bevorzugte Methode, sobald Erfahrungen und Einschätzungen der Befragten von Interesse sind. Allerdings macht es die Auseinandersetzung mit der Frage notwendig, wer überhaupt als Experte gilt und was als spezialisierte Sachkenntnis anzusehen ist. Nach LAMNEK dient die informatorische Interviewausrichtung *„der deskriptiven Erfassung von Tatsachen aus den Wissensbeständen der Befragten. In dieser Form des Interviews wird der Befragte als Experte verstanden, dessen Fachwissen verhandelt wird“.*[328]

Das Experteninterview stellte sich für das formulierte Forschungsinteresse als besonders prädestiniert heraus, infolgedessen sich für das Interviewsetting mit den Spezifika befasst werden musste.

---

[326] *Helfferich, C.*, Die Qualität qualitativer Daten, 2011, S. 35–36.
[327] Vgl. *Mey, G./Mruck, K.*, Qualitative Interviews, 2007, S. 252.
[328] *Lamnek, S./Krell, C.*, Qualitative Sozialforschung, [illegible]

5.2 Konfiguration des Interviews

5.2.1 Maß der Standardisierung – halbstrukturiertes Interview

Die Standardisierung von Interviews erfolgt im wissenschaftlichen Kontext grundsätzlich in drei Abstufungen, die das Maß der Ordnung beschreiben: un- oder nicht strukturiert, halb- oder teilstrukturiert und vollstrukturiert.

Sowohl unstrukturierte als auch halbstrukturierte Interviews zählen zu den qualitativen Forschungsmethoden mit sinndeutenden Analysen, wohingegen vollstrukturierte Interviews den quantitativen Untersuchungsverfahren zuzuordnen sind, die anhand vorgegebener Antwortmöglichkeiten statistisch ausgewertet werden. Da diese qualitative Teilstudie das Ziel hat, die erhobenen Interviewdaten interpretativ auszuwerten, kam eine präzise Strukturierung von Fragen und Antworten nicht in Betracht. Als unpassend wurde gleichsam das unstrukturierte Interview bewertet, das gänzlich ohne Interviewinstrument auskommt. Als besonders problematisch musste der Umstand bewertet werden, dass frei geführte Interviews sehr unterschiedlich verlaufen können und die Befragten – bewusst oder unbewusst – die Interviewstruktur unter Umständen stark beeinflussen können.

Das halbstrukturierte Interview beschreitet hinsichtlich des Grads der Strukturierung einen Mittelweg, indem ein mit Fragen vorbereiteter *Leitfaden* zur Interviewführung eingesetzt wird. Dieser Leitfaden soll dem Interviewer einerseits innerhalb der Interviewsituation eine Ablauforientierung an den von ihm im Vorfeld bestimmten Themen und andererseits anhand der Grundstruktur einen Abgleich zwischen den geführten Interviews ermöglichen. MAYRING formuliert zur Standardisierung durch den Leitfaden: *„[D]iese Standardisierung erleichtert die Vergleichbarkeit mehrerer Interviews. Das Material aus vielen Gesprächen kann auf die jeweiligen Leitfadenfragen bezogen werden und so sehr leicht ausgewertet werden."*[329] Situativ kann man allerdings von der vorbestimmten Struktur flexibel abweichen, um den Fortgang des Interviews zu ermöglichen und um unvermutete Sichtweisen herausfinden zu können. Nach HELFFERICH empfiehlt sich bei der Befragung von Experten eine profunde Gliederung: *„Für Experteninterviews wird allgemein eine stärkere Strukturierung als sinnvoll angesehen, wobei der Grad der Strukturierung im Einzelnen davon abhängt, ob eher Informationen oder Deutungswissen erhoben werden soll."*[330] Das halbstrukturierte Interview ist besonders dadurch gekennzeichnet, dass die Interviewten durchweg frei antworten können, da es keine auswählbaren Antwortvorgaben gibt.

---

[329] *Mayring, P.*, Einführung in die qualitative Sozialforschung, 2016, S. 70.
[330] *Helfferich, C.*, Die Qualität qualitativer Daten, 2011, S. 164.

5.2.2 Zu Befragende: einzelne Interviewpartner

Im nächsten Schritt wurde eruiert, ob Einzelpersonen oder Gruppen interviewt werden sollten. Im Hinblick auf den Umstand, dass Auskünfte einzelner Beteiligter der Untersuchungsgruppen (UG) ÖAG und BU zu eigenen Erfahrungen bei der Ausschreibung und Vergabe von Bauleistungen zutage gefördert werden sollen, wurde ein dyadischer Informationsaustausch als zielführend erachtet. Die Befragung einzelner Experten erfolgte demnach in Einzelinterviews durch einen einzigen Interviewer.

5.2.3 Modus des Interviews: persönliches Gespräch

Obwohl die Möglichkeit bestand, fernmündliche oder Onlineinterviews zu führen, fiel die Entscheidung zugunsten von persönlichen Interviews im vertrauten Arbeitsumfeld der Befragten. Zwar wäre der Zeitaufwand für telefonische oder schriftlich-elektronische Befragungen wegen entfallender Reisezeiten deutlich geringer, allerdings wäre die Kommunikation ungleich distanzierter gewesen. Der ausschlaggebende Grund für eine persönliche Begegnung war die Möglichkeit, eine direkte und vertrauensvolle Gesprächssituation herzustellen.

5.2.4 Interviewer: einzelner Interviewer

Wie bereits erwähnt wurde, entschied sich der Verfasser dafür, selbst als einziger Interviewer zu fungieren. Für den Einbezug eines zweiten Interviewers bestand weder eine Notwendigkeit, noch hätte er gewichtige Vorteile mit sich gebracht. Zwar wäre eine ablösende Interviewführung für Interviewten und Interviewer abwechslungsreicher gewesen und hätte den Überblick über die Interviewsituation erleichtert, allerdings hätte dies bei der Befragten eventuell zu einer gewissen Verunsicherung führen können. Eine Entlastung bei der Gesprächsführung, der technischen Aufzeichnung oder der schriftlichen Protokollführung war zu keiner Zeit nötig und ein intensives Mithören oder Mitschreiben einer zusätzlichen Person wegen des Audiomitschnitts entbehrlich. Um einen gleichrangigen fachlichen Austausch realisieren zu können, nahm der Interviewer neben der Führung die Rolle des Co-Experten ein. Hierbei ist zu erwähnen, dass der Verfasser bereits seit Langem im Tätigkeitsfeld der Vergabe von Bauleistungen tätig ist und sich intensiv mit der Thematik vertraut machen konnte.

5.2.5 Status der Befragten und des Interviewers: sachkundige Experten

Da in diesem speziellen Fachgebiet Laien gemäß Abbildung 5 nicht über nennenswerte Informationen über die Ausschreibungs- und Vergabematerie verfügen, wurde vorgesehen, dass die Interviews mit sachkundigen Experten über handlungsbezogenes Fachwissen geführt werden. Da keine alleingültige Definition des Expertenbegriffs existiert, war es von besonderer Wichtigkeit, die Attribute des Expertenstatus dieser Studie

Rahmen dieser Studie wird der Experte als Vertreter einer Untersuchungsgruppe (UG) der Öffentlichen Auftraggeber (ÖAG) oder der Bauunternehmen (BU) betrachtet. *„Er interessiert nur als Akteur, der in einen spezifischen Funktionskontext eingebunden ist, nicht als Gesamtperson mit ihren Orientierungen und Einstellungen im Kontext des individuellen oder kollektiven Lebenszusammenhangs.“*[331]

Für die Befragung kamen demzufolge nur Personen in Betracht, die für Öffentliche Auftraggeber einerseits und Bauunternehmen andererseits mit der Ausschreibung und Vergabe oder Angebotsstellung und Kalkulation beruflich befasst sind und über die eine ausreichende Praxiserfahrung verfügen. Die Befragten mussten auf Fragen über den Gegenstand der Gestaltungspotenziale bei Ausschreibung und Vergabe antworten können, über den notwendigen Sachverstand verfügen und in Vergaben der eigenen Organisation eingebunden sein. Dies war insofern für den Rekrutierungsplan wichtig, als davon auszugehen war, dass derart versierte Spezialisten nur in geringem Umfang zur Verfügung stehen und nicht leicht zu kontaktieren sein würden.

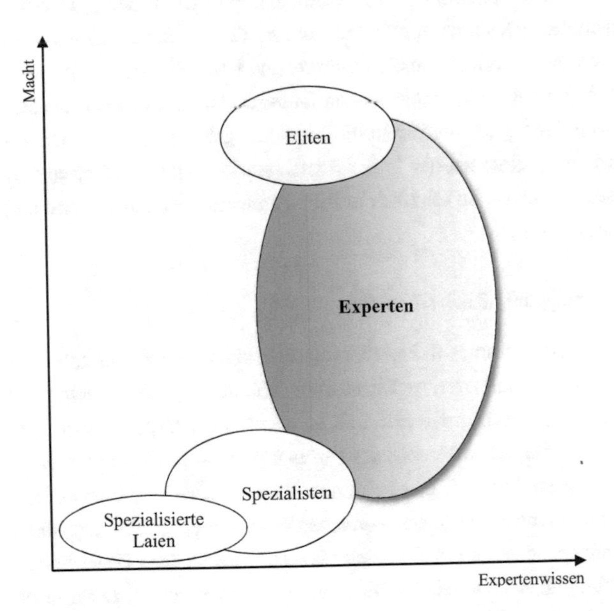

Abbildung 5: Expertendefinition gemäß Macht-Wissen-Konfiguration
Quelle: BOGNER/LITTIG/MENZ, Interviews mit Experten, 2014, S. 14

[331] [illegible] Qualitative Sozialforschung, 2016, S. 687

Im Zusammenhang mit qualitativen Experteninterviews wurden die von KAISER genannten häufigsten fünf Fehlerquellen[332] berücksichtigt und vorbeugend durch verschiedene Maßnahmen entgegengewirkt: Zunächst bestand die grundsätzliche Gefahr, innerhalb der Vorbereitungs- und Planungsphase zu unkritisch mit der Durchführung von Experteninterviews umzugehen, sodass der Blick auf andere Methoden verstellt bliebe, die gegebenenfalls eher zum Erkenntnisziel führen. Um solche Defizite von Beginn an zu vermeiden, wurde als Erstes der Forschungsstand durchleuchtet und eine Forschungslücke lokalisiert. Darüber hinaus wurden die vorgefundenen Forschungsstudien zur Thematik hinsichtlich der Anhaltspunkte für eine mögliche Befragung einbezogen. Innerhalb der Untersuchungskonzeption erfolgte eine gründliche Abwägung der Chancen und Risiken der Befragungsmethodik. Als Zweites gingen der Durchführung der Befragungen eingehende Überlegungen zu Fragestellungen, methodischen Folgen, Pretests voraus. Von besonders großer Bedeutung waren drittens die Auswahl geeigneter Interviewpartner und eine persönliche Kontaktaufnahme. In diesem Zusammenhang sind sowohl die fundierte Suche nach potenziellen Interviewpartnern sowie die individuelle Ansprache einschließlich variabler Terminabstimmung zu nennen. Der vierte Aspekt beinhaltet ein unstrukturiertes Interview-Set-up, das im Grunde nur durch ein planvolles Gesamtvorgehen vermieden werden kann. Als fünfte und letzte Schwierigkeit ist das Fehlen einer theoriegeleiteten Analyse der gewonnenen Interviewdaten zu nennen. Theoretischer Aspekte wurden von Anfang an intensiv in die Studie eingebunden. So wurden zunächst Vorannahmen formuliert; diese wurden in der Forschungskonzeption weiter vertieft und schließlich – in diesem Kapitel – im Hinblick auf die Auswirkungen auf Theorie und quantitative Teilstudie ausgewertet.

5.2.6 Grad der Fokussierung: inhaltliche Zentrierung

Angesichts der inhaltlichen Fokussierung auf Gestaltungsmöglichkeiten bei der öffentlichen Auftragsvergabe, wurde sich gleichfalls mit der Einsatzmöglichkeit des *problemzentrierten* Interviews befasst. Der Ausgangspunkt setzt gedanklich, genau wie beim Experteninterview, auf einem theoretisch-wissenschaftlichen Vorkonzept auf und ist vom Strukturierungsgrad her weder vollständig durchkonstruiert noch gänzlich ungeordnet. Eine weitere Gemeinsamkeit liegt darin, alle relevanten Aspekte aus den gewonnenen Daten herauszufiltern, um diese zu einem theoretischen Konzept zu verknüpfen[333]. Gleichsam sind das Stellen offener Fragen und das Setzen von Erzählimpulsen Bestandteile dieser Form des Interviews. *„Die Anwendungsgebiete des problemzentrierten Interviews lassen sich aus seinen hauptsächlichen Vorzügen ableiten. Es eignet sich hervorragend für eine theoriegeleitete Forschung, da es keinen rein explorativen Charakter hat, sondern die Aspekte der vorrangigen Problemanalyse in das Interview Eingang finden. überall dort also, wo schon einiges über den Gegenstand*

[332] Vgl. *Kaiser, R.*, Qualitative Experteninterviews, 2014, S. 125–146.
[333] Vgl. *Lamnek, S./Krell, C.*, Qualitative Sozialf[illegible]

bekannt ist, überall dort, wo dezidierte, spezifischere Fragestellungen im Vordergrund stehen, bietet sich diese Methode an.“[334]

Nach eingehender Betrachtung wurde entschieden, die Befragung der öffentlichen Auftraggeber und Bauunternehmen als persönlich und einzeln geführtes *Experteninterview*, basierend auf einem halbstrukturierten, inhaltszentrierten Interviewleitfaden mit offenen Fragen, durchzuführen. Auf den in Anlage 1 beigefügten Interviewleitfaden wird in Abschnitt 5.3.2.5 noch vertiefend eingegangen.

5.3 Vorbereitung und Durchführung der Interviews

Um die benötigten Daten mittels Experteninterviews erheben zu können, bedurfte es einer umfassenden inhaltlichen und organisatorischen Vorbereitung.

5.3.1 Strategischer Aufbau und Ablauf der Interviews

Bevor den konkreten Interviewfragen nachgegangen werden konnte, stand die grundlegende Abfolge der Befragung – also die Inszenierung des Interviews – im Mittelpunkt der Überlegungen. Um den Ablauf der Experteninterviews günstig zu gestalten und sie einem natürlichen Gesprächsverlauf anzugleichen, wurde die Gliederung fünfphasig angelegt, wobei auf fließende Themenübergänge geachtet wurde.

5.3.1.1 Vorgesprächsphase

Nach letztmaliger Überprüfung der Vorbereitungen erfolgte die Kontaktaufnahme am vereinbarten Interviewort. Die Vorgesprächsphasen begannen mit persönlichen Begrüßungen und ungezwungener allgemeiner Konversation, um anfängliche Anspannungen aufzulösen und eine gesprächsfördernde Stimmung zu schaffen. Darüber hinaus mussten die Teilnehmer in dem vom Interviewten vorgesehenen Raum platziert und die Technik aufgebaut werden. Alle Räume waren hinsichtlich Größe, Ausstattung und Akustik für die Durchführung von Interviews geeignet, es gab keine erkennbaren Störeinflüsse. Da in der Einladung bewusst nicht auf die Audioaufzeichnung hingewiesen worden war, erfolgte dies im Zuge der Vorgespräche – hier wurden generell von den Interviewpartnern keine Einwände geäußert. Die Vorgesprächsphase ging mit dem Start der Audioaufzeichnung bei der Transkriptionszeitmarke #0:00:00# in die Gesprächseröffnung über.

[334] [illegible] Sozialforschung, 2016, S. 70

5.3.1.2 Prolog und Gesprächseröffnung

Den Anfang des Interviewleitfadens bildete die *Einleitung* (siehe Punkt 1 Interview-Leitfaden), bei der nach nochmaliger Begrüßung und einigen Dankesworten die wichtige Zustimmung des Interviewten zu Audioaufzeichnung und Datenverwendung eingeholt und auf die Vertraulichkeit, die anonymisierte Auswertung und die Freiwilligkeit der Teilnahme hingewiesen wurde. Alle Befragten haben ihr Einverständnis erklärt (siehe Interviewtranskripte 1 bis 10) und die Hinweise verstanden. Auf gesonderte Kurzfragen mit persönlichen Angaben zum Befragten wurde verzichtet; stattdessen bat der Interviewer die Interviewten darum, sich mit Namen, Funktion und Institution kurz vorzustellen. Der Interviewer erläuterte sodann die Forschungsthematik und sein Promotionsvorhaben am Institut für Baubetriebswesen der TU Dresden und wies auf die voraussichtliche Interviewdauer von *90 Minuten* hin. Zum Ende der Gesprächseröffnung wurde den Befragten die Möglichkeit eingeräumt, selber Fragen zu stellen und Anmerkungen zu äußern, um klärungsbedürftige Punkte zu erörtern und dem Interviewer Hinweise zu geben. Die Befragten äußerten gleichlautend, alles verstanden und keine Anmerkungen zu haben (siehe Interviewtranskripte 1 bis 10 und Auswertung).

Die faktische *Intervieweröffnung* (siehe Punkt 2 Interviewleitfaden) stellte die wichtige Einstiegsfrage, die den Zweck hat, den thematischen Gesprächsfaden aufzunehmen[335] und die Gesprächssituation zu stabilisieren.[336] Demnach war darauf zu achten, diese erste Frage angemessen, also weder zu weitläufig noch zu persönlich oder speziell zu formulieren. *„Die Einstiegssituation entfaltet eine besondere Dynamik. Die Konsequenz ist nicht nur, dass ihrer Gestaltung […] besondere Aufmerksamkeit zu widmen ist, sondern auch eine Verschiebung der Aufmerksamkeit bei der Intervieweröffnung weg vom Inhalt hin zu dem Selektionsprozess als solchem."*[337] Insbesondere wurde auf einen direkten Themenbezug der Einstiegsfrage zu den Interviewten geachtet und einen angemessen großen Antwortrahmen, der die Befragten nicht sofort überfordert.[338]

5.3.1.3 Hauptgesprächsphase mit Fragen und Nachfragen

Die Hauptgesprächsphase wurde hinsichtlich der Interviewregie nochmals in zwei Teilabschnitte untergliedert: eine *allgemeine Sondierung* (siehe Punkt 3 Interviewleitfaden), die der Einschätzung dienen sollte, ob der Befragte ein geeigneter Auskunftgeber (A) ist und wie er zur öffentlichen Auftragsvergabe steht (B), sowie eine diskursive *spezifische Sondierung* (siehe Punkt 4 Interviewleitfaden), in der das Verhalten der Akteure reflektiert (C) und den Gestaltungspotenzialen (D) intensiv nachgegangen wird. Innerhalb der Letzteren wurde wiederum zwischen struktureller Lenkung und Detailsteuerung differenziert. Das Herzstück der qualitativen Studie ist demnach die spezifische Sondierung.

---

[335] Vgl. *Mey, G./Mruck, K.*, Qualitative Interviews, 2007, S. 260.
[336] Vgl. *Bogner, A./Littig, B./Menz, W.*, Interviews mit Experten, 2014, S. 60.
[337] *Helfferich, C.*, Die Qualität qualitativer Daten, 2011, S. 70.
[338] Vgl. *Froschauer, U./Lueger, M.*, [illegible]

Die relevanten Fragen zu den *forschungstheoretischen Ansätzen* (siehe Punkt 5 Interviewleitfaden), also Argumentation und Zusammenhänge (E) sowie Bildung von Hypothesen und Erklärungsmodellen (F und G), wurden direkt angeschlossen. Sie hätten durchaus direkt einbezogen werden können, wurden allerdings aufgrund des perspektivischen Wechsels von der detailreichen Betrachtung hin zur Theorie gesondert gestellt. Durch dieses Vorgehen konnte zugleich die Wahrnehmung des de facto erweiterten Fragenumfangs subjektiv verkleinert und das Gespräch inhaltlich vom Speziellen zum Allgemeinen zurückgeführt werden.

5.3.1.4 Gesprächsabschluss

Im Schlussteil des Interviews (siehe letzter Punkt Interviewleitfaden) wurden noch letzte, resümierende Aspekte untergebracht. So erkundigte sich der Interviewer als Erstes danach, ob eventuell noch weitere, bislang unerwähnte Gestaltungsspielräume bestünden. Dies verneinten die Befragten unisono (siehe Interviewtranskriptionen 1 bis 10). Beispielhaft der Schlusskommentar eines befragten Experten, der die Bedeutung der Forschungsthematik und den gesetzten Interviewrahmen bekräftigt: *„Also, ich muss Ihnen mal sagen, so umfangreich habe ich mir schon lange nicht mehr Gedanken gemacht zu dem, was wir hier treiben."*[339] Darüber hinaus bestätigten alle Interviewten auf Nachfrage, dass sie mit der Interviewdauer und dem -verlauf einverstanden waren und subjektiv keine Verbesserungsmöglichkeiten in der Gesprächsgestaltung ausmachen konnten. Für die weiterführende Arbeit erkundigte sich der Interviewer, ob Interesse an der Fragenbogenteilnahme bestehe und ob ein Tonmitschnitt oder das Transskript des geführten Interviews erwünscht sei.

Mit dem Ende des Gesprächsabschlusses wurde die Audioaufzeichnung beendet und unmittelbar zur informellen Nachgesprächsphase übergegangen.

5.3.1.5 Nachgesprächsphase

In diese nachgelagerte Phase, die zwischen zehn und 60 Minuten dauerte, gab es nochmals die Gelegenheit, Themen aufzugreifen, die während des Interviews zurückgestellt oder aus anderen Gründen nicht angesprochen worden waren. Im Zuge der Vorbereitung hatte sich der Verfasser allerdings dafür entschieden, außerhalb der regulären Interviews getätigte Aussagen von Befragten nicht in die weiterführende Bearbeitung einzubeziehen. Zwar schlossen sich an die Interviews zuweilen lebendige und punktuell sehr spannende Anschlussdiskussionen an, diese enthielten im Kern allerdings keine anderen Informationen als die, die ohnehin in den Interviews bereits geäußert worden waren.

---

[339] [illegible] ANONYM 6/B1

5.3.2 Geeignete Fragen für Experteninterviews

Bei der Formulierung maßgebender Interviewfragen wurde in mehreren Arbeitsschritten vorgegangen. Nach einer Rekapitulation einzuhaltender wissenschaftlicher Bedingungen für die Abfassung von Interviewfragen wurden zunächst gesprächsfördernde Fragetypen eruiert. Ferner galt es, sich vor der Formulierung einzelner Interviewfragen mit dem optimalen Fragenumfang zu befassen.

5.3.2.1 Prämissen für die Formulierung von Interviewfragen

Bei der Vorbereitung der Interviewfragen standen die grundlegenden zu beachtenden Prämissen im Mittelpunkt, also die gebotene *Offenheit*, *Unvoreingenommenheit* und *Eindeutigkeit* der Fragen.

Um den gewünschten dynamischen Gesprächscharakter zu ermöglichen und dem Postulat der Offenheit zu entsprechen, wurde festgelegt, dass innerhalb der Sondierung auf eine starre Befragung mit Antwortvorgaben weitgehend verzichtet werden sollte. Schon allein aus der vorherigen Festlegung, halbstrukturierte Interviews zu führen, war abzuleiten, dass ein apodiktisches Vorgehen nicht zum Ziel der qualitativen Teilstudie führen würde. Bei der Formulierung musste folglich darauf geachtet werden, die Fragen zielgerichtet und zugleich flexibel abzufassen. Ungenaue oder weitschweifende Fragen hätten die Interviewten möglicherweise irritiert, die Beantwortung erschwert und zu unbrauchbaren Ergebnissen geführt. Im ungünstigsten Fall wären Fragen retourniert oder vom Sinn her umgedeutet worden. Um die Interviewten punktgenau zu befragen, etwa wenn es um theoretische Annahmen ging oder in der Schlussphase, wurden dagegen geschlossene Fragen eingesetzt.

Um der Forderung der Unvoreingenommenheit zu entsprechen, wurden die Interviewfragen unbeeinflusst und vorurteilsfrei formuliert. Deshalb wurde auf problematische Suggestivfragen gänzlich verzichtet. Gleichfalls wurden keine verfänglich-diffizile Fragen gestellt, die die Befragten womöglich dazu hätten drängen könnten, unangenehme Bewertungen vorzunehmen. Ferner wurde darauf geachtet, dass vom Interviewer zur Illustration angeführte Beispiele die Antworten keinesfalls vorwegnahmen.

Grundsätzlich wurde Wert darauf gelegt, dass die Fragen klar und unmissverständlich formuliert waren. Mit jeder Frage wurde nur ein Objekt erörtert. Ein zu großer Informationsgehalt hätte zu Unverständlichkeit führen können, multiple Fragen zu Kontrollverlust.[340] Deshalb wurden verschiedene Einzelaspekte eines Themas auf mehrere Fragen verteilt. Das Augenmerk lag besonders auf der Verwendung einer einfachen Grammatik und darauf, dass die verwendeten Fachbegriffe ausnahmslos dem untersuchten Ausschreibungs- und Vergabeumfeld sowie dem wissenschaftlichen Kontext entstammen. Warum-Fragen wurden sehr

[340] Vgl. *Gläser, J./Laudel, G.*, Experteninterviews und qualitative Inhaltsanalyse als Instrumente rekonstruierender Untersuchungen, 2012, S. 142.

bedacht und nur auf der Nachfragenebene eingesetzt, die auf konkrete Hauptfragen aufsetzt. Alle Fragen wurden vor Beginn der Interviews auf ihre Beantwortbarkeit und ihre zu erwartenden Antwortrichtungen geprüft.

5.3.2.2 Einsatz verschiedener Fragearten

Die einzelnen Fragen richteten sich an den grundsätzlichen Typen von Frageformen nach HELLFERICH[341] aus (siehe A bis G), die Sprechanreize bei den Befragten[342] auslösen sollten:

A Erzählaufforderungen oder -stimuli, erzählungsgenerierende Fragen

„Erzählstimuli sind im eigentlichen Sinn keine Fragen, sondern Aufforderungen. Sie können am Anfang des Interviews gesetzt werden und damit die Bühne für eine längere, sich im optimalen Fall über einen vorab vereinbarten Zeitrahmen erstreckende Erzählung öffnen.“ Die Aktivierung des Erzählens oder das Setzen eines Sprechimpulses, in dessen Folge die Befragten gegenstandsbezogen erläutern, berichten, begründen sollten, wurde dadurch realisiert, dass offen formulierte Fragen (unter anderem W-Fragen: Wie beurteilen Sie, was meinen Sie, welche Gestaltungsoptionen) zum Einsatz kamen.

B Aufrechterhaltungsfragen

„Diese Fragen haben die Funktion, eine Erzählung aufrecht zu erhalten.“

C Steuerungsfragen

„Steuerungsfragen steuern nicht nur das Tempo, sondern auch die inhaltliche Entwicklung des Interviews. Dabei gibt es Bitten um Detaillierungen bereits benannter und auch neuer Aspekte.“ Lenkungsfragen wurden bei der Interviewführung eingesetzt, um in bestimmte Themenschwerpunkte der Gestaltungsmöglichkeiten einzusteigen (sogenannte Anfangs- oder Einstiegsfragen) oder das Gespräch auf besonders relevante Aspekte zu lenken. Zu den Steuerungsfragen zählen gleichsam die strukturbildenden Haupt- und die ergänzenden oder vertiefenden Nachfragen, die beispielsweise nicht Verstandenes klären sollen. Mithilfe derartiger Verständnisfragen kann der Interviewer auf unklare oder ausweichende oder widersprüchliche Antworten reagieren.

D Zurückspiegeln, Paraphrase, Angebot von Deutungen

„Damit sind Äußerungen der Interviewenden gemeint, in denen sie Aussagen der Erzählperson in deren Worten oder in ihren eigenen Worten zusammenfassen, indem sie

---

[341] *Helfferich, C.*, Die Qualität qualitativer Daten, 2011, S. 102 ff.

[342] [illegible] Littig, B./Menz, W., Interviews mit Experten, 2014, S. 62.

Gedanken der Erzählperson aufgreifen, fortsetzen oder ergänzen, bei einem fehlenden Wort aushelfen und quasi mitdenken."

E Aufklärung bei Widersprüchen, Selbstdarstellungen hinterfragen

„Hier werden die Erzählpersonen mit Ungereimtheiten konfrontiert und um Stellungnahme gebeten."

F Suggestivfragen

„Die Zulassung von Suggestivfragen ist damit verbunden, dass als Teil einer aktiven Intervention die Reaktion von Befragten auf Unterstellungen bewusst und explizit provoziert, registriert und interpretiert werden soll; die Suggestivfrage funktioniert dann so wie ein kleines soziales Experiment." Wie bereits ausgeführt wurde, wurden keine Suggestivfragen gestellt.

G Fakten-, Einstellungs-, Informations- oder Wissensfragen

„Werden dann gestellt oder es wird nach Bewertungen und Beurteilungen dann gefragt, wenn das Forschungsinteresse informativ ausgerichtet ist. Einstellungsfragen setzen bei der interviewten Person andere Prozesse in Gang als die Aufforderung zu einer Erzählung aus dem Stegreif. Sie werden in der Regel als Frage nach Faktenwissen, nach reflektierten Argumentationen und Begründungen verstanden." Da das Experteninterview darauf abzielt, das individuelle Wissen der Befragten über die Gestaltungsmöglichkeiten in der Vergabe offenzulegen, wurden überwiegend Faktenfragen gestellt.

Durch den Einsatz dieser verschiedenen Fragetypen konnte die Formulierung der Interviewfragen vereinfacht werden. Dabei galt es, in Bezug auf jedes Thema zu reflektieren, welche Erkenntnisse von Interesse und welche Frageformen im jeweiligen Zusammenhang geeignet sind.

5.3.2.3 Anzahl der Interviewfragen und Dauer der Befragung

Die Anzahl der Interviewfragen orientierte sich am Forschungsinhalt. Die maximale Interviewdauer belief sich auf eineinhalb Stunden. Ausgehend von der realistischen Annahme, dass in einer Stunde etwa acht bis 15 Fragen gestellt werden können,[343] wurde nach mehreren selbstdurchgeführten Probeläufen die Anzahl von 14 Hauptfragen zuzüglich Nachfragen und drei Erkundigungen zu theoretischen Überlegungen festgesetzt. Die Interviewpartner hatten sich bei der Kontaktaufnahme bereit erklärt, an 90-minütigen Interviews teilzunehmen. KAISER merkt zur Dauer von Interviews an: *„Auch wenn es für einen solchen Zeitrahmen keine*

[343] Vgl. *Gläser, J./Laudel, G.*, Experteninterviews und qualitative Inhaltsanalyse als Instrumente rekonstruierender Untersuchungen, 2012, S. 144.

objektiven Standards gibt, so lehrt die Erfahrung doch, dass Interviews mit einer Dauer von 90 bis 120 min häufig die besten Ergebnisse erzielen, weil sie tatsächlich eine gewisse Durchdringung des Forschungsproblems erlauben.“[344]

5.3.2.4 Arbeitsschritte bei der Formulierung von Fragen

Die Erstellung der Interviewfragen war an der von HELFFERICH vorgeschlagenen vierstufigen Vorgehensweise nach dem SPSS-Modell ausgerichtet:

- S – Sammeln: Auflistung möglichst vieler in Betracht kommender Fragen,
- P – Prüfen: Durchsicht, thematische Verdichtung der Fragenliste, Revision,
- S – Sortieren: Generierung der Fragesequenz nach inhaltlichen Aspekten,
- S – Subsumieren: Eingliedern der Einzelfragen unter Erzählaufforderungen[345].

5.3.2.5 Formulierung von Fragen und Nachfragen

Die Formulierung der Hauptfragen und Nachfragen für die Interviews hat einen besonders hohen Stellenwert für die Untersuchung. Hierbei musste folglich sehr sorgfältig verfahren werden. Wie in Tabelle 3 dargelegt, erfolgte die Anordnung der verdichteten Einzelfragen blockweise und in vier Gliederungsebenen gemäß dem zuvor definierten strategischen Aufbau des Interviews. Gleichsam sind die Ziele und Hinweise der Interviewabschnitte umfassender ausgearbeitet als im fertigen Befragungswerkzeug „Interviewleitfaden“, der schlussendlich auf diesen Fragen aufbaut. Durch diese Festlegung der Fragestruktur sollte eine zügige Vergleichbarkeit der Experteninterviews untereinander ermöglicht werden.

Tabelle 3: Einzelfragestellungen im Experteninterview

Gliederungsebene 1
  Gliederungsebene 2
    Hauptfragen
      Nachfragerichtung, situativ anzuwenden

Einleitung

Ziel: Einverständnis Audioaufzeichnung und Datenverwendung einholen. Vorwissen des Interviewers anhand der Themenstellung/Expertenstatus verdeutlichen, um dem Befragten den Schwierigkeitsgrad seiner möglichen Antworten aufzuzeigen. Deshalb Fragenversand bereits vorab mit der Einladung.

Intervieweröffnung

Prolog. Ziel: Einstieg in den Forschungsgegenstand, Einbezug des Befragten in Interviewentwicklung, thematische Expansion.

1. **A – Erzählaufforderung: Welche Erfahrungen haben Sie mit der öffentlichen Auftragsvergabe von Bauleistungen bislang gemacht?**

Allgemeine Sondierung

A) Zum Interviewpartner. Ziel: Einschätzung, ob geeigneter Auskunftgeber.

2. **A – Erzählaufforderung: Betreuen Sie regelmäßig öffentliche Auftragsvergaben für Bauleistungen?**

---

[344] *Kaiser, R.*, Qualitative Experteninterviews, 2014, S. 52.

[345] [illegible] Daten, 2011, S. 182-185.

2.1 Was ist dabei so zu tun?

2.2 Treffen Sie dabei persönlich wichtige Entscheidungen?

↳Eigenständig oder in einem Gremium?

↳Könnten Sie bitte ein typisches Beispiel nennen?

2.3 Ziehen Sie dabei die Expertise Dritter hinzu?

↳Wie sieht die Unterstützung konkret aus?

↳Wer trifft die finalen Entscheidungen?

B) Zur öffentlichen Auftragsvergabe. Ziel: Allgemeine Einstellung zur ÖA klären.

3. C – Steuerungsfrage: Wie beurteilen Sie die rechtliche Regelungsmaterie zur ÖA im Bauwesen?

3.1 Woran machen Sie Ihre Einschätzung fest?

↳Sehen Ihre Kollegen das auch so?

3.2 Wie bewerten Sie die Rechtsprechung zur ÖA im Bauwesen?

3.3 Wie schätzen Sie die Kommentare in Fachbeiträgen ein?

↳Nutzen Sie diese Kommentierungen für Ihre Arbeit?

↳Nutzen Sie auch andere Quellen?

Spezifische Sondierung

C) Kenntnisse und Verhalten der Vergabebeteiligten. Ziel: Verhaltensreflexion.

4. C – Steuerungsfrage: Gibt es Ihrer Meinung nach Gestaltungspotenziale, die sich im Vergabeverfahren nutzen lassen?

↳Situativ nachhaken

4.1 Was meinen Sie, kennen und nutzen ÖAG und BU alle Gestaltungsmöglichkeiten im Vergabeverfahren?

4.2 Worauf basiert Ihre Annahme?

↳Können Sie eine entsprechende Situation beschreiben?

↳Wird auch von unzulässigen Einflussoptionen Gebrauch gemacht?

4.3 Würden Sie sagen, dass Ihnen alle Potenziale bekannt sind?

↳Wie informieren Sie sich über Gestaltungsmöglichkeiten?

D) Zu den Gestaltungspotenzialen. Ziel: Herausfinden, welche „Stellschrauben“ bekannt und in der Praxis relevant sind.

Strukturelle Lenkung im Vergabeverfahren

5. G – Fakten-, Einstellungs-, Informations-, Wissensfrage: Für wie wichtig erachten Sie eine realistische Schätzung des Auftragswertes?

5.1 Wie kommen Sie zu Ihrer Bewertung?

5.2 Haben Sie Vergabeverfahren erlebt, bei der die Angebotspreise erheblich (± 20 %) vom geschätzten Auftragswert abwichen?

↳Welche Gründe gab es dafür?

↳Was waren die Folgen?

6. G – Fakten-, Einstellungs-, Informations-, Wissensfrage: Ist die Bildung von Teil- und Fachlosen ein wichtiges Strategem?

6.1 Können Sie Ihre Einschätzung bitte kurz erläutern?

↳Marktgängige Vergabepakete, Generalunternehmer…

7. G – Fakten-, Einstellungs-, Informations-, Wissensfrage: Fällt der Wahl der Vergabeverfahrensart eine große Bedeutung zu?

↳Situativ nachhaken

7.1 Worin bestehen die wesentlichen Vor-/Nachteile?

↳Verhandlung

7.2 Inwiefern ist die sogenannte Bagatellklausel strategisch wichtig?

↳Bitte vertiefen

8. G – Fakten-, Einstellungs-, Informations-, Wissensfrage: Wie beurteilen Sie die Vergabefristen hinsichtlich des strategischen Momentums?

8.1 Sind die Mindestfristen ausreichend dimensioniert?

8.2 Hat die zeitliche Lage eine strategische Relevanz?

↳Haben sich in der Praxis gewisse Leitlinien herausgebildet?

Detailsteuerung im Vergabeverfahren

9. G – Fakten-, Einstellungs-, Informations-, Wissensfrage: Gemäß den allgemeinen Vergabegrundsätzen § 97 GWB 2021 dürfen ÖAG Bauaufträge ausschließlich an fachkundige (Kenntnisse, Fähigkeiten und Erfahrungen), leistungsfähige (wirtschaftliche, finanzielle sowie technische und personelle Situation), zuverlässige und gesetzestreue Unternehmen vergeben. Hieraus resultiert die Pflicht des ÖAG, die notwendige Bietereignung anhand exakt formulierter Kriterien vorher festzulegen und später zu überprüfen. **Welche Bedeutung hat die Berücksichtigung unternehmensbezogener Eignungskriterien bei der Gestaltung eines Vergabeverfahrens?**

↳Situativ nachhaken

9.1 Sind Ihnen selber schon Ausschreibungen mit unfairen Eignungskriterien oder Mindestanforderungen begegnet?

↳Haben Sie ein Beispiel?

↳Welche Gründe gab es dafür?

↳Wie sind Sie damit umgegangen?

10. G – Fakten-, Einstellungs-, Informations-, Wissensfrage: Auch nach der Vergaberechtsreform 2016 gilt weiterhin die Devise, dass der Zuschlag gemäß GWB 2021 auf das wirtschaftlichste Angebot zu erteilen ist. Neu hingegen ist, dass dieses nunmehr nach dem besten Preis-Leistungs-Verhältnis[346] zu ermitteln ist. Die wirtschaftliche Würdigung von Angeboten erfolgt dabei anhand von auftragsbezogenen Zuschlagskriterien und deren Gewichtung untereinander. **Was ist Ihrer Meinung nach ein angemessenes und praxisgerechtes Preis-Leistungs-Verhältnis (x % Preis, y % Leistung) für Bauleistungen, die anhand eines detaillierten LV erschöpfend beschrieben werden können?**

10.1 Was veranlasst Sie zu dieser Einschätzung?

10.2 Ab wann wäre der Preisanteil unter- oder überbewertet?

↳Wie wäre das Verhältnis bei einem funktionalen Leistungsprogramm?

Für die Bewertung von Angeboten existieren verschiedene Methoden [Leistungs-Preis-Methode, einfache/erweiterte/gewichtete Richtwertmethode (Referenzwert, Median), Interpolationen, Benotungen].

10.3 Aus Ihrer persönlichen Erfahrung heraus: Wie beurteilen Sie den Einsatz von Wertungssystemen zur Ermittlung des wirtschaftlichsten Angebots?

↳Reicht es nicht aus, das preisgünstigste Angebot zu beauftragen?

↳Situativ nachhaken

11. G – Fakten-, Einstellungs-, Informations-, Wissensfrage: Bis zum Erreichen der EU-Schwellenwerte sind Nebenangebote grundsätzlich zulässig, sofern diese vom Auftraggeber nicht von vornherein ausdrücklich ausgeschlossen wurden. Bei EU-Vergabeverfahren müssen Nebenangebote vom ÖAG wiederum explizit zugelassen sein, ansonsten können sie mit der ersten Wertungsstufe nicht mehr berücksichtigt werden. Nebenangebote sind allerdings immer dann nicht zugelassen, wenn vom ÖAG in der Vergabebekanntmachung keine Angaben gemacht wurden. **Birgt die Zulassung von technischen oder kaufmännischen Nebenangeboten ein hohes Einflusspotenzial?**

↳Situativ nachhaken

11.1 Können Sie einen Fall schildern?

↳Situativ nachhaken

11.2 Was halten Sie von der Einreichung mehrerer Hauptangebote?

12. G – Fakten-, Einstellungs-, Informations-, Wissensfrage: Produktneutralität – § 7 EU Abs. 2 VOB/A 2019 (ähnlich aber nicht gleich in § 7 Abs. 2 VOB/A 2019): *„Soweit es nicht durch den Auftragsgegenstand gerechtfertigt ist, darf in technischen Spezifikationen nicht auf eine bestimmte Produktion […] verwiesen werden, wenn dadurch bestimmte Unternehmen oder*

[346] § 127 Abs. 1 Satz 3 GWB 2021

bestimmte Produkte begünstigt oder ausgeschlossen werden.“ **Steht die gebotene Produktneutralität Ihrer Meinung nach im Widerspruch zum allgemeinen Leistungsbestimmungsrecht des ÖAG (Produktvorgabe)?**

12.1 Können Sie Ihre Einschätzung untermauern?
↳Situativ nachhaken…

12.2 Stellen Produktvorgaben (Voraussetzung: objektiv auftragsbezogen und ohne diskriminierende Wirkung formuliert) ein gewichtiges Entfaltungspotenzial für den ÖAG dar?
↳Erläutern lassen

13. G – Fakten-, Einstellungs-, Informations-, Wissensfrage: Welche Tragweite hat die Kommunikation während der Angebotsphase?

13.1 Haben Sie in der Praxis erfahren, dass die Bieter den Austausch mit dem ÖAG intensiv verfolgen?
↳Situativ nachhaken (z. B. Austausch der Bieter untereinander, gegebenenfalls Handel)…
↳Welche Bedeutung haben Rügen und Vergabenachprüfungsverfahren?
↳Welche Bedeutung hat die Aufhebung von Vergabeverfahren?

14. G – Fakten-, Einstellungs-, Informations-, Wissensfrage: Der ÖAG kann bei berechtigten Zweifeln vom Bieter nachdrücklich Aufklärung fordern. **Welche Gestaltungsoptionen bietet die Aufklärung unklarer Angebotsbelange?**
↳Situativ nachhaken

Das Verhandeln von Angebotspreisen und -inhalten ist wegen der Wahrung der Vergabegrundsätze generell unzulässig – es sei denn, dass sie wegen einer funktionalen Beschreibung der Bauleistung im Sinne einer notwendigen, unerheblichen Präzisierung geboten ist (§ 15 Abs. 3 VOB/A 2019 und (§ 15 EU Abs. 3 VOB/A 2019) oder von vornherein ein Verhandlungsverfahren gewählt wurde.

14.1 Für wie wichtig erachten Sie die Verhandlung von Angebotspreisen?
↳Situativ nachhaken

Wissenschaftstheoretischer Ansatz

E) Argumentation und Zusammenhänge. Ziel: Herausfinden, ob Begründungen und Beziehungen widerspruchsfrei sind, Vermeidung von Beliebigkeit.

I. G – Fakten-, Einstellungs-, Informations-, Wissensfrage: Ist folgende Auffassung zutreffend?

Die strategische Ausrichtung bei Ausschreibung und Vergabe wird maßgeblich durch die formalen Vorgaben des Vergaberechts und die vorhandenen Gestaltungs- und Beurteilungsspielräume sowie Einflusspotenziale beeinflusst.

I.1 Bestehen weitere Einflussgrößen?

I.2 Wie beurteilen Sie folgende Zusammenhangsvermutung:

Eine strategische Ausrichtung führt nicht zwangsläufig zur einer erfolgreichen Vergabe, sie erhöht aber deren Wahrscheinlichkeit.

F) Leithypothese. Ziel: Bestätigung der Schlussfolgerung.

II. G – Fakten-, Einstellungs-, Informations-, Wissensfrage): Ist folgende Vermutung zutreffend?

Wenn die Vergabe durch gewisse Gestaltungs- und Beurteilungsspielräume beeinflusst werden kann, dann müssen sich die Art und Maß der Einflussmöglichkeiten konkret bestimmen lassen.

G) Bildung Theoriemodell. Ziel: Klären, ob der Ansatz rationaler Akteure die Handlungsgrundlage bildet.

III. G – Fakten-, Einstellungs-, Informations-, Wissensfrage: Würden Sie sagen, dass das Verhalten der Akteure auf situationsbezogenem und vernunftgeleitetem menschlichen Handeln beruht (rationelles Verhalten)?

III.1 Können Sie dies anhand eines Praxisbeispiels darlegen?

III.2 Homo oeconomicus, der analytisch nach einer optimalen Kosten-Nutzen-Relation strebt und das hierfür benötigte Instrumentarium bedacht auswählt?

Schluss (C – Steuerungsfrage und G – Fakten-, Einstellungs-, Informations-, Wissensfrage)

Ziel: Erkundigung, ob noch weitere wichtige Themen existieren, die bislang fehlen. Zufriedenheit mit dem Interview und Verbesserungspotenziale in der Interviewführung erfragen (Erhöhung der Offenheit durch Einbringung nicht vorhersehbarer Aspekte). Für die Teilnahme ausdrücklich bedanken und Interview beenden.

Bei der abschließenden Prüfung wurde jede Frage nochmals daraufhin kontrolliert, weshalb sie gestellt und wonach konkret erfragt wurde, ob die Formulierung zutreffend ist und wo sie innerhalb der Fragesystematik platziert wurde. Insbesondere wurde jede Hauptfrage danach geprüft, ob sie der Beantwortung der Forschungsfragen dienlich, also gegenstandsangemessen ist. Obwohl durch gründliche Analyse so viele Informationen wie möglich zum jeweiligen Fragegegenstand eingeholt wurden, mussten aufgrund der Erkenntnisse aus dem nachfolgend erörterten Pretest und den geführten Interviews noch kleinere Anpassungen, zumeist Präzisierungen, vorgenommen werden.

5.3.3 Testweise Befragung

Bei der Formulierung der Fragen und der Erarbeitung des Interviewleitfadens bestand grundsätzlich die Möglichkeit, dass die Interviewpartner das Frageanliegen nicht richtig verstehen und somit keine wertigen Antworten beisteuern würden. Um diese Gefahr zu minimieren, wurde vor der Befragung ein *Pretest* in Form einer probeweisen Interview-Führung an je einem ÖAG- und BU-Probanden vollzogen. Die in der Fragestellung zutage geförderten kleineren Ungenauigkeiten wurden verbessert. Beispielsweise dadurch, dass auf noch einfachere Frageformulierungen abgestellt wurden und jede Frage nur ein einziges Erkenntnisinteresse zum Gegenstand hatte. Diese Überprüfung war notwendig, da sowohl zu akademische, also zu stark am Untersuchungsschema ausgerichtete sowie zu brisante Fragen vermieden werden sollten. Außerdem galt es zu klären, ob zu viele Faktenfragen die Interviewdauer und die anschließende Auswertung unangemessen verlängern würden. Durch die direkte Erprobung konnten Fragestellungen und der Interviewleitfaden als solcher noch verbessert werden. Insbesondere wurden die von KAISER zusammengetragenen fünf Anforderungen an einen Pretest[347] berücksichtigt. In der Testbefragung wurde kontrolliert, ob die Fragen für den Befragten *verständlich* sind und ob sie ein *Beantwortungsinteresse* wecken. Es wurde gleichfalls getestet, ob ein *kontinuierlicher Interviewfortgang* gegeben ist, wie die *Leitfadenstrukturierung* sich auf den Befragungsablauf auswirkt und wie lange die Interviews dauern. Alle Aspekte konnten bestätigt werden, wobei dennoch verschiedene Optimierungen vorgenommen wurden, zum Beispiel in der Reihenfolge. Die beiden Interviewdauern betrugen in der Testphase jeweils etwa 80 Minuten.

347 Vgl. Kaiser, R., Qualitative Experteninterviews, 2014, S. 69.

5.3.4 Instrumente zur Datenerfassung

Die Datenerfassung erfolgte mithilfe des vorbereitenden Leitfadens, der Audioaufzeichnung der mündlichen Befragung an sich und eines nachbereitenden Interviewberichts. Auf einen eigenständigen Kurzfragebogen mit Hintergrunddaten zum Interviewpartner wurde verzichtet. Stattdessen wurden diese Aspekte in die Einleitung des Interviewleitfadens aufgenommen.

5.3.4.1 Konzeption des Interviewleitfadens

Aus den Interviewfragen galt es im nächsten Schritt einen *Interviewleitfaden* zu konzipieren, der die vorgesehene Interviewregie umzusetzen vermochte. Da der Leitfaden das einzige schriftliche Instrument war, das der Interviewer während der Gesprächsführung einsetzte, lag neben den inhaltlichen Fragen ein besonderes Augenmerk auf einem übersichtlichen und gut zu handhabenden Design. Insbesondere deshalb, damit der Interviewer sich zügig orientieren konnte. Insgesamt folgte der Leitfadenaufbau der vorgegebenen Themenstruktur zur Ausschreibung und Vergabe von Bauleistungen ohne abrupte Sprünge und Themenbrüche. Obwohl mit zunehmender Interviewerfahrung nur noch einzelne Stichworte für die Gesprächsführung notwendig erschienen, wurden die Fragen vollständig in den Leitfaden aufgenommen. Insbesondere zu einer optimalen Vorbereitung auf das jeweilige Interview. Während der Interviewführung wurde der Leitfaden ausnahmslos bei jedem Interview zur inhaltlichen Orientierung und als Vollständigkeits-Checkliste herangezogen. *„Obwohl der Interviewleitfaden keine unumstößliche Vorschrift für die Interviewführung ist, beschreibt er doch ein Beispiel-Interview, das heißt er enthält Fragen, die bei erwartungsgemäßer Beantwortung ein an einen natürlichen Gesprächsverlauf angenähertes, alle erforderlichen Themen behandelndes Gespräch möglichen machen.“*[348] Es bleibt noch zu erwähnen, dass der Interviewleitfaden aufgrund kleinerer Änderungen fortgeschrieben wurde.

5.3.4.2 Audioaufzeichnung der Experteninterviews

Im Vorfeld der Befragung wurden die Vor- und Nachteile der Audioaufzeichnung gegeneinander abgewogen. Gegen die Aufzeichnung sprach im Wesentlichen nur, dass eventuell keine gänzlich ungezwungene, informelle Gesprächssituation eintreten kann, sobald die Beteiligten um die Aufzeichnung wissen. Es stellte sich allerdings heraus, dass die Interviewten dem Aufzeichnungsgerät bereits nach der Vorgesprächsphase keine Aufmerksamkeit mehr widmeten und das Interview die erwartungsgemäße Entwicklung nahm.

Für eine Audioaufzeichnung sprachen allerdings gleich mehrere Gründe. So wäre eine händische oder maschinelle Mitschrift während der Interviewführung kaum möglich gewesen und hätte vermutlich zu erheblichen Informationseinbußen geführt. Eine auf schriftlichen

[348] *Gläser, J. / Laudel, G.*, Experteninterviews und qualitative Inhaltsanalyse als Instrumente rekonstruierender Untersuchungen, 2012, S. 143.

Notizen basierende nachträgliche Erschließung mittels eigener Deutung hätte wohl auch zu erheblichen Informationsverlusten und Wertungen geführt und war demnach als alleinige Dokumentation nicht sinnvoll. Folglich wurde entschieden, alle Interviews audiomäßig aufzuzeichnen. Allerdings wurden innerhalb der Interviews zusätzlich Gesprächsnotizen angefertigt, um das Fixieren von Wahrnehmungen und Besonderheiten im Postskript zu ermöglichen.

Die technische Erfassung aller Audiodaten erfolgte im MP3-Dateiformat mit dem speziell für Interviewaufzeichnungen geeigneten Aufnahmegerät vom Typ LS-P1 des Herstellers Olympus. Das Gerät verfügt unter anderem über zwei um 90 Grad abgewinkelte interne Mikrofone, die sich optimal für einen Interviewmitschnitt nutzen lassen. Das Gerät wurde bei allen Experteninterviews auf dem Besprechungstisch in der Mitte zwischen Interviewer und Interviewtem platziert, wobei sie sich vis-à-vis in einem Abstand von rund einem Meter zum Aufzeichnungsgerät gegenübersaßen. Der im Gerät verbaute USB-Anschluss ermöglichte einen direkten Datentransfer der Interview-Audiodateien auf den Arbeitsrechner des Verfassers.

5.3.4.3 Gesprächsprotokollierung durch Interviewberichte

Für jedes Experteninterview wurde, basierend auf einer standardisierten Vorlage, unmittelbar nach dem Ende des Interviews ein individueller *Interviewbericht* abgefasst. In diesem Postskriptum wurden die jeweiligen Interviewbedingungen und -situationen festgehalten, die für die spätere Auswertung eventuell von Belang sein konnten. Im Berichtskopf wurden die Kerninformationen aufgenommen: laufende Interviewnummerierung, Befragter, Untersuchungsgruppe, Ort, Datum, Uhrzeit, Dauer, Name des Interviewführenden und des Berichterstellers. Die Durchführung der Experteninterviews und die Abfassung der Interviewberichte erfolgten durch den Verfasser. Ferner wurde erfasst, wie viele Teilnehmer beim Interview anwesend waren. Insbesondere wurden die Eindrücke des Interviewers bezüglich der Räumlichkeit, des Befragten, der Befragungssituation und der Interviewführung festgehalten. Dokumentiert wurden gleichfass die Interviewumstände und Optimierungsmöglichkeiten für die folgenden Interviews. Das Postskriptum schließt informell mit der forschungsinternen Freigabe zur Transkription und Informationen zur Teilnahme an der quantitativen Teilstudie. Exemplarisch befindet sich in Anlage 2 der anonymisierte Interviewbericht Nr. 7 des am 14.11.2018 geführten Experteninterviews Nr. 7. Zur Dokumentation wurden die Interviewberichte und audioaufgezeichneten Experteninterviews beim Erstgutachter hinterlegt.

5.3.5 Situative Gesprächsführung des Interviewers

Für eine förderliche Gesprächsführung wurde auf einen unvoreingenommenen und empathischen Kommunikationsstil geachtet. Hierfür erschien es notwendig, verschiedene Ansichten der Befragten und Inkonsistenzen einstweilen uneingeschränkt zuzulassen. Dies führte allerdings nie dazu, dass Äußerungen unreflektiert toleriert wurden.

Die Befragten wurden durch die zuvor formulierten Fragen, Nachfragen und Erzählimpulse dazu eingeladen, ausführliche Auskünfte zu den Einzelthemen zu erteilen. Aufgrund der Halbstrukturiertheit war es wichtig, einen angemessenen Ausgleich zwischen lenkender Intervention und freiem Gesprächsverlauf zu finden. Flankiert wurde dies durch gesprächsunterstützende aktive *Zuhörsignale* des Interviewers: fokussierte Aufmerksamkeit, bestärkendes Kopfnicken und ein kontinuierlicher Befragungsverlauf.[349] Ferner wurde immer dann nachgefasst, wenn sich im Gesprächsverlauf entweder zu knappe oder überlange Äußerungen abzeichneten. Obwohl die zehn Gesprächspartner im Vorfeld ausgesucht worden waren, musste der Interviewer darauf vorbereitet sein, dass Befragte sich entweder zurückhaltend oder sehr mitteilsam verhalten würden. Daher wurde bereits vorab festgelegt, dass der Interviewer im Fall einer Gesprächspause geduldig abwarten und die betreffende Frage – gegebenenfalls mit anderen Worten – erneut stellen solle, statt vorschnell zur nächsten Frage überzuleiten. Darüber hinaus musste das Aushalten von Gesprächspausen und die Unterdrückung des eigenen Sprechimpulses beim Ausbleiben einer direkten Antwort des Befragten bedacht werden. Für diesen Fall entschied sich der Interviewer dafür, nur dann präzisierend einzugreifen, wenn die Befragten eine Frage offenbar nicht richtig verstanden hatten. In solchen Fällen wurde stets angenommen, dass die Frage nicht ausreichend präzise formuliert wurde. Außerdem musste sich der Interviewer damit vertraut machen, wie eine dem Gespräch förderliche Kommunikationsatmosphäre gerade in kritischen Situationen beibehalten oder wiederhergestellt werden kann, etwa durch eine kurze Unterbrechung oder eine thematische Ausdehnung. Spezielle Rückfragen oder zu abschweifende Beiträge der Interviewten und etwaige damit einhergehende Diskussionen sollten möglichst in die Nachgesprächsphase verschoben werden, sodass die am Interview Beteiligten beim Thema bleiben konnten und das Interview punktgenau geführt werden konnte. Um eine Überbelastung beim Verfasser zu vermeiden, wurde grundsätzlich nur ein Interview pro Tag angesetzt. Eine Ausnahme bilden die letzten beiden Interviews Nr. 9 und Nr. 10, die aufgrund des höheren Maßes an Interviewerfahrung mit einem gewissen zeitlichen Abstand innerhalb eines Tages geführt werden konnten.

5.3.6 Kritische Aspekte der Interviewführung

Um wertige Daten zu erhalten und Fehler bei der Befragung zu vermeiden, wurden vor der Durchführung des Interviews die geläufigsten Fehlerursachen in der Interviewführung[350] be-

[349] Vgl. *Helfferich, C.*, Die Qualität qualitativer Daten, 2011, S. 91.

[350] Vgl. *Gläser, J./Laudel, G.*, Experteninterviews und qualitative Inhaltsanalyse als Instrumente rekonstruierender Untersuchungen, 2012, S. 187–189.

trachtet. Differenziert wurde danach, ob die potenziellen Fehler in den Bereich des Interviewenden oder des Interviewten einzuordnen waren. Insbesondere standen Aspekte zur Gesprächsführung, Leitfadenerstellung und Datenerfassung/-auswertung im Fokus.

Während der Befragung wurde insbesondere strikt darauf geachtet, dass die zuvor festgelegten *Rollen der Beteiligten* sich während des Interviewverlaufs nicht veränderten, beispielsweise durch eine starke Dominanz des Interviewten oder das Abgleiten in eine zwanglose Plauderei. Dies gelang insgesamt recht gut, selbst wenn der Interviewer zuweilen kurzzeitig in Small Talk verfiel. Eine weitere potenzielle Fehlerquelle betraf den *Interviewleitfaden*, der einerseits weder zu administrativ eingesetzt wurde, noch eine unkontrollierbare inhaltliche oder zeitliche Expansion des Interviews zuließ. Ungleich schwerwiegender wäre der Verzicht auf einen Leitfaden und somit die Steuerung gewesen. Der Verfasser hat sich im Vorfeld ferner mit möglicherweise auftretenden negativen *Interaktionseffekten* in Experteninterviews[351] befasst und diese in Tabelle 4 dargestellt. Als sogenannter *Eisbergeffekt* (siehe Punkt 1 in Tabelle 4) wird eine Kommunikationssituation bezeichnet, bei der der befragte Experte nur sehr zurückhaltend antwortet und folglich nur die Spitze des „Eisbergs" sichtbar wird – Gründe hierfür könnten unter anderem Zurückhaltung oder fehlendes Wissen aufseiten des Befragten sein. Der *Paternalismuseffekt* (siehe Punkt 4 in Tabelle 4) beschreibt einen Zustand des Interviewten, der von Überlegenheit gegenüber dem Interviewer geprägt ist. Ein sogenannter *Rückkopplungseffekt* (siehe Punkt 3 in Tabelle 4) liegt dann vor, wenn der Experte versucht, die Rollenstruktur aufzubrechen und den Frage-Antwort-Ablauf umzukehren. Der Interviewer nimmt dann die Rolle des Befragten ein. Vom *Katharsiseffekt* (siehe Punkt 2 in Tabelle 4) wird dann gesprochen, wenn der Experte sich übermäßig selbst inszeniert und im Zuge dessen abschweift. Für die Vorbereitung der Handhabung mit schwierigen Interviewpartnern befasste sich der Verfasser gründlich mit möglichen Handlungsoptionen.

Tabelle 4: Umgangsoptionen mit schwierigen Befragungspersonen

1. Befragungsperson ist wortkarg, gibt einsilbige Ja/Nein-Antworten.
   Reaktion: Zunächst sind Zeitdruck und mangelnde Anonymität als Ursachen für geringe Auskunftsbereitschaft auszuschließen. Dann sollten die Fragen so offen wie möglich gestellt und Pausen ausgehalten werden, um zu signalisieren, dass man mehr hören möchte.

2. Befragungsperson ist redselig, schweift wiederholt vom Thema ab.
   Reaktion: Zunächst kann man die Befragungsperson bitten, zu pausieren, um sich zum bisher Gesagten Notizen zu machen, dies wirkt weniger konfrontativ als direktes Unterbrechen. Anschließend kann man wieder auf themenrelevante Aspekte zu sprechen kommen.

3. Befragungsperson fängt an, ihrerseits den Interviewer zu befragen.
   Reaktion: Man sollte sich für das Interesse bedanken und die Fragen auf das Nachgespräch verschieben. Schließlich wolle man für die wissenschaftliche Studie zunächst die Sichtweise der Befragungsperson erfahren.

---

351 Vgl. Kaiser, R., Qualitative Experteninterviews, 2014, S. 81–84.

4. Befragungsperson präsentiert sich als Methodenexperte und kritisiert die Interviewtechnik oder die Zielsetzung der Studie.
   Reaktion: Man sollte die methodischen Prinzipien des eigenen Vorgehens, zum Beispiel Art der Stichprobenauswahl, die Interviewtechnik benennen und die Rückmeldungen der Befragungsperson dankend als Anregung notieren.
5. Befragungsperson zeigt emotionale Belastung, beginnt beispielsweise zu weinen.
   Reaktion: Zunächst sollte man signalisieren, dass emotionale Reaktionen in Ordnung sind, und der Befragungsperson ausreichend Zeit lassen, sich wieder zu beruhigen. Im Zweifelsfall kann angeboten werden, die Frage zu überspringen. Im Nachgespräch sollte man sich rückversichern, dass es der Befragungsperson wieder gut geht, und gegebenenfalls über Beratungs- und Unterstützungsmöglichkeiten informieren.

Quelle: DÖRING/BORTZ, Forschungsmethoden und Evaluation, S. 362

Während der Durchführung der Experteninterviews trat nur bei einem Befragten ein spürbarer Interaktionseffekt auf, und dies nur zeitweise. So war bei ANONYM 8 zu Beginn des Interviews eine deutliche Reserviertheit, ein sogenannter Eisbergeffekt auszumachen, die erst nach einer verlängerten Vorgesprächsphase von über einer Stunde abgebaut werden konnte, sodass mit dem eigentlichen Experteninterview begonnen werden konnte. Dies war überraschend, da sowohl bei der Kontaktaufnahme sowie bei der Terminvereinbarung über alle Hintergründe mündlich und schriftlich umfassend informiert wurde. Das Interview verlief dann allerdings recht zufriedenstellend. Die Gründe für den zurückhaltenden Beginn ließen sich nicht klären, weshalb von Konsequenzen für die Interviewführung abgesehen wurde. Im Vorfeld war mit weiteren Interaktionseffekten gerechnet worden, die sich allerdings nur auf diesen einzigen Fall beschränkten. Wie den Transkripten zu entnehmen ist, lehnte erfreulicherweise kein Interviewpartner einzelne Themen oder Fragen ab. Dies erklärt sich damit, dass regelgeleitete Fragestellungen erarbeitet, zielgruppengemäße Interviewtechniken eingesetzt und nur auskunftsfreudige und erreichbare Befragte rekrutiert wurden. Der Aspekt möglicher Interaktionseffekte wurde in der Berichtführung jedes Interviews berücksichtigt.

5.4 Erhebung qualitativer Interviewdaten

5.4.1 Ansprache von Interviewteilnehmern

Für die Durchführung von Experteninterviews wurde ein Rekrutierungsplan mit zunächst zehn potenziellen Gesprächspartnern pro Untersuchungsgruppe ÖAG und BU erstellt, aus dem je fünf zu Befragende für die Experteninterviews zu rekrutieren waren. Diese Vorauswahl erfolgte anhand eigener, subjektiver Einschätzungen: welcher Untersuchungsgruppe die potenziellen Interviewpartner angehörten, ob es sich um Experten für die Ausschreibungs- und Vergabematerie handelt, ob sie geneigt wären, an einem Interview teilzunehmen und wie gut sie für die Terminkoordination und Interviewdurchführung erreichbar wären.

Die Ansprache erfolgte nach der Reihenfolge des Rekrutierungsplans, indem die avisierten Personen telefonisch kontaktiert wurden. Erwartungsgemäß konnten einige Personen wiederholt nicht erreicht werden, sodass der Verfasser an die nächstgelisteten Personen herantrat. Bei der Ansprache wurde sukzessiv vorgegangen: im Rekrutierungsverlauf wurden immer nur so viele potenzielle Interviewpartner gleichzeitig kontaktiert, wie die Zielsetzung von je fünf zu Befragenden ÖAG und BU dies sinnvoll erschienen ließ. Dadurch konnte vermieden werden, dass gegebenenfalls zu viele Interviews geführt oder einmal zugesagte Interviews wieder abgesagt werden mussten. Sehr erfreulich war, dass alle angefragten Personen einwilligten, sich für ein Experteninterview zur Verfügung zu stellen. Um das dafür notwendige Vertrauen zwischen Interviewten und Interviewer aufzubauen, wurden Informationen zur Themenstellung und zur Forschungseinrichtung TU Dresden mitgeteilt. Ferner wurde die Forschungskonzeption umrissen, und der Interviewablauf, der Fragenumfang und die Dauer des Interviews wurden dargelegt. Wichtig war gleichsam, auf die Anonymisierung der aufgezeichneten Interviewdaten und deren vertrauliche Auswertung hinzuweisen.

Alle angesprochenen Interviewpartner zeigten aufrichtiges Interesse an der Forschungsthematik und bestätigten deren Bedeutsamkeit. Sich selbst schätzten sie als fachlich versiert und ihre Meinung zu den Gestaltungsmöglichkeiten bei der Ausschreibung und Vergabe von Bauleistungen als belangvoll ein. Um die Teilnahmebereitschaft weiter zu erhöhen, wurde allen Interviewpartnern als Anerkennung für die zusätzliche Arbeitsbelastung bei der Terminfindung und der Wahl des Befragungsortes größtmögliche Flexibilität eingeräumt.

Unmittelbar nach der telefonischen Kontaktaufnahme wurde per E-Mail nochmals zusammenfassend über Intention und Aufbau des universitären Forschungsprojekts an der TU Dresden informiert und der fernmündlich vereinbarte Termin und Ort schriftlich festgehalten. Außerdem wurden die Kontaktdaten des Interviewers für etwaige Rückfragen mitgeteilt und die 14 Kernfragen zur besseren Vorbereitung der Interviews zusammengestellt.

5.4.2 Ort des Interviews

Bei der Wahl des jeweiligen Interviewortes richtete sich der Verfasser nach den Wünschen und Möglichkeiten der Interviewpartner. Er bot zwar an, die Interviews in seinen eigenen beruflichen Räumlichkeiten oder an neutralen Orten zu führen, allerdings bevorzugten die angefragten Personen ausnahmslos das eigene Umfeld. Dies war aus forschungsökonomischer Sicht für den Forscher ungleich aufwendiger; allerdings sollte ein Bürobesuch beim Befragten dessen Status zusätzlich aufwerten und seine Expertenrolle hervorheben. Die Orte, an denen die einzelnen Interviews stattfanden, wurden in den Interviewberichten festgehalten.

5.4.3 Eindrücke aus den Experteninterviews

Die zehn Experteninterviews wurden von Mitte Oktober 2018 bis Ende November 2018, also innerhalb von sechs Wochen, geführt. Die Führung der Experteninterviews lag wie vorgesehen beim Interviewer, wobei den Befragten weite Gestaltungsfreiräume eingeräumt wurden, um ihre Meinung ausführlich darzulegen. Der Verfasser zeigte sich als Interviewer möglichst unbefangen und zurückhaltend und glich sich dem Gesprächsverlauf durch angemessenes Steuern, Motivieren und Nachfragen flexibel an. Der Leitfaden wurde dabei nie außer Acht gelassen, allerdings ebenso nicht in überzogener Weise als dominierendes Instrument eingesetzt. Schwierige Gesprächspassagen traten nicht auf, daher musste kein einziges Gespräch unterbrochen oder gar vorzeitig abgebrochen werden.

5.5 Transkription und Bereinigung erhobener Interviewdaten

Um wissenschaftlich zuverlässige Resultate für einen erfolgreichen Erkenntnisgewinn zu erhalten, war es für die Gewinnung einer möglichst hohen Datenqualität notwendig, die Interviews zu transkribieren und einer gründlichen Bereinigung zu unterziehen.

5.5.1 Verschriftlichung der Interviews

Jede Audioaufzeichnung der Experteninterviews wurde, basierend auf einer standardisierten Vorlage, dem jeweiligen Interviewverlauf vom Verfasser *vollständig und wortgetreu* manuell transkribiert. Auf den Einsatz von Spracherkennungssoftware wurde verzichtet – dies erschien nach einem Erfahrungsaustausch mit anderen Forschenden und einem Kurztest der frei verfügbaren Transkriptionssoftware angebracht. Einerseits wiesen die Programme unzulängliche Sprachentschlüsselung bei viel zu geringer Datenkapazität, also eine beschränkte Transkriptionsleistung auf – die notwendigen inhaltlichen Korrekturen und die umständliche Handhabung der Dateien wären derart umfangreich gewesen, dass der zu betreibende Aufwand in keinem vernünftigen Verhältnis zur Arbeitserleichterung gestanden hätte. Andererseits konnte sich der Verfasser gerade durch die händische Abschrift des Audiomaterials mithilfe handelsüblicher Büroausstattung[352] bei der Erstellung der schriftlichen Rohfassung bereits frühzeitig intensiv mit dem Inhalt jedes einzelnen Experteninterviews vertraut machen. Die anschließende Auswertung konnte somit noch substanzieller vorbereitet werden.

Aufgrund des Auswertungsinteresses wurde das folgende Transkriptionssystem verwendet:

- Detaillierungsgrad: manifester Inhalt ohne klangliche Aspekte

[352] Tastatur-/Fußpedalsteuerung zum Abspielen, Vor- und Zurück[illegible]

- Komplexitätsgrad: inhaltlich-semantische Transkription des Gesprochenen, ohne parasprachliche Merkmale wie Lachen, Räuspern, Husten und ohne prosodische Besonderheiten wie Unterbrechungen, Pausen, Akzentuierungen, Dehnungen. Keine Verschriftlichung von nonverbalen Aktivitäten
- Umfang: vollumfängliche Verschriftlichung aller Experteninterviews
- Transkriptionsform: deutsche Standardorthografie, geglättet, ohne phonetische Umschrift gemäß dem Internationalen Phonetischen Alphabet (IPA), ohne Dialekte und andere sprachliche Merkmale
- Technik: manuelle Abschrift von Audiodateien im Format MP3
- Transkriptionsstruktur: Zeilenschreibweise mit abwechselnder Frage-Antwort-Abfolge. Eine Partiturschreibweise mit präziser Darstellung gleichzeitiger Sprechbeiträge war nicht erforderlich.

Jedes Transkript wurde gestalterisch in zwei Teile gegliedert, einen anfänglichen Transkriptionskopf als Authentizitätsnachweis[353] mit den wichtigsten Kerninformationen des Experteninterviews wie Untersuchungsbezeichnung, Transkript/Audiodatei, Transkribient, Aspekte der Transkription und dem strukturierten Redebeitrag der Befragung als solchem. Für die schriftliche Fixierung wurde folgende Formatierung gewählt:

- Schriftart: Times New Roman, Schriftgrad 12
- circa 60 Zeichen pro Zeile
- Textabsätze linksbündig ausgerichtet mit einfachem Zeilenabstand
- sinnhafte Seitenumbrüche und Absatzformatierungen
- Kennzeichnung der Sprechbeiträge von Interviewer (I) und Befragten (B) mit Großbuchstaben und Doppelpunkt
- gesprochene Beiträge des Interviewers und der Befragten kursiv ohne Anführungszeichen
- Zeitmarken jeweils zum Anfang des Gesprächsbeitrags des Interviewers
- stets Leerzeile nach Sprechbeitrag von Interviewer und Befragten
- stets Leerzeile bei Themenwechsel
- Gliederung und Fragenabfolge gemäß Bestimmung
- 4 Zentimeter breiter Seitenrand rechts für Anmerkungen
- durchgängige Zeilennummerierung
- Beginn, Ende, Unterbrechungen mit Uhrzeiten und Zeitmarken
- Fußzeile mit Transkriptdaten und Seitenzahlen

[353] Vgl. Dittmar, N.: Transkription 2009, S. 96

5.5.2 Bereinigung von Interviewdaten

Die Datenbereinigung erfolgte, um unkorrekte Resultate in der Auswertung zu vermeiden. Folglich war es notwendig, unter anderem Wiederholungen, Schreibfehler, Auslassungen zu identifizieren und zu eliminieren. Dies geschah dadurch, dass alle im Originalton transkribierten Experteninterviews der Reihenfolge nach in drei aufeinanderfolgenden Kontrolldurchläufen jeweils überprüft und Unklarheiten korrigiert oder entfernt wurden:

1. Abschrift zur Rohfassung → Basis: Audiomitschnitt,
2. Überarbeitung und intensive Abstimmung anhand der Audiomitschnitte → Basis: kopierte Rohfassung,
3. finale Kontrolle → Basis: kopierte erste Überarbeitung.

Nach der Abschrift und dem ersten groben Transkriptionsdurchlauf, bei dem die Hauptaspekte der Beiträge und Redestrukturen im Fokus standen, wurden in einem zweiten, feineren Überarbeitungsschritt die einzelnen Textabschnitte auf die präzise Übereinstimmung mit dem Audiomitschnitt überprüft: Vollständigkeit, inhaltlich richtige Wiedergabe, Zeitmarken. Besonders schwierige Stellen wurden dann in einem dritten und letzten Korrekturdurchgang behandelt. Abschließend wurde die Einhaltung der vordefinierten Formatierungsvorgaben überprüft. Die Audioaufnahmen wurden jeweils mindestens zweimal angehört, schwer verständliche oder schnelle Sprechpassagen durchaus mehrfach. Erfreulicherweise war die Tonqualität der Audioaufzeichnungen einwandfrei, sodass keine ernsthaften akustischen Schwierigkeiten entstanden. Die Dateien wurden dabei wegen eines etwaigen Datenverlusts zuerst schreibgeschützt kopiert und gesondert gesichert. Darüber hinaus wurden alle Kerninformationen der Interview-Berichtsköpfe auf ihre Richtigkeit geprüft. Für eine zügige Datenanalyse und Kommentierung der vorhandenen Datensätze wurde vorher die standardisierte Extraktionstabelle zur qualitativen Inhaltsanalyse der Interviewdaten für jede Auswertungskategorie überprüft, und die wenigen, während der Interviews angefertigten Feldnotizen wurden in die Interviewberichte aufgenommen. Eine durchgängige Rekonstruierbarkeit sollte demnach für den Arbeitsschritt der Datenbereinigung gegeben sein.

Bei keinem der durchgeführten Experteninterviews gab es begründete Vorbehalte hinsichtlich der Authentizität und Kontextualisierbarkeit der Antworten. Demnach musste kein Interview teilweise oder vollständig von der Auswertung ausgeschlossen werden.

5.5.3 Anonymisierung aufbereiteter Datensätze

Das Augenmerk galt besonders der Anonymisierung des sehr individuellen Datenmaterials, und zwar bereits bei der Erstellung der allerersten schriftlichen Rohfassung. Eine Identifikation des Interviewten über den Namen des Befragten, die Institution, den Ort war ab diesem Zeitpunkt nicht mehr möglich. Etwaige kontextuelle Zuordnungen, etwa im Interview erwähnte Bauvorhaben, Verfahren, Produkte und dergleichen, die Rückschlüsse auf den Befragten ermöglichten, wurden im Zuge der ersten Überarbeitung durch den Substitutsbegriff „ANONYM" ersetzt. Dies war aufwendiger als zunächst angenommen, da mehr noch als einzelne Begrifflichkeiten die inhaltlichen Zusammenhänge für eine Einschätzung entscheidend waren. Hier galt es stets, mögliche Informationsdefizite infolge zu intensiver Anonymisierung gegen eine mögliche Offenbarung der Identität des Befragten wegen zu geringer Anonymisierung abzuwägen.

Nach der zeitintensiven Transkription und Datenbereinigung standen für die anschließende manuelle Datenauswertung fehlerbereinigte, anonymisierte und strukturierte Datensätze in schriftlicher Form zu Verfügung. Es sei noch erwähnt, dass eine Nacherhebung von Interviewdaten entbehrlich war, da aufgrund des Einsatzes eines Leitfadens innerhalb der Transkripte keine nennenswerten Auslassungen und/oder Verzerrungen zu verzeichnen waren.

5.5.4 Revision der Abschriften durch die Interviewten

Um die angestrebte hohe Qualität der Transkriptionsarbeit zu gewährleisten, erfolgte unter den befragten Experten zusätzlich eine mit einem Begleitschreiben und dem jeweiligen Transkript versehene Abfrage zur Überprüfung der geführten Interviews. Mitte Februar 2019 wurde jedem der zehn Befragten sein persönliches Interviewtranskript postalisch zur Verfügung gestellt, mit der Bitte, das anonymisierte Transkript zu prüfen und gegebenenfalls Anmerkungen, Änderungswünsche und Ergänzungen mitzuteilen. Die Befragten haben keine Hinweise übermittelt.

5.6 Auswertung und Ergebnisse der qualitativen Teilstudie

5.6.1 Überblick über qualitative Auswertungsmethoden

Eine eingehende Sichtung der methodenbezogenen Fachliteratur offenbarte, dass keine allgemeingültige, verbindliche Einordnung qualitativer Auswertungsmethoden existiert. Wie in Tabelle 5 dargestellt, gibt es mehr oder weniger vergleichbare Analyseansätze, die sich grundlegend in zwei Verfahrensgruppen einteilen lassen: die spezialisierten und die allgemeinen Auswertungsmethoden.

Tabelle 5: Einordnung qualitativer Datenanalyseverfahren

Klassifikation	Auswahl qualitativer Datenanalyseverfahren
Spezialisierte Datenanalyseverfahren, unter anderem:	
	1. qualitative Analyse von Kinderzeichnungen
	2. qualitative Analyse von Videomaterial
	3. Metaphernanalyse
	4. narrative Analyse

5. interpretative phänomenologische Analyse
6. Konversationsanalyse
7. kritische Diskursanalyse
8. Tiefenhermeneutik

Allgemeine Datenanalyseverfahren, unter anderem:

9. objektive Hermeneutik
10. **qualitative Inhaltsanalyse**
11. dokumentarische Methode
12. Grounded-Theory-Methodologie

Quelle: DÖRING/BORTZ, Forschungsmethoden und Evaluation, S. 601

Da spezialisierte Auswertungsmethoden wegen der Forschungsausrichtung und des erhobenen Datenmaterials nicht in Betracht kamen, wurde von einer Erläuterung abgesehen. Die näher betrachteten *allgemeinen Verfahren* basieren auf verschiedenen Theorievorstellungen. Bei der objektiven Hermeneutik mit ihrer Interpretation, Erklärung und Auslegung, die vorrangig in den Geistes-, Sozial- und Kulturwissenschaften beheimatet ist, wird versucht, in den sogenannten Ausdrucksgestalten – überwiegend Erzähltexte – die latent vorhandene Sinn- und Bedeutungsordnung sequenzanalytisch aufzudecken. Dagegen stellt die qualitative Inhaltsanalyse darauf ab, aus beispielsweise textlichen Daten manifeste Inhalte zu erschließen. Die dokumentarische Methode ist wiederum insbesondere dadurch gekennzeichnet, dass mehr oder weniger zufällig vorgefundene Unterlagen betrachtet und interpretiert werden. Der eigenständige und sehr komplexe Forschungsansatz der Grounded Theory wiederum basiert auf der Theorie des symbolischen Interaktionismus zwischen Menschen. Letztere war für die vorgesehene Entwicklung einer praxisnahen Theorie zwar durchaus passend, allerdings zu multidimensional für das angestrebte Erkenntnisinteresse der ersten Teilstudie. Zudem war die notwendige Bildung eines Kategoriensystems aus den Interviewdaten entbehrlich, da die möglichen Gestaltungspotenziale im Vergabeverfahren schon zuvor analysiert und eingeordnet worden waren.

Da für die erste Teilstudie die manifeste Identifikation geeigneter Gestaltungspotenziale in den Audiodaten der Experteninterviews im Interessenfokus stand, stellte die qualitative Inhaltsanalyse ein zweckmäßiges Analyseverfahren für die Untersuchung der gewonnenen Daten dar. Nach FROSCHAUER/LUEGER eignet sich die qualitative Inhaltsanalyse in besonderem Maße für Experteninterviews mit ökonomischen Themenstellungen: *„Analysiert man etwa, wie externe Expert*innen die gegenwärtige Entwicklung in einem Wirtschaftsbereich sehen, so würden narrative Interviews nicht notwendigerweise die erforderlichen Informationen bereitstellen und hermeneutische Analyseverfahren wären eher Zeitfresser als angemessene Analyseverfahren. Für solche Fragen könnten durchaus leitfadengestützte themenzentrierte Gespräche und Interpretationsverfahren wie die Themenanalyse [...] genügen, weil nicht der Hintergrund der Aussagen, sondern deren Inhalte den Forschungsfokus* *bildet.“*[354] Demgemäß entschied sich der Verfasser für die *qualitative Inhaltsanalyse* (siehe Abschnitt 5.6.2) als Auswertungsverfahren.

5.6.2 Qualitative Inhaltsanalyse

Die qualitative Inhaltsanalyse ist als theorie- und regelgeleitete sowie als methodisch geordnete und transparente Methode zur schrittweisen Datenanalyse von verschriftlichten Interviews zum Zweck der Konstituierung theoretischer Ansätze zielgerichtet einsetzbar.[355] Sie ist exakt darauf angelegt, *„die manifesten Kommunikationsinhalte, also Aussagen von Befragten, die diese bewusst und explizit von sich geben“*[356] zu analysieren.

Aus Abbildung 6 kann entnommen werden, dass hierbei die Transkripte der Experteninterviews dadurch erschlossen werden, indem diesen zielgerichtet Daten entnommen werden.

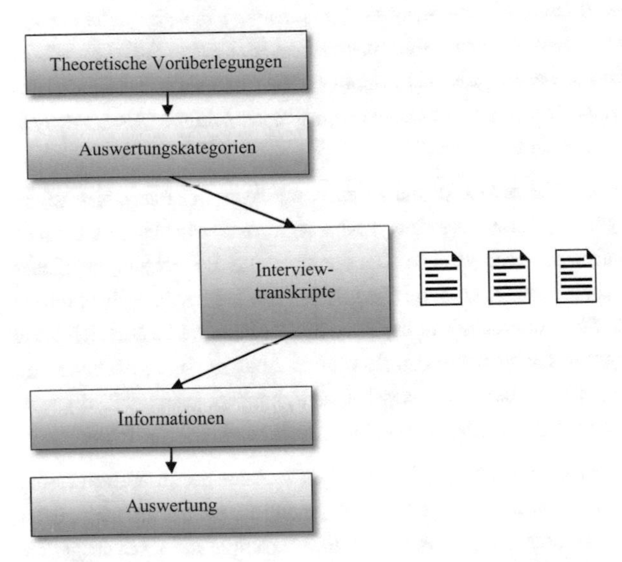

Abbildung 6: Vorgehen bei der qualitativen Inhaltsanalyse
Quelle: Darstellung in Anlehnung an GLÄSER/LAUDEL, S. 4

„Die Inhaltsanalyse entscheidet sich […] vor allem in zwei wesentlichen Punkten. Erstens verbleibt sie nicht am Text, sondern extrahiert Informationen und verarbeitet diese Informationen getrennt vom Text weiter. Der zweite wichtige Unterschied […] besteht darin, daß letztere den Text unter ein ex ante feststehendes Kategoriensystem subsumiert.“[357]

---

[354] *Froschauer, U. /Lueger, M.*, Das qualitative Interview, 2020, S. 98.
[355] Vgl. *Mayring, P.*, Qualitative Inhaltsanalyse, 2015, S. 11.
[356] *Lamnek, S. / Krell, C.*, Qualitative Sozialforschung, 2016, S. 484.
[357] [illegible] Textanalysen, 1999, S. 4–5

MAYRING differenziert dabei zwischen drei Variationen inhaltsanalytischer Modi: Strukturierung, Explikation und Zusammenfassung. Die Strukturierung hat dabei das Ziel, *„bestimmte Aspekte aus dem Material herauszufiltern, unter vorher festgelegten Ordnungskriterien einen Querschnitt durch das Material zu legen oder das Material auf Grund bestimmter Kriterien einzuschätzen.“*[358] Bei der Explikation gilt es, *„zu einzelnen fraglichen Textteilen (Begriffen, Sätzen ...) zusätzliches Material heranzutragen, das das Verständnis erweitert, das die Textstelle erläutert, erklärt, ausdeutet.“*[359] Anders als die beiden erstgenannten Verfahren erschien die Zusammenfassung im besonderen Maße geeignet zu sein. Schließlich zielt die Analyse darauf ab, *„das Material so zu reduzieren, dass die wesentlichen Inhalte erhalten bleiben, durch Abstraktion ein überschaubares Korpus zu schaffen, das immer noch ein Abbild des Grundmaterials ist.“*[360] Diese Verdichtungsstrategie der Textreduktion eignet sich nach FROSCHAUER/LUEGER ausdrücklich *„zur Aufbereitung mehrerer Interviews, um die Themen zu systematisieren, situationsspezifisch zu verankern und Vorstellungen von Personen oder Gruppen bzw. Kollektiven in ihrer Differenziertheit und aus ihrer besonderen Diskursposition herauszuarbeiten (eingehendere Analyse). Darüber hinaus eignet sich das Verfahren auch, um etwa die Meinung von externen Expert*innen und die Unterschiede in den Thematisierungen genauer zu erkunden.“*[361]

Wie bereits ausgeführt wurde, bedarf es für die zusammenfassende Inhaltsanalyse keiner Entwicklung eines Kategoriensystems oder eines Codierverfahrens, wie sie etwa für eine strukturierende Inhaltsanalyse notwendig wären. Die vorangestellte Betrachtung möglicher Gestaltungspotenziale und die semistrukturierte Vorgehensweise bei der Interviewführung machten dies entbehrlich. Strukturierende und explizierende Ansätze wären beispielsweise dann sinnvoll gewesen, wenn der Forschungsaufbau keine Analyse der Spielräume und keine anschließende quantitative Teilstudie vorgesehen hätte, sondern ausschließlich qualitativ ausgelegt gewesen wäre, etwa mittels nicht problemzentrierter narrativer Interviews.

Diese ist, wie die nachfolgende Abbildung 7 wiedergibt, als Variante der zusammenfassenden Inhaltsanalyse in fünf Arbeitsschritte aufgeteilt und speziell für die Behandlung großer Textmengen[362] geeignet – demnach für die zehn Interviewtranskripte mit ihren insgesamt 192 Seiten:

1. Forschungsfragen und theoretischer Ansatz,
2. Vorbereitung der Extraktion,
3. Auszug der Daten,
4. Datenaufbereitung und
5. Datenauswertung.

---

358 *Mayring, P.*, Einführung in die qualitative Sozialforschung, 2016, S. 115.
359 Ebd.
360 Ebd.
361 *Froschauer, U. /Lueger, M.*, Das qualitative Interview, 2020, S. 182.
362 Vgl. *Froschauer, U. /Lueger, M.*, Das qualitative Interview, 2020, S. [illegible]

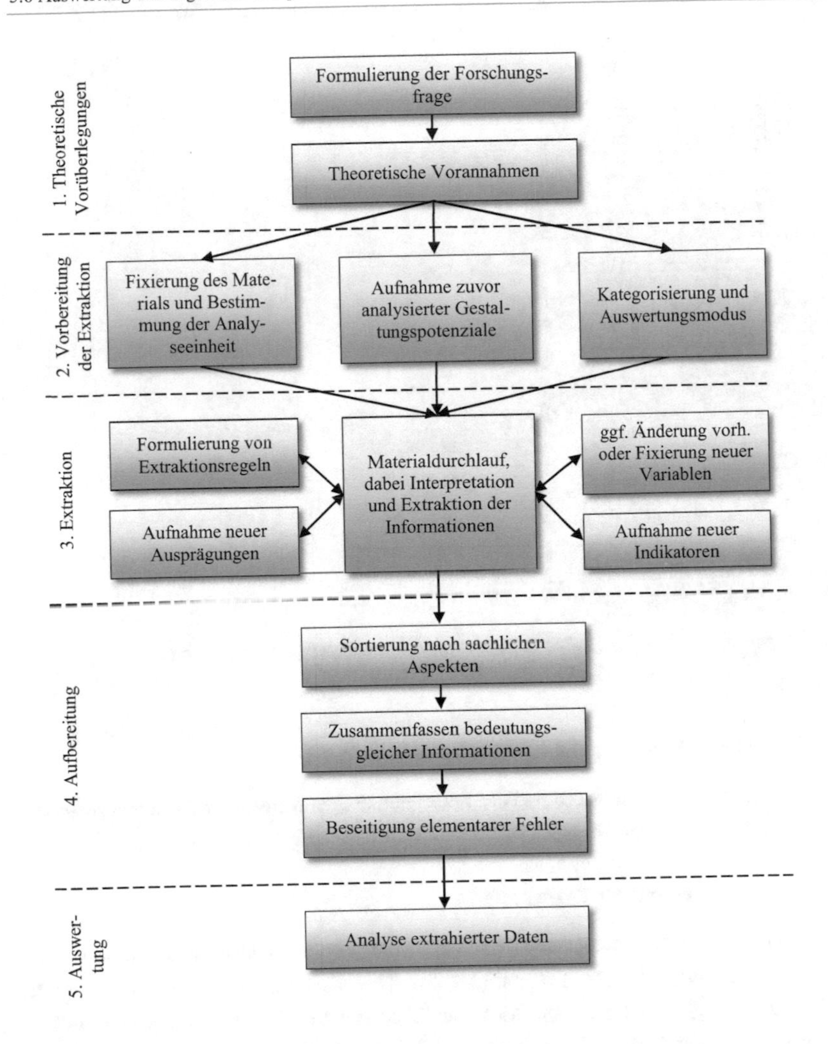

Abbildung 7: Zusammenfassende Inhaltsanalyse in fünf Schritten
Quelle: Darstellung in Anlehnung an GLÄSER/LAUDEL, S. 203

5.6.2.1 Inhaltsanalytisches Extraktionsverfahren

Um die *extrahierende* Vorgehensweise bei der qualitativen Inhaltsanalyse noch besser nachvollziehen zu können, wird in Abbildung 8 die grundlegende Arbeitsweise dargelegt: Die vorliegenden Transkripte werden anhand der bereits zuvor analysierten Gestaltungspotenziale (siehe Kapitel 3) einer Extraktion unterzogen, die Resultate untersucht und expliziert.

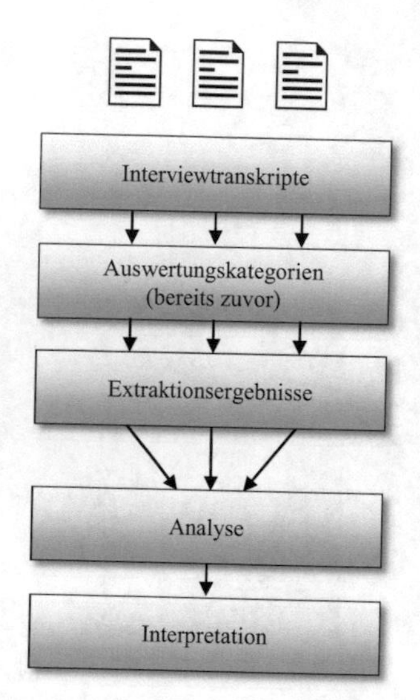

Abbildung 8: Vorgehensweise inhaltsanalytisches Extraktionsverfahren
Quelle: GLÄSER/LAUDEL, S. 200

5.6.2.2 Theoretische Annahmen und Forschungsfragen

Die theoretischen Vermutungen und die Forschungsfragen wurden bereits in den Abschnitten 1.3 und 1.4 umfassend behandelt.

5.6.2.3 Vorbereitung der Extraktion

Für die Initiierung der Datenextraktion mussten zunächst das zu analysierende *Datenmaterial* und die *Analyseeinheiten* bestimmt werden. Diesbezüglich wurde festgelegt, dass die Inhaltsanalyse allein auf die Transkripte der Experteninterviews anzuwenden sei und die angefertigten Interviewberichte und handschriftlichen Notizen nicht dafür herangezogen werden sollten. Ferner wurden für eine zweckmäßige Interpretation der Interviewtranskripte vollständige Textabsätze als Analyseeinheiten bestimmt. Um die Textabsätze als Sinneinheit behandeln zu können, wurden im Leitfaden und in den Transkripten Themenübergänge und -änderungen kenntlich gemacht.

Darüber hinaus wurden revidierbare *Auswertungskategorien* aufgestellt, die sich aus dem zuvor beschriebenen Vorwissen (siehe Kapitel 1) und dem analysierten Material (siehe Kapitel 3) herauskristallisiert haben.

Ferner wurde festgelegt, dass die Inhaltsanalyse zugunsten einer intensiven inhaltlichen Auseinandersetzung – analog der Transkription – *manuell* und nicht mittels einer Auswertungssoftware durchgeführt werden sollte. Hierfür mussten die zuvor erstellten Interviewtranskripte mehrfach ausgedruckt und nach der Reihenfolge der Interviews sortiert werden, sodass im Zuge der abschließenden Analyse handschriftliche Markierungen, Hervorhebungen und Anmerkungen gemacht werden konnten.

Des Weiteren wurde eine *Extraktionstabelle* (siehe Anlage 3) erstellt, um die extrahierten Daten übersichtlich erfassen, auswerten und interpretieren zu können. Diese Liste war an der zuvor festgelegten Frage- und Nachfragestruktur ausgerichtet. Um schneller arbeiten zu können, wurden für jeden Fragenkomplex gesonderte Tabellenblätter angelegt. Die getätigten Aussagen sollten als Phrasen unter Angabe der Fundstellen (z. B. ANONYM Nr. X, Seite x, Zeile x) und differenziert nach den beiden Untersuchungsgruppen ÖAG und BU in die Übersicht transferiert werden. Alle später gezogenen Schlüsse sollten sich somit anhand des Quelltextes ohne umständliche Suche schnell überprüfen lassen. In der Extraktionstabelle wurden für die *Auswertung*, die *Interpretation* und den *theoretischen Ansatz* mögliche Phänomene, Ursachen und Wirkungen berücksichtigt.

Um maßgebliche Themen und Ausprägungen erkennen zu können, wurde eine dreistufige Einschätzung – A: hoch, B: mittel und C: gering – der *tendenziellen Bedeutung* der Gestaltungsmöglichkeit innerhalb der öffentlichen Auftragsvergabe vorgenommen, wobei die mittlere Stufe B zusätzlich mit einer Differenzierung plus/minus versehen wurde. Wegen der gebotenen Stringenz wurden in der weiteren Auswertung allerdings nur A-klassifizierte Gesichtspunkte berücksichtigt.

- **A**: hohe Relevanz und wirkungsvolles Gestaltungspotenzial
  Eine vertiefende Betrachtung im Rahmen der zweiten, quantitativen Teilstudie ermöglicht wichtige Aufschlüsse. Unter A eingestufte Aspekte werden somit weiterverfolgt.

- **B+**: hinsichtlich des Antworttrends mittleres, durchaus interessantes Gestaltungspotenzial
  Aufgrund der Limitation dieser Forschungsarbeit wird in der zweiten, quantitativen Teilstudie ausschließlich auf mit A bewertete Aspekte fokussiert, demnach wird dieser Gesichtspunkt nicht weiterverfolgt. Allerdings stellt er mit der Relevanz B+ einen durchaus interessanten Punkt für gesonderte Untersuchungen außerhalb dieser Studie dar → Implikation für die weitere Forschung.

- **B-**: eher mittleres, mäßig aufschlussreiches Gestaltungspotenzial
  Aufgrund der Limitation dieser Forschungsarbeit wird in der zweiten, quantitativen Teilstudie ausschließlich auf mit A bewertete Aspekte fokussiert, demnach wird dieser Gesichtspunkt nicht weiterverfolgt. Wegen der Relevanzeinstufung B- ist eine gesonderte Untersuchung außerhalb dieser Studie kaum erfolgversprechend → keine Implikation für weitere Forschung.

- **C**: tendenziell geringes oder unwesentliches Gestaltungspotenzial
  Aufgrund der Limitation dieser Forschungsarbeit wird in der zweiten, quantitativen Teilstudie ausschließlich auf mit A bewertete Aspekte fokussiert, demnach wird dieser Gesichtspunkt nicht weiterverfolgt. Die Bewertung C lässt gleichsam keine inspirierenden, belangvollen Erkenntnisse einer gesonderten Untersuchung außerhalb dieser Studie erwarten → keine Implikation für weitere Forschung.

5.6.2.4 Extraktion der Daten

Die substanzielle Extraktionsarbeit erfolgte systematisch, indem das verschriftlichte Datenmaterial Interview für Interview, Kategorie für Kategorie und Frage für Frage passagenweise gelesen und gefiltert wurde und die als relevant eingeschätzten Informationen markiert, anschließend nacheinander extrahiert und in die Extraktionstabelle übertragen wurden. Durch diese Separierung konnte eine informatorische Quintessenz maßgebender Daten erzeugt werden, die ausschließlich Hinweise auf Sachverhalte beinhalten, die bei der Gestaltung von Vergabeverfahren tatsächlich von Belang sind. *„Die qualitative Inhaltsanalyse ist das einzige Verfahren der qualitativen Textanalyse, das sich frühzeitig und konsequent vom Ursprungstext trennt und versucht, die Informationsfülle systematisch zu reduzieren sowie entsprechend dem Untersuchungsziel zu strukturieren.“*[363]

Obwohl die folgende Auswertung und Interpretation gesonderte Arbeitsschritte waren, sei angemerkt, dass die Extraktionsarbeit nicht strikt isoliert vonstattenging, sondern stets auch mit obligatorischer Auslegungs- und Entscheidungsarbeit einherging: lesen → deuten → entscheiden → zuordnen → zusammenfassen. Die Informationsentnahme erfolgte dabei nicht etwa diffus, sondern substanziiert anhand folgender Extraktionsregeln:[364]

- Die Extraktionsarbeit erfolgt einheitlich durch dieselbe Person, den Verfasser.
- Vor Beginn ist das jeweilige Gesprächsprotokoll zu lesen.
- Es wird textabschnittsweise nach relevanten Informationen gesucht.
- Sich wiederholende Informationen werden nicht mehrfach verwendet.
- Es erfolgen keine unbedachten Zuordnungen in Auswertungskategorien.
- Bei den Materialdurchläufen sind stets neue Ausprägungen aufzunehmen, eventuell neue Sachdimensionen zu berücksichtigen und neue Variablen und Auswertungskategorien einzuführen.
- Hauptinhalte, die als solche erkannt wurden, sind phrasenhaft zu extrahieren.
- Wichtige Aussagen sind als Zitate auszuweisen.
- Mehrere Aussagen innerhalb eines Textabschnitts sind zu zerlegen.
- Festgestellte Kausalzusammenhänge sind kurz und knapp zu formulieren.
- Ursachen- und Wirkungszuschreibungen sind zu fixieren.

---

[363] *Gläser, J. / Laudel, G.*, Experteninterviews und qualitative Inhaltsanalyse als Instrumente rekonstruierender Untersuchungen, 2012, S. 200.

[364] Vgl. *Bogner, A./Littig, B./Menz, W.*, Interviews mit Experten, 2014, [illegible]

- Widersprüche sind auszuweisen, von eigenen Vermutungen ist dabei Abstand zu nehmen.
- Jede Entscheidung ist festzuhalten.

Obwohl die Kategorien durch die Analyse der Gestaltungsmöglichkeiten vorgezeichnet waren, erfolgte das Vorgehen mit möglichst großer Aufgeschlossenheit: Etwaige bislang unbekannte Gestaltungsaspekte konnten flexibel aufgenommen und artikuliert sowie die Kategorien erweitert werden. So war beispielsweise im Zuge der Interpretation der Nach-Nachfrage 4.2.2 „Wird auch von unzulässigen Einflussoptionen Gebrauch gemacht?" zu erkennen, dass eine weitergehende Vertiefung der Frage, bis wohin sich die Zulässigkeit erstreckt und ab wann eine irreguläre Beeinflussung vorliegt, durchaus interessant wäre. Während der Extraktion griff der Verfasser vereinzelt auf die Audiodateien zurück, um sich nochmals der korrekten Verschriftlichung einzelner Begriffe oder Textpassagen zu vergewissern. Das dadurch gewonnene exzerpierte Datenmaterial beinhaltet somit alle Hinweise auf mögliche Gestaltungspotenziale bei der Ausschreibung und Vergabe und etwaige Zusammenhänge. Anhand dieses Datenmaterials wurden darauffolgend die Auswertung, Interpretation und Bedeutungseinschätzung vorgenommen.

5.6.2.5 Aufbereitung extrahierter Daten

Das Ziel der Aufbereitung extrahierter Interviewdaten war eine nochmalige Erhöhung der Datenqualität, vergleichbar mit der Bereinigung der Transkripte. Dies wurde erreicht, indem alle lokalisierten Informationen *sortiert*, Mehrfachnennungen sinngleich *zusammengefasst* und augenfällige *Fehler beseitigt* wurden. Genau wie die Extraktion ging die Aufbereitung mit auswertungsrelevanten Entscheidungen einher. Dies erschwerte eine trennscharfe Differenzierung zwischen Aufbereitung und Auswertung. Aus diesem Grund wurde die Extraktionstabelle in drei aufeinanderfolgenden Durchläufen bearbeitet.

Die angestrebte intersubjektive Nachvollziehbarkeit – die sich allenthalben durch diese qualitative Teilstudie zieht – konnte gleichsam für die Datenaufbereitung mithin erreicht werden. Mit dem Abschluss der Aufbereitung lagen exklusive, gut strukturierte Primärdaten vor, die abermals die Basis für den nächsten Untersuchungsgang, die Auswertung, bildeten.

5.6.2.6 Auswertung und Interpretation der Resultate

Bei der Auswertung und Auslegung konnte nicht auf ein Regelverfahren zurückgegriffen werden; stattdessen musste strategisch überlegt werden, wie vorhandene Gestaltungsaspekte und Zusammenhänge nachgewiesen werden können. Es wurde der Frage nachgegangen, welche Themenkomplexe und Gestaltungspotenziale sich nach der Extraktion der Daten als regelmäßig bedeutsam herausgestellt haben und wie gegebenenfalls Ursachen und Wirkungen latent zusammenhängen. *„Das zentrale Ziel dieser Auswertungsstrategie besteht darin, im Vergleich der vorliegenden Experteninterviews das ‚Überindividuell-Gemeinsame' der Expertendeutungen herauszuarbeiten […] und daher Vergleiche quer über die Interviews* *hinweg ermöglichen."*[365] Das Risiko einer möglichen Beeinflussung durch den Verfasser hielt sich allerdings in engen Grenzen: *„Da die Interpretationsleistungen in diesem Verfahren eingeschränkt sind und sich stärker dem manifesten Textgehalt widmen, ist bei diesem Analyseverfahren die Gefahr einer Einfärbung der Ergebnisse mit der persönlichen Meinung der Interpret*innen gering."*[366] Der Hergang der Sinndeutung unterliegt dennoch einer nie ganz ausschließbaren Beeinflussung sowohl durch das eigene Interpretationsvermögen des Forschers als auch die individuellen Wahrnehmungen innerhalb der Experteninterviews.[367] BOGNER et al. schreiben zur Entwicklung von Theoriebeträgen, die auf Daten von Experteninterviews basieren: *„Für diesen Zweck allerdings ist es zentral, die Aussagen der Experten nicht als Fakten oder Sachinformationen sondern als Deutungswissen zu verstehen."*[368] Es ging bei der Interpretation also darum, die Auffassungen der Experten zu erschließen, *„[...] also jene Prinzipien, Regeln, Werte zu identifizieren, die das Denken und Deuten der Experten maßgeblich bestimmen"*.[369]

Das extrahierte Datenmaterial wurde sequenziell ausgewertet. Um den Sinngehalt einzelner Aussagen im Gesamtkontext der Experteninterviews zu durchdringen, wurde abermals iterativ vorgegangen, indem jedes Interviewtranskript mehrmals untersucht wurde. Die auf das Einzelinterview ausgerichtete Datenanalyse erfolgte in folgenden Schritten:

1. Herausstellen substanzieller Textteile.
2. Entnahme relevanter Textstellen und dadurch Genese eines neuen, komprimierten Textes.
3. Kommentierung und wertende Einbeziehung des verdichteten Textes zu einer Interviewtypisierung. Die Eigenarten der Interviews werden konkretisiert und in Richtung Verallgemeinerung antizipiert.
4. Im Ergebnis wird die Typisierung der Experteninterviews und ihrer wörtlichen Textstellen mit den Einschätzungen des Forschers verknüpft.[370]

Die Auswertung erfolgte gemäß der festgelegten Interviewstruktur und der Fragenabfolge.

Zu Teil 1 des Interviews: Einleitung

Auswertung: Für die Einleitung wurden zunächst einfache Auswertungen vorgenommen, da es hier lediglich um Zustimmungserfordernisse, Hinweise und Anmerkungen ging. Bei diesen Interviewgegenständen war folglich weder eine Auslegung der Äußerungen der Befragten im Sinne einer Interpretation noch eine Bedeutungseinschätzung der Gestaltungsrelevanz vorgesehen. Alle befragten Öffentlichen Auftraggeber (ÖAG) und Bauunterneh-

[365] *Bogner, A. / Littig, B. / Menz, W.*, Interviews mit Experten, 2014, S. 78.
[366] *Froschauer, U. /Lueger, M.*, Das qualitative Interview, 2020, S. 183.
[367] Vgl. *Lamnek, S./Krell, C.*, Qualitative Sozialforschung, 2016, S. 383.
[368] *Bogner, A. / Littig, B. / Menz, W.*, Interviews mit Experten, 2014, S. 75.
[369] Ebd. S. 76.
[370] Vgl. *Lamnek, S./Krell, C.*, [illegible]

men (BU) haben der Audioaufzeichnung und der Datenverarbeitung zugestimmt. Die Informationen und Hinweise des Interviewers zur Freiwilligkeit, Abbruchmöglichkeit, Interviewdauer wurden von allen Interviewpartnern verstanden. Da nach eingehender Nachfrage keine Fragen oder Anmerkungen zu diesen Punkten geäußert wurden, konnten die Experteninterviews mit der Eröffnung planmäßig fortgesetzt werden.

Zu Teil 2 des Interviews: Intervieweröffnung

Frage 1: Erzählen Sie mal, welche Erfahrungen haben Sie mit der öffentlichen Auftragsvergabe von Bauleistungen bislang gemacht?

Auswertung: Im Rahmen der Eröffnung konnte festgestellt werden, das alle Befragten über langjährige und relevante Berufserfahrungen bei der Bearbeitung oder Betreuung von öffentlichen Ausschreibungen und Vergaben von Bauleistungen verfügen.

Interpretation: Die Schilderungen aller Befragten ließen eindeutig erkennen, dass sie sich professionell mit der Thematik befassen, sodass jedem Interviewpartner der für die Untersuchung benötigte Expertenstatus zuerkannt werden konnte. Ein Austausch unter den Befragten aufgrund fehlender Expertise war folglich nicht vonnöten; die Interviews konnten mit Fragekomplex 2 weitergeführt werden.

Zu Teil 3 des Interviews: Allgemeine Sondierung – A) Interviewpartner

Frage 2: Betreuen Sie regelmäßig öffentliche Auftragsvergaben für Bauleistungen?

Auswertung: Ausnahmslos alle Befragten bestätigten, sich regelmäßig mit Ausschreibungen und der Vergabe von Bauleistungen zu befassen, und bekräftigten nochmals ihren Expertenstatus.

Interpretation: Es war demnach davon auszugehen, dass die für die Einschätzung der Gestaltungspotenziale notwendigen Erfahrungen vorhanden sind.

Nachfrage 2.1: Treffen Sie dabei persönlich wichtige Entscheidungen?

Auswertung: Jeder Befragte gab an, durchaus eigenständig wichtige Beschlüsse zu fassen. Offenbar werden besonders folgenreiche Entscheidungen überwiegend in Stäben/Gremien/Beiräten und seltener allein getroffen.

Interpretation: Da die Entscheidungen mitunter sehr weitreichend sein können, ist die gemeinsame Entschließung durchaus nachvollziehbar und in beiden Untersuchungsgruppen anzutreffen. Der Austausch innerhalb der Organisation und die Rückversicherung höherer Verantwortungsebenen sind hierbei übliche Prozedere.

Nachfrage 2.3: Ziehen Sie dabei die Expertise Dritter hinzu?

Auswertung: Die Befragten greifen bei öffentlichen Auftragsvergaben auf interne und ebenso auf externe Hilfe Dritter zurück, wie etwa die von Ingenieurbüros oder Gutachtern, insbesondere auf juristische Unterstützung. Die abschließenden Entscheidungen werden allerdings stets von den ÖAG und den BU getroffen.

Interpretation: Die Befragten kennen sich im Grunde gut mit der Vergabematerie aus. Lediglich für spezialisierte Fragestellungen werden punktuelle Unterstützungsleistungen von sachkundigen Fachleuten in Anspruch genommen.

Fazit A: Die ausgewählten Interviewpartner wurden als interessierte und geeignete Auskunftgeber eingestuft; es war davon auszugehen, dass sie hinsichtlich der öffentlichen Ausschreibung und Vergabe von Bauleistungen über aufschlussreiche Informationen verfügen. Es mussten also keine desinteressierten oder unqualifizierten Interviewpartner aus der Befragung herausgenommen und durch neue zu Befragende ersetzt werden.

Zu Teil 3 des Interviews: Allgemeine Sondierung – B) Öffentliche Auftragsvergabe

Frage 3: Wie beurteilen Sie die rechtliche Regelungsmaterie zur öffentlichen Auftragsvergabe in Bauwesen?

Auswertung: Die Gesetze und Verordnungen, die bei Ausschreibung und Vergabe gesamthaft berücksichtigt werden müssen, wurden von den Befragten differenziert taxiert. Unabhängig von der Untersuchungsgruppe gab es sowohl positive als auch negative Einschätzungen. Unisono wurde die Regelungsmaterie als sehr komplex und unüberschaubar kritisiert. Die Mehrzahl der Interviewten vermutete ferner, dass ihr persönliches Arbeitsumfeld diese subjektive Beurteilung teilt.

Interpretation: Das Vergaberecht als Summe aller zu beachtenden Gesetze und Verordnungen ist zu multidimensional angelegt. Dies erklärt somit die Hinzuziehung von juristischen Vergaberechtsexperten in Nachfrage 2.3.

Nachfrage 3.2: Wie bewerten Sie die Rechtsprechung zur öffentlichen Auftragsvergabe im Bauwesen?

Auswertung: Bis auf ANONYM Nr. 9 und 10, die keine Einschätzungen abgeben konnten, bestätigten alle Befragten die diskrepante Rechtsprechung zur öffentlichen Auftragsvergabe.

Interpretation: Zwar erscheint die divergente Jurisdiktion aufgrund der dynamischen Entwicklung nicht immer nachvollziehbar, sie eröffnet allerdings dadurch wiederum gewisse Handlungs- und Ermessensspielräume für alle Beteiligten. ANONYM Nr. 7 äußerte eine starke Abneigung.

Nachfrage 3.3: Und wie schätzen Sie die Kommentare in Fachbeiträgen ein?

Auswertung: Die Kommentare werden von den bei den ÖAG Beschäftigten überwiegend als bereichernd angesehen, von den BU dagegen kaum genutzt.

Interpretation: Die ÖAG befassen sich mit Beiträgen, Stellungnahmen und Kritiken intensiver und regelmäßiger als BU und nutzen die Erkenntnisse proaktiv zur Vorbereitung neuer Vergabeverfahren.

Fazit B: Die Einstellungen zu den Vorgaben, zur Rechtsprechung und zu den Kommentaren waren sehr verschieden. Während einige Befragte diese Aspekte als sinnvoll und hilfreich einschätzten, sahen andere Interviewpartner dies vollkommen anders.

Zu Teil 4 des Interviews: Spezifische Sondierung – C) Kenntnisse und Verhalten der Vergabebeteiligten

Frage 4: Gibt es Ihrer Meinung nach Gestaltungspotenziale, die sich im Vergabeverfahren nutzen lassen?

Auswertung: Die ÖAG bestätigten einheitlich und sehr deutlich das Vorhandensein verwendbarer Beeinflussungsmöglichkeiten im Vergabeverfahren. Die BU äußerten sich ähnlich, führten allerdings eine Ausnahme an: wenn bei der Angebotswertung allein der Preis zählt, scheinen die Beeinflussungsmöglichkeiten offenbar geringer zu sein.

Interpretation: Den Beteiligten dürften in ihrer beruflichen Tätigkeit bereits gewisse Gestaltungsoptionen begegnet sein, sowohl für ÖAG als auch BU. Sehr negative Einschätzung zum Nachteil der BU durch ANONYM Nr. 7, wie bereits Nachfrage 3.2.

Nachfrage 4.1: Was meinen Sie, kennen und nutzen ÖAG und BU alle Gestaltungsmöglichkeiten?

Auswertung: Alle Befragten stellten dies unisono in Abrede. Weder die ÖAG noch die BU überblicken und verwenden sämtliche Einflussoptionen.

Interpretation: Es wurde zunächst vermutet, dass andere Beteiligte nicht über vollumfängliches Wissen hinsichtlich des Gestaltungsspektrums bei Ausschreibung und Vergabe verfügen. Die Fremdeinschätzung war deutlich verneinend, die Selbsteinschätzung zum Wissen allerdings auch (siehe Nachfrage 4.3).

Nach-Nachfrage 4.2.2: Wird auch von unzulässigen Einflussoptionen Gebrauch gemacht?

Auswertung: Die Befragten bestätigten einhellig, dass unstatthafte Beeinflussungen durchaus angewandt werden. Die Bandbreite erstreckt sich von der Unkenntnis der Anwender bis hin zum bewussten Ausreizen vorhandener Möglichkeiten.

Interpretation: Eine interessante, weil nicht eindeutige Antwortsituation. Es könnte vertiefend nachgefragt werden, bis wohin sich die Zulässigkeit erstreckt und ab wann eine irreguläre Beeinflussung vorliegt.

Nachfrage 4.3: Würden Sie sagen, dass Ihnen alle Potenziale bekannt sind?

Auswertung: Der überwiegende Teil der Interviewpartner gab an, selber nicht alle Gestaltungspotenziale zu kennen. Nur ein einziger Befragter aufseiten der BU meinte, durchaus alle Einflussgrößen zu kennen und anzuwenden.

Interpretation: Bei den meisten Beteiligten lag eine realistisch-zurückhaltende Selbsteinschätzung vor – wenn kein anderer vollständig über dieses Wissen verfügt, wird dies bei mir selbst wohl gleichsam nicht der Fall sein. Bei ANONYM Nr. 6 war eine mögliche geringfügige Selbstüberhöhung zu verzeichnen, mit der vermutlich eventuelle Schwächen überspielt werden sollten. Mit diesem BU wurde ansonsten ein sehr konstruktives und offenes Interview geführt.

Fazit C: Eine Gestaltung des Verfahrens wurde übereinstimmend als möglich bezeichnet, damit war allerdings die Einschätzung verbunden, dass nicht alle Einflussmöglichkeiten bekannt sind. Selbst- und Fremdeinschätzung sind bei acht von zehn Befragten deckungsgleich.

Zu Teil 4 des Interviews: Spezifische Sondierung – D) Gestaltungspotenziale

Frage 5: Für wie wichtig erachten Sie eine realistische Schätzung des Auftragswertes?

Auswertung: Für ÖAG ist eine objektive Berechnung des Auftragswerts von hoher Tragweite, für die BU dagegen mehrheitlich unwichtig.

Interpretation: Für die ÖAG stellt die Schätzung des Auftragswerts eine essenzielle Information dar, da dieser für die Budgetierung des Bauvorhabens und für die Einordnung in die EU-Schwellenwertsystematik besonders wichtig ist. Bei den BU ist dies tendenziell weniger relevant, allenfalls bei der späteren Angebotswertung, bei der Soll und Ist miteinander verglichen werden.

Bedeutung: B+: Hinsichtlich des Antworttrends mittleres, allerdings interessantes Gestaltungspotenzial. Aufgrund der Limitation dieser Forschungsarbeit wird in der zweiten, quantitativen Teilstudie ausschließlich auf mit A bewertete Aspekte fokussiert, demnach wird dieser Gesichtspunkt nicht weiterverfolgt. Allerdings stellt er mit der Relevanz B+ einen durchaus interessanten Punkt für gesonderte Untersuchungen außerhalb dieser Studie dar, also eine Implikation für die weitere Forschung.

Nachfrage 5.2: Haben Sie Vergabeverfahren erlebt, bei der die Angebotspreise erheblich (± 20 %) vom geschätzten Auftragswert abwichen?

Auswertung: Alle Befragten bestätigten, von Abweichungen von den Angebotspreisen und Kostenschätzungen erfahren zu haben, die oberhalb von 20 % lagen. Ursachen (U): fehlerhafte Kostenschätzungen, unzulässige Bieterabsprachen, nicht berücksichtigte Marktpreisentwicklungen, Dumping, Konjunktur oder hohe Nachfrage, Sicherheitszuschläge infolge unklarer Ausschreibung. Wirkungen (W): höhere Preise/Baukosten, Zeitverzögerung, Aufhebung/Neuausschreibung. Phänomene (P): teure Beauftragungen und Erhöhung der Baupreise, schwierige Vergabesituationen/Unsicherheit, sogenannte Mondpreise.

Interpretation: Den Abweichungen können verschiedene Ursachen zugrunde liegen, die unterschiedliche Wirkungen entfalten können. Im Hinblick auf die ÖAG wäre es interessant, herauszufinden, wie viele Vergaben innerhalb und außerhalb der Kostenschätzung lagen, beispielsweise in Intervallen zu 25 %.

Bedeutung: B+ → siehe Bedeutung Frage 5.

Frage 6. Ist die Bildung von Teil- und Fachlosen ein wichtiges Strategem?

Auswertung: Neun von zehn Befragten erachteten die Losbildung als ein wichtiges strategisches Instrument.

Interpretation: Die ÖAG steuern über die Formung von Fach- und Teillosen die Handhabbarkeit ihrer Vergaben. Die Bedeutung und Folgen übergroßer/weniger (W: höhere Kosten, weniger Schnittstellen, geringerer Koordinationsaufwand), zu kleiner/vieler (W: geringere Kosten, mehr Schnittstellen, höherer Koordinationsaufwand) und optimal marktgängiger Vergabepakete sind ihnen bewusst. BU erkennen die Relevanz für den ÖAG und gleichfalls für die Bieter/BU.

Bedeutung: A: Hohe Relevanz und wirkungsvolles Gestaltungspotenzial. Eine vertiefende Betrachtung im Rahmen der zweiten, quantitativen Teilstudie sollte wichtige Aufschlüsse ermöglichen. Da dieser Aspekt unter A eingestuft wird, wird er weiterverfolgt.

Frage 7: Kommt der Wahl der Vergabeverfahrensart eine große Bedeutung zu?

Auswertung: Die Befragten bejahen einhellig, dass die Festlegung der Verfahrensart hohe Relevanz hat. Die Bagatellklausel ist nicht allen ÖAG und BU bekannt.

Interpretation: Die Wahl der Vergabeverfahrensart ist deshalb besonders wichtig, weil die Freiheitsgrade der einzelnen EU-Verfahren, zum Beispiel bei den Fristen, der Bestimmung des Bieterkreises, der Möglichkeit zur Verhandlung, deutlich variieren.

Bedeutung: A → siehe Bedeutung Frage 6.

Frage 8: Wie beurteilen Sie die Vergabefristen hinsichtlich des strategischen Momentums?

Auswertung: Die Frage nach den Vergabefristen rief insgesamt, insbesonders innerhalb der jeweiligen Untersuchungsgruppen, ein geteiltes Echo hervor; das Spektrum der Antworten erstreckt sich von unbedeutend bis wesentlich.

Interpretation: Die zunächst unerwartet starke Divergenz der Antworten erklärt sich möglicherweise einerseits dadurch, dass auf die Mindestfristen abgestellt wurde, die grundsätzlich zwingend einzuhalten sind. Andererseits sind gesetzte Fristen für die Bearbeitung und Kalkulation eines wirtschaftlichen Angebots offenbar nicht so bedeutend.

Bedeutung: B+ → siehe Bedeutung Frage 5.

Frage 8.1: Sind die Mindestfristen ausreichend dimensioniert?

Auswertung: Grundsätzlich sind die Mindestfristen für herkömmliche, etablierte und marktgängige Vergabeverfahren angemessen. Bei ineinandergreifenden, vielschichtigen Vergabeeinheiten oder ungewöhnlichen Leistungen tendenziell zu kurz.

Interpretation: Für erwartungsgemäße Bauleistungen ausreichend. Allerdings sollte dort, wo spezielle Leistungen oder besondere Präferenzen gefragt sind oder unklare Rahmenbedingungen herrschen, im Vorfeld kritisch ergründet werden, ob die Mindestfristen ausreichen oder besser ausgedehnt werden sollten. Andernfalls besteht das Risiko, dass man keine oder flüchtig oder nachlässig kalkulierte, teure Angebote erhält.

Bedeutung: B-: Eher mittleres, mäßig aufschlussreiches Gestaltungspotenzial. Aufgrund der Limitation dieser Forschungsarbeit wird in der zweiten, quantitativen Teilstudie ausschließlich auf mit A bewertete Aspekte fokussiert, demnach wird dieser Gesichtspunkt nicht weiterverfolgt. Wegen der Relevanzeinstufung B- ist eine gesonderte Untersuchung außerhalb dieser Studie kaum erfolgversprechend. Somit keine Implikation für weitere Forschung.

Frage 8.2: Hat die zeitliche Lage eine strategische Relevanz?

Auswertung: Die Lage ist sowohl für ÖAG als auch für BU überaus bedeutungsvoll.

Interpretation: Die zeitliche Konstellation von Ausschreibungen ist für beide Untersuchungsgruppen von Belang, da Auftraggeber über eine De-facto-Zeitverkürzung den Wettbewerb durchaus steuern können. U: zu wenig Zeit beim ÖAG, absichtliche Limitierung des Wettbewerbs; W: keine oder wenige, zumeist überteuerte Angebote; P: Einschränkung des Marktes.

Bedeutung: A → siehe Bedeutung Frage 6.

Frage 9: Welche Bedeutung hat die Berücksichtigung unternehmensbezogener Eignungskriterien bei der Gestaltung eines Vergabeverfahrens?

Auswertung: Die Befragten beider Untersuchungsgruppen, somit ÖAG und BU, bestätigten die Bedeutung der Eignungskriterien im Vergabeverfahren.

Interpretation: Allen Befragten sind der Stellenwert und der Nutzen sinnvoll auf den Auftragsgegenstand abstellenden Eignungsanforderungen zur Auswahl qualifizierter Bieter bewusst. Gleichsam die Möglichkeit, Eignungskriterien in unerlaubter Weise zur Einschränkung des Wettbewerbs oder zur Ausrichtung auf gewisse Bieter zu verwenden.

Bedeutung: A (siehe Bedeutung Frage 6).

Frage 9.1: Sind Ihnen selber schon mal Ausschreibungen mit unfairen Eignungskriterien oder Mindestanforderungen begegnet?

Auswertung: Alle interviewten ÖAG haben direkte oder indirekte Erfahrungen mit unangemessenen Eignungskriterien oder Mindestanforderungen gemacht; bei den BU waren es nur zwei von fünf Befragten.

Interpretation: Ob die BU unfaire Eignungsmaßstäbe – sofern diese vonseiten der ÖAG angewendet werden – als solche überhaupt erkennen können, blieb unklar. U: absichtsvolle Begrenzung des Wettbewerbs, Leichtfertigkeit; W: Benachteiligung, Ablehnung, keine Teilnahme; P: Wettbewerbsverzerrung, Verdruss.

Bedeutung: B+ → siehe Bedeutung Frage 5.

<u>Frage 10</u>: Was ist Ihrer Meinung nach ein angemessenes und praxisgerechtes Preis-Leistungs-Verhältnis (x % Preis, y % Leistung) für Bauleistungen, die anhand eines detaillierten LV erschöpfend beschrieben werden können?

Auswertung: Für angemessen befunden wurde bei Einsatz einer detaillierten Leistungsbeschreibung mittels Leistungsverzeichnis ein Preisanteil von 70 bis 80 % und ein Leistungsanteil von 20 bis 30 %. Bei funktioneller Ausschreibung anhand eines Leistungsprogramms wurde der Preis durchaus geringer bewertet, jedoch keinesfalls unter 50 %. Ein Preisanteil von 100 % wurde gleichfalls kritisch gesehen, mit Ausnahme strikt standardisierter Leistungen.

Interpretation: Innerhalb der Angebotswertung darf der Preis nach der Auffassung der Interviewten weder das alleinige (100 %) noch ein zu geringes Kriterium (≤ 50 %) darstellen. Durch diese Variabilität von Preis und Leistung eröffnen sich für beide Seiten mehrere Einflussmöglichkeiten. Hinsichtlich der Kalkulation und Aufstellung einer Angebotsstrategie ist für die BU besonders wichtig, dass das Wertungsschema vorher bekannt ist.

Bedeutung: B+ → siehe Bedeutung Frage 5.

<u>Frage 10.3:</u> Aus Ihrer persönlichen Erfahrung heraus: Wie beurteilen Sie den Einsatz von Wertungssystemen zur Ermittlung des wirtschaftlichsten Angebots?

Auswertung: Wertungsschemata wurden als wichtig eingeschätzt. Nach der Auffassung der Befragten sind diese allerdings strikt auf die konkrete Vergabe auszurichten, für alle Beteiligten ohne Weiteres verständlich anzulegen und im Vorfeld transparent zu machen.

Interpretation: Ohne konkreten Bezug zum Vergabegegenstand sind Wertungssysteme bei der Ermittlung des wirtschaftlichsten Angebots womöglich nur bedingt hilfreich. Unpassende Wertungsschemata könnten zu folgenschweren Verzerrungen führen, die im Nachhinein nicht reversibel sind. Logische Evaluationen und zweckmäßige Anteile von Preis und Leistung sollten demnach vom ÖAG sorgfältig eruiert und begreiflich dargelegt werden.

Bedeutung: A → siehe Bedeutung Frage 6.

<u>Frage 11:</u> Birgt die Zulassung von technischen oder kaufmännischen Nebenangeboten ein hohes Einflusspotenzial?

Auswertung: Prinzipielle, durchgängige Zustimmung aller befragten Experten zur Wichtigkeit von Nebenangeboten. Die Einreichung mehrerer Hauptangebote ist für die Interviewten dagegen nicht mit einem echten Mehrwert verbunden; dies war somit kein sonderlich bedeutsames Thema.

Interpretation: Aus Gründen der Verfahrenssicherheit, der Absicherung etwaiger Produktvorgaben und besseren Vergleichbarkeit der Angebote werden von den ÖAG Nebenangebote oftmals nicht zugelassen. Durch die Tolerierung von Nebenangeboten erschließen sich die ÖAG allerdings Erfahrung und Wissen der BU. Wegen der Bedeutsamkeit erfolgt an dieser Stelle nochmals der Literaturhinweis auf die wissenswerte Arbeit von SEIFERT zu Nebenangeboten für Bauleistungen.[371] Der Umgang mit mehreren Hauptangeboten ist fragwürdig und der höhere Nutzen im Vergleich mit Nebenangeboten nicht erkennbar, allenfalls als juristischer Winkelzug zwecks einer Erhöhung der Zuschlagchancen oder einer Möglichkeit späterer Rügen.

Bedeutung: B+ → siehe Bedeutung Frage 5.

Frage 12: Steht die gebotene Produktneutralität Ihrer Meinung nach im Widerspruch zum allgemeinen Leistungsbestimmungsrecht des ÖAG (Produktvorgabe)?

Auswertung: Die Befragten sind überwiegend der Ansicht, dass die Produktneutralität im Allgemeinen durchaus mit der Leistungsdefinition vereinbar ist. Vorgaben sind allerdings nur dann zu machen, wenn gleichsam plausible Gründe dafür vorliegen. Die Meinungen gehen auseinander, ob Produktvorgaben dann mit einem Gleichwertigkeitshinweis versehen werden sollten.

Interpretation: Grundsätzlich besteht keine Diskrepanz, sofern die Fabrikatvorgaben für die BU nachvollziehbar gerechtfertigt sind. Allerdings behindern konkrete Materialdirektiven die Innovationskraft der BU (siehe Nebenangebote). Folglich sollten die ÖAG nur sehr begrenzte Vorgaben machen.

Bedeutung: C – tendenziell geringes oder unwesentliches Gestaltungspotenzial. Aufgrund der Limitation dieser Forschungsarbeit wird in der zweiten, quantitativen Teilstudie ausschließlich auf mit A bewertete Aspekte fokussiert, demnach wird dieser Gesichtspunkt nicht weiterverfolgt. Die Bewertung C lässt keine inspirierenden, belangvollen Erkenntnisse einer gesonderten Untersuchung außerhalb dieser Studie erwarten (keine Implikation für weitere Forschung).

Nachfrage 12.2: Stellen Produktvorgaben, soweit sie objektiv auftragsbezogen und ohne diskriminierende Wirkung formuliert sind, ein gewichtiges Entfaltungspotenzial für den ÖAG dar?

[371] *Seifert, Mirko* [2018]: Nebenangebote für Bauleistungen, Aus Forschung und Praxis, Schriftenreihe des Instituts für Baubetriebswesen der Technischen Universität Dresden, Bd. 19, Dresden: expert-verlag (Hrsg. Schach, R.), 2018.

Auswertung: Sehr widersprüchliche Aussagen der interviewten Experten.

Interpretation: Im Zusammenhang mit der vorherigen Hauptfrage sehr vage, undurchsichtige Thematik. Hier differieren Auffassungen erheblich, zum Beispiel zu Leitfabrikaten.

Bedeutung: B+ → siehe Bedeutung Frage 5.

Frage 13: Welche Tragweite hat die Kommunikation während der Angebotsphase?

Auswertung: Dieser Aspekt wurde untersuchungsgruppenübergreifend von allen Befragten als besonders bedeutsam eingeschätzt.

Interpretation: Für die Informations- und Erkenntnisgewinnung innerhalb der reglementierten öffentlichen Vergabeverfahren ist ein Austausch zwischen ÖAG und Bieterkreis überaus wichtig. Handlungstheoretisch ist dieser als wechselseitige Beziehung mit Kommunikationszielen, zum Beispiel Vermeidung von Missverständnissen bezüglich der Bauaufgabe oder Abschätzung der Wettbewerbssituation, sowie Kommunikationsabsichten, beispielsweise Erzeugen von zusätzlichem Wissen oder von Verwirrung durch Überinformation, zu verstehen.

Bedeutung: A → siehe Bedeutung Frage 6.

Frage 14: Welche Gestaltungsoptionen bietet die Aufklärung unklarer Angebotsbelange?

Auswertung: Die Aufklärung wurde von den Interviewten als signifikant bewertet.

Interpretation: Die persönliche Erörterung einzelner Aspekte ermöglicht beiden Seiten neue ergänzende Aufschlüsse zum Verständnis der Bauaufgabe und der Rahmenbedingungen. Darüber hinaus gestattet die Aufklärung vertiefende Einblicke in die Denkweise des Gegenübers, die hilfreich sein können, wenn es darum geht, dessen Handlungsweisen besser einschätzen und das eigene Tun gegebenenfalls daran anpassen zu können.

Bedeutung: B+ → siehe Bedeutung Frage 5.

Frage 14.1: Für wie wichtig erachten Sie die Verhandlung von Angebotspreisen?

Auswertung: Die Erörterung und Verhandlung des Angebotspreises sahen ÖAG und BU gleichermaßen als essenziell an.

Interpretation: Wie bereits bei dem Themenblock Gewichtung von Preis und Leistung zu beobachten war (siehe Fragekomplex Nr. 10), ist und bleibt die Preiskomponente eine fundamentale Einflussgröße. Folglich ist die Preisverhandlung beim Verhandlungsverfahren von zentraler Bedeutung.

Bedeutung: B+ → siehe Bedeutung Frage 5.

Fazit D: Die vorhandenen Gestaltungspotenziale bei Ausschreibung und Vergabe waren nicht allen Beteiligten in vollem Umfang bekannt und haben folglich unterschiedliche praktische Bedeutung für ÖAG und BU.

Die abgefragten Gestaltungselemente der spezifischen Sondierung – Teil D, Fragenkomplexe 5 bis 14 – zeigen nach Auswertung und Interpretation unterschiedlich relevante Themenkomplexe auf. In Tabelle 6 erfolgt die Darstellung der Reihenfolge nach, aufgeteilt nach den beiden Untersuchungsgruppen (UG) der Öffentlichen Auftraggeber (ÖAG) und Bauunternehmen (BU), wobei die A-bewerteten Fragenkomplexe durch Fettdruck hervorgehoben sind.

Tabelle 6: Relevanz der Ergebnisse der Fragenkomplexe Fragen 5 bis 14

	Fragenkomplex (kurz):	Relevanzen			
		ÖAG	BU	ges.	
Strukturelle Lenkung	F 5 Realistische Auftragswertschätzung	A	B-	B+	
	F 5 Erhebliche Abweichungen (± 20 %) Angebotsschätzung	B+	B+	B+	
	F 6 Bildung von Teil- und Fachlosen	A	B+	**A**	1
	F 7 Wahl der Vergabeverfahrensart	A	A	**A**	2
	F 8 Vergabefristen	B+	B+	B+	
	F 8 Dimensionierung Mindestfristen	B-	B-	B-	
	F 8 Zeitliche Lage	A	A	**A**	3
Detailsteuerung	**F 9 Unternehmensbezogene Eignungskriterien**	A	A	**A**	4
	F 9 Unlautere Eignungskriterien u. Mindestanforderungen	B+	B-	B+	
	F 10 Praxisgerechtes Preis-Leistungsverhältnis	B+	B+	B+	
	F 10 Einsatz von Wertungssystemen	A	B+	**A**	5
	F 11 Zulassung technischer u./o. kaufm. Nebenangebote	B+	B+	B+	
	F 12 Widerspruch Produktneutralität/Leistungsbestimmung	C	C	C	
	F 12 Produktvorgaben	B+	B+	B+	
	F 13 Kommunikation Angebotsphase	A	B+	**A**	6
	F 14 Aufklärung unklarer Angebotsbelange	B+	B+	B+	
	F 14 Verhandlung Angebot	B+	B+	B+	

In Tabelle 7 sind die Fragekomplexe hingegen nach ihrer abnehmenden Relevanz hin sortiert.

Tabelle 7: Darstellung der Ergebnisse mit abnehmender Relevanz

		Relevanzen				
	Fragenkomplex (kurz):	**ÖAG**	**BU**	**ges.**		
Relevanz A	**F 6 Bildung von Teil- und Fachlosen**	A	B+	**A**	1	Vertiefung der sechs A-Aspekte in der zweiten Teilstudie.
	F 7 Wahl der Vergabeverfahrensart	A	A	**A**	2	
	F 8 Zeitliche Lage	A	A	**A**	3	
	F 9 Unternehmensbezogene Eignungskriterien	A	A	**A**	4	
	F 10 Einsatz von Wertungssystemen	A	B+	**A**	5	
	F 13 Kommunikation Angebotsphase	A	B+	**A**	6	
Relevanz B+	F 5 Realistische Auftragswertschätzung	A	B-	B+		Implikation für weitere Forschung außerhalb dieser Studie.
	F 5 Erhebliche Abweichungen (± 20 %) Angebotsschätzung	B+	B+	B+		
	F 8 Vergabefristen	B+	B+	B+		
	F 9 Unlautere Eignungskriterien u. Mindestanforderungen	B+	B-	B+		
	F 10 Praxisgerechtes Preis-Leistungsverhältnis	B+	B+	B+		
	F 11 Zulassung technischer u./o. kaufm. Nebenangebote	B+	B+	B+		
	F 12 Produktvorgaben	B+	B+	B+		
	F 14 Aufklärung unklarer Angebotsbelange	B+	B+	B+		
	F 14 Verhandlung Angebot	B+	B+	B+		
B-	F 8 Dimensionierung Mindestfristen	B-	B-	B		Keine weitere Forschung.
C	F 12 Widerspruch Produktneutralität/Leistungsbestimmung	C	C	C		

Möglicherweise hätten Antworten aus weiteren Interviews geringfügig andere Einschätzungen ergeben. Ob dies allerdings dazu geführt hätte, dass einzelne Aspekte anders priorisiert worden wären, ist eher unwahrscheinlich. Selbst wenn dies für wenige Kategorien zugetroffen hätte, wären die Folgen für den weiteren Forschungsverlauf tendenziell unkritisch gewesen: Entweder wären ein oder zwei Aspekte zu viel untersucht worden – nämlich diejenigen, die ungerechtfertigt von einer mittleren B+ oder B- in eine hohe Einstufung A eintaxiert worden wären – oder es wären einige wenige relevante Aspekte nicht untersucht worden, weil sie von den Befragten lediglich als mäßig bedeutend eingeschätzt worden wären. Letzteres wäre zwar unerfreulich gewesen, allerdings für die verbleibenden Kriterien ohne negative Folgen geblieben.

Zu Teil 6 des Interviews: Schluss

Ebenso wie die Einleitung wurde der Schluss des Interviews mit einfachen Auswertungen versehen.

Weitere Einflussmöglichkeiten. Auswertung: Die zehn Befragten nannten keine weiteren, konkreten Möglichkeiten der Einflussnahme, die für diese Studie relevant sein könnten. Es gab allgemeine Hinweise auf eine bessere Vorbereitung und Markteinbindung im Vorfeld von Ausschreibungen. Interpretation: Offenbar wurden alle gewichtigen Einflussgrößen erfasst.

Interviewdauer, -verlauf und -führung. Auswertung: Alle befragten ÖAG und BU waren sowohl mit der Interviewlänge als auch mit dem Gesprächsverlauf und mit der Interviewführung durch den Verfasser einverstanden. Interpretation: Die intensive Vorbereitung der Experteninterviews stellte sich als sehr sinnvoll und hilfreich heraus. Die Befragung ist in der Gesamtheit tendenziell etwas zu umfangreich ausgefallen. Die Auswertung konnte erfolgreich abgeschlossen werden.

Fragenbogenteilnahme. Auswertung: Alle befragten Experten stimmten einer Teilnahme an der zweiten, quantitativen Teilstudie mittels Fragebogen zu.

5.6.3 Auswirkungen auf Theorie und quantitative Teilstudie

Im direkten Anschluss an die Analyse der Gestaltungspotenziale wurde schließlich eine abstrahierende, theoriegeneralisierende Reflexion unternommen. Die Vorgehensweise war vergleichbar mit der vorigen: Frage → Auswertung → Interpretation → theoretische Generalisierung durch Rekonstruktion eines Gesamteindrucks und einer inneren Logik.

Zu Teil 5 des Interviews: Wissenschaftstheoretischer Ansatz – E) Argumentation und Zusammenhänge

Frage I: Ist folgende Auffassung zutreffend: Die strategische Ausrichtung bei Ausschreibung und Vergabe wird maßgeblich durch die formalen Vorgaben des Vergaberechts und die vorhandenen Gestaltungs- und Beurteilungsspielräume sowie Einflusspotenziale beeinflusst.

Auswertung: Die beschriebene Sichtweise wurde von den Interviewpartnern uneingeschränkt geteilt. Andere evidente Einwirkfaktoren wurden nicht genannt. Zwar wurde allgemein auf etwaige politisch motivierte Einflussnahmen oder mögliche Marktentwicklungen hingewiesen, eine weitergehende Konkretisierung blieb hingegen aus.

Interpretation: Infolge der vielfachen Bestätigung ist ad interim davon auszugehen, dass die fragliche Annahme zutrifft und für die weitere Forschungsarbeit relevant ist. Politische Direktiven – so vereinzelte Aussagen der Befragten – sind für einzelne Projekte zwar durchaus denkbar, allerdings eher auf den Einzelfall bezogen, schwierig in ihren Folgen aufzuzeigen und deshalb theoretisch nicht abstrahierbar. Die geäußerte Auffassung/Annahme kann ohne weitere Anpassungen oder Verwerfung in die nachfolgende Theoriearbeit aufgenommen werden.

Nachfrage I.2: Wie beurteilen Sie folgende Zusammenhangsvermutung: Eine strategische Ausrichtung führt nicht zwangsläufig zur einer erfolgreichen Vergabe, sie erhöht aber dessen Wahrscheinlichkeit.

Auswertung: Die Befragten bestätigten den unterstellten Zusammenhang übereinstimmend.

Interpretation: Das strategische Vorgehen erhöht mutmaßlich eine arrivierte Vergabe. Der formulierte Bezug kann unverändert, d. h. ohne weitere Anpassungen oder gar Verwerfung, in die nachfolgende Theoriearbeit aufgenommen werden.

Fazit E: Weder bei der Argumentation noch bei der Zusammenhangsvermutung konnten schwerwiegende Widersprüche oder Unklarheiten festgestellt werden, die ein grundlegendes Überdenken des theoretischen Ansatzes in dieser Hinsicht notwendig gemacht hätten. Eine Beliebigkeit konnte innerhalb dieser theoretischen Überlegung demnach ausgeschlossen werden. Die Ergebnisse wurden in die weitergehende Theoriearbeit und die quantitative Teilstudie überführt.

Zu Teil 5 des Interviews: Wissenschaftstheoretischer Ansatz – F) Leithypothese

Frage II: Ist folgende Vermutung zutreffend: Wenn die Vergabe durch gewisse Gestaltungs- und Beurteilungsspielräume beeinflusst werden kann, dann müssen sich Art und Maß der Einflussmöglichkeiten konkret bestimmen lassen.

Auswertung: Die Interviewten stimmten dieser These zu.

Interpretation: Nach intensivem Austausch mit den Befragten konnte davon ausgegangen werden, dass sich die Einflusspotenziale im Einzelnen konkret bestimmen lassen. Die aufgestellte Vermutung konnte unverändert, das heißt ohne weitere Anpassungen oder gar Verwerfungen, in die nachfolgende Theoriearbeit aufgenommen werden.

Fazit F: Die auf der vorherigen Argumentation gründende Leithypothese, dass sich die Gestaltungsspielräume bei der Ausschreibung und Vergabe von Bauleistungen konkret bestimmen lassen müssen, ist im Rahmen des theoretischen Gedankengebäudes zutreffend. Die Ergebnisse wurden in die weitergehende Theoriearbeit und die quantitative Teilstudie überführt.

Zu Teil 5 des Interviews: Wissenschaftstheoretischer Ansatz – G) Theoriemodell

Frage III: Würden Sie sagen, dass das Verhalten der Akteure auf situationsbezogenem und vernunftgeleitetem menschlichen Handeln beruht, also ein rationales Verhalten anliegt?

Auswertung: Im Grunde teilten die Befragten die Auffassung, dass die Vergabebeteiligten durchaus rational handeln. Allerdings haben sie Situationen erlebt, die gelegentlich Zweifel an der Rationalität zulassen, in denen also Verhaltensweisen auftraten, die vorläufig nicht vernünftig zu erklären waren.

Interpretation: Den Interviewten erschlossen sich zwar einige, jedoch nicht alle Handlungsweisen auf Anhieb, weshalb die skeptische Frage geäußert wurde, ob überhaupt begründete Motive für diese Handlungsweisen vorliegen können. Diese Gründe können allerdings sehr vielschichtig und für Dritte nicht zwingend nachvollziehbar sein. Unerwartete Anlässe, besondere Auslöser oder spezielle Hintergründe können den Eindruck hervorrufen, bestimmte

Verhaltensweisen seien irrational; dabei sind die Beweggründe dennoch stets von einer gewissen Vernunft und planmäßigen Vorgehensweise gekennzeichnet. Mit gewissen Einschränkungen, zum Beispiel durch politische Einflussnahmen, kann innerhalb des theoretischen Konstrukts von vernunftgeleitetem Handeln auf allen Seiten ausgegangen werden.

Nachfrage III.2: Handelt es sich um einen wirtschaftlich rational handelnden Menschen, den sogenannten „Homo oeconomicus", der analytisch nach einer optimalen Kosten-Nutzen-Relation strebt und das hierfür benötigte Instrumentarium bedacht auswählt?

Auswertung: Von der Mehrheit der Interviewten wurde der wirtschaftlich denkende Mensch grundsätzlich bestätigt.

Interpretation: Die Basis von Ausschreibung und Vergabe von Bauleistungen bilden aufseiten der ÖAG und der BU vorrangig bis ausschließlich ökonomische Überlegungen: Budget, Kosten, Preise, Umsatz, Gewinn.

Fazit G: Für die theoretische Konstituierung war davon auszugehen, dass rationales, vernunftgeleitetes Verhalten bei ÖAG und BU angenommen und wirtschaftliche Interessen als Antrieb unterstellt werden können. Die Ergebnisse wurden in die weitergehende Theoriearbeit und die quantitative Teilstudie überführt.

5.6.4 Bezug auf Vorannahmen und Fragestellungen

Unter Berücksichtigung der vorherigen Literaturanalyse und der qualitativ-empirischen Erkenntnisse wird im Folgenden auf die vermuteten theoretischen Zusammenhänge und die untersuchungsleitenden Fragestellungen generalisierend Bezug genommen.

Es konnte festgestellt werden, dass die Untersuchungsgruppen (UG) ÖAG und BU entgegen ihrer konträren Sichtweisen durchaus einige Gemeinsamkeiten hinsichtlich der Beurteilung aufwiesen. Die verschiedenen Gestaltungsaspekte stehen demnach, und zwar verhältnismäßig unbeeinflusst von der Untersuchungsgruppe und der interviewten Person, in einem interpretationsschlüssigen Zusammenhang. In seinem abstrakt formulierten Geltungsbereich kann der Zusammenhang als allgemein zutreffend bestätigt werden – sowohl Öffentliche Auftraggeber (ÖAG) als auch Bauunternehmen (BU) wissen um die konkreten Möglichkeiten zur Gestaltung und Einflussnahme bei der Ausschreibung/Vergabe von Bauleistungen. Beantwortung der Leitfragen:

1. Das Vergaberecht wurde von den Befragten überwiegend als sinnvoll, allerdings nur mäßig praktikabel erachtet.
2. Die formalen Vorgaben des Vergaberechts lassen grundsätzlich eine Einflussnahme zu.
3. Die Gestaltungs- und Beurteilungsspielräume konnten hinsichtlich ihrer Relevanz (A bis C) beurteilt werden.

Ungeachtet der schlüssigen Resultate der qualitativen Teilstudie bestand eine gewisse Ungewissheit, ob die formulierten Sinnzusammenhänge bei einer größeren Anzahl Befragter, sowohl bei Öffentlichen Auftraggebern (AG) und Bauunternehmen (BU), valide sein würden. Deshalb wurden die Erkenntnisse methodisch einer empirisch-quantitativen Untersuchung innerhalb der zweiten Teilstudie unterzogen (siehe Kapitel 7).

5.7 Kapitelzusammenfassung

Innerhalb der ersten, explorativen Teilstudie konnte das in Experteninterviews erhobene, transkribierte und extrahierte Datenmaterial im Hinblick auf die Gestaltungsmöglichkeiten bei der öffentlichen Bauauftragsvergabe analysiert werden. Hierbei wurden die verdichteten Aussagen der interviewten Öffentlichen Auftraggeber (ÖAG) und Bauunternehmen (BU) ausgewertet, interpretiert und nach ihrer Bedeutung eingestuft von A bis C. Schließlich wurde die Einzelfallstudie theoriebezogen generalisiert, dabei wurde auf die untersuchungsleitenden Fragestellungen Bezug genommen.

Um wissenschaftlich valide Resultate zu erhalten, war es von größter Wichtigkeit, das vorbereitende Interviewsetting, den Auswertungsverlauf und den Untersuchungsausgang für eine Beurteilung durch die Wissenschaftsgemeinschaft in nachvollziehbarer Weise zu erschließen. Demgemäß wurde strukturiert und gleichfalls flexibel-zirkulär vorgegangen. Alle Arbeitsschritte und Teilresultate wurden dokumentiert.

Kapitelfazit: Die empirische Untersuchung kann nach erfolgreichem Abschluss der qualitativen Teilstudie mit der Vertiefung der theoretischen Erkenntnisse fortgeführt werden.

6 Theoretische Fundierung

Gegenstand des sechsten Kapitels ist der wissenschaftlich-abstrakte Unterbau der Untersuchung, der dazu dient, die Komplexität der Ausschreibungs- und Vergabesituation zu vereinfachen und Hypothesen und Zusammenhangsvermutungen aufzustellen.

6.1 Bildung des Theoriemodells

Um sinnstiftende Erkenntnisse und verallgemeinerbare Aufschlüsse zu erhalten, bedurfte es eines unkomplizierten und zugleich umfassenden Theoriemodells, das eine schlüssige, den Einzelfall der qualitativen Teilstudie übersteigende Deutung ermöglichte.

6.1.1 Soziologische Theorien

Im Bereich der Soziologie existieren keine allgemeingültigen Theorien, die sich universell auf alle Fallkonstellationen anwenden ließen. Vielmehr gibt es ein sehr breites Spektrum an Denkrichtungen. Alle soziologischen Ansätze haben gleichermaßen Dualismen wie Handlung und Struktur, Individuum und Gesellschaft, Lebenswelt und System zum Gegenstand und betrachten insbesondere mögliche wechselseitige Beeinflussungen.[372] Das Ziel ist es, beobachtbare Ereignisse zu verstehen und daraus verallgemeinerbare Aussagen abzuleiten. Allerdings unterscheiden sich die Ansätze in ihren Paradigmen und Anwendungsbereichen.

Zur Erforschung gesellschaftlichen Verhaltens setzen sozialwissenschaftliche Theorien im Wesentlichen auf zwei Ebenen an: der *Makrosoziologie*, bei der der Anlass des Diskurses der Gesellschaftssituation entspringt, und der *Mikrosoziologie*, bei der vom individuellen Handeln der Akteure ausgegangen wird. Zur Vermeidung einseitiger Argumentationsstränge hat sich die *Makro-Mikro-Soziologie* herausgebildet, die beide Ebenen berücksichtigt.

---

[372] Vgl. *Hillebrandt, F.*, Soziologische Praxistheorien, 2014, S. 9.

N. Zeglin, *Gestaltungsmöglichkeiten bei der öffentlichen Ausschreibung von Bauleistungen*, Baubetriebswesen und Bauverfahrenstechnik,

6.1.2 Handlungstheoretischer Ansatz rational agierender Akteure

Sofern wirtschaftliche Belange Gegenstand von Untersuchungen sind oder der Fokus auf bestehende Kontroversen ausgerichtet ist oder ein öffentlich-sozialer Themenbezug besteht, werden regelmäßig *handlungstheoretische Theoriemodelle* zur Erklärung herangezogen.[373]

Um das Verhalten der Vergabebeteiligten als Marktteilnehmer zu erklären, boten sich insbesondere ökonomisch bezogene *Theoriemodelle rationaler Entscheidungen* an, die stets auf eine individuelle Nutzenmaximierung abstellen. Grundlage dieser Explizierung ist nicht ein aufeinander bezogenes Handeln mehrerer Personen, sondern die subjektive Einzelaktion. Kollektive Phänomene werden mit individuellen Wahlhandlungen erklärt; die Erklärung beruht auf einem situationsgerechten und vernunftgeleiteten menschlichen Handeln.[374] Die Basis ist das klassische Menschenbild des *Homo oeconomicus*, der fortwährend eigennützig, analytisch und seinen jeweiligen Interessen- und Überzeugungspräferenzen nach einer optimalen Kosten-Nutzen-Relation strebt und das hierfür benötigte Instrumentarium bedacht auswählt. Der Soziologe LINDENBERG bezieht in seinem unter dem Akronym RREEM eingeführten und von ESSER um einen zusätzlichen Aspekt zu RREEMM ergänzten handlungstheoretischen Modell die sozialpsychologischen Handlungsoptionen von Mensch und Gesellschaft ein:

- Es bestehen stets mehrere realistische Handlungsoptionen. — **R**esourceful
- Alle Handlungen unterliegen gewissen Handlungsbeschränkungen. — **R**estricted
- Alle möglichen Handlungen werden bewertet und abgewogen. — **E**valuating
- Es besteht mindestens eine oder gar mehrere Erwartungen. — **E**xpecting
- Maximaler Nutzen bei möglichst geringem Aufwand. — **M**aximizing
- Es handelt sich um menschliche Akteure. — **M**an[375]

Die Entwicklung und die Bestimmung realwissenschaftlicher Theorien erschließen sich demnach aus den *Begehren*, den *Annahmen* und den *Aktionen* der handelnden Personen. Übertragen auf die Thematik dieser Untersuchung ergeben sich die Begehren für die Öffentlichen Auftraggeber (ÖAG) aus der Absicht zur Auftragsvergabe und für die Bauunternehmen (BU) aus der Absicht zur Auftragserlangung. Bei beiden Parteien bestehen die Annahmen, dass im Vergabeverfahren Gestaltungsspielräume vorhanden sind, verbunden mit möglichen Aktionen zur Einflussnahme. Dabei ist davon auszugehen, dass der Akteur umso überlegter handelt, je wichtiger die Handlung nach der Einschätzung des Akteurs für die Ergebniswirkung ist.[376] Das Vergaberecht kann also als gemeinschaftliche Ordnung und das Ergebnis persönlichen Wirkens überlegt agierender Akteure angesehen werden.

---

[373] Vgl. *Rosa, H./Kottmann, A./Strecker, D.*, Soziologische Theorien, 2018, S. 19.
[374] Vgl. *Popper, K. R.*, Rationalitätsprinzip, 1995, S. 350 ff.
[375] Vgl. *Esser, H.*, Soziologie, 1993, S. 138.
[376] Vgl. *Frey, D./Gollwitzer, P. M./Stahlberg, D.*, Einstellung und Verhalten: Die Theorie des überlegten Handeln und die Theorie des geplanten Verhaltens, [illegible]

6.1.3 Das Makro-Mikro-Makro-Wannenmodell

Um die mikrosoziologischen Verhaltensweisen erklären zu können, bedarf es eines Theoriemodells, das gleichfalls die makrosozialen Konsequenzen berücksichtigt. Das von COLEMAN[377] erstellte und von ESSER[378] weiterentwickelte wissenschaftlich bewährte *Makro-Mikro-Makro-Wannenmodell des sozialen Erklärens* in Abbildung 9 soll dabei helfen, die Zusammenhänge zwischen der Ausgangslage auf der Makroebene und des Handelns der Akteure auf der Mikroebene besser zu verstehen und verallgemeinern zu können.

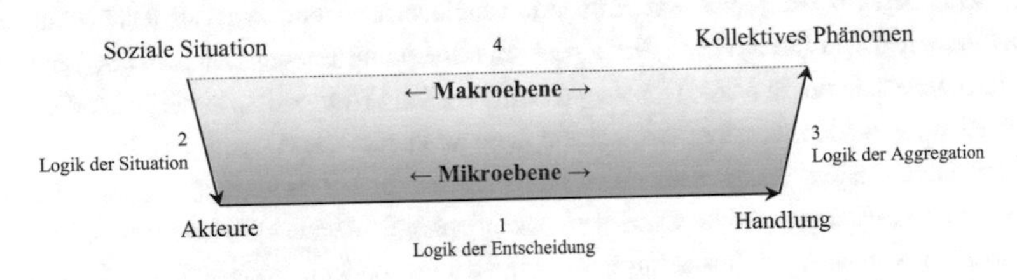

Abbildung 9: Makro-Mikro-Makro-Wannenmodell des sozialen Erklärens
Quelle: COLEMAN, Grundlagen der Sozialtheorie, 1990, S. 10

Ihrer Auffassung nach ist es unmöglich, individuelle und kollektive Vorgänge unabhängig voneinander zu betrachten. Vielmehr gehen soziale Phänomene aus persönlichen Entscheidungen und Handlungen hervor. Da diese Entscheidungen stets vor dem Hintergrund bestimmter sozialer Gefüge getroffen werden, sind die Phänomene gleichzeitig Prämisse und Resultat individueller Handlungsbestimmung.[379] Die Modellkonstitution geht dabei davon aus, dass die Akteure rational und nutzenorientiert handeln, verbindliche Ziele und Erwartungen haben, ihre Handlungen wählen und sich für die nutzenmaximierte Handlung entscheiden.[380]

Theorien, die argumentativ ausschließlich auf der Makroebene verbleiben, führen zwangsläufig zu unbefriedigenden Ergebnissen. Dagegen setzen ihnen überlegene Theorien eine Mikroperspektive voraus, die die postulierte Beziehung Nr. 4, also das zu Erklärende, auf der Makroebene erläutern und begründen.[381] Dies geschieht durch Betrachtung der Beziehungen Nr. 1 bis 3, wobei Beziehung Nr. 1 das Handeln als grundlegendes Prinzip be-

377 Vgl. *Coleman, J. S.*, Grundlagen der Sozialtheorie, S. 10 ff.
378 Vgl. *Esser, H.*, Soziologie, 1993, S. 600 ff.
379 Vgl. *Dimbath, O.*, Einführung in die Soziologie, 2011, S. 118.
380 Vgl. *Endress, M.*, Soziologische Theorien kompakt, 2018, S. 237 f.
381 Vgl. *Greve, J./Schützeichel, R./Schnabel, A.*, Das Mikro-Makro-Modell der soziologischen Erklärung,

schreibt. Die Beziehungen Nr. 2, als sogenannte „Brückenhypothesen“, und 3, als Aggregationsregeln, formulieren dagegen die essenziellen Vorgehensweisen als situationsspezifische Rahmenbedingungen.[382]

ESSER bereicherte den Ansatz des „Umweges über die Mikroebene“ von COLEMAN um die Makro-Mikro-Verknüpfung der Situationslogik sowie um die Konsequenzen aus der Logik der Selektion als Mikro-Mikro-Verbindung (Nutzenmaximierung) und der *Logik der Aggregation* als Mikro-Makro-Zusammenschluss von Handlungen und Tatbestand.[383]

Für den Erkenntnisprozess dieser Arbeit heißt dies gemäß Abbildung 10: Die Vergabestruktur als Einstiegspunkt beeinflusst in der Ausschreibungssituation zunächst das Kalkül und das Verhalten von Öffentlichen Auftraggebern (ÖAG) und Bauunternehmen (BU) auf der Mikroebene. Hierdurch werden die vergabestrukturellen Erfordernisse in die Logik der Ausschreibungssituation transformiert, anhand derer wiederum die Akteure ihre Festlegungen vornehmen. Um das Wannenmodell zu komplettieren, bedarf es zusätzlich einer differenzierten Entscheidungsmaxime, die es dem Akteur ermöglicht, eine individuelle Selektion der tatsächlich vorhandenen Gestaltungsmöglichkeiten vorzunehmen (siehe 1. Logik der Entscheidung).

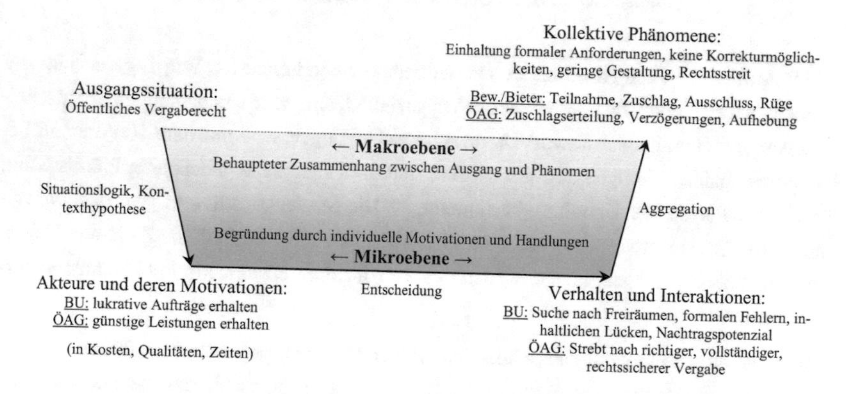

Abbildung 10: Adaptiertes Theoriemodell auf Makro-Mikro-Makro-Grafik
Quelle: Darstellung in Anlehnung an COLEMAN, Grundlagen der Sozialtheorie, 1990, S. 10

Durch die abschließende Aggregation, also das Zusammenwirken der von ÖAG und BU getroffenen Einzelentscheidungen, werden wiederum bestimmte Makrophänomene als Handlungsauswirkungen generiert.

---

[382] Vgl. *Endress, M.*, Soziologische Theorien kompakt, 2018, S. 241 f.
[383] Vgl. *Esser, H.*, Soziologie, 1993, S. 98 ff.

6.1.4 Begründung des Theoriemodells und Abgrenzung

Für die theoretische Erklärung wurde von einer gewissen Gesetzmäßigkeit des nutzenorientierten Handelns ausgegangen, die im Soziologiediskurs nicht unumstritten ist. Demnach können Situationsdeutung und individuelle Strategiebildung nicht ohne Einbezug der Rahmenbedingungen erfolgen, da schließlich weitere Gründe vorliegen könnten, die anderweitige Handlungen eröffnen.[384] Diese Zweifel waren grundsätzlich berechtigt. Allerdings stellten die vergaberechtlichen Regularien und die wirtschaftlichen Hauptinteressen der Beteiligten ÖAG und BU für diese Untersuchung sehr wichtige Determinanten dar, die gerade nicht jede denkbar theoretische Situation und Handlung zuließen. Ein gesellschaftlich beliebiges, vorbehaltloses Handeln mit allen möglichen Freiheitsgraden war nicht gegeben.

Bei der Eruierung weiterer theoretischer Modelle kamen weder einfache funktionalistische Konzepte ohne Mikrologik noch sehr komplexe sozialtheoretische Erklärungsmodelle mit psychologischen Komponenten in Betracht. Das gewählte Theoriemodell mit seinen Mikro- und Makroebenen vermochte die Thematik der Gestaltungsmöglichkeiten bei der öffentlichen Auftragsvergabe von Bauleistungen abstrakt zu beschreiben.

6.2 Hypothesenbildung

6.2.1 Formulierung der Annahme

Aus den Resultaten der qualitativen Studie und der theoretischen Textur wurde folgende Annahme abgeleitet:

Wenn die öffentliche Auftragsvergabe durch Ausnutzung vorhandener Gestaltungs- und Beurteilungsspielräume oder taktisches Verhalten beeinflussbar ist,

dann lassen sich Art und Maß der zulässigen Einflussmöglichkeiten konkret bestimmen und bei der strategischen Ausrichtung bei Ausschreibung und Vergabe berücksichtigen.

Öffentliche Auftraggeber (ÖAG) und Bauunternehmen (BU) sehen sich bestimmten Bedingungen des sich ständig verändernden komplexen Vergaberechts ausgesetzt, die unterschiedliche Herausforderungen an die Beteiligten stellen. Der Erfolg – Teilnahme/Auftrag einerseits und rechtssichere Vergabe andererseits – hängt neben den umfangreichen formalen Kriterien und den gestellten Bedingungen desweiteren davon ab, ob vorhandene Gestaltungs- und Beurteilungsspielräume bekannt sind und genutzt werden.

---

[384] [illegible] Makrophänomene und Handlungstheorie., 2009, S. 264.

Den Ergebnissen der ersten, qualitativen Teilstudie zufolge kann der ÖAG durch die Verfahrenswahl, das Aufstellen von Eignungskriterien hinsichtlich Fachkunde, Leistungsfähigkeit und Zuverlässigkeit, das Einrichten eines Wertungssystems oder mittels Aufklärungsgesprächen durchaus, teilweise sogar ganz erheblich, Einfluss auf Ausschreibung und Vergabe nehmen. Gleichfalls können Bewerber/Bieter durch kluge Kommunikation, Wettbewerbs- und Vergabeunterlagenanalyse, Kalkulation auf das Vergabeverfahren einwirken. Je intensiver sie sich mit den Gestaltungsmöglichkeiten befassen, desto größer sind die Chancen auf eine erfolgreiche Vergabe.

6.2.2 Aufstellung von spezifischen Forschungshypothesen

Den qualitativen Teilstudienergebnissen folgend, wurden für *acht thematisch aufeinander bezogene Themenkomplexe, insgesamt 26 spezifische Hypothesen* zur Beantwortung der Forschungsfragen aufgestellt, jeweils differenziert nach den beiden Untersuchungsgruppen (UG) der Öffentlichen Auftraggeber (ÖAG) und der Bauunternehmen (BU):

- Demografie: Hypothesen Nr. 1 bis 4 (siehe Abschnitt 6.2.2.1),
- Öffentliche Auftragsvergabe: Hypothesen Nr. 5 bis 13 (siehe Abschnitt 6.2.2.2),
- A – Bildung von Teil- und Fachlosen: Hypothesen Nr. 14 und 15 (siehe Abschnitt 6.2.2.3),
- B – Vergabeverfahrensarten: Hypothesen Nr. 16 und 17 (siehe Abschnitt 6.2.2.4),
- C – Angebotsfrist / zeitliche Lage: Hypothesen Nr. 18 bis 20 (siehe Abschnitt 6.2.2.5),
- D – Unternehmensbezogene Eignungskriterien: Hypothesen Nr. 21 bis 24 (siehe Abschnitt 6.2.2.6),
- E – Einsatz von Wertungssystemen: Hypothese Nr. 25 (siehe Abschnitt 6.2.2.7) und
- F – Kommunikation in der Angebotsphase: Hypothese Nr. 26 (siehe Abschnitt 6.2.2.8).

Diese Hypothesen oder Hypothesenpaare setzen sich stets aus der zu prüfenden Nullhypothese H_0 und der komplementären Alternativhypothese H_1, der sogenannten Forschungshypothese, die den entgegengesetzten Effekt postuliert, zusammen. Der Übersichtlichkeit halber wurden die Hypothesen in einzelnen Absätzen zusammengefasst und die Variationen in Klammern gesetzt. Die statistischen Hypothesentests erfolgen in der quantitativen Teilstudie (siehe Abschnitt 7.5).

6.2.2.1 Erster Themenkomplex: Demografie

Hypothese Nr. 1: Schwerpunkt beruflicher Tätigkeit

H_1: Der *Schwerpunkt der beruflichen Tätigkeit* ist abhängig von der Untersuchungsgruppe (UG) (H_0: … nicht abhängig …).

Hypothese Nr. 2: Berufserfahrung im Bauwesen

H_1: Die *Berufserfahrung* ist abhängig von der UG (H_0: … nicht abhängig …).

Hypothese Nr. 3: Anzahl Bauausschreibungen

H_1: Die *Anzahl der Bauausschreibungen pro Jahr* ist abhängig von der UG (H_0: … nicht abhängig …).

Hypothesen Nr. 4: Einbeziehung externer Unterstützung

H_1: Die Untersuchungsgruppen ÖAG und BU ziehen unterschiedlich häufig externe Unterstützung zu *kaufmännischen Aspekten* hinzu. (H_0: … gleich …).
(… *bautechnischer Belange* …)
(… *planerischer Themen* …)
(… *juristischer Gesichtspunkte* …)

6.2.2.2 Zweiter Themenkomplex: Öffentliche Auftragsvergabe

Hypothese Nr. 5: Praxistauglichkeit des Vergaberechts

H_1: Die *Praxistauglichkeit des Vergaberechts* wird von den Untersuchungsgruppen ÖAG und BU unterschiedlich eingeschätzt (H_0: … gleich …).

Hypothesen Nr. 6: Nutzen von Rechtsprechung und Urteilskommentaren

Rechtsprechung:

H_1: Die *Rechtsprechung* wird von den Untersuchungsgruppen ÖAG und BU als unterschiedlich hilfreich angesehen (H_0: … gleich …).

Kommentierung:

H_1: Die *Kommentierung* wird von den Untersuchungsgruppen ÖAG und BU als unterschiedlich hilfreich angesehen (H_0: … gleich …).

Hypothesen Nr. 7: Informationsquellen vergaberechtlicher Entwicklungen

Austausch mit Kollegen / juristische Beratung:

$H_{1\ \text{ÖAG (BU)}}$: Der Anteil der ÖAG (BU), die sich bei *Kollegen* über die vergaberechtlichen Entwicklungen informieren, ist größer als der Anteil der ÖAG (BU), die sich über über die vergaberechtlichen Entwicklungen im Rahmen einer *juristischen Beratung* informieren ($H_{0\ \text{ÖAG (BU)}}$: … geringer oder gleich …).

Newsletter/Fachpublikationen:

$H_{1\ \text{ÖAG (BU)}}$: Die Quote der ÖAG (BU), die Informationen zur vergaberechtlichen Entwicklung mittels *Newsletter* einholen, ist höher als die Quote der ÖAG (BU), die Informationen mittels *Fachpublikationen* einholen ($H_{0\ \text{ÖAG (BU)}}$: … kleiner oder gleich …).

Hypothese Nr. 8: Vorhandensein von Gestaltungspotenzialen

$H_{1\ \text{ÖAG (BU)}}$: Der Anteil der Teilnehmer, die für ÖAG (BU) *Gestaltungspotenziale* im Vergabeverfahren sehen, ist in den Untersuchungsgruppen ÖAG und BU unterschiedlich hoch ($H_{0\ \text{ÖAG (BU)}}$: … gleich …).

Hypothesen Nr. 9: Möglichkeiten der Einflussnahme

H_1: Die *Möglichkeiten der Einflussnahme* bei Ausschreibung und Vergabe öffentlicher Bauaufträge werden von den Untersuchungsgruppen ÖAG und BU nicht gleich beurteilt (H_0: … gleich …).

$H_{1\ \text{ÖAG (BU)}}$: Die ÖAG (BU) schätzen die *Einflussmöglichkeiten* für ÖAG und diejenigen für BU unterschiedlich ein ($H_{0\ \text{ÖAG (BU)}}$: … gleich …).

Hypothesen Nr. 10: Kenntnisse vorhandener Gestaltungsmöglichkeiten

Selbst / übrige ÖAG (BU):

$H_{1\ \text{ÖAG (BU)}}$: Die ÖAG (BU) schätzen das *eigene Wissen* um vorhandene Gestaltungsmöglichkeiten anders ein als das Wissen der *übrigen ÖAG* (BU) ($H_{0\ \text{ÖAG (BU)}}$: … genauso … wie …).

Architekten, Planer, Ingenieure / übrige ÖAG (BU):

$H_{1\ \text{ÖAG (BU)}}$: Die ÖAG (BU) schätzen das Wissen von *Architekten, Planern, Ingenieuren* um vorhandene Gestaltungsmöglichkeiten anders ein als das Wissen der *übrigen ÖAG* (BU) ($H_{0\ \text{ÖAG (BU)}}$: … genauso … wie …).

BU / übrige ÖAG (BU):

$H_{1\ \text{ÖAG (BU)}}$: Die ÖAG (BU) schätzen das Wissen von *BU* (ÖAG) um vorhandene Gestaltungsmöglichkeiten anders ein als das Wissen der *übrigen ÖAG* (BU) ($H_{0\ \text{ÖAG (BU)}}$: … genauso … ein …).

Hypothese Nr. 11: Einsatz unstatthafter Finessen – Fremdeinschätzung

$H_{1\ \text{ÖAG (BU)}}$: Der Anteil der Befragungsteilnehmer, die einschätzen, dass ÖAG (BU) von *unstatthaften Einflussoptionen* Gebrauch machen, ist in den UG unterschiedlich ($H_{0\ \text{ÖAG (BU)}}$: … gleich.).

Hypothesen Nr. 12: Einsatz unstatthafter Finessen – Spektrum

A) bei Auftraggebern

H_1: Die Quote der Befragungsteilnehmer, die einschätzen, dass die ÖAG von *einer inkorrekten Leistungseinordnung* Gebrauch machen, ist in den UG unterschiedlich (H_0: … gleich.).

(*… falschen Verfahrensart …*)
(*… einer unzutreffenden Auftragswertschätzung …*)
(*… unangemessenen Mindestfristen …*)
(*… ungerechtfertigten Eignungsanforderungen …*)
(*… unangemessenen Zuschlagskriterien …*)
(*… einer intransparenten Angebotswertung …*)
(*… illegitimen Hersteller-/Produktvorgaben …*)

B) bei Bauunternehmen/Bietern

H_1: Die Quote der Befragungsteilnehmer, die einschätzen, dass die BU *spekulative Angebotspreise* anwenden, ist in den UG unterschiedlich (H_0: … gleich.).
(*… intransparente Angebotskalkulationen …*)
(*… unvollständige/fehlende Urkalkulationen …*)
(*… unerlaubte Mischkalkulationen …*)
(*… abweichende Hersteller/Produkte …*)
(*… überbewertete Referenzen …*)
(*… Einreichung unvollständiger Unterlagen …*)
(*… Fragestellung zur taktischen Beeinflussung …*)

Hypothese Nr. 13: Einsatz unstatthafter Finessen – Selbsteinschätzung

H_1: Der Anteil der Befragten, die *unstatthafte Finessen* angewandt haben, ist in den UG unterschiedlich (H_0: … gleich).

6.2.2.3 Dritter Themenkomplex: A – Bildung von Teil- und Fachlosen

Hypothesen Nr. 14: Wirkung der Bildung von Teil- und Fachlosen

H_1: Das *Potenzial der Losbildung* wird von den Untersuchungsgruppen ÖAG und BU unterschiedlich beurteilt (H_0: … gleich …).

$H_{1\ \text{ÖAG (BU)}}$: Die ÖAG (BU) beurteilen das *Potenzial der Losbildung* für BU höher als das derjenigen für ÖAG ($H_{0\ \text{ÖAG (BU)}}$: … kleiner … oder gleich hoch).

Hypothesen Nr. 15: Bitte bewerten Sie die nachfolgenden Aussagen:

H_1: Dass die **Bildung von marktgemäßen Teilleistungen** *den Wettbewerb steigert*, wird von den Untersuchungsgruppen ÖAG und BU als unterschiedlich zutreffend erachtet (H_0: … gleich …).
(*… den Mittelstand fördert …*)
(*… nachteilige Schnittstellen erzeugt …*)
(*… einer erhöhten Gewerkekoordination bedarf …*)
(*… die Mängelhaftung erschwert …*)

H_1: Dass die **Gesamtvergabe der Bauleistung an einen GU aus technischen und/oder wirtschaftlichen Gründen** *eine bessere Projektabwicklung gestattet*, wird von den Untersuchungsgruppen ÖAG und BU als unterschiedlich zutreffend erachtet (H_0: … gleich …).
(*… die Steuerung des Bauablaufs erleichtert …*)
(*… die Einhaltung der Bauzeit ermöglicht …*)

(… *den Wettbewerb einschränkt* …)
(… *der Mittelstandsförderung widerspricht* …)
(… *die Angebotspreise/Baukosten erhöht* …)

6.2.2.4 Vierter Themenkomplex: B – Vergabeverfahrensarten

Hypothesen Nr. 16: Bedeutung der Wahl der Vergabeverfahrensart

H_1: Die Bedeutung der *Wahl der Vergabeverfahrensart* wird von den Untersuchungsgruppen ÖAG und BU als unterschiedlich angesehen (H_0: … gleich …).

$H_{1\ \text{ÖAG (BU)}}$: Die ÖAG (BU) erachten die Bedeutung der *Verfahrenswahl* für BU oder für ÖAG als unterschiedlich hoch ($H_{0\ \text{ÖAG (BU)}}$: … gleich …).

Hypothesen Nr. 17: Einflussmöglichkeiten von Vergabearten

Freihändige Vergabe (EU: Verhandlungsverfahren) / Öffentliche Ausschreibung (EU: Offenes Verfahren):

$H_{1\ \text{ÖAG (BU)}}$: Der Anteil der ÖAG (BU), die die größeren Einflussmöglichkeiten bei der *Freihändigen Vergabe (EU: Verhandlungsverfahren)* sehen, ist größer als derjenige Anteil der ÖAG (BU), die die größten Einflussmöglichkeiten bei der *Öffentlichen Ausschreibung (EU: Offenes Verfahren)* sehen ($H_{0\ \text{ÖAG (BU)}}$: … geringer … oder gleich hoch).

Beschränkte Ausschreibung (EU: Nicht offenes Verfahren) / Öffentliche Ausschreibung (EU: Offenes Verfahren):

$H_{1\ \text{ÖAG (BU)}}$: Der Anteil der ÖAG (BU), die die größeren Einflussmöglichkeiten bei der *Beschränkten Ausschreibung (EU: Nicht offenes Verfahren)* sehen, ist größer als derjenige Anteil der ÖAG (BU), die die größten Einflussmöglichkeiten bei der *Öffentlichen Ausschreibung (EU: Offenes Verfahren)* sehen ($H_{0\ \text{ÖAG (BU)}}$: … geringer … oder gleich hoch).

6.2.2.5 Fünfter Themenkomplex: C – Angebotsfrist/zeitliche Lage

Hypothese Nr. 18: Zeitliche Lage von Ausschreibungen

H_1: Die *zeitliche Lage von Ausschreibungen* wird hinsichtlich der strategischen Relevanz von den ÖAG und BU unterschiedlich eingeschätzt (H_0: … gleich …).

Hypothesen Nr. 19: Zeiträume für die Platzierung von Bauausschreibungen

H_1: Der kalendarische Zeitraum *Dezember/Januar (Weihnachten, Neujahr)* wird von den ÖAG und BU für die Platzierung von Bauausschreibungen als unterschiedlich kritisch erachtet (H_0: … gleich …).
(… *Februar (Winterferien)* …)
(… *April (Karfreitag, Ostern)* …)
(… *Mai (Tag der Arbeit, Christi Himmelfahrt, Pfingsten)* …)
(… *Juni bis August (Sommerferien)* …)
(… *Oktober (Herbstferien, Reformationsfest)* …)

Hypothese Nr. 20: Zeitraum zwischen Zuschlagserteilung und Baubeginn

H_1: Die Mindestlänge der Vorbereitungsfrist zwischen Zuschlagserteilung und Baubeginn ist abhängig von der UG (H_0: … nicht abhängig …).

6.2.2.6 Sechster Themenkomplex: D – Unternehmensbezogene Eignungskriterien

Hypothese Nr. 21: Bedeutung unternehmensbezogener Eignungskriterien

H_1: Die *Bedeutung von Eignungskriterien* wird von den ÖAG und BU unterschiedlich eingeschätzt (H_0: … gleich …).

Hypothesen Nr. 22: Prüfung der Bietereignung

H_1: Die *Befähigungen und Erlaubnisse zur Berufsausübung* wird von den ÖAG und BU für die Prüfung der Bietereignung als unterschiedlich zielführend erachtet (H_0: … gleich …).
(… *wirtschaftliche und finanzielle Leistungsfähigkeit* …)
(… *technische und berufliche Leistungsfähigkeit* …)
(… *Zuverlässigkeit* …)

Hypothese Nr. 23: Vermischung von Eignungs- und Zuschlagskriterien – Häufigkeit

H_1: Wie häufig die Erfahrungen mit unzulässiger Vermischung von Eignungs- und Zuschlagskriterien sind, hängt von der UG ab (H_0: … hängt nicht …).

Hypothese Nr. 24: Vermischung von Eignungs- und Zuschlagskriterien – Absicht

H_1: Ob die Vermischung von Eignungs- und Zuschlagskriterien *absichtsvoll* oder *ungewollt* geschah, ist abhängig von der UG (H_0: … nicht abhängig …).

6.2.2.7 Siebter Themenkomplex: E – Einsatz von Wertungssystemen

Hypothese Nr. 25: Angemessenheit des Preis-Leistungs-Verhältnisses

Aus den sechs in der Praxis anzutreffenden Preis-Leistungs-Verhältnissen 100 zu 0, 90 zu 10, 80 zu 20, 70 zu 30, 60 zu 40 und 50 zu 50 % wurden drei Cluster gebildet; ausgehend vom mittleren Cluster wurden zwei Hypothesen zu den beiden anderen Clustern formuliert:

1. 100/0 % oder 90/10 %,
2. 80/20 % oder 70/30 % sowie
3. 60/40 % und 50/50 %.

Preis-Leistungs-Verhältnis 80/20 % oder 70/30 % zu 90/10 % oder 100 %:

$H_{1\ \text{ÖAG (BU)}}$: Der Anteil der ÖAG (BU), die für detaillierte LV das Preis-Leistungs-Verhältnis 80 zu 20 % oder 70 zu 30 % als angemessen erachten, ist größer als der Anteil der ÖAG (BU), die einen Preisanteil von mindestens 90 % als angemessen erachten ($H_{0\ \text{ÖAG (BU)}}$: … geringer … oder gleich groß).

Preis-Leistungs-Verhältnis 80/20 % oder 70/30 % zu 60/40 % oder 50/50 %:

$H_{1\ \text{ÖAG (BU)}}$: Der Anteil der ÖAG (BU), die für detaillierte LV das Preis-Leistungs-Verhältnis 80 zu 20 % oder 70 zu 30 % als angemessen erachten, ist größer als der Anteil der ÖAG (BU), die einen Preisanteil von maximal 60 % als angemessen erachten ($H_{0\ \text{ÖAG (BU)}}$: … geringer oder gleich groß …).

6.2.2.8 Achter Themenkomplex: F – Kommunikation in der Angebotsphase

Hypothese Nr. 26: Kommunikation zwischen Bietern und Auftraggebern

H_1: Die Tragweite der schriftliche Kommunikation zwischen Bietern und Auftraggebern während der Angebotsphase wird von den ÖAG und BU unterschiedlich eingeschätzt (H_0: … gleich …).

6.2.3 Aufstellung von Zusammenhangsvermutungen

Neben den spezifischen Hypothesen wurden ferner sieben bivariate Zusammenhangsvermutungen verschiedener Aspekte aufgestellt. Die Formulierungen differenzierten abermals zwischen den Untersuchungsgruppen (UG) der Öffentlichen Auftraggeber (ÖAG) und der Bauunternehmen (BU), wobei je zwei Hypothesenpaare oder vier Einzelhypothesen der besseren Übersicht halber erneut in einem einzigen Absatz zusammengefasst und die Variationen in Klammern gesetzt wurden.

Zusammenhangsvermutung Nr. 1:
Berufserfahrung $_{\text{Hyp. 2}}$ **↔ *Anzahl Bauausschreibungen*** $_{\text{Hyp. 3}}$

$H_{1\ \text{ÖAG (BU)}}$: Zwischen den Variablen *Berufserfahrung* $_{\text{Hyp. 2}}$ und *Anzahl der Bauausschreibungen* $_{\text{Hyp. 3}}$ besteht eine Korrelation ($H_{0\ \text{ÖAG (BU)}}$: … keine …).

Zusammenhangsvermutung Nr. 2:
Berufserfahrung $_{\text{Hyp. 2}}$ **↔ Praxistauglichkeit des Vergaberechts** $_{\text{Hyp. 5}}$

$H_{1\ \text{ÖAG (BU)}}$: Zwischen den Variablen *Berufserfahrung* $_{\text{Hyp. 2}}$ und der Einschätzung der *Praxistauglichkeit des Vergaberechts* $_{\text{Hyp. 5}}$ besteht eine Korrelation ($H_{0\ \text{ÖAG (BU)}}$: … keine …).

Zusammenhangsvermutung Nr. 3:
vorhandene Gestaltungspotenziale im Vergabeverfahren $_{\text{Hyp. 8}}$ **↔ Einsatz unstatthafter Einflussoptionen** $_{\text{Hyp. 11}}$

$H_{1\ \text{ÖAG (BU)}}$: Zwischen den Variablen *vorhandene Gestaltungspotenziale im Vergabeverfahren* $_{\text{Hyp. 8}}$ und *Einsatz unstatthafter Einflussoptionen* $_{\text{Hyp. 11}}$ besteht eine Korrelation ($H_{0\ \text{ÖAG (BU)}}$: … keine …).

Zusammenhangsvermutung Nr. 4:
eigene Kenntnisse vorhandener Gestaltungsmöglichkeiten Hyp. 9 ↔ Selbstanwendung unstatthafter Einflussoptionen Hyp. 13

$H_{1\ \text{ÖAG (BU)}}$: Zwischen den Variablen *eigene Kenntnisse vorhandener Gestaltungsmöglichkeiten* Hyp. 9 und *Selbstanwendung unstatthafter Einflussoptionen* Hyp. 13 besteht eine Korrelation ($H_{0\ \text{ÖAG (BU)}}$: … keine …).

Zusammenhangsvermutung Nr. 5:
Ausmaß der Einflussnahme Hyp. 10 ↔ Wirkung der Losbildung Hyp. 14

$H_{1\ \text{ÖAG (BU)}}$: Zwischen den Variablen *Ausmaß der Einflussnahme* Hyp. 10 und *Wirkung der Losbildung* Hyp. 14 besteht eine Korrelation ($H_{0\ \text{ÖAG (BU)}}$: … keine …).

Zusammenhangsvermutung Nr. 6:
unzulässige Vermischung von Eignungs- und Zuschlagskriterien Hyp. 23 ↔ absichtsvoll/ungewollt Hyp. 24

$H_{1\ \text{ÖAG (BU)}}$: Zwischen den Variablen *unzulässige Vermischung von Eignungs- und Zuschlagskriterien* Hyp. 23 und *absichtsvoll* oder *ungewollt* Hyp. 24 besteht eine Korrelation ($H_{0\ \text{ÖAG (BU)}}$: … keine …).

Zusammenhangsvermutung Nr. 7:
Kommunikation während der Angebotsphase Hyp. 26 ↔ Berufserfahrung Hyp. 2

$H_{1\ \text{ÖAG (BU)}}$: Zwischen den Variablen *Kommunikation während der Angebotsphase* Hyp. 26 und *Berufserfahrung* Hyp. 2 besteht eine Korrelation ($H_{0\ \text{ÖAG (BU)}}$: … keine …).

7 Empirisch-quantitative Teilstudie

7.1 Vorbereitung der quantitativen Befragung

Vor Beginn der Datenerhebung galt es zunächst, die theoretischen Überlegungen zu operationalisieren, also die Erhebungsmethode zu bestimmen, das Vorgehen zu explizieren und das Erhebungsinstrument Fragebogen im Detail festzulegen: unter anderem Aufbau, Gestaltung, Fragen/Items/Antwortmöglichkeiten, Messniveau/Skalierung, Pretest.

7.1.1 Erhebungsmethode und -instrument

Im Rahmen der Vorbereitung musste festgelegt werden, ob die schriftliche Befragung entweder online über einen Befragungsserver im Internet oder postalisch mittels eines gedruckten Fragebogens erfolgen sollte. Von einer mündlichen oder fernmündlichen Befragung wurde Abstand genommen, da aufgrund der größeren Stichprobe (n) der Aufwand für Termine, Aufzeichnung, Transkription unverhältnismäßig gewesen wäre.

Obwohl anfänglich das Onlineverfahren präferiert wurde – bei dem die Angaben auf einem Server gespeichert und als elektronische Datensätze bereitgestellt worden wären –, fiel die Entscheidung zugunsten des Einsatzes *gedruckter, postalisch zu versendender Fragebögen*. Zwar wies die Onlinebefragung durchaus einige Vorteile gegenüber der traditionellen Papiervariante auf, beispielsweise eine automatische Menüführung und kein Postversand. Allerdings hätte sie einige beträchtliche Nachteile mit sich gebracht wie beispielsweise den Zugang zum Befragungsserver, die Einrichtung des Projekts, die Handhabung des Servers und der Software sowie – besonders gravierend – eine höhere Verweigerungs- und Abbruchrate bei den Teilnehmern. In die Entscheidung war ferner einzubeziehen, dass keine audiovisuellen Komponenten, Skalen mit speziellen Reglern, automatische Filterführungen oder experimentelle Bausteine und dergleichen bei der Befragung vorgesehen waren, die einen Onlineeinsatz eventuell nötig gemacht hätten. Papiergebundene Befragungen hingegen haben den Vorteil, dass die Befragung nicht von Computerproblemen oder technischen Störungen behindert werden kann: Die Teilnehmer konnten den Fragebogen jederzeit und überall ohne elektronische Ausstattung bearbeiten. Der Hauptgrund für den Einsatz eines gedruckten Fragebogens war die zu befürchtende geringere Rücklaufquote bei einer Onlinebe-

N. Zeglin, *Gestaltungsmöglichkeiten bei der öffentlichen Ausschreibung von Bauleistungen*, Baubetriebswesen und Bauverfahrenstechnik,

fragung infolge der Tatsache, dass Befragungsbegehren per E-Mail stark zugenommen haben und mit einer damit einhergehenden ablehnenden Haltung der zu Befragenden zu rechnen war.

Die Forschungskonstruktion sieht vor, die Daten methodisch anhand eines *schriftlichen, vollstandardisierten Fragebogens* zu erheben, der aus geschlossenen Fragen mit Antwortvorgaben besteht, aus denen die zutreffenden Antwortmöglichkeiten individuell gewählt werden können.

7.1.2 Konstruktion des Fragebogens

Der Fragebogen (siehe Anlage 4) ist aus fünf übersichtlichen Abschnitten aufgebaut:
1. Titelseite und Einleitung (siehe Abschnitt 7.1.2.1),
2. Anleitung zum Ausfüllen des Fragebogens (siehe Abschnitt 7.1.2.2),
3. Hauptteil als Fragen-Antworten-Sequenz (siehe Abschnitt 7.1.2.3),
4. Feedbackmöglichkeit (siehe Abschnitt 7.1.2.4) und
5. Schluss (siehe Abschnitt 7.1.2.5).

7.1.2.1 Titelseite und Einleitung

Auf der Titelseite des Fragebogens wurden den Teilnehmern folgende rahmenbildende Informationen prägnant dargelegt:
- Thema, Ziel und Nutzen der Studie,
- exponierter Hinweis auf Rücksendedatum 1.3.2020,
- persönliche Ansprache, Herausstellung der Bedeutsamkeit der Teilnahme,
- Forscher und Kontaktmöglichkeit bei Rückfragen,
- Forschungsrahmen: wissenschaftliche Promotionsstudie,
- Forschungsinstitut: TU Dresden, Betreuung durch Prof. Dr.-Ing. Rainer Schach,
- grober Ablauf von Erhebung und Auswertung,
- Hinweis auf Anonymität und freiwillige Teilnahme,
- Aufbau des Fragebogens und Dauer der Bearbeitung: etwa 20 Minuten,
- Danksagung, Gruß, Logo TU-Dresden und
- Datum.

7.1.2.2 Anleitung zum Ausfüllen des Fragebogens

Um den Befragten eine sichere und angenehme Bearbeitung des Fragebogens zu ermöglichen und etwaige Ausfälle zu reduzieren, schloss sich eine komprimierte *Instruktion* zur Beantwortung der Fragen und zu Einschätzungen der Aussagen mittels der vorgegebenen Antwortmöglichkeiten an:

- sorgfältiges Erfassen der Fragen und Aussagen und der vorhandenen Antwortmöglichkeiten vor dem Ankreuzen,
- Beachtung der gegebenen Hinweise in Kursivdruck, zum Beispiel Einfach- und Mehrfachnennungen, sowie Erläuterungen in Fußnoten,
- Einhaltung der Fragenbogenreihenfolge,
- präzise Setzung der Kreuze an den zutreffenden Antwortmöglichkeiten,
- Erläuterung und beispielhafte Veranschaulichung des Vorgehens beim Markieren und der abgestuften Skalierung mit verbalen Anfangs- und Endpunkten,
- ausdrückliche Bitte, keine eigenständigen Änderungen an den strukturellen Vorgaben vorzunehmen, keine weitere Kästchen oder andere Kategorien einzuführen,
- ausdrückliche Bitte, Einträge nur an vorgesehenen Stellen wie „Sonstiges" oder beim Feedback vorzunehmen,
- Vermeidung von Angaben, die Rückschlüsse auf den Befragten ermöglichen sowie
- Feedbackmöglichkeit am Schluss der Befragung.

7.1.2.3 Fragen-Antworten-Sequenz

Die *Fragen-Antworten-Sequenz* als Kernstück des Fragebogens wurde aus der Logik der qualitativen Teilstudie gemäß der mit A bewerteten Aspekte und der Hypothesen konzipiert und das Ausfüllen sowie die anschließende Auswertung vereinfachen. Die einzelnen Komplexe wurden dabei so angelegt, dass sich die Befragten ohne Weiteres in die Materie hineinversetzen konnten. Der Fragebogen wurde erneut in acht Themenkomplexe gegliedert:

- Demografische Angaben,
- Öffentliche Auftragsvergabe,
- A – Bildung von Teil- und Fachlosen,
- B – Vergabeverfahrensart,
- C – Angebotsfrist / zeitliche Lage,
- D – Unternehmensbezogene Eignungskriterien,
- E – Einsatz von Wertungssystemen und
- F – Kommunikation in der Angebotsphase.

7.1.2.4 Fragebogen-Feedback

Den Teilnehmern wurde in einem offenen Zeilenfeld auf der letzten Seite die Gelegenheit gegeben, dem Forscher ihre *Rückmeldungen* zum Fragebogen – die willkommen waren – schriftlich zukommen zu lassen.

7.1.2.5 Schluss

Den *Schluss* bildete die Bitte an die Befragten, den Fragebogen zusammen mit der Zustimmung zur anonymisierten Bearbeitung und Auswertung der erhobenen Daten fristgemäß bis zum 1.3.2020 zurückzusenden.

7.1.3 Gestaltung des Fragebogens

Nicht nur inhaltliche Aspekte waren von Bedeutung. Desgleichen kam der äußeren Gestaltung des Fragebogens eine unterstützende Bedeutung zu, schließlich sollten die Befragten von Beginn an durch eine professionelle Gestaltung dazu motiviert werden, den Fragebogen vollständig auszufüllen.

Um die zugesagte Anonymität zu gewährleisten, wurde von fortlaufenden Identifikationsnummern bewusst abgesehen. Die für die spätere Auswertung notwendige Zuordnung erfolgte erst beim Eingang der Fragebogenrückläufer.

7.1.4 Festlegung von Fragen, Items und Antwortmöglichkeiten

Der standardisierte Fragebogen setzt sich aus den einzelnen Fragebogenfragen und erbetenen Aussagen, den Items und den Antwortvorgaben zusammen. Zwecks einer schnellen und durchgängigen Beantwortung der Fragen und Bewertung der Aussagen galt es, alle drei Komponenten stets prägnant, verständlich und schlüssig zu formulieren. Damit sich die Befragten auf den Inhalt fokussieren konnten, wurde besonders darauf geachtet, nicht zu viele unterschiedliche Formate einzusetzen.

7.1.4.1 Fragenanzahl und Fragebogenumfang

Bei der Dimensionierung der Fragen und des Gesamtumfangs des Fragebogens wurde zunächst die Frage betrachtet, welche zeitliche Dauer für eine solide thematische Durchdringung nötig sein und von den Befragten als akzeptabel erachtet würde, ohne dass die Teilnahmemotivation beeinträchtigt würde. In der Literatur variieren die Einschätzungen mitunter erheblich, je nach Thematik, Zielgruppe und Fragebogenvariante. Die Probelesungen im Rahmen von Pretests ergaben eine durchschnittliche Gesamtzeit von 21 Minuten für das vollständige Durcharbeiten des Fragebogens mit 27 Fragen. Davon entfielen auf die Beschäftigung mit der Einleitung, der Ausfüllhilfe, des Feedbacks und des Schlussteils etwa drei und auf die Bearbeitung der Frage-Antwort-Sequenz etwa 18 Minuten. Um diesen zeitlichen Rahmen zusätzlich abzusichern, wurde ein Plausibilitätscheck anhand der in der Literatur anzutreffenden Zeitansätze von sieben bis zehn Sekunden pro Item[385] durchgeführt: 109 Items multipliziert mit 9 Sekunden/Item ergibt 16,5 Minuten, zuzüglich Lesezeit für Hinweise, Eindenken in das jeweilige Format und textliche Ergänzungen wie beispielsweise „Sonstige". Den Beobachtungen und der Berechnung wurde eine durchschnittliche Ausfülldauer von circa *20 Minuten* als realistisch angenommen.

Die Festlegung der maximalen Seitenanzahl folgte den Empfehlungen wissenschaftlicher Untersuchungen, die eine obere Grenze von zehn bis zwölf Ausfüllseiten pro Fragebogen postulieren.[386] Der Umfang konnte somit auf *zehn Seiten* begrenzt werden.

7.1.4.2 Prämissen für die Formulierungsarbeit

In der Literatur finden sich viele Empfehlungen für die Abfassung von Fragebögen. Die Erstellung standardisierter Fragebogenfragen und Antwortvorgaben lehnte sich an die Formulierungsprämissen nach KALLUS[387] an:

Inhaltlich-semantisch:

- Leicht verständlich,
- akkurat und eindeutig,
- konkret statt verallgemeinernd,
- möglichst verhaltensnah,
- nur eine Aussage oder Bewertung je Item,
- nur einzelne Antwortdimensionen und
- Ausrichtung der Merkmalsaspekte am Alltagsverhalten der Befragten.

Grammatikalisch-sprachlich:

- Exakte Wortwahl ohne Abkürzungen,
- zielgruppengemäße Sprache,
- neutrale Formulierung mit abgestimmtem Antwortspektrum,
- Konkretisierung mehrdeutiger Begriffe,
- Erläuterung spezifischer und Verwendung einheitlicher Begriffe,
- genaue Zeitbezüge,
- der Zielgruppe angemessener Abstraktionsgrad,
- zurückhaltender, kurzer Satzbau ohne Verschachtelungen,
- keine doppelten Verneinungen und
- angemessen große, zugleich überschaubare Antwortvarianz.

---

385 Vgl. *Kallus, K. W.*, Erstellung von Fragebogen, 2016, S. 138.
386 Vgl. *Hollenberg, S.*, Fragebögen, 2016, S. 8.
387 Vgl. *Kallus, K. W.*, Erstellung von Fragebogen, 2016, S. 59 ff.

Psychologisch:

- Kognitiv gut lesbar,
- positive Formulierungen,
- unmissverständliche Instruktion,
- keine suggestiven oder hypothetischen Formulierungen,
- keine komplexe Denkarbeit oder Gedächtnisleistung,
- deutliche Trennung zwischen Items,
- positive und negative Items vermischen,
- unvoreingenommene Haltung,
- erschöpfende Antwortmöglichkeiten einschließlich „Sonstiges" und
- überschneidungsfreie Antwortmöglichkeiten.

7.1.4.3 Einsatz verschiedener Frage- und Antwortformate

Aufgrund der Erkenntnisse der ersten Teilstudie und des Vorwissens kam bei der quantitativen Befragung kein halboffenes, sondern ein *geschlossenes* Frage-Antwort-Format zum Einsatz. Das wesentliche Merkmal geschlossener Fragen ist die Vorgabe *vollständig vorformulierter Antwortmöglichkeiten* durch den Forscher. Die Vorteile liegen insbesondere im geringen Bearbeitungsaufwand für die Befragten und in der zügigen Analysemöglichkeit – aufgrund der einheitlichen Antwortvorgaben – durch den Forscher.[388] Eine Herausforderung stellte allerdings die präzise Formulierung der Fragen und eines erschöpfenden, formal richtigen und zugleich überschaubaren Spektrums vorgegebener Antwortkategorien dar, in die sich die Befragten mit ihrer Einschätzung einfügen sollten – ganz besonders deshalb, weil die Befragten aus dem Antwortangebot den Sinngehalt der Frage erschließen und sich selbst im Verhältnis zu anderen Befragten positionieren.

Als Eröffnung der Befragung wurden zunächst einige *Einstiegsfragen* zu demografischen Aspekten gestellt – mit dem Ziel, individuelle Basisinformationen für die Auswertung zu erhalten und die Befragten durch einfach zu beantwortende Fragen zu motivieren und so Verweigerungen und Abbrüche zu verhindern. Ein anfänglich leichter Zugang sollte Vertrauen herstellen, den geringen Bearbeitungsaufwand unterstreichen und letzte Unsicherheiten beseitigen. Statt allgemein üblicher soziodemografischer Daten wie Alter, Geschlecht, Familienstand und dergleichen waren vielmehr die *Zugehörigkeit* zur Untersuchungsgruppe, die Ausrichtung der *beruflichen Tätigkeit*, der Grad der *Berufserfahrung*, Art und Umfang der betreuten *Ausschreibungen* und der Grad der *Unterstützung durch Dritte* von Bedeutung.

Ab dem Themenkomplex zur öffentlichen Auftragsvergabe bis zum Fragebogenende wurden zur Einschätzung essenzieller Gestaltungsaspekte *Fakt-* und *Inhaltsfragen* gestellt. Zusätzlich erhebungslenkende *Funktionsfragen* die der Abgrenzung oder Ablenkung dienen,

[388] Vgl. *Kirchhoff, S.* u. a., Der Fragebogen, 2010, S. 20.

waren aufgrund der Struktur der Themenkomplexe und einer sinnhaften Fragenreihung entbehrlich. Die bei der Gliederung der Fragenkomplexe eingeführte, auf der Analyse und den qualitativen Ergebnissen basierende Fragebogendramaturgie wurde gleichsam beim Arrangement der Fragenblöcke und Einzelfragen angewendet. Eine praxisnahe Anordnung auf Frageebene sollte einer fokussierten Beantwortung förderlich sein. Desweiteren wurde auf spezielle Funktionen wie *Filterführungen* bei der Auswahl bestimmter Antworten, beispielsweise „Weiter mit Frage …“, vollständig verzichtet. *Kontrollfragen* zur Überprüfung des Inhalts vorheriger Antworten waren konzeptionell entbehrlich und wären für den Befragungsablauf zudem hinderlich gewesen, da die Befragten sich möglicherweise infolge des Zwangs, eine Antwort zu wiederholen, nicht wertgeschätzt oder ernst genommen gefühlt hätten.

Damit sich die Befragten auf die inhaltlichen Fragen und die Antwortmöglichkeiten konzentrieren konnten, wurden zu jeder Frage in Klammern gesetzte unterstützende *Ausfüllanweisungen* gegeben. Zusätzlich wurden die zurückhaltend verwendeten *Begriffe* komprimiert in Fußnoten erklärt.

Obwohl sich aus der qualitativen Studie keine *brisanten* Themen ergeben haben, bestand dennoch die Möglichkeit, dass es zu einer *heiklen* Befragungssituation kommen könnte, da die Befragten die Perspektive der jeweils anderen Untersuchungsgruppe einnehmen sollten. Darüber hinaus wurden durchaus *sensible* Themen, etwa die Praxistauglichkeit des Vergaberechts als solches oder der Einsatz unstatthafter Finessen, kritisch hinterfragt. Daher waren Vertraulichkeit und die Anonymisierung besonders wichtig.

7.1.4.4 Nachteilige Antwortpräferenzen und typische Fehler

Bei der Formulierungsarbeit von Fragebogenfragen wurden mögliche Antwortpräferenzen bei Befragungen betrachtet. Folgende Effekte und Faktoren können Antwortrichtungen in unerwünschter Weise verstärken und zu systematischen Messfehlern führen:[389, 390]

- Soziale Angebrachtheit: Beantwortung gemäß gesellschaftlich-sozialer Normen,
- Tendenz zur positiven Darstellung des Befragten: idealisierte Perspektive,
- Konsistenzbestrebung: Zeigen eines erwartbaren Verhaltens,
- vorsätzliche Verstellung: absichtliche Verfälschung der Antworten,
- Ausrichtung zur Mitte: Streben zu mittleren Antwortkategorien,
- Neigung zu Extremwerten: Bevorzugung von Skalenanfang und -ende,
- Tendenz zur erstbesten Antwortkategorie, Primary-Recency-Effekt, oder bevorzugte Linkstendenz,
- Zustimmungstendenz, Akquieszenz-Effekt: Bestrebung, „ja“ zu sagen,
- Beeinflussung durch einfache und doppelte Negationen,

[389] Vgl. *Kallus, K. W.*, Erstellung von Fragebogen, 2016, S. 55 ff.
[390] Vgl. *Steiner, E./Benesch, M.*, Der Fragebogen, 2018, S. 64 ff.

- motivationale Überforderung: zu lang / zu viel / zu komplex/wiederholend – erhöht die Wahrscheinlichkeit von Verweigerung und „Mustermalen“,
- extreme Reize oder wechselseitige Beeinflussung von Antwortvorgaben sowie
- Verfälschung durch übereilte Bearbeitung oder willkürliches Raten.

Ferner wird in der Literatur auf *typische Fehler* hingewiesen, die offenbar in Fragebögen regelmäßig wiederkehren. Die wichtigsten Aspekte[391] und Maßnahmen zur Vermeidung schwerwiegender Mängel sind die folgenden:

- Keine oder ungenügende theoretische Tiefe → Die Fragebogenfragen wurden konsequent und umfassend aus den Ergebnissen der qualitativen Teilstudie, den Annahmen, den spezifischen Forschungshypothesen und den Zusammenhangsvermutungen abgeleitet. Die Beantwortung der übergeordneten Forschungsfragen im Rahmen der abschließenden Diskussion war somit durch die Formulierung von Einzelfragen gegeben;
- der Zielgruppe unangemessene Frageformulierung → Das Frage-Antwort-Niveau wurde sprachlich den Ansprüchen beider Untersuchungsgruppen (UG) angepasst;
- Einsatz ungeläufiger Items und Skalierungen → Die Items wurden folgerichtig aus der Analyse möglicher Gestaltungspotenziale und der Einschätzung von deren Relevanz innerhalb der qualitativen Teilstudie entwickelt. Für die Messung wurden ausnahmslos praxiserprobte und bewährte Skalen verwendet;
- kognitive Anstrengung infolge sich permanent ändernder Antwortformate → Es wurden nur einige wenige, einheitlich wiederkehrende Antwortformate verwendet.

7.1.4.5 Formulierung von Einzelfragen und Beurteilungsmöglichkeiten

Unter Berücksichtigung der zuvor genannten Bedingungen wurden für alle *acht Themenkomplexe* der Fragen-Antworten-Sequenz die folgenden *27 Fragebogenfragen/-items* und die passenden Antwortmöglichkeiten einschließlich Ausfüllhinweise formuliert:

- Demografische Angaben — Fragen Nr. 1 bis 5 (siehe Abschnitt 7.1.4.6),
- Öffentliche Auftragsvergabe — Fragen Nr. 6 bis 14 (siehe Abschnitt 7.1.4.7),
- A – Bildung von Teil- und Fachlosen — Fragen Nr. 15 und 16 (siehe Abschnitt 7.1.4.8),
- B – Vergabeverfahrensarten — Fragen Nr. 17 und 18 (siehe Abschnitt 7.1.4.9),
- C – Angebotsfrist/Zeitliche Lage — Fragen Nr. 19 bis 21 (siehe Abschnitt 7.1.4.10),
- D – Unternehmensbezogene Eignungskriterien — Fragen Nr. 22 bis 25

[391] Vgl. *Bortz, J./Döring, N.*, Forschungsmethoden und Evaluation, 2016, S. 409 f.

(siehe Abschnitt 7.1.4.11),

- E – Einsatz von Wertungssystemen — Frage Nr. 26 (siehe Abschnitt 7.1.4.12) und
- F – Kommunikation in der Angebotsphase — Frage Nr. 27 (siehe Abschnitt 7.1.4.13).

Bei der Auswahl der Antwortmöglichkeiten mussten die Skalenniveaus (siehe Folgeabschnitt) für die Auswertung berücksichtigt werden.

7.1.4.6 Erster Themenkomplex: Demografische Angaben

Frage Nr. 1: Welcher Untersuchungsgruppe gehören Sie an?
Eine Antwortmöglichkeit: ÖAG, BU.

Frage Nr. 2: Welchen Schwerpunkt hat Ihre berufliche Tätigkeit?
Eine Antwortmöglichkeit: Kaufmännisch, technisch, juristisch, sonstige.

Frage Nr. 3: Über welche Berufserfahrung im Bauwesen verfügen Sie?
Eine Antwortmöglichkeit: < 5, 5 bis 10, 11 bis 20, 21 bis 30, > 30 Jahre.

Frage Nr. 4: Wie viele Bauausschreibungen bearbeiten Sie in einem Jahr?
Eine Antwortmöglichkeit: ≤ 12, 13 bis 24, > 24.

Frage Nr. 5: Wie häufig ziehen Sie dabei externe Unterstützung hinzu?
Ein Skalenwert 1 bis 5 („nie“↔„immer“): Kaufmännisch, bautechnisch, planerisch, juristisch (Sonstiges).

7.1.4.7 Zweiter Themenkomplex: Öffentliche Auftragsvergabe

Frage Nr. 6: Wie praxistauglich erachten Sie das Vergaberecht?
Ein Skalenwert 1 bis 7 („gar nicht“↔„in hohem Maße“).

Frage Nr. 7: Wie hilfreich sind die folgenden Faktoren für Ihre Arbeit?
Ein Skalenwert 1 bis 7 („gar nicht“↔„in hohem Maße“) für beide Items: Rechtsprechung, Kommentare zu Urteilen in Fachbeiträgen.

Frage Nr. 8: Wie informieren Sie sich über vergaberechtliche Entwicklungen?
Maximal drei Antwortmöglichkeiten: Austausch mit Kollegen, juristische Beratung, Schulungen und Seminare, Fachpublikationen, Fachzeitschriften, Newsletter, Internetforen/Blogs, (Sonstige).

Frage Nr. 9: Grundsätzlich: Gibt es Ihrer Meinung nach Gestaltungspotenziale, die sich im Vergabeverfahren nutzen lassen?

Für beide UG – eine Antwortmöglichkeit: Für ÖAG, für BU.

Frage Nr. 10: Wie hoch schätzen Sie die Möglichkeiten der Einflussnahme bei Ausschreibung und Vergabe öffentlicher Bauaufträge ein?

Für beide UG – eine Antwortmöglichkeit / ein Skalenwert 1 bis 7 („gar nicht"↔„in hohem Maße"): Für ÖAG, für BU.

Frage Nr. 11: Was meinen Sie, wie gut kennen die u. g. Beteiligten die vorhandenen Gestaltungsmöglichkeiten bei der öffentlichen Auftragsvergabe?

Ein Skalenwert 1 bis 7 („gar nicht"↔„in hohem Maße") für alle Items: ÖAG, BU, Architekten/Planer/Ingenieure, der Befragte selbst.

Frage Nr. 12: Wird auch von unstatthaften Einflussoptionen Gebrauch gemacht?

Für beide UG – eine Antwortmöglichkeit: Durch ÖAG, durch BU.

Frage Nr. 13: Welche Finessen stellen Sie dabei am häufigsten fest?

Maximal drei Antwortmöglichkeiten.

A) Bei AG: Inkorrekte Leistungseinordnung, falsche Verfahrensart, unzutreffende Auftragswertschätzung, unangemessene Mindestfristen, ungerechtfertigte Eignungsanforderungen, unangemessene Zuschlagskriterien, intransparente Angebotswertung, illegitime Hersteller-/Produktvorgaben (Sonstiges).

B) Bei BU/Bietern: Spekulative Angebotspreise, intransparente Angebotskalkulationen, unvollständige/fehlende Urkalkulationen, unerlaubte Mischkalkulationen, abweichende Hersteller/Produkte, überbewertete Referenzen, Einreichung bewusst unvollständiger Unterlagen, Stellen von Fragen zum Zwecke der taktischen Beeinflussung (Sonstiges).

Frage Nr. 14: Haben Sie selber schon einmal unstatthafte Finessen angewandt?

Eine Antwortmöglichkeit: Ja, nein. Möglichkeit zusätzlicher Angaben als Freitext.

7.1.4.8 Dritter Themenkomplex: A – Bildung von Teil- und Fachlosen

Hinführende Erläuterung: Grundsätzlich gilt bei öffentlichen Bauaufträgen das Gebot der Losvergabe (§ 97 Abs. 4 GWB 2021). Demnach hat die Vergabe von Bauleistungen aufgeteilt der Menge nach in Teillosen, zum Beispiel Bauabschnitte, und/oder der Art der Bauleistung oder des Fachgebiets, beispielsweise Gewerk Beton- und Stahlbetonarbeiten, nach in Fachlosen zu erfolgen.

Frage Nr. 15: Vom Potenzial der Einflussnahme her: Für wie wirkungsvoll erachten Sie die Bildung von Teil- und Fachlosen?

Für beide UG – eine Antwortmöglichkeit / ein Skalenwert 1 bis 7 („gar nicht"↔„in hohem Maße"): Für ÖAG, für BU.

Frage Nr. 16: Bitte bewerten Sie die nachfolgenden Aussagen:

Für beide Teile und alle Items – eine Antwortmöglichkeit / ein Skalenwert 1 bis 7 („gar nicht zutreffend"↔„in hohem Maße zutreffend") für alle Items.

Die Bildung von marktgemäßen Teilleistungen steigert die Wettbewerbssituation, fördert den Mittelstand, erzeugt nachteilige Schnittstellen, bedarf erhöhter Gewerkekoordination, erschwert die Mängelhaftung (Sonstiges).

Die Gesamtvergabe der Bauleistung an einen Generalunternehmer aus technischen und/oder wirtschaftlichen Gründen gestattet bessere Projektabwicklung, da alle „Leistungen aus einer Hand", erleichtert die Steuerung des Bauablaufs, ermöglicht die Einhaltung der Bauzeit, schränkt den Wettbewerb zu stark ein, widerspricht der Mittelstandsförderung, erhöht die Angebotspreise/Baukosten (Sonstiges).

7.1.4.9 Vierter Themenkomplex: B – Vergabeverfahrensart

Frage Nr. 17: Welche Bedeutung hat die Wahl der Vergabeverfahrensart?

Für beide UG – eine Antwortmöglichkeit / ein Skalenwert 1 bis 7 („keine"↔„eine äußerst hohe"): Für ÖAG, für BU.

Frage Nr. 18: Welche Vergabeart eröffnet Ihnen die größten Einflussmöglichkeiten?

Eine Antwortmöglichkeit: Öffentliche Ausschreibung (EU: Offenes Verfahren), Beschränkte Ausschreibung (EU: Nicht offenes Verfahren), Freihändige Vergabe (EU: Verhandlungsverfahren), [kein nationales Pendant] (EU: Wettbewerblicher Dialog), [kein nationales Pendant] (EU: Innovationspartnerschaft).

7.1.4.10 Fünfter Themenkomplex: C – Angebotsfrist/Zeitliche Lage

Frage Nr. 19: Welche strategische Relevanz hat Ihrer Ansicht nach die zeitliche Lage von Ausschreibungen?

Ein Skalenwert 1 bis 7 („keine Relevanz"↔„sehr hohe Relevanz").

Frage Nr. 20: Wie bewerten Sie die folgenden kalendarischen Zeiträume 2020 für die Platzierung von Bauausschreibungen?

Ein Skalenwert 1 bis 7 („unkritisch"↔„äußerst kritisch") für alle Items: Dez./Jan.: Weihnachten/Neujahr (2 Wochen), Feb.: Winterferien (1 Woche), Apr.: Karfreitag, Ostern (2 Wochen), Mai: 1. Mai, Himmelfahrt, Pfingsten, Jun./Jul./Aug.: Sommerferien (6 Wochen), Okt.: Herbstferien, Reformationstag (2 Wo.).

Frage Nr. 21: Für die Vorbereitung des Auftragnehmers: Wie lang sollte die Frist zwischen Zuschlagserteilung und Baubeginn mindestens sein?

Eine Antwortmöglichkeit: 2 Wochen, 4 Wochen, 6 Wochen, > 6 Wochen.

7.1.4.11 Sechster Themenkomplex: D – Unternehmensbezogene Eignungskriterien

Frage Nr. 22: Welche Bedeutung hat die Berücksichtigung unternehmensbezogener Eignungskriterien bei der Gestaltung eines Vergabeverfahrens?

Ein Skalenwert 1 bis 7 („keine Bedeutung"↔„sehr hohe Bedeutung").

Frage Nr. 23: Wie zielführend erachten Sie die nachfolgenden Kriterien zur Prüfung der Bietereignung?

Ein Skalenwert 1 bis 7 („gar nicht"↔„in hohem Maße") für alle Items:

Befähigungen und Erlaubnisse zur Berufsausübung (§ 44 VgV 2021): Eintragung in Berufs- oder Handelsregister und andere Nachweise.

Wirtschaftliche und finanzielle Leistungsfähigkeit (§ 45 VgV 2021): Bestimmter Mindestjahresumsatz, bestimmter Mindestjahresumsatz im Tätigkeitsbereich des Auftrages, Bilanzen, Betriebshaftpflichtversicherung, Bankerklärungen, Arbeitskräfteentwicklung, geschäftliche Entwicklung, Insolvenz, BIEGE/ARGE und Nachunternehmer.

Technische und berufliche Leistungsfähigkeit (§ 46 VgV 2021): Vergleichbare Referenzen vorheriger Bauaufträge, Beschäftigtenzahl, technische Fachkräfte, Qualitätskontrolle, Maschinen.

Zuverlässigkeit: Unbedenklichkeitsbescheinigungen Steuern, Beiträge zu Sozialversicherung und Berufsgenossenschaft, Erklärungen zu Verfehlungen.

Frage Nr. 24: Haben Sie Vergabeverfahren erlebt, bei denen die Eignungs- und Zuschlagskriterien in unzulässiger Weise miteinander vermischt wurden?

Eine Antwortmöglichkeit: Noch nie, gelegentlich, häufig, ständig.

Frage Nr. 25: Erfolgte die Vermischung überwiegend absichtsvoll oder ungewollt?

Eine Antwortmöglichkeit: Absichtlich, ungewollt.

7.1.4.12 Siebter Themenkomplex: E – Einsatz von Wertungssystemen

Hinführende Erläuterung: Die Ermittlung des wirtschaftlichsten Angebots erfolgt anhand von auftragsbezogenen Zuschlagskriterien und deren Gewichtung untereinander.

Frage Nr. 26: Für Bauleistungen: Was ist Ihrer Meinung nach ein angemessenes Preis-Leistungs-Verhältnis, die mittels detailliertem LV beschrieben sind?

Eine Antwortmöglichkeit: Nur der Preis (100 %), Preis 90 % zu Leistung 10 %, 80 % zu 20 %, 70 % zu 30 %, 60 % zu 40 %, 50 % zu 50 %.

7.1.4.13 Achter Themenkomplex: F – Kommunikation in der Angebotsphase

Frage Nr. 27: Welche Tragweite hat die schriftliche Kommunikation zwischen Bietern und Auftraggebern während der Angebotsphase?

Ein Skalenwert 1 bis 7 („keine Bedeutung“↔“sehr hohe Bedeutung“).

7.1.4.14 Skalenniveau

Welche statistischen Methoden für die Analyse der erhobenen quantitativen Daten angewandt werden konnten, ergab sich aus deren Skalenniveaus. Die Befragten konnten sich beispielsweise bei Frage Nr. 1 in eine der beiden nominalskalierten Variablenkategorien „öffentlicher Auftraggeber“ oder „Bauunternehmen“ einordnen. Da der Antwortbereich nur aus zwei Möglichkeiten bestand, war die Skalierung *dichotom*. Bei der Erkundigung nach externer Unterstützung in Frage Nr. 5 wurde hingegen eine *polytome* Ordinalskalierung angewandt, die eine hinreichend nuancierte Meinungsäußerung für die Befragten sowie eine angemessene Bandbreite an quantitativen Analyseoptionen ermöglichte. Bei den mehrfach gestuften Skalenformaten wurde für die Basis auf den Skalierungstyp nach Likert[392] zurückgegriffen, der sich aufgrund genauer Messungen in der Forschungspraxis bereits vielfach erwiesen hat. Für die Skalierung der standardisierten Antwortmöglichkeiten wurden die folgenden strukturellen Parameter festgelegt.

Art der Skalenpunkte: Es musste zunächst abgewogen werden, ob die Skalenpunkte grundsätzlich *verbalisiert oder numerisch* mit/ohne *Endpunktbestimmung* ausgeführt werden sollten. Verbalisierte Skalen haben den Vorteil, dass sie vollständig sprachlich vorbestimmt sind, indem jeder einzelne Skalenpunkt mit einer Beschriftung versehen wird und somit die Denkarbeit für die Befragten erleichtert wird. Allerdings bringt diese Benennung den Nachteil mit sich, dass die Skalenpunkte ab einer Anzahl von fünf sprachlich nicht mehr durchgängig adäquat beschrieben werden können, Formulierungsproblem → Verständnisproblem, und durch die Textfülle zudem die Übersichtlichkeit beeinträchtigt wird. Diese Nachteile werden bei der numerischen, endpunktbestimmten Skala dadurch vermieden, dass nur die äußersten Skalenpunkte oder Pole benannt werden, eine Beschreibung der übrigen Skalenpunkte entfallen und die Skalenbreite zahlenbasiert vergrößert werden kann. Besonders

392 Nach dem Sozialforscher RENSIS LIKERT benanntes Verfahren zur Messung individueller Einstellungen von Befragten mit mehreren Items und mehrstufiger Antwortskala.

vorteilhaft ist bei der endpunktbestimmten Skalierung, dass diese von den Befragten, unterstützt durch eine eingängige Ausfüllanleitung, gut angenommen wird und eine bessere Auswertung aufgrund der vorhandenen Intervalle möglich ist.[393] *„Durch die Kombination beider Methoden – der numerischen und der verbalen Skalenbezeichnung – erwartet man sich entsprechend mehr Vorteile."*[394] Nach kritischer Erörterung entschied sich der Verfasser wegen der besseren Auswertungsmöglichkeiten durchgängig für die *numerische Skalenbezeichnung*, in Verbindung mit einer *anfangs- und endpunktbeschriebenen Skalierung*, und gegen die diffizile Formulierung der übrigen Skalenpunkte.

Ungerade Anzahl von Skalenpunkten: Der Verfasser entschied sich definitorisch für das Vorhandensein eines mittleren Skalenpunktes und somit zwangsläufig für eine *ungerade Skalierung*. Bei der Verwendung einer geraden Skalierung hätten sich die Befragten für eine Antworttendenz außerhalb der Mitte entscheiden müssen, da ihnen eine mittlere Einstufung vorenthalten geblieben wäre. In diesem Zusammenhang bestand die Notwendigkeit, sich gleichfalls mit der Verwendung von *Restkategorien* wie beispielsweise „Sonstige" zu befassen. Diesbezüglich wurde die Entscheidung getroffen, verbleibende Antwortmöglichkeiten nur sehr zurückhaltend und gezielt einzusetzen, um vorschnelle Antworttendenzen in Richtung einer etwaig vorhandenen Haltungslosigkeit zu vermeiden.

Skalenbreite/Anzahl der Skalenpunkte: Hier wurde der allgemeinen Direktive gefolgt, das Spektrum an die zu erwartende Abstraktionskompetenz der Befragungsgruppe anzupassen. In der Forschung sind für ungerade, endpunktbenannte Skalen am häufigsten fünf, sieben oder neun Aufteilungen anzutreffen, in einzelnen Studien durchaus noch weit größere Spannen. Daher wurden für die gegenständlichen Ausschreibungs- und Vergabethemen Skalenbreiten mit grundsätzlich *sieben Punkten* als motivationsförderlich, nicht überfordernd und zugleich analyseergiebig erachtet. Bandbreiten mit nur drei Punkten wären für eine ergiebige Analyse zu begrenzt gewesen und wären wegen der fehlenden Antwortdetaillierung wohl auf Ablehnung gestoßen. Fünf Punkte waren elementaren Sachverhalten vorbehalten, wie zum Beispiel der fünften Frage. Skalenbreiten über sieben Punkten wurden als der Abstraktion abträglich und als nur vermeintlich genauer eingeschätzt. Es musste vielmehr vom Gegenteil ausgegangen werden: derartig weite Antwortspannen hätten vermutlich zu Überforderung, Resignation und Ablehnung geführt. Nach PORST *„haben sich in der Umfragepraxis [...] numerische (endpunktbenannte) Skalen mit 5 bis 7 Skalenpunkten bewährt. Weniger als fünf Skalenpunkte lassen den Befragungspersonen zu geringen Spielraum für ein wertendes Urteil und bestehen praktisch ohnehin nur aus extremen Skalenpositionen; mehr als sieben Skalenpunkte werden von den Befragten dagegen kaum noch zu einer Differenzierung des Urteils genutzt (mit der Konsequenz, dass auch hier die extremen Skalenpunkte häufiger besetzt sind)."*[395] Um der ungeraden Skalierung Rechnung zu tragen, begann die fortlaufende

[393] Vgl. *Porst, R.*, Fragebogen, 2014, S. 82.
[394] *Steiner, E. / Benesch, M.*, Der Fragebogen, 2018, S. 61.
[395] *Porst, R.*, Fragebogen, 2014, S. 94.

Codierung mit der ungeraden Zahl eins und endete gleichsam ungerade bei fünf oder sieben. Diese Festlegung hatte keine nachteiligen Auswirkungen auf die statistische Analyse und die Interpretation der Ergebnisse.

Skalenrichtung: Hier fiel die Entscheidung zugunsten einer eingängigen *unipolaren* oder *eindimensionalen Skalenrichtung* und gegen einen erklärungsintensiven bipolaren oder zweidimensionalen Verlauf. Für die unipolaren Skalen wurde gemäß der in Deutschland gebräuchlichen Schreib- und Leserichtung, also der intuitiven visuellen Präferenz, festgelegt, die Skalenwerte stets vom linken kleinsten Anfangswert eins zum rechten größten Endwert fünf oder sieben aufsteigen zu lassen. Diese Konvention sollte die Verständlichkeit bei der Datenauswertung und -darstellung erleichtern.

Skalenlayout: Das Design wurde bewusst gleich abständig und neutral gehalten und an der Grundgestaltung des Skriptes ausgerichtet. Für eine Verdichtung wurden darüber hinaus gemäß Likert mehrere Aspekte eines Gestaltungsgegenstandes in kompakten *Item-Batterien* zusammengefasst.

7.1.5 Testweise Befragung und Fragebogenrevision

Um spätere Verständnisprobleme und Missverständnisse beim Ausfüllen durch die Befragten zu vermeiden, wurde der Fragebogen vor dem Einsatz einem *Pretest* unterzogen.

Jeweils drei einzelnen Experten der Öffentliche Auftraggeber (ÖAG) und Bauunternehmen (BU) wurde nach kurzem Briefing der Fragebogen zur testweisen Bearbeitung unter realistischen Befragungsbedingungen ohne Hilfestellung vorgelegt. Die Testpersonen, die nicht der Stichprobe angehörten, wurden gebeten, während des Ausfüllprozesses ihre Gedankengänge durch lautes Verbalisieren offenzulegen und anschließenden nochmals ihre Wahrnehmungen mit eigenen Worten zusammenzufassen. Innerhalb des Testdurchlaufs hörte der Forscher nur passiv zu, beobachtete und notierte die spontanen Äußerungen und die eigenen Eindrücke hinsichtlich Ausfülldauer, Bearbeitungsgeschwindigkeit, Aufmerksamkeitsspanne – allerdings ohne förmliche Protokollierung und Audioaufzeichnung. Nach der Zusammenfassung durch die Befragten wurde aktiv nachgefragt, ob die Ausfüllanleitung sowie die Fragen und Antworten verständlich waren, ob die Skalierungen adäquat waren, ob Umfang und Reihenfolge akzeptabel waren, ob Probleme auftraten, wie das persönliche Befinden und der Motivationsverlauf waren. Im nächsten Schritt wurden alle Verbesserungsvorschläge zusammengefasst und bewertet und der Fragebogen soweit nötig angepasst. Im Ergebnis gab es wenige Verbesserungsvorschläge zu einzelnen Begriffen und Formulierungen und marginale Optimierungshinweise, die die Formatierung und das Layout betrafen. Ansonsten wurden keine nennenswerten inhaltlichen oder technischen Mängel moniert. Die durchschnittliche Ausfülldauer betrug ungefähr 21 Minuten. Ein zunächst geplanter zweiter Pretest wurde aufgrund der geringen Anzahl der Verbesserungshinweise aus dem ersten Pretest nicht mehr durchgeführt.

7.2 Organisation und Durchführung der Erhebung

7.2.1 Dauer und zeitliche Lage der Befragung

Für die Durchführung der Befragung wurde der März 2020 als Zeitfenster bestimmt, da die Befragten zu dieser Zeit gut erreichbar waren. Diese zeitliche Lage fügte sich einerseits optimal in den Fortgang der Forschung und andererseits in die gesellschaftliche Feiertags- und Urlaubssituation ein – nach Weihnachten, dem Jahreswechsel und den Winterferien, allerdings noch vor Ostern. Eine unvorhersehbare und unkontrollierbare Situation entstand allerdings mit dem verstärkten Ausbruch der Covid 19-Pandemie[396] in Deutschland ab Mitte März 2020. Erfreulicherweise konnte die Datenerhebung unmittelbar vorher ohne Beeinträchtigungen abgeschlossen werden. Die Durchführung der Erhebung wurde in den im Folgenden beschriebenen Etappen und Aktionen im Detail geplant und umgesetzt.

7.2.2 Kontaktaufnahme und Anfrage zur Teilnahmebereitschaft

Ende Januar 2020 erfolgte die persönliche oder telefonische *Kontaktaufnahme*, verbunden mit der *Anfrage zur Teilnahmebereitschaft* an der Expertenbefragung. Zur punktgenauen Erläuterung des Vorhabens und einer stets inhaltsgleichen Kommunikation kam hierbei ein vorbereiteter, minimalistsicher Sprechzettel zum Einsatz. Personen, die wiederholt nicht erreichbar waren, erhielten das modifizierte Vorbereitungs- und Erläuterungsschreiben.

7.2.3 Vorbereitungs- und Erläuterungsschreiben

Anfang Februar 2020, etwa ein bis zwei Wochen nach der Anfrage, wurden die potenziellen Teilnehmer in einem per E-Mail versandten *Vorbereitungs- und Erläuterungsschreiben* umfassend über die Studie, Ziele und Nutzen, das Prozedere und die Rahmenbedingungen der Fragebogenerhebung informiert, und der bevorstehende Versand des Fragebogens wurde avisiert. Hierin wurden ferner die Anonymität, die Incentivierung und das weitere Vorgehen thematisiert. Um den professionellen Eindruck der Erhebung zu verstärken, wurden zusätzlich eine berufliche E-Visitenkarte sowie ein offizielles Begleitschreiben der TU Dresden über die Rechtmäßigkeit der Erhebung beigefügt.

7.2.4 Einladung zur Teilnahme an der Befragung

Der postalische Versand der Einladungen zur Teilnahme an der Befragung erfolgte anschließend ab dem 8.2.2020, bestehend aus dem *Anschreiben* inkl. Visitenkarte, dem fünfseitigen *Fragebogen*, einem adressierten und frankierten DIN-A-5-*Umschlag* für die Rücksendung

[396] Weltweit verbreitete Viruserkrankung (Corona Virus Disease 2019) durch Infektion mit SARS-CoV-2

des Fragebogens, einer *Freikarte* zur Baufachmesse bautec 2020 in Berlin und einer adressierten und frankierten *Antwort-Postkarte* zur Teilnahme an einem Gewinnspiel bestand. Die Trennung von Fragebogen und Postkarte diente der Aufrechterhaltung der Anonymisierung.

Im formell gestalteten, persönlichen Anschreiben wurde zunächst auf das vorherige Vorbereitungs- und Erläuterungsschreiben Bezug genommen und darum gebeten, den ausgefüllten Fragebogen innerhalb des rund dreiwöchigen Bearbeitungszeitraums, bis zum *1.3.2020*, zurückzusenden. Bei der Dimensionierung einer angemessenen Frist wurden Zeiten für die Bearbeitung, Rückfragen und kurze Verschiebungen wegen beruflicher Arbeitsbelastung berücksichtigt. Eine längere Bearbeitungsfrist wurde als eher kontraproduktiv und unangemessen lang eingeschätzt. Um die Akzeptanz weiter zu erhöhen, wurden die persönliche Anrede und die Signatur individuell von Hand geschrieben. Ferner wurde nochmals auf die circa 20-minütige Bearbeitungszeit, die zu beachtenden Ausfüllhinweise auf der ersten Fragebogenseite sowie auf die Freikarte und das Gewinnspiel hingewiesen.

Das beschriebene Drucksachenkonvolut brachte erwartungsgemäß einen erhöhten Druckaufwand und beträchtliche Portokosten für Versand und vorbereiteten Rückversand mit sich – ein Nachteil gegenüber anderen Verfahren, der zugunsten einer besseren Rücklaufquote allerdings bewusst in Kauf genommen wurde.

7.2.5 Erinnerung an die Teilnahme an der Befragung

Einige Tage vor Ablauf des Stichtags, genauer: am 28.2.2020, erfolgte die planmäßige Erinnerung per E-Mail und die nochmalige Bitte um Teilnahme. Ziel dieser Aktion war, die bis dahin noch passiv gebliebenen Personen zu aktivieren und zu erfragen, ob der Fragebogen sich angemessen bearbeiten ließ. Ob dieser Anstoß erfolgreich war, sollte aus der Darstellung der Rücklaufsituation ersichtlich werden. Da aufgrund der Anonymisierung nicht klar war, wer bereits teilgenommen hatte und wer nicht, wurde die gesamte Stichprobe (n) standardmäßig einbezogen.

7.2.6 Maßnahmen zur Erhöhung der Rücklaufquote

Um die Motivation zur Befragungsteilnahme und den Rücklauf zu erhöhen, wurde ein ganzes Bündel flankierender Maßnahmen ergriffen:

- Befragung spezifischer Untersuchungsgruppen (UG): Öffentliche Auftraggeber (ÖAG) und Bauunternehmen (BU),
- persönliche Kontaktaufnahme,
- individuelle Ansprache,
- Bereitstellung von Informationen zur inhaltlichen Vorbereitung,
- Vermittlung der praktischen und wissenschaftlichen Bedeutung der Erhebung,
- akkurat ausgearbeiteter, leicht verständlicher, schnell auszufüllender Fragebogen,
- Unterstützungsschreiben der renommierten Forschungseinrichtung TU Dresden,

- professionell gestaltete, hochwertige Erhebungsunterlagen im einheitlichen Design,
- geringer Aufwand, insbesondere für den Rückversand, durch vorbereitete Drucksachen,
- Zurverfügungstellung einer Eintrittskarte zum Besuch der Baufachmesse,
- Teilnahme am Gewinnspiel (Preis: ein Exemplar der gedruckten Dissertation) sowie
- Übermittlung der zusammengefassten Forschungsergebnisse.

7.2.7 Einschätzung von Ausfällen und Verweigerungen

In Anbetracht der erfreulich guten Rücklaufsituation konnte die Analyse der Ausfälle infolge fehlender Erreichbarkeit oder ungültiger Adressen oder Verweigerungen vermieden werden. Innerhalb der Erhebung kam es lediglich zu zwei Fällen, bei denen die Zuständigkeiten für Vergabeangelegenheiten gewechselt hatten und die Personen durch Nachfolger ersetzt worden waren. Ähnlich verhielt es sich bei einer urlaubsbedingten Abwesenheit, die durch eine automatisierte Antwort mitgeteilt wurde. In diesem Fall erfolgte die Fragebogenbearbeitung durch die Urlaubsvertretung.

Verweigerungen als unmittelbare Reaktionen der Befragten, beispielsweise wegen geringer Motivation, Zeitmangel, Skepsis, gehören leider zu den allgemein bekannten Schwierigkeiten der Feldforschung, die in den letzten Jahren subjektiv noch weiter zugenommen haben. Eine exakte Ermittlung der Verweigerungsquote war nicht möglich, da nicht eindeutig zwischen Ausfällen und Verweigerung differenziert werden konnte. Um die Anzahl der Verweigerungen möglichst gering zu halten, wurden die zuvor genannten Maßnahmen zur Erhöhung der Rücklaufquote ergriffen.

7.3 Teilnahme- und Rücklaufsituation

Der Rücklauf der Fragebögen war erfreulich hoch. Insgesamt gab es *94 Rückläufer*, wobei zwei Rückläufer vom 20. und vom 29.2.2020 aufgrund fehlender Angaben keiner Untersuchungsgruppe (UG) zugeordnet werden konnten und konsequenterweise von der weiteren Betrachtung ausgeschlossen werden mussten. Wie aus Tabelle 8 ersichtlich ist, lag bei den Öffentlichen Auftraggebern (ÖAG) die Rücklaufquote bei 71,8 % (28 von 39 Fragebögen), bei den Bauunternehmen (BU) bei 66,0 % (64 von 97 Fragebögen). Insgesamt betrug die Rücklaufquote 67,7 %. Die Bemühungen, möglichst hohe Quoten zu erreichen, waren demnach erfolgreich.

Tabelle 8: Rücklaufquote Fragebogenerhebung

UG	Stichprobe (n)	Rücklauf
ÖAG	39	28 (71,8%)
BU	97	64 (66,0%)
	136	**92 (67,7%)**

Nach eigener Einschätzung handelte es sich bei den Personen, die nicht teilnahmen, nicht um systematische Ausfälle infolge fehlerhafter Planung durch den Verfasser, sondern um unsystematische Ausfälle, die keiner Nivellierung, beispielsweise durch Kombination mehrerer Befragungsverfahren, bedurften. Gleichsam brachte der Abgleich von Merkmalsangaben derjenigen Befragten, die die Fragebögen zügig zurücksandten, mit denen derjenigen Befragten, die erst nach der Erinnerung reagierten, keine nennenswerten Unterschiede zutage.

Wie der Abbildung 11[397] zu entnehmen ist, erstreckte sich der Eingang der ausgefüllten Fragebögen über einen Zeitverlauf von insgesamt 20 Tagen, wobei nach der Erinnerung der Fragebogenrücklauf nochmals für einige Tage zunahm, bevor er deutlich abfiel und schließlich endete.

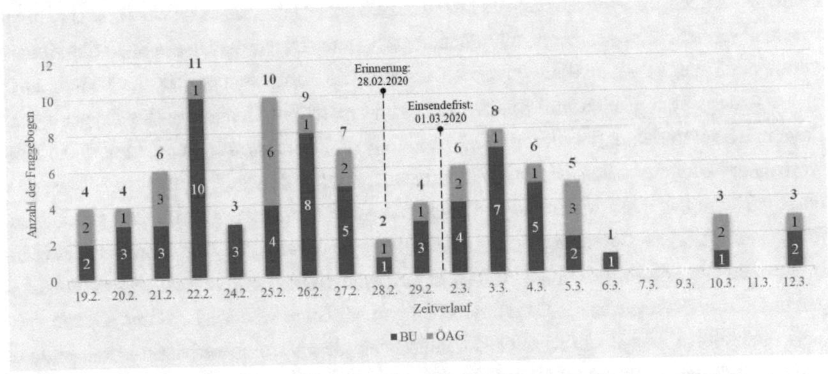

Abbildung 11: Fragebogenrücklauf im Erhebungszeitraum 19.2. – 12.3.2020

Es wurde bereits erwähnt, dass bei der Fragebogenkonzipierung von fortlaufenden Identifikationsnummern bewusst abgesehen wurde, um die zugesagte Anonymität zu gewährleisten. Die für die spätere Auswertung notwendige Zuordnung erfolgte erst mit Eingang der Fragebogenrückläufer. Unmittelbar nach Eingang erhielt jeder Fragebogen eine Nummerierung mit Eingangsdatum, zunächst provisorisch mittels Klebenotizen und nach Beendigung der Erhebungsphase mittels dauerhafter Aufkleber. Alle derart markierten Fragebögen wurden schließlich einzeln eingescannt und elektronisch im PDF-Dateiformat sowie als gedruckte Originale archiviert. Zur Dokumentation wurden auch die Fragebogenrückläufer beim Erstgutachter hinterlegt.

Mit der gesonderten Rückantwortpostkarte wurde allen angeschriebenen ÖAG und BU die Möglichkeit eingeräumt, am Gewinnspiel teilzunehmen und nach Abschluss der Dissertation

[397] Bei den Abbildungen zur statistischen Auswertung wurde die automatische Punktschreibweise der Zahlentrennung aus der Statistiksoftware übernommen (z. B. 10.7 %), im erläuternden Fließtext und in den Tabellen sind diese durch Kommata ersetzt (z. B. 10,7 %).

eine Zusammenfassung der Forschungsstudie zu erhalten. Insgesamt 42 Befragte machten davon Gebrauch; von diesen nahmen 15 am Freikarten-Gewinnspiel „20 x 2 Freikarten“ und 17 am Promotionsstudien-Gewinnspiel „5 x 1 Druckexemplar“ teil. 29 Befragte baten um die Übermittlung der Studienergebnisse in Kurzform.

7.4 Eingabe, Prüfung und Aufbereitung erhobener Fragebogendaten

Vor der Auswertung und Ergebnispräsentation wurden die erhobenen Fragebogendaten digitalisiert sowie einer gründlichen Überprüfung und Aufbereitung unterzogen.

Hierfür wurden zunächst alle Rohdaten der verbliebenen 92 Fragebögen der Reihenfolge nach manuell in eine vorbereitete Datenmatrix übertragen – Datentransformation: papiergebundene Fragebögen → elektronische Datensätze. Diese Datenmatrix wurde für das verlustfreie und schnelle Einlesen der abschließend bearbeiteten Datensätze in die Statistiksoftware mit einem Tabellenkalkulationsprogramm erstellt. Die Aufbausystematik der Datenmatrix (siehe Anlage 5) in Zeilen und Spalten entspricht exakt der Codierung des Fragebogens: Fragen, Items, Variable. Für die präzise Zuordnung und Datenverarbeitung wurden die Antworten der Befragten zeilenweise als Variablenausprägungen in die Datenmatrix eingegeben und die Daten dabei auf Vollständigkeit und plausible Messwerte geprüft und gegebenenfalls bereinigt. Diese Dateneingabe erfolgte durch zwei Bearbeiter: Der erste Bearbeiter las fragebogenweise die Angaben der Befragten vor, während der zweite Bearbeiter die Aussagen und Einschätzungen in die Datenmatrix eingab. Um mögliche Vorlese- und Eingabefehler zu reduzieren, wurde ein zweiter Datenabgleich „lesen/prüfen/verbessern“ mit anderer Rollenverteilung durchgeführt. Durch diesen doppelten Datencheck konnten einige wenige Fehler durch Überprüfung am Originalfragebogen ausfindig gemacht und eliminiert werden. So wurden beispielsweise Zahlendreher und unzulässige Zahlen in den Datensätzen identifiziert und korrigiert. Zum Umgang mit fehlenden Daten wurde festgelegt, dass vollständig fehlende Fragebögen nicht in die Datenmatrix aufzunehmen und somit von der weitergehenden Auswertung auszuschließen seien. Fehlende Einzelangaben hingegen wurden in die Datenmatrix aufgenommen, um überprüfen zu können, ob Fehler vorlagen, die gegebenenfalls auswertende Ableitungen verzerren könnten, etwa durch „Mustermalen“ der Befragten oder systematische Unzulänglichkeiten des Fragebogens, beispielsweise in der Formatierung. Bei der Gesamtbetrachtung konnte keine Systematik, zum Beispiel immer ganz links oder jeder zweite Skalenpunkt, erkannt werden. In der anschließenden Analyse wurden fehlende Angaben in den Tabellen stets angegeben. Auf Verfahren, mit denen fehlende Daten ausgetauscht oder vermittelt werden können, wurde verzichtet. Nach der Überführung der Daten in das Statistikprogramm wurden sie letztmalig auf Fehler überprüft; die aufbereiteten Daten wurden daraufhin zur Auswertung freigegeben.

7.5 Statistische Auswertung und Ergebnisse der quantitativen Teilstudie

Der Ergebnisteil der quantitativen Teilstudie hat das Ziel, die Resultate der statistischen Auswertung anhand von Tabellen, Grafiken und Kurztexten eingängig darzustellen und für das Verstehen der Ergebnissituation zu interpretieren.

Die quantitativen Primärdaten wurden einander ergänzend *deskriptiv* und *inferenzstatistisch* ausgewertet; komplettiert wurde die Auswertung durch die zusätzliche Betrachtung im Vorfeld aufgestellter *Zusammenhangsvermutungen*. Diese Kombination sollte einen größtmöglichen Informationsgrad ermöglichen. Innerhalb der Deskription ging es im Wesentlichen darum, die summarischen Eigenschaften und Kennzahlen beider Stichproben (n) für ÖAG und BU zu charakterisieren und einen Überblick über die Beschaffenheit der quantitativen Daten zu erhalten. Die Inferenzstatistik diente wiederum dazu, auf allgemeingültige, über die Stichprobe hinausgehende Aussagen zur Grundgesamtheit (N) zu schließen. Da Folgerungen von der Stichprobe auf die Grundgesamtheit bekanntermaßen stets mit statistischen Unsicherheiten behaftet sind, mussten diese berechnet und getestet werden. Im Rahmen der inferenzstatistischen Analyse erfolgte die Prüfung auf Allgemeingültigkeit durch das statistische Testen zuvor aufgestellter Hypothesen. Hierbei wurden die mittels klassischer *Nullhypothesen-Signifikanztests* (H_0-Modell) berechneten *Signifikanzwerte (p-Werte)* mit dem zuvor definierten 5-Prozent-*Signifikanzniveau* α abgeglichen. Bei kleinerem oder gleich großem Signifikanzwert (p-Werte) wurde gegen die Nullhypothese H_0 entschieden, bei einem höheren Wert hingegen die Nullhypothese H_0 beibehalten. Ein Beispiel stellt Frage 5 nach externer Unterstützung – kaufmännische Aspekte dar: Da das Signifikanzniveau zuvor auf 5 % (0,05) festgelegt und ein Signifikanzwert (p-Wert) von 0,048 berechnet wurde, war das Ergebnis auf dem 5 %-Niveau signifikant oder statistisch bedeutsam. Dies bedeutet, dass die Nullhypothese H_0 aufgrund des überzufälligen, statistisch signifikanten Ergebnisses abgelehnt wurde.

7.5.1 Statistische Analyse

Die Darstellung erfolgte in der Reihenfolge der Fragen und Korrelationen, getrennt nach den Untersuchungsgruppen (UG) Öffentliche Auftraggeber (ÖAG) und Bauunternehmen (BU), in Form einander ergänzender *Tabellen*, *Grafiken* und *Kurztexten*. Allen drei Darstellungsformen lag dabei die Prämisse zugrunde, dass die Objekte so reduziert wie möglich veranschaulicht werden sollten. Nominale und ordinale Merkmale wurden durch Angabe absoluter Häufigkeiten (Anzahl) und relativer Häufigkeiten (Prozent) beschrieben. Bei metrischen Merkmalen erfolgte die Deskription anhand von Mittelwert (Mw), Standardabweichung (Sd), Median sowie Minimum und Maximum. Lagen lediglich von einem einzigen Befragungsteilnehmer Daten vor, wurde der Einzelwert angegeben. Die Deskription erfolgte getrennt nach den beiden Untersuchungsgruppen (UG) ÖAG und BU und im Gesamtkollektiv. Neben der Gesamtzahl der Befragten (insg. oder i.) enthalten die Tabellen desgleichen die

Anzahl der Befragten mit fehlenden oder unplausiblen Angaben (fehlt oder f.) sowie die Anzahl der Befragten mit gültigen Angaben (n). In den Tabellen wurde aus Platzgründen auf die Einfügung eines festen Leerzeichens vor dem Prozentzeichen (%) verzichtet.

Um zu testen, ob zwei kategoriale Merkmale oder ein kategoriales und ein ordinales Merkmal unabhängig sind, wurde der exakte Fisher-Test verwendet. Mit dem exakten McNemar-Test wurde die Nullhypothese getestet, dass die Häufigkeit zweier Items gleich ist, und mit dem Einstichprobentest für Anteilswerte wurde die Häufigkeit eines Items mit einem definierten Anteil verglichen. Ob sich zwei unabhängige Gruppen hinsichtlich der Verteilung eines metrischen Merkmals unterscheiden, wurde mit dem Mann-Whitney-U-Test getestet; zum Vergleich der Verteilung zweier metrischer Merkmale wurde der Wilcoxon-Vorzeichen-Rang-Test für verbundene Stichproben herangezogen. Um zu quantifizieren, ob zwischen zwei ordinalen oder metrischen Merkmalen ein Zusammenhang besteht, wurde der Spearman'sche Rangkorrelationskoeffizient berechnet und getestet, ob der Korrelationskoeffizient gleich 0 ist. Als Zusammenhangsmaß zwischen zwei dichotomen Merkmalen wurde der Phi-Koeffizient (φ) berechnet; wenn eines oder beide Merkmale ordinal waren, wurde die Stärke des Zusammenhangs mit Cramer's V quantifiziert.

Grafisch wurden die Studienergebnisse mit Balken- und Säulendiagrammen sowie Boxplots und Streudiagrammen illustriert. Bei Streudiagrammen wurden bei übereinanderliegenden Datenpunkten kleine zufällige Werte zu den X-Werten und Y-Werten hinzuaddiert, sogenannte Jitter-Option. Alle statistischen Tests erfolgten zum Signifikanzniveau 0,05. Datenaufbereitung und statistische Analyse wurden mit der Statistiksoftware Stata/IC 16.1 for Unix durchgeführt. Darüber hinaus wurden die Ergebnisse der statistischen Auswertung mit Hinblick auf die praxisbezogene Relevanz inhaltlich erörtert.

7.5.2 Deskription und Test der Hypothesen

7.5.2.1 Demografische Angaben: Fragen 1 bis 5

Frage 1: Welcher Untersuchungsgruppe gehören Sie an?

In der Tabelle 9 findet sich eine Auswertung zu der Frage 1: Welcher Untersuchungsgruppe (UG) gehören Sie an?

Insgesamt wurden 92 Personen befragt, davon gehörten 28 (30,4 %) dem Kreis der Öffentlichen Auftraggeber (ÖAG) und 64 (69,6 %) dem Kreis der Bauunternehmen (BU) an.

Tabelle 9: Zugehörigkeit der Befragten

UG	n	%
ÖAG	28	30,4
BU	64	69,6
	92	**100,0**

Frage 2: Welchen Schwerpunkt hat Ihre berufliche Tätigkeit?

Die nachfolgende Tabelle 10 und die Abbildung 12 haben die Analyse der Frage 2 zum Gegenstand: Welchen Schwerpunkt hat Ihre berufliche Tätigkeit?

Es zeigt sich, dass die Befragten beider Untersuchungsgruppen (UG) ÖAG und BU in ihren Organisationen unterschiedliche Tätigkeitsschwerpunkte haben. Die Zusammensetzungen der beruflichen Metiers innerhalb der UG variieren ungleichmäßig und unterscheiden sich zudem von der jeweils anderen UG. Die Verteilungen der Arbeitsfelder können tendenziell als charakteristische Segmentierungen für die Branche angesehen werden: ÖAG priorisieren wegen ihrer Geschäftsausrichtungen demnach auf kaufmännische und BU auf technische sowie kaufmännische Akzente. Möglicherweise könnte aufseiten der ÖAG ein höherer Anteil von Ingenieuren, Technikern und umgekehrt Kaufleuten bei den BU zu einem besseren Verständnis der jeweils anderen Seite beitragen. Interessant wäre es herauszufinden, ob die Ergebnisse der vollzogenen Schwerpunktbetrachtung kaufmännisch „oder" technisch „oder" juristisch gleichsam für gemischte Tätigkeiten zutreffen, zum Beispiel technisch 50 % „und" kaufmännisch 50 %.

Tabelle 10: Schwerpunkte beruflicher Tätigkeit

UG	insg.	fehlt	n	kaufmännisch	technisch	juristisch	Sonstige
ÖAG	28	0	28	21 (75,0%)	4 (14,3%)	3 (10,7%)	0 (0%)
BU	64	3	61	20 (32,8%)	38 (62,3%)	0 (0%)	3 (4,9%)
	92	**3**	**89**	**41 (46,1%)**	**42 (47,2%)**	**3 (3,4%)**	**3 (3,4%)**

Von den Befragten unter *Sonstige* genannte Aspekte:

UG	Aspekt	n
BU	Vertrieb.	1

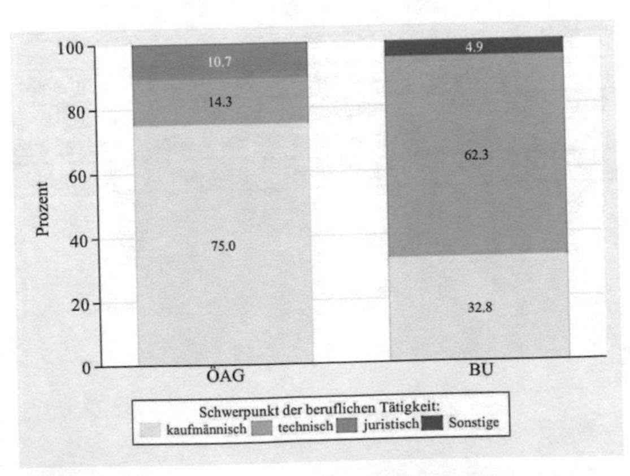

Abbildung 12: Schwerpunkte beruflicher Tätigkeit

Die Stichproben (n) der Untersuchungsgruppen ÖAG und BU unterscheiden sich signifikant hinsichtlich des Schwerpunktes der *beruflichen Tätigkeit* (p < 0,001[398]). Der überwiegende Teil der ÖAG hat einen kaufmännischen Schwerpunkt (75,0 %), bei den BU geben fast zwei Drittel der Befragten einen technischen Schwerpunkt an (62,3 %). Bei den ÖAG sind rund zehn Prozent (10,7 %) der Befragten mit rechtlichen Aufgaben betraut. Bei den BU befassen sich knapp fünf Prozent der Befragten (4,9 %) mit vertrieblichen Aktivitäten.

Frage 3: Über welche Berufserfahrung im Bauwesen verfügen Sie?

Tabelle 11 und Abbildung 13 veranschaulichen die Ergebnisse zu der Frage 3: Über welche Berufserfahrung im Bauwesen verfügen Sie?

Bei den befragten Bauunternehmen (BU) werden die Ausschreibungs- und Vergabeaktivitäten von deutlich routinierteren Mitarbeitern übernommen als bei den befragten Öffentlichen Auftraggebern (ÖAG). Über die Gründe können nur Vermutungen angestellt werden: möglicherweise sind ÖAG-Arbeitgeber weniger attraktiv für erfahrene Bewerber, eventuell können sich ÖAG von den Personalkosten her nur Berufsanfänger „leisten", vielleicht können sich BU gerade für die Ausschreibungsthematik keine unerfahrenen Berufsanfänger „leisten". Es könnte die ungleichmäßige Berufserfahrung zunächst in einer gesonderten Untersuchung noch feinstufiger nach einzelnen Berufsjahren und gegebenenfalls zusätzlich nach dem Alter oder den beruflichen Stellungen sowie beruflichen Tätigkeiten sondiert werden, um herauszufinden, ob die aufgezeigten Tendenzen sich genauso im Detail bestätigen. Anschließend könnte den Anschlussfragen nachgegangen werden, warum der Erfahrungsanteil bei den ÖAG stetig abnimmt, wo die Erfahrung verbleibt und wie die ÖAG gegebenenfalls darauf reagieren, eventuell personell oder mit EDV-Systemen oder mittels Aus- und Weiterbildung?

Tabelle 11: Vorhandene Berufserfahrung

UG	insg.	fehlt	n	< 5 Jahre	5–10 Jahre	11–20 Jahre	21–30 Jahre	> 30 Jahre
ÖAG	28	0	28	11 (39,3%)	8 (28,6%)	6 (21,4%)	2 (7,1%)	1 (3,6%)
BU	64	0	64	1 (1,6%)	1 (1,6%)	17 (26,6%)	29 (45,3%)	16 (25,0%)
	92	**0**	**92**	**12 (13,0%)**	**9 (9,8%)**	**23 (25,0%)**	**31 (33,7%)**	**17 (18,5%)**

398 Exakter Fisher-Test, zweiseitig.

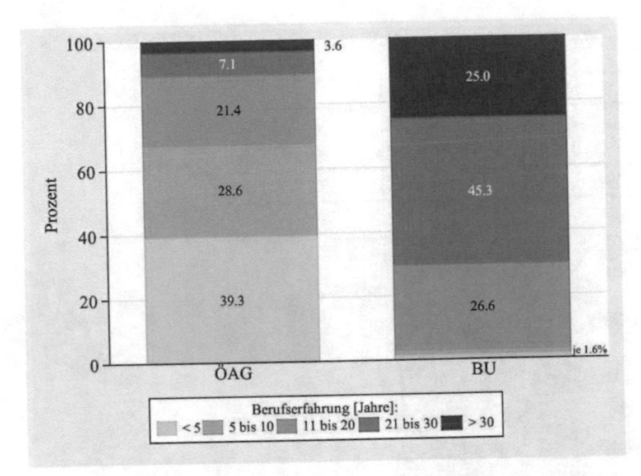

Abbildung 13: Vorhandene Berufserfahrung im Bauwesen

Konsultierte ÖAG und BU unterscheiden sich signifikant hinsichtlich der *Berufserfahrung im Bauwesen* ($p < 0{,}001$[399]): BU haben signifikant mehr Berufserfahrung als ÖAG. Bei den ÖAG hat etwa jeder Dritte elf oder mehr Jahre Berufserfahrung (32,1 %), bei den BU trifft dies auf 96,9 % der Teilnehmer zu. Die Betrachtung der Berufsanfänger (bis fünf Jahre Erfahrung) offenbart einen weiteren deutlichen Unterschied: BU mit 1,6 % zu 39,3 % bei den ÖAG. Nicht ganz die Hälfte der befragten ÖAG (39,3 %) verfügt demnach über keine bis geringe Berufserfahrung.

Frage 4: Wie viele Bauausschreibungen bearbeiten Sie in einem Jahr?

Die Resultate zu der Frage 4 werden in der Tabelle 12 und der Abbildung 14 behandelt: Wie viele Bauausschreibungen bearbeiten Sie in einem Jahr?

Bauunternehmen (BU) bearbeiten mehr Ausschreibungen als Öffentliche Auftraggeber (ÖAG). Dies liegt darin begründet, dass sich die BU in der Regel als Bieter an mehreren Vergabeverfahren beteiligen müssen, um unter Wettbewerbsbedingungen erfolgreich zu sein und um Bauaufträge zu erhalten – längst nicht jedes Angebot erhält dabei einen Zuschlag. Interessant wäre zu erfahren, ob diejenigen, die die meisten Bauausschreibungen bearbeiten, gleichsam über die längsten Berufserfahrungen verfügen? Demgemäß wurde eine Zusammenhangsvermutung formuliert und die Korrelation erörtert (siehe Ergebnisdiskussion Korrelation Nr. 1 in Abschnitt 7.5.3). Oder ist es vielmehr so, dass unkritische Bauausschreibungen durch unerfahrenen Mitarbeiter und heikle oder bedeutungsvolle Vergabeverfahren eher durch routinierte Mitarbeiter bearbeitet werden?

399 Exakter Fisher-Test, zweiseitig

Tabelle 12: Anzahl der Bauausschreibungen pro Jahr

UG	insg.	fehlt	n	bis 12	13 bis 24	> 24
ÖAG	28	1	27	9 (33,3%)	8 (29,6%)	10 (37,0%)
BU	64	0	64	6 (9,4%)	12 (18,8%)	46 (71,9%)
	92	**1**	**91**	**15 (16,5%)**	**20 (22,0%)**	**56 (61,5%)**

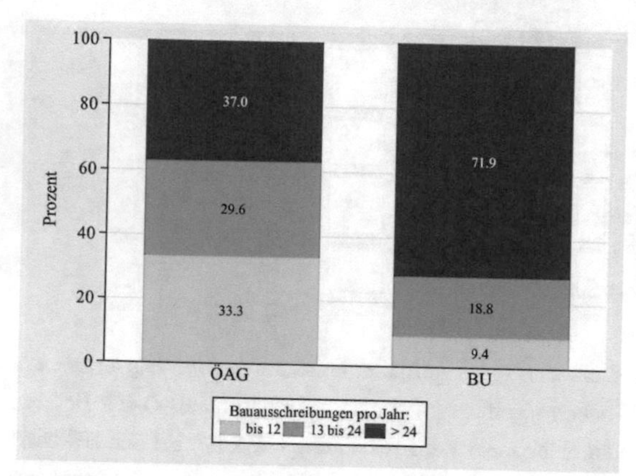

Abbildung 14: Anzahl der Bauausschreibungen pro Jahr

ÖAG und BU unterscheiden sich signifikant hinsichtlich der *Anzahl der in einem Jahr bearbeiteten Bauausschreibungen* (p = 0,003[400]). BU bearbeiten signifikant mehr Bauausschreibungen als ÖAG: Zwei Drittel der ÖAG (66,6 %) bearbeiten 13 oder mehr Bauausschreibungen, bei den BU trifft dies auf fast alle Teilnehmer der Befragung zu (90,6 %). Nur etwa jeder zehnte BU bearbeitet maximal zwölf Bauausschreibungen.

Frage 5: Wie häufig ziehen Sie dabei externe Unterstützung hinzu?

In den Tabellen 13 und 14 sowie der Abbildung 15 wird Bezug auf die Frage 5 genommen: Wie häufig ziehen Sie dabei externe Unterstützung hinzu?

Im Ergebnis ist es so, dass Öffentliche Auftraggeber (ÖAG) und Bauunternehmen (BU) im unterschiedlichen Maß Hilfe von außen konsultieren. Außer bei den kommerziellen-geschäftlichen Themen benötigen die BU für bautechnische, planerische oder juristische Belange deutlich seltener Mitwirkung durch beispielsweise externe Dienstleister als die ÖAG. Auffällig ist, dass insbesondere die beiden erstgenannten Aspekte „Technik“ und „Planung“ überwiegend nicht durch den ÖAG selber erbracht werden. Die Verlagerung bietet wirtschaftliche Vorteile wie temporäre Erweiterung von Kapazitäten oder die Übertragung von Risiken, birgt gleichfalls Nachteile wie beispielsweise erhöhte Koordination, zusätzliche

400 Exakter Fisher-Test, zweiseitig.

Schnittstellen oder abgehendes Wissen. Möglicherweise könnte aufseiten der ÖAG ein höherer Anteil von Ingenieuren und Technikern das bautechnische und planerische Knowhow erhalten oder erhöhen.

Tabelle 13: Häufigkeit externer Unterstützung

Item	**UG**	**insg.**	**fehlt**	**n**	**1**	**2**	**3**	**4**	**5**
zu kaufmännischen	ÖAG	28	4	24	16 (66,7%)	5 (20,8%)	2 (8,3%)	1 (4,2%)	0 (0%)
Aspekten	BU	64	1	63	28 (44,4%)	17 (27,0%)	10 (15,9%)	4 (6,3%)	4 (6,3%)
		92	**5**	**87**	**44 (50,6%)**	**22 (25,3%)**	**12 (13,8%)**	**5 (5,7%)**	**4 (4,6%)**
zu bautechnischen	ÖAG	28	1	27	0 (0%)	2 (7,4%)	9 (33,3%)	5 (18,5%)	11 (40,7%)
Belangen	BU	64	0	64	15 (23,4%)	26 (40,6%)	15 (23,4%)	8 (12,5%)	0 (0%)
		92	**1**	**91**	**15 (16,5%)**	**28 (30,8%)**	**24 (26,4%)**	**13 (14,3%)**	**11 (12,1%)**
zu planerischen	ÖAG	28	3	25	0 (0%)	3 (12,0%)	4 (16,0%)	8 (32,0%)	10 (40,0%)
Themen	BU	64	0	64	21 (32,8%)	27 (42,2%)	10 (15,6%)	6 (9,4%)	0 (0%)
		92	**3**	**89**	**21 (23,6%)**	**30 (33,7%)**	**14 (15,7%)**	**14 (15,7%)**	**10 (11,2%)**
zu juristischen	ÖAG	28	1	27	0 (0%)	17 (63,0%)	9 (33,3%)	1 (3,7%)	0 (0%)
Gesichtspunkten	BU	64	0	64	16 (25,0%)	36 (56,2%)	8 (12,5%)	3 (4,7%)	1 (1,6%)
		92	**1**	**91**	**16 (17,6%)**	**53 (58,2%)**	**17 (18,7%)**	**4 (4,4%)**	**1 (1,1%)**
Sonstiges	ÖAG	0	-	-	-	-	-	-	-
	BU	1	0	1	0 (0%)	0 (0%)	0 (0%)	1 (100%)	0 (0%)
		1	**0**	**1**	**0 (0%)**	**0 (0%)**	**0 (0%)**	**1 (100%)**	**0 (0%)**

Codierung: 1 = nie, 5 = immer

Von den BU unter *Sonstiges* genannte Aspekte: technische Detaillösungen, n = 1.

Der Boxplot[401] in Abbildung 15 visualisiert die Verteilung der vier Merkmale aus Frage 5.

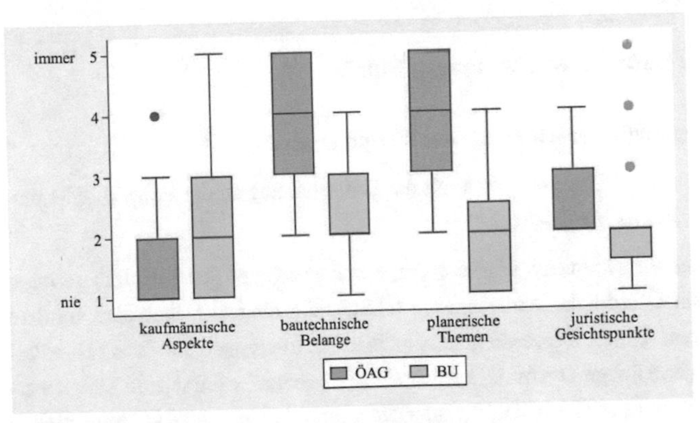

Abbildung 15: Häufigkeit externer Unterstützung

401 Box-Whisker-Plot: Diagramm zur grafischen Darstellung von Lage- und Streuungsmaße eines Merkmals: Minimum/kleinster Datenwert (unterer Whisker), unteres Quartil (Anfang der Box), Median, oberes Quartil (Abschluss der Box), Maximum/größter Datenwert (oberer Whisker), Datenausreißer als Punkt.

Gemäß Tabelle 14 ergaben die vier Hypothesentests, dass sich ÖAG und BU bei allen abgefragten Aspekten signifikant hinsichtlich der Häufigkeit des Hinzuziehens externer Unterstützung unterscheiden:

- Bei *kaufmännischen Aspekten* ziehen BU signifikant häufiger externe Unterstützung hinzu als ÖAG (Mw ÖAG 1,5 und BU 2,0, p = 0,048).
- Bei *bautechnischen Belangen* ziehen BU signifikant seltener externe Unterstützung hinzu als ÖAG (Mw ÖAG 3,9 und BU 2,2, p < 0,001).
- Bei *planerischen Themen* ziehen BU signifikant seltener externe Unterstützung hinzu als ÖAG (Mw ÖAG 4,0 und BU 2,9, p < 0,001).
- Bei *juristischen Gesichtspunkten* ziehen BU signifikant seltener externe Unterstützung hinzu als ÖAG (Mw ÖAG 2,4 und BU 2,9, p = 0,006).

Tabelle 14: Ergebnisse der Hypothesentests zu Frage 5

Vergleich der Untersuchungsgruppen ÖAG und BU

Item	UG	n	Mw±Sd (Median)	Min–Max	p-Wert
zu kaufmännischen	ÖAG	24	1,5±0,8 (1,0)	1–4	
Aspekten	BU	63	2,0±1,2 (2,0)	1–5	0,048
zu bautechnischen	ÖAG	27	3,9±1,0 (4,0)	2–5	
Belangen	BU	64	2,2±1,0 (2,0)	1–4	<0,001
zu planerischen	ÖAG	25	4,0±1,0 (4,0)	2–5	
Themen	BU	64	2,0±0,9 (2,0)	1–4	<0,001
zu juristischen	ÖAG	27	2,4±0,6 (2,0)	2–4	
Gesichtspunkten	BU	64	2,0±0,8 (2,0)	1–5	0,006

Codierung: 1 = nie, 5 = immer
Mann-Whitney-U-Test, zweiseitig

7.5.2.2 Öffentliche Auftragsvergabe: Fragen 6 bis 14

Frage 6: Wie praxistauglich erachten Sie das Vergaberecht?

Tabelle 15 und Abbildung 16 befassen sich mit der Untersuchung zu der Frage 6: Wie praxistauglich erachten Sie das Vergaberecht?

Die Praktikabilität des Vergaberechts wird von den Bauunternehmen (BU) explizit geringer bewertet als von den Öffentliche Auftraggeber (ÖAG), die allerdings nur eine mittlere Zweckdienlichkeit zuerkennen. Dieses Ergebnis ist insofern interessant, als dass beide Parteien wegen der eingeschätzten Dysfunktionalität keine Vorteile für die eigene Vergabearbeit erkennen können und die Sinnhaftigkeit oder die Daseinsberechtigung in Frage stellen könnten. Ausblickend könnte der Frage nachgegangen werden, wie es gelingen kann, die Anwendbarkeit und die Akzeptanz bei den ÖAG und BU zu erhöhen. Hierfür könnten noch weitere Beteiligte wie beispielsweise Planer und Vergabejuristen einbezogen werden und konkrete Vereinfachungsmöglichkeiten erfragt und analysiert werden – jenseits der allgemeinen Forderung nach Vereinfachung.

Tabelle 15: Praxistauglichkeit des Vergaberechts

UG	insg.	fehlt	n	1	2	3	4	5	6	7
ÖAG	28	1	27	0 (0%)	3 (11,1%)	3 (11,1%)	10 (37,0%)	6 (22,2%)	4 (14,8%)	1 (3,7%)
BU	64	0	64	5 (7,8%)	16 (25,0%)	21 (32,8%)	9 (14,1%)	10 (15,6%)	2 (3,1%)	1 (1,6%)
	92	**1**	**91**	**5 (5,5%)**	**19 (20,9%)**	**24 (26,4%)**	**19 (20,9%)**	**16 (17,6%)**	**6 (6,6%)**	**2 (2,2%)**

Codierung: 1 = gar nicht, 7 = in hohem Maße

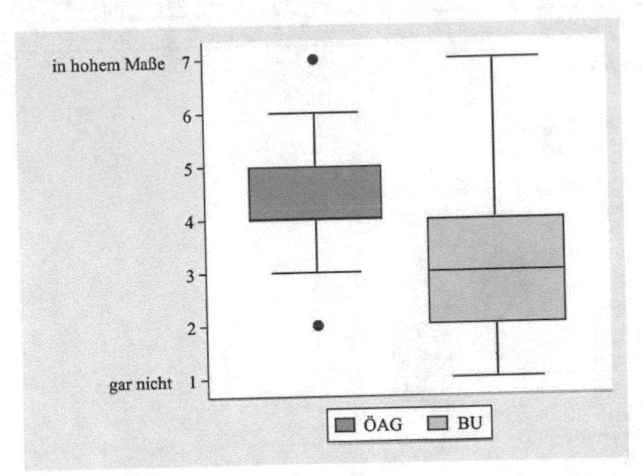

Abbildung 16: Praxistauglichkeit des Vergaberechts

ÖAG und BU unterscheiden sich signifikant hinsichtlich der Bewertung der *Praxistauglichkeit des Vergaberechts* (p = 0,001[402]). ÖAG bewerten die Praxistauglichkeit signifikant höher als BU (Mw ÖAG 4,3 und BU 3,2).

Frage 7: Wie hilfreich sind die folgenden Faktoren für Ihre Arbeit?

Die Tabellen 16 und 17 sowie die Abbildung 17 veranschaulichen die Ausdeutung zu der Frage 7: Wie hilfreich sind die folgenden Faktoren (Rechtsprechung, Urteilskommentare) für Ihre Arbeit?

Die beiden Resultate zeigen, dass die Gruppe der Öffentliche Auftraggeber (ÖAG) die Rechtsprechung sowie die Urteilskommentare deutlich nutzbringender einschätzen als die Bauunternehmen (BU). Das Wissen, wie Vergabekammern und Oberlandesgerichte die Einzelfälle vergaberechtlich auslegen, könnten den Beteiligten allerdings Vorteile für das eigene Agieren verschaffen. Folglich sollten die BU die Beschlüsse und Urteile sowie deren Deutungen intensiver verfolgen und für die eigene strategische Ausrichtung nutzen. Eine nachfolgende Forschung könnte eruieren, warum die BU die Nützlichkeit dieser Faktoren als wenig hilfreich bewerten.

402 Mann-Whitney-U-Test, zweiseitig.

Tabelle 16: Nutzen durch Rechtsprechung und Urteilskommentare

I	UG	I..	f.	n	1	2	3	4	5	6	7
A	ÖAG	28	1	27	1 (3,7%)	0 (0%)	1 (3,7%)	3 (11,1%)	8 (29,6%)	12 (44,4%)	2 (7,4%)
	BU	64	0	64	10 (15,6%)	13 (20,3%)	13 (20,3%)	8 (12,5%)	15 (23,4%)	4 (6,2%)	1 (1,6%)
		92	**1**	**91**	**11 (12,1%)**	**13 (14,3%)**	**14 (15,4%)**	**11 (12,1%)**	**23 (25,3%)**	**16 (17,6%)**	**3 (3,3%)**
B	ÖAG	28	1	27	1 (3,7%)	0 (0%)	0 (0%)	5 (18,5%)	10 (37,0%)	9 (33,3%)	2 (7,4%)
	BU	64	0	64	9 (14,1%)	12 (18,8%)	12 (18,8%)	11 (17,2%)	11 (17,2%)	7 (10,9%)	2 (3,1%)
		92	**1**	**91**	**10 (11,0%)**	**12 (13,2%)**	**12 (13,2%)**	**16 (17,6%)**	**21 (23,1%)**	**16 (17,6%)**	**4 (4,4%)**

Codierung: 1 = gar nicht, 7 = in hohem Maße
Item A: Rechtsprechung
Item B: Kommentare zu Urteilen in Fachbeiträgen

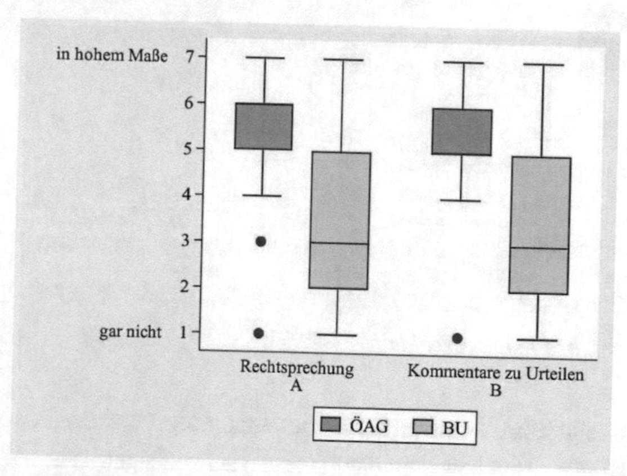

Abbildung 17: Nutzen durch Rechtsprechung und Urteilskommentare

Der Tabelle 17 ist zu entnehmen, dass ÖAG und BU sich hinsichtlich der Einschätzung, wie hilfreich *Rechtsprechung* ($p < 0,001$) und *Kommentare* ($p < 0,001$) sind, signifikant unterscheiden. ÖAG bewerten beide Faktoren signifikant hilfreicher als BU (Mw Rechtsprechung ÖAG 5,3 und BU 3,3; Mw Kommentare ÖAG 5,1 und BU 3,5).

Tabelle 17: Ergebnisse der Hypothesentests zu Frage 7

Vergleich der Untersuchungsgruppen ÖAG und BU

Item	UG	n	Mw±Sd (Median)	Min–Max	p-Wert
Rechtsprechung (KG/OLG, VK)	ÖAG	27	5,3±1,3 (6,0)	1–7	
	BU	64	3,3±1,6 (3,0)	1–7	<0,001
Kommentare zu Urteilen	ÖAG	27	5.1±1,2 (5,0)	1–7	
	BU	64	3,5±1,7 (3,0)	1–7	<0,001

Codierung: 1 = gar nicht, 7 = in hohem Maße
Mann-Whitney-U-Test, zweiseitig

Frage 8: Wie informieren Sie sich über vergaberechtliche Entwicklungen?

Mit den Tabellen 18 und 19 sowie der Abbildung 18 erfolgt die statistische Darlegung zu der Frage 8: Wie informieren Sie sich über vergaberechtliche Entwicklungen?

Beide Untersuchungsgruppen (UG) ÖAG und BU geben an, ihren Informationsbedarf hinsichtlich vergaberechtlicher Entwicklungen überwiegend durch den Austausch im Kollegenkreis und durch Schulungen/Seminare zu decken. Um sich á jour zu halten und daraus etwaige Informationsvorteile für die Anpassung der eigenen Vergabestrategie zu generieren, wäre es sinnvoll, dass ÖAG und BU sich noch weitere Informationsquellen erschließen. Durch eine breitere, unabhängige Informationsbasis könnten einzelne Gestaltungspotenziale noch differenzierter wahrgenommen und präziser eingesetzt werden. Dies trifft auf beide UG zu, ein wenig mehr noch auf die berufserfahreneren BU. Die bewährten Informationskanäle, also der Wissenstransfer im Kollegenkreis, die Konsultation von Anwälten und die Weiterbildung, könnten noch effektiver genutzt werden. Insbesondere stellen Newsletter und Internetforen als neue Medien kostengünstige und schnelle Informationsmöglichkeiten dar, die sich relativ einfach nutzen lassen. Wie bei allen elektronischen Angeboten im Netz ist gleichfalls bei diesem Thema sorgfältig auf Seriosität und Unabhängigkeit der Anbieter zu achten. Beispielsweise enthält der Newsletter „Vergabewissen" der Reguvis Fachmedien, vormals Bundesanzeiger Verlag, aktuelle Urteile, Kommentare und Informationen, die für alle Vergabebeteiligten von Interesse sein könnten.

Tabelle 18: Informationsquellen zu vergaberechtlichen Entwicklungen

Item	**ÖAG (n=28)**	**BU (n=64)**	**Insg. (n=92)**
Austausch mit Kollegen	21 (75,0%)	45 (70,3%)	**66 (71,7%)**
juristische Beratung	12 (42,9%)	28 (43,8%)	**40 (43,5%)**
Schulungen u. Seminare	22 (78,6%)	31 (48,4%)	**53 (57,6%)**
Fachpublikation	3 (10,7%)	13 (20,3%)	**16 (17,4%)**
Fachzeitschriften	4 (14,3%)	20 (31,2%)	**24 (26,1%)**
Newsletter	14 (50,0%)	13 (20,3%)	**27 (29,3%)**
Internetforen	8 (28,6%)	14 (21,9%)	**22 (23,9%)**
Sonstige	0 (0%)	2 (3,1%)	**2 (2,2%)**

Von den Befragten unter *Sonstige* genannte Aspekte:

UG	**Aspekt**	**n**
BU	Austausch mit Auftraggeber	1
	Kenntnisse aus eigenen Studien	1

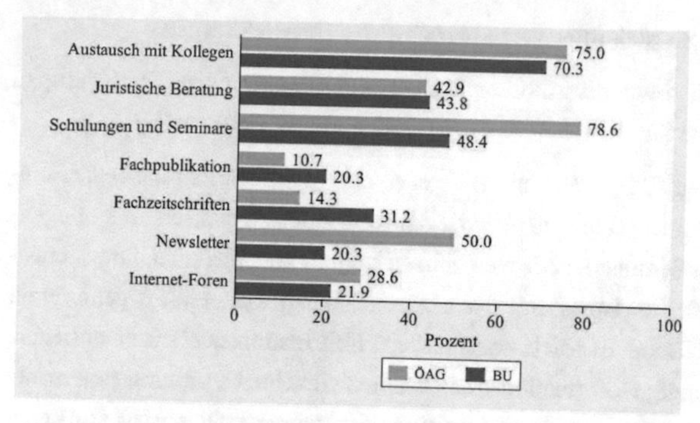

Abbildung 18: Informationsquellen vergaberechtliche Entwicklungen

Aus der Zusammenstellung in Tabelle 19 wird ersichtlich, dass ÖAG und BU signifikant häufiger den *Austausch mit Kollegen* einer *juristischen Beratung* vorziehen, wenn es darum geht, sich über vergaberechtliche Entwicklungen zu informieren (ÖAG p = 0,032, BU p = 0,002). Drei Viertel der ÖAG informieren sich durch den Austausch mit Kollegen über vergaberechtliche Entwicklungen, eine juristische Beratung wird von gut vierzig Prozent (42,9 %) der ÖAG genutzt. Bei den BU zeigt sich ein ähnliches Bild (Austausch mit Kollegen: 70,3 %; juristische Beratung: 43,8 %).

ÖAG nutzen außerdem *Newsletter* signifikant häufiger als *Fachpublikationen* (50,0 % versus 10,7 %, p = 0,006). Bei den BU werden diese Quellen nicht signifikant unterschiedlich häufig genutzt (p = 0,500), die Quote der Nutzer in dieser Untergruppe beträgt jeweils 20,3 %.

Tabelle 19: Ergebnisse der Hypothesentests zu Frage 8

Vergleich der Items

UG		Item	Prozent	p-Wert
ÖAG, n=28	A	Austausch mit Kollegen	75,0%	
	B	Juristische Beratung	42,9%	0,032
BU, n=64	A	Austausch mit Kollegen	70,3%	
	B	Juristische Beratung	43,8%	0,002
ÖAG, n=28	C	Newsletter	50,0%	
	D	Fachpublikation	10,7%	0,006
BU, n=64	C	Newsletter	20,3%	
	D	Fachpublikation	20,3%	0,500

Exakter McNemar-Test, einseitig
H_0: $A \leq B$ und $C \leq D$

Frage 9: Grundsätzlich: Gibt es Ihrer Meinung nach Gestaltungspotenziale, die sich im Vergabeverfahren nutzen lassen?

Sowohl Tabelle 20 und 21 als auch Abbildung 19 stellen auf die Frage 9 ab: Gibt es Ihrer Meinung nach Gestaltungspotenziale, die sich im Vergabeverfahren nutzen lassen?

Nahezu übereinstimmend bestätigen beide Untersuchungsgruppen (UG) mit hohen Quoten, dass sowohl für die Öffentlichen Auftraggeber (ÖAG) als auch für die Bauunternehmen (BU) substanzielle Einflussmöglichkeiten vorhanden sind. Den ÖAG wird dabei von beiden UG eine noch größere Einwirkungsperspektive zugesprochen als den BU. Letzteres ist nicht überraschend, da schließlich die Auftraggeber den Vergabeprozess vorbereiten, initiieren und steuern und deshalb von einer anderen Machtstellung und Einflusssphäre ausgegangen werden kann. Bemerkenswert ist allerdings, dass die Zustimmungsraten sowohl für ÖAG (circa 90 %) als für BU (circa 75 %) unerwartet hoch sind. Auffallend ist ferner, dass ÖAG und BU in ihren Einschätzungen grundsätzlich vorhandener Gestaltungspotenziale stets sehr dicht beieinander liegen – die Abweichungen betragen nur 4,1 und 0,7 Prozentpunkte.

Tabelle 20: Vorhandensein nutzenbringender Gestaltungspotenziale

Item	UG	insg.	fehlt	n	ja	nein
für	ÖAG	28	1	27	25 (92,6%)	2 (7,4%)
ÖAG	BU	64	3	61	54 (88,5%)	7 (11,5%)
		92	**4**	**88**	**79 (89,8%)**	**9 (10,2%)**
für	ÖAG	28	1	27	20 (74,1%)	7 (25,9%)
BU	BU	64	0	64	47 (73,4%)	17 (26,6%)
		92	**1**	**91**	**67 (73,6%)**	**24 (26,4%)**

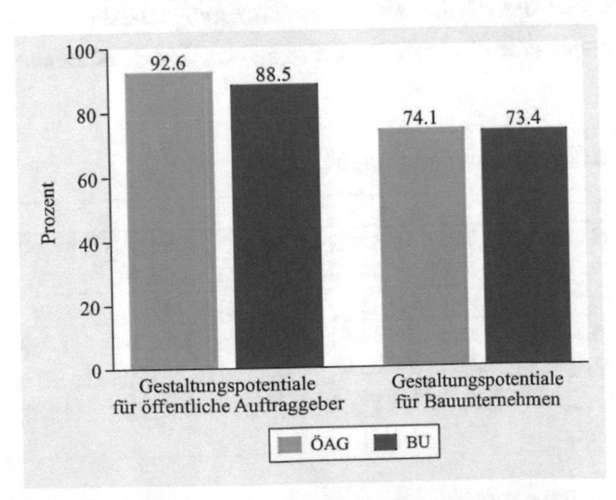

Abbildung 19: Vorhandensein nutzbringender Gestaltungspotenziale

Wie in Tabelle 21 dargestellt, ergab der statistische Test, dass sich ÖAG und BU hinsichtlich der Einschätzung, ob es für Öffentliche Auftraggeber *Gestaltungspotenziale bei Vergabeverfahren* gibt, nicht signifikant unterscheiden (p = 0,716). In beiden Gruppen sehen etwa neunzig Prozent diese Gestaltungspotenziale für Öffentliche Auftraggeber (ÖAG 92,6 %, BU 88,5 %).

Bei der Einschätzung, ob es für Bauunternehmen Gestaltungspotenziale gibt, unterscheiden sich die UG nicht signifikant (p = 1,000), der Anteil liegt in beiden Gruppen bei knapp 75 % (ÖAG 74,1 %, BU 73,4 %).

Tabelle 21: Ergebnisse der Hypothesentests zu Frage 9

Vergleich der Untersuchungsgruppen ÖAG und BU

Item	**ÖAG**	**BU**	**p-Wert**
für Öffentliche Auftraggeber	92,6% (25/27)	88,5% (54/61)	0,716
für Bauunternehmen	74,1% (20/27)	73,4% (47/64)	1,000

Exakter Fisher-Test, zweiseitig

Frage 10: Wie hoch schätzen Sie die Möglichkeiten der Einflussnahme bei Ausschreibung und Vergabe öffentlicher Bauaufträge ein?

In den Tabellen 22 bis 24 sowie der Abbildung 20 sind die Auswertungen zu der Frage 10 verortet: Wie hoch schätzen Sie die Möglichkeiten der Einflussnahme bei Ausschreibung und Vergabe öffentlicher Bauaufträge ein?

Bei der präziseren Erkundigung nach dem Grad der Einflussnahme unterscheiden sich die Einschätzungen der Befragten deutlicher als bei der Grundsatzfrage 9: Gemäß Tabelle 22 und Abbildung 22 werden den ÖAG werden substanziell mehr Einflussmöglichkeiten zugesprochen als den BU. Diese Auffassung teilen Öffentliche Auftraggeber (ÖAG) und Bauunternehmen (BU) gleichermaßen.

Tabelle 22: Einflussmöglichkeiten bei Ausschreibung und Vergabe

Item	**UG**	**i.**	**f.**	**n**	**1**	**2**	**3**	**4**	**5**	**6**	**7**
für	ÖAG	28	1	27	0 (0%)	1 (3,7%)	2 (7,4%)	5 (18,5%)	12 (44,4%)	6 (22,2%)	1 (3,7%)
ÖAG	BU	64	4	60	3 (5,0%)	9 (15,0%)	6 (10,0%)	10 (16,7%)	11 (18,3%)	16 (26,7%)	5 (8,3%)
		92	**5**	**87**	**3 (3,4%)**	**10 (11,5%)**	**8 (9,2%)**	**15 (17,2%)**	**23 (26,4%)**	**22 (25,3%)**	**6 (6,9%)**
für	ÖAG	28	1	27	2 (7,4%)	5 (18,5%)	7 (25,9%)	5 (18,5%)	4 (14,8%)	3 (11,1%)	1 (3,7%)
BU	BU	64	0	64	12 (18,8%)	20 (31,2%)	12 (18,8%)	9 (14,1%)	9 (14,1%)	1 (1,6%)	1 (1,6%)
		92	**1**	**91**	**14 (15,4%)**	**25 (27,5%)**	**19 (20,9%)**	**14 (15,4%)**	**13 (14,3%)**	**4 (4,4%)**	**2 (2,2%)**

Codierung: 1 = gar nicht, 7 = in hohem Maße

Hinsichtlich der Einflussnahme für BU auf Bauausschreibungen wirft sich die Frage auf, wieso die BU ihre eigenen Optionen geringer einschätzen als es die ÖAG tun? Diese feine

Differenzierung wird sicherlich keinen relevanten Einfluss auf die Praxis haben, die ungleiche Einschätzung als solche vermutlich schon. Schließlich wird das Bewusstsein, einzelne Aspekte im gewissen Maße beeinflussen zu können oder nicht, durchaus Auswirkungen auf das individuelle Vergabeverhalten der Beteiligten haben. Interessant wäre es herauszufinden, ob die Beteiligten hierin überhaupt eine nachteilige Schieflage sehen und gegebenenfalls Vorschläge zu deren Beseitigung aufzeigen können.

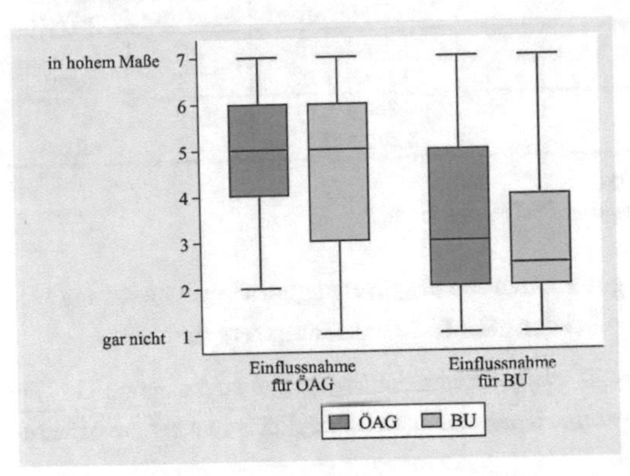

Abbildung 20: Einflussmöglichkeiten bei Ausschreibung und Vergabe

Wie aus Tabelle 23 entnommen werden kann, schätzen ÖAG und BU die Möglichkeiten der *Einflussnahme bei Ausschreibung* und Vergabe öffentlicher Bauauftrage *für Öffentliche Auftraggeber* nicht signifikant unterschiedlich ein (p = 0,431, Mw ÖAG 4,9 und BU 4,4).

Bei der Bewertung dieser Möglichkeiten *für Bauunternehmer* unterscheiden sich die Untersuchungsgruppen (UG) hingegen signifikant (p = 0,028): ÖAG schätzen diese Möglichkeiten signifikant höher ein, als es die Befragten der BU-Gruppe selbst tun (Mw ÖAG 3,6 und BU 2,8).

Tabelle 23: Ergebnisse der Hypothesentests zu Frage 10 – Teil A

A: Vergleich der Untersuchungsgruppen ÖAG und BU

Item	UG	n	Mw±Sd (Median)	Min-Max	p-Wert
für Öffentliche Auftraggeber	ÖAG	27	4,9±1,1 (5,0)	2–7	
	BU	60	4,4±1,7 (5,0)	1–7	0,431
für Bauunternehmen	ÖAG	27	3,6±1,6 (3,0)	1–7	
	BU	64	2,8±1,5 (2,5)	1–7	0,028

Mann-Whitney-U-Test, zweiseitig

Die Tabelle 24 zeigt, dass in beiden UG die Möglichkeiten für Öffentliche Auftraggeber und für Bauunternehmer signifikant unterschiedlich eingeschätzt werden (ÖAG: p = 0,001, BU p < 0,001). Sowohl die ÖAG und die BU schätzen die Möglichkeiten der Einflussnahme *für Öffentliche Auftraggeber* signifikant höher ein als diejenigen *für Bauunternehmer* (Mw ÖAG: für Öffentliche Auftraggeber 4,9 und für Bauunternehmen 3,6; Mw BU: für Öffentliche Auftraggeber 4,4, für Bauunternehmen 2,9).

Tabelle 24: Ergebnisse der Hypothesentests zu Frage 10 – Teil B

B: Vergleich der Items

UG	**Item**	**n**	**Mw±Sd (Median)**	**Min–Max**	**p-Wert**
ÖAG	für Öffentliche Auftraggeber	27	4,9±1,1 (5,0)	2–7	
	für Bauunternehmen		3,6±1,6 (3,0)	1–7	0,001
BU	für Öffentliche Auftraggeber	60	4,4±1,7 (5,0)	1–7	
	für Bauunternehmen		2,9±1,5 (3,0)	1–7	<0,001

Codierung: 1 = gar nicht, 7 = in hohem Maße
Wilcoxon-Vorzeichen-Rang-Test für verbundene Stichproben, zweiseitig

Frage 11: Was meinen Sie, wie gut kennen die u. g. Beteiligten die vorhandenen Gestaltungsmöglichkeiten bei der öffentlichen Auftragsvergabe?

Tabelle 25 und 26 sowie Abbildung 21 verdeutlichen die Ergebnisse zu der Frage 11: Wie gut kennen die u. g. Beteiligten die vorhandenen Gestaltungsmöglichkeiten bei der öffentlichen Auftragsvergabe?

Frappierend an den Ergebnissen von Frage 11 ist zunächst, dass die Öffentliche Auftraggeber (ÖAG) und Bauunternehmen (BU) das Maß des Wissens um vorhandene Gestaltungsmöglichkeiten bei den Auftraggebern, Bauunternehmen und Architekten etwa gleich groß und zudem im Mittelfeld gelegen (Skalenpunkte 3 bis 5) einschätzen. Das heißt für die Praxis, dass ÖAG und BU die Kenntnislage halbwegs ausgewogen taxieren und keine nennenswerten Wissensvorsprünge oder -defizite bei den Untersuchungsgruppen (UG) annehmen. Auffallend ist allerdings, dass die befragten ÖAG geringfügig größere Gestaltungskenntnisse bei der eigenen Untersuchungsgruppe der ÖAG und bei sich selbst verorten.

Tabelle 25: Maß des Wissens vorhandener Gestaltungsmöglichkeiten

Item	**UG**	**i.**	**f.**	**n**	**1**	**2**	**3**	**4**	**5**	**6**	**7**
ÖAG	ÖAG	28	1	27	0 (0%)	1 (3,7%)	5 (18,5%)	5 (18,5%)	10 (37,0%)	5 (18,5%)	1 (3,7%)
	BU	64	0	64	2 (31%)	9 (14,1%)	25 (39,1%)	13 (20,3%)	5 (7,8%)	10 (15,6%)	0 (0%)
		92	**1**	**91**	**2 (2,2%)**	**10 (11,0%)**	**30 (33,0%)**	**18 (19,8%)**	**15 (16,5%)**	**15 (16,5%)**	**1 (1,1%)**
BU	ÖAG	28	1	27	0 (0%)	4 (14,8%)	8 (29,6%)	6 (22,2%)	6 (22,2%)	2 (7,4%)	1 (3,7%)
	BU	64	0	64	2 (3,1%)	8 (12,5%)	9 (14,1%)	21 (32,8%)	15 (23,4%)	8 (12,5%)	1 (1,6%)
		92	**1**	**91**	**2 (2,2%)**	**12 (13,2%)**	**17 (18,7%)**	**27 (29,7%)**	**21 (23,1%)**	**10 (11,0%)**	**2 (2,2%)**
Arch., Ing.	ÖAG	28	1	27	1 (3,7%)	4 (14,8%)	5 (18,5%)	13 (48,1%)	3 (11,1%)	1 (3,7%)	0 (0%)
	BU	64	0	64	6 (9,4%)	5 (7,8%)	16 (25,0%)	15 (23,4%)	10 (15,6%)	11 (17,2%)	1 (1,6%)
		92	**1**	**91**	**7 (7,7%)**	**9 (9,9%)**	**21 (23,1%)**	**28 (30,8%)**	**13 (14,3%)**	**12 (13,2%)**	**1 (1,1%)**
sie selbst	ÖAG	28	2	26	0 (0%)	2 (7,7%)	1 (3,8%)	4 (15,4%)	7 (26,9%)	11 (42,3%)	1 (3,8%)
	BU	64	0	64	2 (3,1%)	4 (6,2%)	10 (15,6%)	18 (28,1%)	21 (32,8%)	9 (14,1%)	0 (0%)
		92	**2**	**90**	**2 (2,2%)**	**6 (6,7%)**	**11 (12,2%)**	**22 (24,4%)**	**28 (31,1%)**	**20 (22,2%)**	**1 (1,1%)**

Codierung: 1 = gar nicht, 7 = in hohem Maße

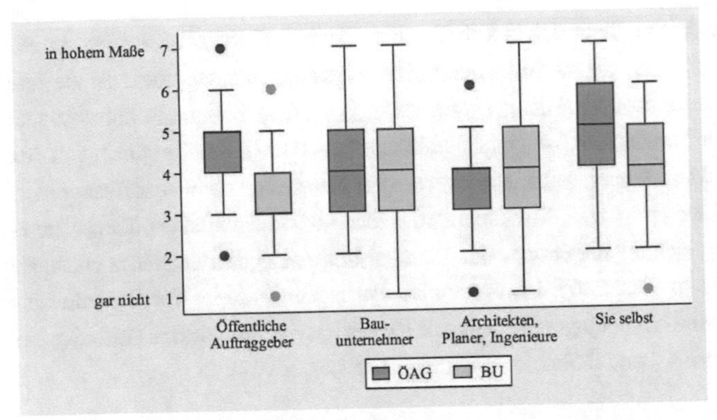

Abbildung 21: Maß des Wissens vorhandener Gestaltungsmöglichkeiten

Im Hinblick auf die ÖAG zeigt sich in Tabelle 26, dass die *Selbsteinschätzung der ÖAG* hinsichtlich der Kenntnisse der vorhandenen Gestaltungsmöglichkeiten höher ist als ihre Einschätzung der Kenntnisse der *öffentlichen Auftraggeber* insgesamt (Mw Öffentliche Auftraggeber 4,7 und sie selbst 5,0). Der Unterschied ist allerdings nicht signifikant (p = 0,100). Im Vergleich mit der Gruppe der *Bauunternehmen* sowie mit der Gruppe der *Architekten, Planer, Ingenieure* werden die Kenntnisse der eigenen Gruppe signifikant unterschiedlicher eingeschätzt als die der beiden anderen Gruppen (Vergleich mit Architekten, Planer, Ingenieure p = 0,004, Vergleich mit Bauunternehmern p = 0,034).

Tabelle 26: Ergebnisse der Hypothesentests zu Frage 11

Vergleich der Items

UG	Item	n	Mw±Sd (Median)	Min–Max	p-Wert
ÖAG	Öffentliche Auftraggeber	26	4,7±1,2 (5,0)	2–7	
	sie selbst		5,0±1,3 (5,0)	2–7	0,100
	Öffentliche Auftraggeber	27	4,6±1,2 (5,0)	2–7	
	Architekten, Planer, Ingenieure		3,6±1,1 (4,0)	1–6	0,004
	Öffentliche Auftraggeber	27	4,6±1,2 (5,0)	2–7	
	Bauunternehmen		3,9±1,3 (4,0)	2–7	0,034
BU	Bauunternehmen	64	4,0±1,4 (4,0)	1–7	
	sie selbst		4,2±1,2 (4,0)	1–6	0,089
	Bauunternehmen	64	4,0±1,4 (4,0)	1–7	
	Architekten, Planer, Ingenieure		3,9±1,6 (4,0)	1–7	0,579
	Bauunternehmen	64	4,0±1,4 (4,0)	1–7	
	Öffentliche Auftraggeber		3,6±1,4 (3,0)	1–6	0,04997[403]

Codierung: 1 = gar nicht, 7 = in hohem Maße

403 Für eine genaue Signifikanzeinschätzung von drei auf fünf Nachkommastellen erweitert.

Wilcoxon-Vorzeichen-Rang-Test für verbundene Stichproben, zweiseitig

Im Hinblick auf die BU zeichnet sich in Tabelle 26 ab, dass die *Selbsteinschätzung der BU* hinsichtlich der Kenntnisse der vorhandenen Gestaltungsmöglichkeiten höher ist als ihre Einschätzung der Kenntnisse der *Bauunternehmen* insgesamt (Mw Bauunternehmer 4,0 und Sie selbst 4,2). Der Unterschied ist nicht signifikant (p = 0,089). Im Vergleich mit der Gruppe der *Architekten, Planer, Ingenieure* werden die Kenntnisse nicht signifikant unterschiedlich eingeschätzt (p = 0,579, Mw Bauunternehmer 4,0 und Architekten, Planer, Ingenieure 3,9). Im Vergleich mit der Gruppe der *öffentlichen Auftraggeber* zeigt sich ein signifikanter Unterschied (p = 0,04997). Die Kenntnisse der eigenen Gruppe der Bauunternehmen werden signifikant höher eingeschätzt als die Kenntnisse der öffentlichen Auftraggeber (Mw Bauunternehmer 4,0 und Öffentliche Auftraggeber 3,6).

Frage 12: Wird auch von unstatthaften Einflussoptionen Gebrauch gemacht?

Die Tabellen 27 und 28 sowie die Abbildung 22 veranschaulichen die Ergebnisse zu der Frage 12: Wird auch von unstatthaften Einflussoptionen Gebrauch gemacht?

Entgegen der anfänglichen Vermutung, dass die Untersuchungsgruppen (UG) sich gegenseitig höher einstufen, halten sich Bestätigung und Negierung der Öffentlichen Auftraggeber (ÖAG) und Bauunternehmen (BU) beinahe die Waage. Nur die ÖAG schätzen ein, dass BU noch intensiver unstatthafte Einflussoptionen anwenden (70,4 %). Aufgrund der durchgängig hohen Bestätigungsquoten stellt sich die Frage, ob sich hieraus gar ein breiter Konsens, eine allgemein akzeptierte „Grenzüberschreitung" herauslesen lässt? Dies wäre folgenreich, da es sich dann wohl nicht mehr um ein vereinzeltes Phänomen handeln würde.

Tabelle 27: Einsatz unstatthafter Einflussoptionen

Item	UG	insg.	fehlt	n	ja	nein
durch ÖAG	ÖAG	28	1	27	14 (51,9%)	13 (48,1%)
	BU	64	1	63	29 (46,0%)	34 (54,0%)
		92	**2**	**90**	**43 (47,8%)**	**47 (52,2%)**
durch BU	ÖAG	28	1	27	19 (70,4%)	8 (29,6%)
	BU	64	0	64	35 (54,7%)	29 (45,3%)
		92	**1**	**91**	**54 (59,3%)**	**37 (40,7%)**

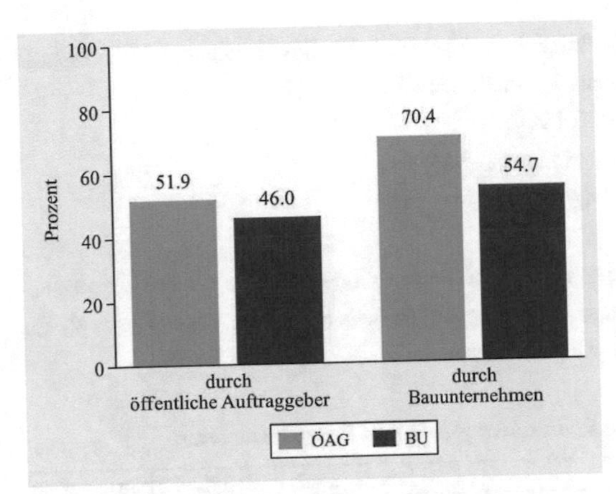

Abbildung 22: Einsatz unstatthafter Einflussoptionen

In beiden Untersuchungsgruppen (UG) gibt etwa die Hälfte der Befragten an, dass ihrer Einschätzung nach *Öffentliche Auftraggeber* von *unstatthaften Einflussoptionen* Gebrauch machen (ÖAG 51,9 %, BU 46,0 %). Der Test in Tabelle 28 zeigt, dass beide UG sich gering signifikant unterscheiden (p = 0,651). Knapp drei Viertel der ÖAG (70,4 %) gehen davon aus, dass *Bauunternehmen unstatthafte Einflussoptionen* anwenden; bei den BU nehmen dies 54,7 % der Befragten an. Hinsichtlich der Einschätzung, ob Bauunternehmen von unstatthaften Einflussoptionen Gebrauch machen, unterscheiden sich die beiden UG nicht signifikant (p = 0,243).

Tabelle 28: Ergebnisse der Hypothesentests zu Frage 12

Vergleich der Untersuchungsgruppen ÖAG und BU

Item	ÖAG	BU	p-Wert
durch Öffentliche Auftraggeber	51,9% (14/27)	46,0% (29/63)	0,651
durch Bauunternehmen	70,4% (19/27)	54,7% (35/64)	0,243

Exakter Fisher-Test, zweiseitig

Frage 13: Welche Finessen stellen Sie dabei am häufigsten fest?

Die statistischen Illustrationen anhand der nachfolgenden Tabellen 29 und 30 sowie der Abbildungen 23 und 24 beziehen sich auf die Frage 13: Welche Finessen stellen Sie dabei am häufigsten fest?

Die drei von den Bauunternehmen (BU) am häufigsten genannten Finessen der Öffentlichen Auftraggeber (ÖAG) sind gemäß Tabelle 29:

- Intransparente Angebotswertung (64,1 %),
- unzutreffende Auftragswertschätzung (37,5 %) und
- unangemessene Mindestfristen / ungerechtfertigte Eignungsanforderungen (35,9 %).

Die drei von den Öffentlichen Auftraggebern (ÖAG) am häufigsten genannten Kunstgriffe der Bauunternehmen (BU) sind gemäß Tabelle 29:

- Spekulative Angebotspreise (46,4 %),
- intransparente Angebotskalkulationen (42,9 %) und
- unerlaubte Mischkalkulationen (42,9 %).

Für die weitere Erforschung wäre es interessant herauszufinden, welche der erfragten Handlungsweisen von den beiden Untersuchungsgruppen (UG) als besonders folgenschwer für die Praxis erachtet werden und zwar positiv als auch negativ.

Tabelle 29: Finessen bei Öffentlichen Auftraggebern und Bauunternehmen

Item	ÖAG (n=28)	BU (n=64)	Insg. (n=92)
A) bei Auftraggebern			
inkorrekte Leistungseinordnung	10 (35,7%)	11 (17,2%)	**21 (22,8%)**
falsche Verfahrensart	7 (25,0%)	5 (7,8%)	**12 (13,0%)**
unzutreffende Auftragswertschätzung	17 (60,7%)	24 (37,5%)	**41 (44,6%)**
unangemessene Mindestfristen	6 (21,4%)	23 (35,9%)	**29 (31,5%)**
ungerechtfertigte Eignungsanforderungen	8 (28,6%)	23 (35,9%)	**31 (33,7%)**
unangemessene Zuschlagskriterien	3 (10,7%)	11 (17,2%)	**14 (15,2%)**
intransparente Angebotswertung	9 (32,1%)	41 (64,1%)	**50 (54,3%)**
illegitime Hersteller-/Produktvorgaben	14 (50,0%)	17 (26,6%)	**31 (33,7%)**
Sonstiges	0 (0%)	6 (9,4%)	**6 (6,5%)**
B) bei Bauunternehmen/Bietern			
spekulative Angebotspreise	13 (46,4%)	47 (73,4%)	**60 (65,2%)**
intransparente Angebotskalkulationen	12 (42,9%)	14 (21,9%)	**26 (28,3%)**
unvollständige/fehlende Urkalkulationen	11 (39,3%)	3 (4,7%)	**14 (15,2%)**
unerlaubte Mischkalkulationen	12 (42,9%)	28 (43,8%)	**40 (43,5%)**
bei Vorgaben im LV: abweichende Hersteller/Produkte	4 (14,3%)	17 (26,6%)	**21 (22,8%)**
überbewertete Referenzen	9 (32,1%)	13 (20,3%)	**22 (23,9%)**
Einreichung bewusst unvollständiger Unterlagen	9 (32,1%)	14 (21,9%)	**23 (25,0%)**
Fragen zum Zwecke der taktischen Beeinflussung	10 (35,7%)	23 (35,9%)	**33 (35,9%)**
Sonstiges	0 (0%)	2 (3,1%)	**2 (2,2%)**

Sowohl in A) als auch in B) konnten maximal drei Antworten gegeben werden. Dies war stets der Fall.

Von den Befragten unter *Sonstiges* genannte Aspekte:

UG	Aspekt	n
	A) Bei Auftraggebern	
BU	fachlich falsche Ausschreibung	1
	falsche Mengenangaben	1
	fehlerhafte, unvollständige Ausschreibung	1
	inkorrekte Leistungsbeschreibung	1
	unglaubwürdige Mengenangaben	1
	kein Text eingefügt	1
	B) Bei Bauunternehmen/Bietern	
BU	Nebenangebote	1
	Wissensvorsprung durch vorh. Abstimmungen	1

In den nachfolgenden Abbildungen 23 und 24 werden die Daten graphisch dargestellt.

A) Bei öffentlichen Auftraggebern

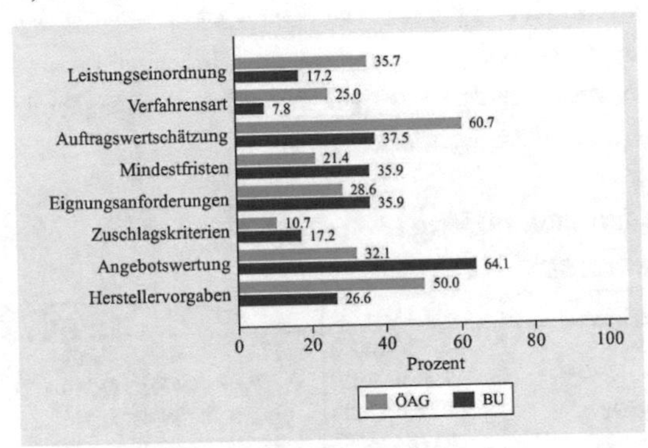

Abbildung 23: Finessen bei Öffentlichen Auftraggebern

B) Bei Bauunternehmen/Bietern

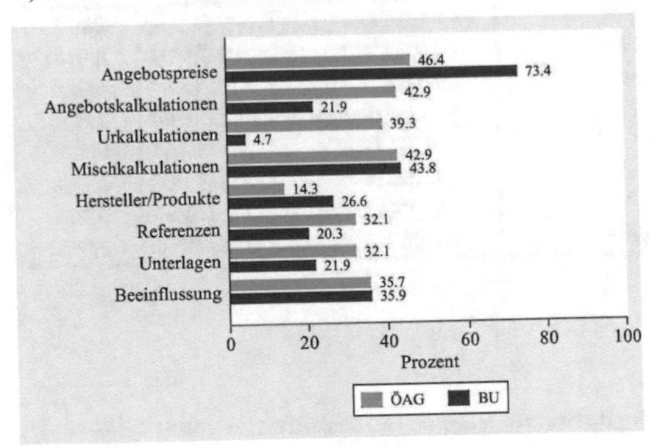

Abbildung 24: Finessen bei Bauunternehmen

Zu den Öffentlichen Auftraggebern in Tabelle 30 – Teil A: ÖAG und BU unterscheiden sich signifikant hinsichtlich der Häufigkeit, mit der sie *falsche Verfahrensart* (p = 0,040), *unzutreffende Auftragswertschätzung* (p = 0,044), *intransparente Angebotswertung* (p = 0,006) und *illegitime Hersteller-/Produktvorgaben* (p = 0,034) feststellen. Die intransparente Angebotswertung wird von BU signifikant häufiger genannt als von ÖAG. Bei den übrigen drei Finessen, bei denen es signifikante Unterschiede gibt (*unangemessene Mindestfristen, ungerechtfertigte Eignungsanforderungen, unangemessene Zuschlagskriterien*), ist es umgekehrt: ÖAG stellen diese signifikant häufiger fest als BU.

Zu den Bauunternehmer/Bieter in Tabelle 30 – Teil B: ÖAG und BU unterscheiden sich signifikant hinsichtlich der Häufigkeit, mit der sie *spekulative Angebotspreise* (p = 0,017), *intransparente Angebotskalkulationen* (p = 0,048) und *unvollständige/fehlende Urkalkulationen* (p < 0,001) feststellen. Spekulative Angebotspreise werden von BU signifikant häufiger genannt als von ÖAG. Bei den beiden anderen Finessen (*unerlaubte Mischkalkulationen, abweichende Hersteller, überbewertete Referenzen, Einreichung unvollständiger Unterlagen, Fragen zur taktischen Beeinflussung*), bei denen es signifikante Unterschiede gibt, ist es umgekehrt: ÖAG stellen diese signifikant häufiger fest als BU.

Tabelle 30: Ergebnisse der Hypothesentests zu Frage 13 – Teil A u. B

Vergleich der Untersuchungsgruppen ÖAG und BU

	Item	ÖAG	BU	p-Wert
A	inkorrekte Leistungseinordnung	35,7% (10/28)	17,2% (11/64)	0,063
	falsche Verfahrensart	25,0% (7/28)	7,8% (5/64)	0,040
	unzutreffende Auftragswertschätzung	60,7% (17/28)	37,5% (24/64)	0,044
	unangemessene Mindestfristen	21,4% (6/28)	35,9% (23/64)	0,225
	ungerechtf. Eignungsanforderungen	28,6% (8/28)	35,9% (23/64)	0,633
	unangemessene Zuschlagskriterien	10,7% (3/28)	17,2% (11/64)	0,539
	intransparente Angebotswertung	32,1% (9/28)	64,1% (41/64)	0,006
	illegitime Hersteller-/Produktvorgaben	50,0% (14/28)	26,6% (17/64)	0,034
B	spekulative Angebotspreise	46,4% (13/28)	73,4% (47/64)	0,017
	intransparente Angebotskalkulationen	42,9% (12/28)	21,9% (14/64)	0,048
	unvollst./fehlende Urkalkulationen	39,3% (11/28)	4,7% (3/64)	<0,001
	unerlaubte Mischkalkulationen	42,9% (12/28)	43,8% (28/64)	1,000
	abweichende Hersteller/Produkte	14,3% (4/28)	26,6% (17/64)	0,282
	überbewertete Referenzen	32,1% (9/28)	20,3% (13/64)	0,289
	Einreichung unvollst. Unterlagen	32,1% (9/28)	21,9% (14/64)	0,307
	Fragen zur taktischen Beeinflussung	35,7% (10/28)	35,9% (23/64)	1,000

A: bei Auftraggebern
B: bei Bauunternehmen/Bietern
Exakter Fisher-Test, zweiseitig

Frage 14: Haben Sie selber schon einmal unstatthafte Finessen angewandt?

Der Tabelle 31 und der Abbildung 25 sind die statistischen Daten zu der Frage 14 zu entnehmen: Haben Sie selber schon einmal unstatthafte Finessen angewandt?

Exakt Dreiviertel der befragten Öffentlichen Auftraggeber (ÖAG) und der Bauunternehmen (BU) haben gleichlautend angegeben, noch niemals unerlaubte Finessen eingesetzt zu haben. Mit Blick auf die bestätigenden Ergebnisse der Frage 12 „Wird auch von unstatthaften Einflussoptionen Gebrauch gemacht?“, wirkt dieses Resultat ziemlich unstimmig. In der Selbstwahrnehmung schätzen sich die Befragten ÖAG und BU deutlich integrer ein als zuvor noch die eigene und die andere Untersuchungsgruppe (UG). Vermutlich lassen sich Abweichungen von Selbst- und Fremdwahrnehmung psychologisch schlüssig erklären. Dieser Aspekt und ob sich hieraus wiederum Rückschlüsse für die Ausschreibungs- und Vergabepraxis ableiten lassen, eröffnet die Möglichkeit einer weitergehenden Erforschung.

Tabelle 31: Einsatz unstatthafter Finessen

UG	insg.	fehlt	n	ja	nein
ÖAG	28	0	28	7 (25,0%)	21 (75,0%)
BU	64	0	64	16 (25,0%)	48 (75,0%)
	92	**0**	**92**	**23 (25,0%)**	**69 (75,0%)**

Von den Befragten wurden folgende unstatthafte Finessen genannt:

UG	unstatthafte Finessen	n
ÖAG	Auftragswertschätzung	1
	falsche Verfahrensart	1
	inkorrekte Leistungseinordnung/Auftragswertschätzung/Losbildung	1
	intransparente Angebotswertung, unzutreffende Auftragswertschätzung	1
	unzutreffende Auftragsschätzung	1
	keine Angabe	2
BU	abweichende Hersteller, spekulative Angebotspreise	1
	Mischkalkulation bei offensichtlich falschen Massenansätzen	1
	Mischkalkulation	1
	Mischkalkulationen	1
	spekulative Angebotspreise	2
	spekulative Preise, Mischkalkulation	1
	unerlaubte Mischkalkulation	1
	keine Angabe	8

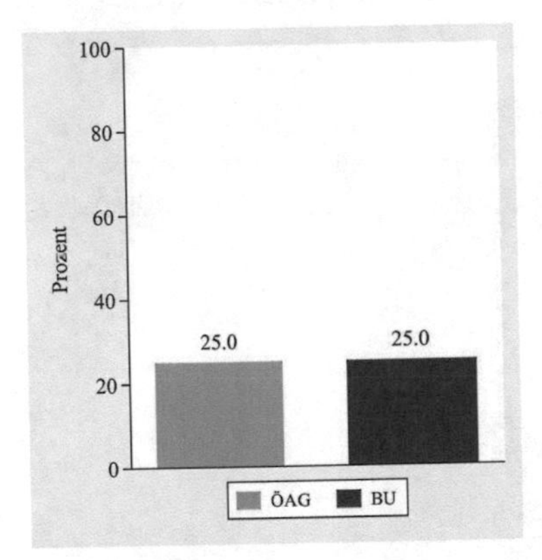

Abbildung 25: Einsatz unstatthafter Finessen

Gemäß Tabelle 31 und Abbildung 25 unterscheiden sich die beiden Untersuchungsgruppen ÖAG und BU mit Zustimmungsraten von je 25,0 % nicht signifikant hinsichtlich der Häufigkeit, mit der angegeben wurde, dass schon einmal *unstatthafte Finessen* angewendet wurden (p = 1,000[404]).

404 Exakter Fisher Test, zweiseitig.

7.5.2.3 A – Bildung von Teil- und Fachlosen: Fragen 15 bis 16

Frage 15: Vom Potenzial der Einflussnahme her: Für wie wirkungsvoll erachten Sie die Bildung von Teil- und Fachlosen?

Die Tabellen 32 bis 34 und die Abbildung 26 dienen der Ergebnisbeschreibung zu der Frage 15: Für wie wirkungsvoll erachten Sie die Bildung von Teil- und Fachlosen?

Die statistischen Ergebnisse in Tabelle 32 und Abbildung 26 zeigen evident, dass alle Befragten – und zwar unabhängig von der Untersuchungsgruppe (UG) der Öffentlichen Auftraggeber (ÖAG) und der Bauunternehmen (BU) – die Losbildung als ein sehr wirkungsvolles Instrument innerhalb der vorhandenen Gestaltungsmöglichkeiten erachten.

Tabelle 32: Wirksamkeit der Losbildung

Item	UG	i.	f.	n	1	2	3	4	5	6	7
für	ÖAG	28	0	28	0 (0%)	1 (3,6%)	2 (7,1%)	4 (14,3%)	4 (14,3%)	11 (39,3%)	6 (21,4%)
ÖAG	BU	64	2	62	1 (1,6%)	4 (6,5%)	7 (11,3%)	14 (22,6%)	13 (21,0%)	11 (17,7%)	12 (19,4%)
		92	**2**	**90**	**1 (1,1%)**	**5 (5,6%)**	**9 (10,0%)**	**18 (20,0%)**	**17 (18,9%)**	**22 (24,4%)**	**18 (20,0%)**
für	ÖAG	28	0	28	1 (3,6%)	3 (10,7%)	1 (3,6%)	5 (17,9%)	5 (17,9%)	8 (28,6%)	5 (17,9%)
BU	BU	64	2	62	3 (4,8%)	7 (11,3%)	4 (6,5%)	11 (17,7%)	12 (19,4%)	14 (22,6%)	11 (17,7%)
		92	**2**	**90**	**4 (4,4%)**	**10 (11,1%)**	**5 (5,6%)**	**16 (17,8%)**	**17 (18,9%)**	**22 (24,4%)**	**16 (17,8%)**

Codierung: 1 = gar nicht, 7 = in hohem Maße

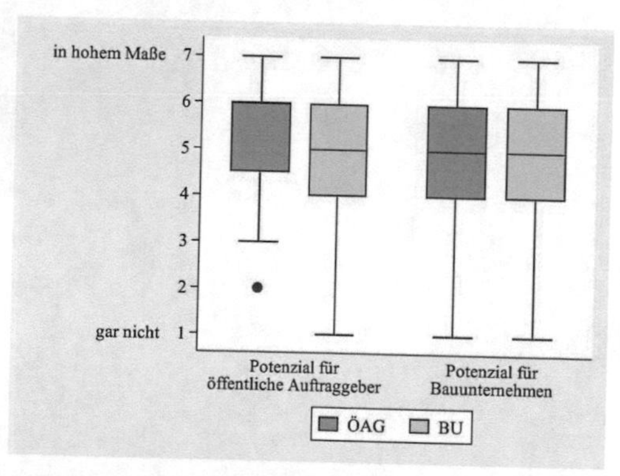

Abbildung 26: Wirksamkeit der Losbildung

Die durchgeführten statistischen Hypothesentests zeigen in Tabelle 33 auf, dass ÖAG und BU sich nicht signifikant hinsichtlich der Einschätzung des Einflusspotenzials der *Bildung von Teil- und Fachlosen für Öffentliche Auftraggeber* ($p = 0{,}103$) unterscheiden; Gleiches gilt *für Bauunternehmer* ($p = 0{,}645$).

Tabelle 33: Ergebnisse der Hypothesentests zu Frage 15 – Teil A

A: Vergleich der Untersuchungsgruppen ÖAG und BU

Item	UG	n	Mw±Sd (Median)	Min-Max	p-Wert
für Öffentliche Auftraggeber	ÖAG	28	5,4±1,4 (6,0)	2–7	
	BU	62	4,9±1,6 (5,0)	1–7	0,103
für Bauunternehmen	ÖAG	28	4,9±1,7 (5,0)	1–7	
	BU	62	4,7±1,8 (5,0)	1–7	0,645

Codierung: 1 = gar nicht, 7 = in hohem Maße
Mann-Whitney-U-Test, zweiseitig

Beim Vergleich des Einflusspotenzials der eigenen Untersuchungsgruppe mit dem der anderen Untersuchungsgruppe in Tabelle 34 zeigt sich weder bei den *ÖAG* (Mw für öffentliche AG 5,4 und für Bauunternehmen 4,9, p = 0,320) noch bei *BU* ein signifikanter Unterschied (Mw für öffentliche AG 4,9 und für Bauunternehmen 4,7, p = 0,756).

Tabelle 34: Ergebnisse der Hypothesentests zu Frage 15 – Teil B

B: Vergleich der Items

UG	Item	n	Mw±Sd (Median)	Min–Max	p-Wert
ÖAG	für Öffentliche Auftraggeber	28	5,4±1,4 (6,0)	2–7	
	für Bauunternehmen		4,9±1,7 (5,0)	1–7	0,320
BU	für Öffentliche Auftraggeber	62	4,9±1,6 (5,0)	1–7	
	für Bauunternehmen		4,7±1,8 (5,0)	1–7	0,756

Codierung: 1 = gar nicht, 7 = in hohem Maße
Wilcoxon-Vorzeichen-Rang-Test für verbundene Stichproben, zweiseitig

Frage 16: Bitte bewerten Sie die nachfolgenden Aussagen:

Tabelle 35/Abbildung 27 legen die Befunde zu der Frage 16 dar: Bitte bewerten Sie die nachfolgenden Aussagen:

A – Die Bildung von marktgemäßen Teilleistungen ...

B – Die Gesamtvergabe der Bauleistung an einen Generalunternehmer (GU) aus technischen und/oder wirtschaftlichen Gründen ...

Teil A – Die Bildung von marktgemäßen Teilleistungen ...

Bezüglich der Teilleistungen zeigt sich in der Tabelle 35 und der Abbildung 27, dass die Befragten ÖAG und BU die vier ersten Aussagen A bis D weitgehend ähnlich bewerten, den fünften Aspekt (*Item E ... erschwert die Mängelhaftung*) hingegen sehr konträr. Item C, also die aufgestellte These, dass Auftragslose *nachteilige Schnittstellen* erzeugen, hat allerdings nur einen mittelmäßigen Zuspruch erfahren. Den Items A *Wettbewerbssteigerung*, B *Mittelstandsförderung* und D *erhöhte Gewerkekoordination* hingegegen wird von beiden UG im hohen Maß beigepflichtet. Eine besondere Ausprägung weist allerdings die fünfte Aussage

E auf. Hier taxieren die ÖAG, dass die Schaffung von Auftragslosen durchaus die *Mängelhaftung erschwert*, die BU hingegen sehen dies als deutlich geringer an.

Tabelle 35: Bildung von marktgemäßen Teilleistungen

I.	UG	i.	f.	n	1	2	3	4	5	6	7
A	ÖAG	28	1	27	0 (0%)	0 (0%)	2 (7,4%)	2 (7,4%)	3 (11,1%)	13 (48,1%)	7 (25,9%)
	BU	64	5	59	1 (1,7%)	3 (5,1%)	3 (5,1%)	10 (16,9%)	16 (27,1%)	14 (23,7%)	12 (20,3%)
		92	**6**	**86**	**1 (1,2%)**	**3 (3,5%)**	**5 (5,8%)**	**12 (14,0%)**	**19 (22,1%)**	**27 (31,4%)**	**19 (22,1%)**
B	ÖAG	28	1	27	0 (0%)	2 (7,4%)	5 (18,5%)	1 (3,7%)	5 (18,5%)	9 (33,3%)	5 (18,5%)
	BU	64	5	59	3 (5,1%)	2 (3,4%)	3 (5,1%)	8 (13,6%)	10 (16,9%)	22 (37,3%)	11 (18,6%)
		92	**6**	**86**	**3 (3,5%)**	**4 (4,7%)**	**8 (9,3%)**	**9 (10,5%)**	**15 (17,4%)**	**31 (36,0%)**	**16 (18,6%)**
C	ÖAG	28	0	28	0 (0%)	6 (21,4%)	3 (10,7%)	7 (25,0%)	5 (17,9%)	6 (21,4%)	1 (3,6%)
	BU	64	6	58	2 (3,4%)	8 (13,8%)	9 (15,5%)	11 (19,0%)	8 (13,8%)	8 (13,8%)	12 (20,7%)
		92	**6**	**86**	**2 (2,3%)**	**14 (16,3%)**	**12 (14,0%)**	**18 (20,9%)**	**13 (15,1%)**	**14 (16,3%)**	**13 (15,1%)**
D	ÖAG	28	0	28	0 (0%)	0 (0%)	1 (3,6%)	3 (10,7%)	9 (32,1%)	13 (46,4%)	2 (7,1%)
	BU	64	4	60	0 (0%)	5 (8,3%)	5 (8,3%)	6 (10,0%)	9 (15,0%)	13 (21,7%)	22 (36,7%)
		92	**4**	**88**	**0 (0%)**	**5 (5,7%)**	**6 (6,8%)**	**9 (10,2%)**	**18 (20,5%)**	**26 (29,5%)**	**24 (27,3%)**
E	ÖAG	28	1	27	1 (3,7%)	4 (14,8%)	5 (18,5%)	2 (7,4%)	4 (14,8%)	7 (25,9%)	4 (14,8%)
	BU	64	6	58	6 (10,3%)	18 (31,0%)	10 (17,2%)	7 (12,1%)	8 (13,8%)	7 (12,1%)	2 (3,4%)
		92	**7**	**85**	**7 (8,2%)**	**22 (25,9%)**	**15 (17,6%)**	**9 (10,6%)**	**12 (14,1%)**	**14 (16,5%)**	**6 (7,1%)**
F	ÖAG	28	28	0	-	-	-	-	-	-	-
	BU	64	64	0	-	-	-	-	-	-	-
		92	**92**	**0**	-	-	-	-	-	-	-

Codierung: 1 = gar nicht zutreffend, 7 = in hohem Maße zutreffend
Item A: ... steigert die Wettbewerbssituation
Item B: ... fördert den Mittelstand
Item C: ... erzeugt nachteilige Schnittstellen
Item D: ... bedarf erhöhter Gewerkekoordination
Item E: ... erschwert die Mängelhaftung
Item F: Sonstiges

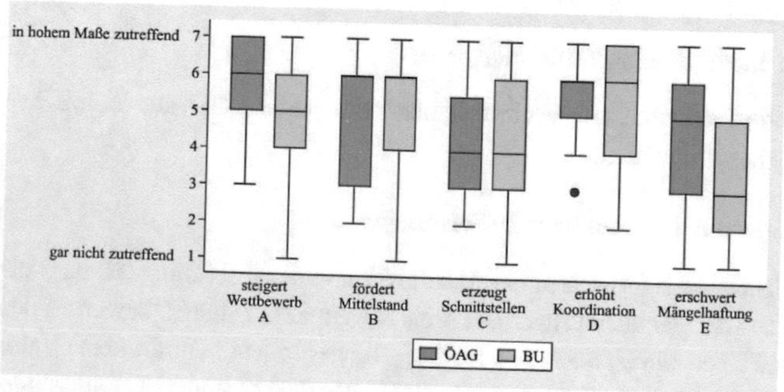

Abbildung 27: Etablierung von Teillosen

Teil B – Die Gesamtvergabe der Bauleistung an einen GU aus technischen und/oder wirtschaftlichen Gründen ...

Die Gesamtvergabe der Bauleistung ist Gegenstand der Tabelle 36 und der Abbildung 28. Bei der Ergebnisbetrachtung der Gesamtvergabe an einen Auftragnehmer, einem Generalunternehmen (GU), findet sich eine vergleichbare Situation. Bei fünf abgefragten Items liegen die Mediane entweder gleichauf, so bei C *Bauzeiteneinhaltung* und F *Erhöhung der Angebotspreise/Baukosten*, oder maximal um einen Skalenpunkt verschoben wie bei A *bessere Projektabwicklung*, B *erleichtert die Steuerung des Bauablaufs* und E *widerspricht der Mittelstandsförderung*. Ausnahme bildet das Item D, bei dem die ÖAG und BU die *Einschränkung des Wettbewerbs* unterschiedlich bewerten.

Bemerkenswert ist die Tatsache, dass die Antworten der Untersuchungsgruppen für beide Teile A und B eng zusammenliegen.

Tabelle 36: Leistungsbündelung an Generalunternehmen

I. UG	i.	f.	n	1	2	3	4	5	6	7
A ÖAG	28	0	28	1 (3,6%)	2 (7,1%)	1 (3,6%)	2 (7,1%)	3 (10,7%)	14 (50,0%)	5 (17,9%)
BU	64	3	61	3 (4,9%)	7 (11,5%)	8 (13,1%)	4 (6,6%)	16 (26,2%)	15 (24,6%)	8 (13,1%)
	92	**3**	**89**	**4 (4,5%)**	**9 (10,1%)**	**9 (10,1%)**	**6 (6,7%)**	**19 (21,3%)**	**29 (32,6%)**	**13 (14,6%)**
B ÖAG	28	1	27	1 (3,7%)	0 (0%)	0 (0%)	1 (3,7%)	7 (25,9%)	13 (48,1%)	5 (18,5%)
BU	64	2	62	5 (8,1%)	8 (12,9%)	4 (6,5%)	6 (9,7%)	14 (22,6%)	18 (29,0%)	7 (11,3%)
	92	**3**	**89**	**6 (6,7%)**	**8 (9,0%)**	**4 (4,5%)**	**7 (7,9%)**	**21 (23,6%)**	**31 (34,8%)**	**12 (13,5%)**
C ÖAG	28	1	27	0 (0%)	2 (7,4%)	1 (3,7%)	11 (40,7%)	7 (25,9%)	5 (18,5%)	1 (3,7%)
BU	64	3	61	6 (9,8%)	10 (16,4%)	10 (16,4%)	8 (13,1%)	11 (18,0%)	10 (16,4%)	6 (9,8%)
	92	**4**	**88**	**6 (6,8%)**	**12 (13,6%)**	**11 (12,5%)**	**19 (21,6%)**	**18 (20,5%)**	**15 (17,0%)**	**7 (8,0%)**
D ÖAG	28	1	27	2 (7,4%)	0 (0%)	5 (18,5%)	9 (33,3%)	4 (14,8%)	6 (22,2%)	1 (3,7%)
BU	64	3	61	0 (0%)	4 (6,6%)	1 (1,6%)	10 (16,4%)	14 (23,0%)	23 (37,7%)	9 (14,8%)
	92	**4**	**88**	**2 (2,3%)**	**4 (4,5%)**	**6 (6,8%)**	**19 (21,6%)**	**18 (20,5%)**	**29 (33,0%)**	**10 (11,4%)**
E ÖAG	28	1	27	1 (3,7%)	0 (0%)	2 (7,4%)	10 (37,0%)	7 (25,9%)	3 (11,1%)	4 (14,8%)
BU	64	2	62	0 (0%)	5 (8,1%)	4 (6,5%)	5 (8,1%)	11 (17,7%)	17 (27,4%)	20 (32,3%)
	92	**3**	**89**	**1 (1,1%)**	**5 (5,6%)**	**6 (6,7%)**	**15 (16,9%)**	**18 (20,2%)**	**20 (22,5%)**	**24 (27,0%)**
F ÖAG	28	0	28	0 (0%)	1 (3,6%)	5 (17,9%)	6 (21,4%)	8 (28,6%)	7 (25,0%)	1 (3,6%)
BU	64	3	61	1 (1,6%)	8 (13,1%)	5 (8,2%)	10 (16,4%)	14 (23,0%)	12 (19,7%)	11 (18,0%)
	92	**3**	**89**	**1 (1,1%)**	**9 (10,1%)**	**10 (11,2%)**	**16 (18,0%)**	**22 (24,7%)**	**19 (21,3%)**	**12 (13,5%)**
G ÖAG	28	27	1	0 (0%)	0 (0%)	0 (0%)	0 (0%)	0 (0%)	1 (100%)	0 (0%)
BU	64	62	2	0 (0%)	0 (0%)	0 (0%)	0 (0%)	1 (50,0%)	0 (0%)	1 (50,0%)
	92	**89**	**3**	**0 (0%)**	**0 (0%)**	**0 (0%)**	**0 (0%)**	**1 (33,3%)**	**1 (33,3%)**	**1 (33,3%)**

Codierung: 1 = gar nicht zutreffend, 7 = in hohem Maße zutreffend
Item A: ... gestattet bessere Projektabwicklung
Item B: ... erleichtert die Steuerung des Bauablaufs
Item C: ... ermöglicht die Einhaltung der Bauzeit
Item D: ... schränkt den Wettbewerb zu stark ein
Item E: ... widerspricht der Mittelstandsförderung
Item F: ... erhöht die Angebotspreise/Baukosten
Item G: Sonstiges

Von den Befragten unter Item G *Sonstige* genannte Aspekte:

UG	Aspekt	n
ÖAG	erzeugt häufig Ausfallrisiken (wirtschaftlich + technisch)	1
BU	ist projektbezogen zu sehen	1
	reduziert die Kosten des ÖAG für Bau-/Projektsteuerung	1

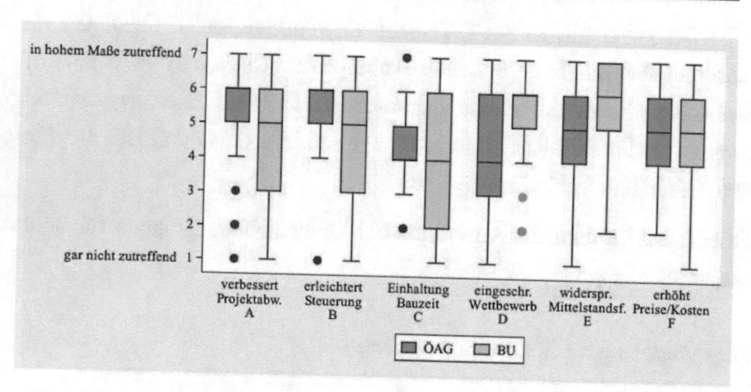

Abbildung 28: Leistungsbündelung an Generalunternehmen

Die Ergebnisdarstellung der fünf Hypothesentests zur Frage 16 – Teil A erfolgt in Tabelle 37: Dass durch die Bildung von marktgemäßen Teilleistungen die *Mängelhaftung erschwert* wird, wird von ÖAG und BU signifikant unterschiedlich beurteilt (p = 0,008). ÖAG beurteilen diese Aussage signifikant zutreffender als BU (Mw ÖAG 4,5 und BU 3,4). Die *gesteigerte Wettbewerbssituation* wird ebenso von den ÖAG knapp signifikant höher bewertet (Mw ÖAG 5,8 und BU 5,2, p = 0,0503). Die übrigen drei Aussagen werden von den beiden Untergruppen nicht signifikant unterschiedlich bewertet.

Tabelle 37: Ergebnisse der Hypothesentests zu Frage 16 – Teil A

Vergleich der Untersuchungsgruppen ÖAG und BU

Item	UG	n	Mw±Sd (Median)	Min–Max	p-Wert
steigert Wettbewerbssituation	ÖAG	27	5,8±1,2 (6,0)	3–7	
	BU	59	5,2±1,5 (5,0)	1–7	0,0503[405]
fördert Mittelstand	ÖAG	27	5,1±1,6 (6,0)	2–7	
	BU	59	5,2±1,6 (6,0)	1–7	0,712
erzeugt Schnittstellen	ÖAG	28	4,2±1,5 (4,0)	2–7	
	BU	58	4,5±1,8 (4,0)	1–7	0,416
erhöht Gewerkekoordination	ÖAG	28	5,4±0,9 (6,0)	3–7	
	BU	60	5,4±1,7 (6,0)	2–7	0,349
erschwert Mängelhaftung	ÖAG	27	4,5±1,9 (5,0)	1–7	
	BU	58	3,4±1,7 (3,0)	1–7	0,008

Codierung: 1 = gar nicht zutreffend, 7 = in hohem Maße zutreffend. Mann-Whitney-U-Test, zweiseitig.

[405] Für eine genaue Signifikanzeinschätzung von drei auf vier Nachkomma...

Die Ergebnisdarstellung der fünf Hypothesentests zur Frage 16 – Teil B erfolgt in Tabelle 38: Dass die Gesamtvergabe der Bauleistungen an ein Generalunternehmen eine *bessere Projektabwicklung* gestattet (Mw ÖAG 5,4 und BU 4,6, p = 0,040) und die *Steuerung des Bauablaufs erleichtert* (Mw ÖAG 5,7 und BU 4,6, p = 0,009) werden von den ÖAG signifikant als zutreffender bewertet als von BU. Die Aspekte *Einschränkung des Wettbewerbs* (Mw ÖAG 4,3 und BU 5,3, p = 0,003) und *Widerspruch zur Mittelstandsförderung* (Mw ÖAG 4,7 und BU 5,5, p = 0,016) werden hingegen von den BU signifikant als zutreffender bewertet als von ÖAG. Ein gering signifikanter Unterschied zwischen ÖAG und BU besteht bei der *Bauzeiteinhaltung* (Mw ÖAG 4,6 und BU 4,0, p = 0,219). Die *Erhöhung der Angebotspreise/Baukosten* schätzen die ÖAG und BU nahezu gleich ein (Mw ÖAG 4,6 und BU 4,8, p = 0,553).

Tabelle 38: Ergebnisse der Hypothesentests zu Frage 16 – Teil B

Vergleich der Untersuchungsgruppen ÖAG und BU

Item	UG	n	Mw±Sd (Median)	Min–Max	p-Wert
verbessert Projektabwicklung	ÖAG	28	5,4±1,6 (6,0)	1-7	
	BU	61	4,6±1,8 (5,0)	1–7	0,040
erleichtert Steuerung Bauablauf	ÖAG	27	5,7±1,2 (6,0)	1–7	
	BU	62	4,6±1,9 (5,0)	1–7	0,009
ermöglicht Bauzeiteinhaltung	ÖAG	27	4,6±1,2 (4,0)	2–7	
	BU	61	4,0±1,9 (4,0)	1–7	0,219
schränkt Wettbewerb ein	ÖAG	27	4,3±1,5 (4,0)	1–7	
	BU	61	5,3±1,3 (6,0)	2–7	0,003
widerspricht Mittelstandsförderung	ÖAG	27	4,7±1,4 (5,0)	1–7	
	BU	62	5,5±1,6 (6,0)	2–7	0,016
erhöht Angebotspreise/Baukosten	ÖAG	28	4,6±1,3 (5,0)	2–7	
	BU	61	4,8±1,7 (5,0)	1–7	0,553

Codierung: 1 = gar nicht zutreffend, 7 = in hohem Maße zutreffend
Mann-Whitney-U-Test, zweiseitig

7.5.2.4 B – Vergabeverfahrensarten: Fragen 17 bis 18

Frage 17: Welche Bedeutung hat die Wahl der Vergabeverfahrensart?

Innerhalb der Tabellen 39 bis 41 und der Abbildung 29 werden die Resultate zu der Frage 17 dargestellt: Welche Bedeutung hat die Wahl der Vergabeverfahrensart?

Die in Tabelle 39 zusammengefassten und in Abbildung 29 visualisierten statistischen Ergebnisse zeigen, dass die Bedeutung der Auswahl des Vergabeverfahrens von beiden Untersuchungsgruppen (UG) hoch eingeschätzt wird. Dies verdeutlicht zunächst, dass den Befragten die verschiedenen Vergabeverfahrensarten und deren Besonderheiten bekannt sind. Insbesondere schätzen die Öffentlichen Auftraggeber (ÖAG) für die eigene Untersuchungsgruppe der ÖAG die Bedeutung nochmals etwas höher ein, als für die Bauunternehmen (BU). Aufgrund der Tatsache, dass die Auftraggeber alle strategischen Grundsatzfestlegungen treffen und sämtliche strukturellen Aufstellungen im Vergabeverfahren bestimmen, ist dieses Ergebnis plausibel.

Tabelle 39: Tragweite der Vergabeverfahrenswahl

Item	UG	i.	f.	n	1	2	3	4	5	6	7
für	ÖAG	28	0	28	0 (0%)	1 (3,6%)	0 (0%)	1 (3,6%)	5 (17,9%)	13 (46,4%)	8 (28,6%)
ÖAG	BU	64	1	63	0 (0%)	2 (3,2%)	1 (1,6%)	13 (20,6%)	19 (30,2%)	17 (27,0%)	11 (17,5%)
		92	**1**	**91**	**0 (0%)**	**3 (3,3%)**	**1 (1,1%)**	**14 (15,4%)**	**24 (26,4%)**	**30 (33,0%)**	**19 (20,9%)**
für	ÖAG	28	0	28	0 (0%)	3 (10,7%)	3 (10,7%)	6 (21,4%)	9 (32,1%)	6 (21,4%)	1 (3,6%)
BU	BU	64	0	64	2 (3,1%)	2 (3,1%)	8 (12,5%)	8 (12,5%)	16 (25,0%)	22 (34,4%)	6 (9,4%)
		92	**0**	**92**	**2 (2,2%)**	**5 (5,4%)**	**11 (12,0%)**	**14 (15,2%)**	**25 (27,2%)**	**28 (30,4%)**	**7 (7,6%)**

Codierung: 1 = keine, 7 = eine äußerst hohe

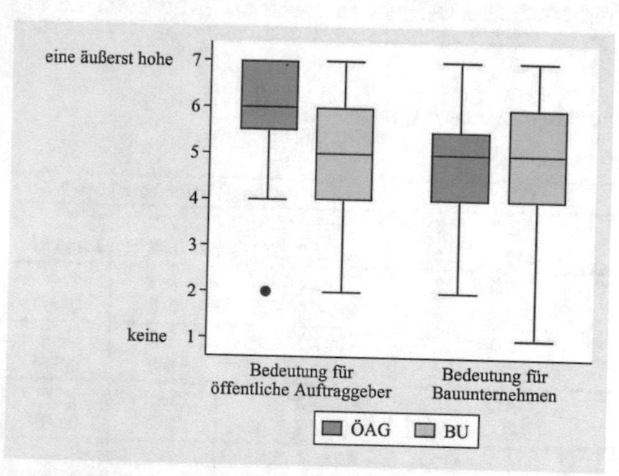

Abbildung 29: Tragweite der Vergabeverfahrenswahl

Zur Tabelle 40: In Bezug auf die Bedeutung der Wahl der *Vergabeverfahrensart für Öffentliche Auftraggeber* unterscheiden sich ÖAG und BU signifikant (p = 0,012). ÖAG schätzen die Bedeutung signifikant höher ein als BU (Mw ÖAG 5,9 und BU 5,3). Bei der Bedeutung *für Bauunternehmen* deutet sich die umgekehrte Tendenz an. Die beiden Untergruppen unterscheiden sich nicht signifikant (Mw ÖAG 4,5 und BU 4,9, p = 0,133).

Tabelle 40: Ergebnisse der Hypothesentests zu Frage 17 – Teil A

A: Vergleich der Untersuchungsgruppen ÖAG und BU

Item	UG	n	Mw±Sd (Median)	Min–Max	p-Wert
für Öffentliche Auftraggeber	ÖAG	28	5,9±1,1 (6,0)	2–7	
	BU	63	5,3±1,2 (5,0)	2–7	0,012
für Bauunternehmen	ÖAG	28	4,5±1,3 (5,0)	2–7	
	BU	64	4,9±1,5 (5,0)	1–7	0,133

Codierung: 1 = keine, 7 = eine äußerst hohe
Mann-Whitney-U-Test, zweiseitig

Zur Tabelle 41: ÖAG schätzen die Bedeutung der *Wahl der Vergabeverfahrensart* für Öffentliche Auftraggeber und für Bauunternehmen signifikant unterschiedlich ein ($p < 0,001$) und zwar für ÖAG signifikant höher als für BU (Mw für ÖAG 5,9 und für BU 4,5). BU schätzen die Bedeutung der *Wahl der Vergabeverfahrensart* für Öffentliche Auftraggeber und für Bauunternehmen nicht signifikant unterschiedlich ein (Mw für Öffentliche Auftraggeber 5,3 und für Bauunternehmen 4,9, $p = 0,137$).

Tabelle 41: Ergebnisse der Hypothesentests zu Frage 17 – Teil B

B: Vergleich der Items

UG	Item	n	Mw±Sd (Median)	Min–Max	p-Wert
ÖAG	für Öffentliche Auftraggeber	28	5,9±1,1 (6,0)	2–7	
	für Bauunternehmen		4,5±1,3 (5,0)	2–7	<0,001
BU	für Öffentliche Auftraggeber	63	5,3±1,2 (5,0)	2–7	
	für Bauunternehmen		4,9±1,5 (5,0)	1–7	0,137

Codierung: 1 = keine, 7 = eine äußerst hohe
Wilcoxon-Vorzeichen-Rang-Test für verbundene Stichproben, zweiseitig

Frage 18: Welche Vergabeart eröffnet Ihnen die größten Einflussmöglichkeiten?

Tabelle 42 und 43 sowie Abbildung 30 zeigen die Auswertungen zu der Frage 18: Welche Vergabeart eröffnet Ihnen die größten Einflussmöglichkeiten?

Der Tabelle 42 und der Abbildung 30 nach, schätzen die konsultierten Befragungsteilnehmer der Untersuchungsgruppen (UG) ÖAG und BU mit hohen Anteilen von rund 80 % ein, dass die *Freihändige Vergabe* oder das *Verhandlungsverfahren (Item C)* ihnen die größten Einflussmöglichkeiten darbieten.

Tabelle 42: Einflussmöglichkeiten nach Vergabeverfahrensarten

UG	insg.	fehlt	n	A	B	C	D	E
ÖAG	28	1	27	2 (7,4%)	0 (0%)	21 (77,8%)	4 (14,8%)	0 (0%)
BU	64	1	63	3 (4,8%)	8 (12,7%)	51 (81,0%)	1 (1,6%)	0 (0%)
	92	**2**	**90**	**5 (5,6%)**	**8 (8,9%)**	**72 (80,0%)**	**5 (5,6%)**	**0 (0%)**

Codierung:
A = Öffentliche Ausschreibung (EU: Offenes Verfahren)
B = Beschränkte Ausschreibung (EU: Nicht offenes Verfahren)
C = Freihändige Vergabe (EU: Verhandlungsverfahren)
D = [kein nationales Pendant] (EU: Wettbewerblicher Dialog)
E = [kein nationales Pendant] (EU: Innovationspartnerschaft)

Anmerkung: Es sollte nur eine der fünf Antwortmöglichkeiten angekreuzt werden. Bei einem von einem ÖAG ausgefüllten Fragebogen waren drei Antworten angekreuzt worden (Kategorie 3, 4 und 5). Die Angaben dieses Fragenbogens wurden bei der Deskription nicht berücksichtigt.

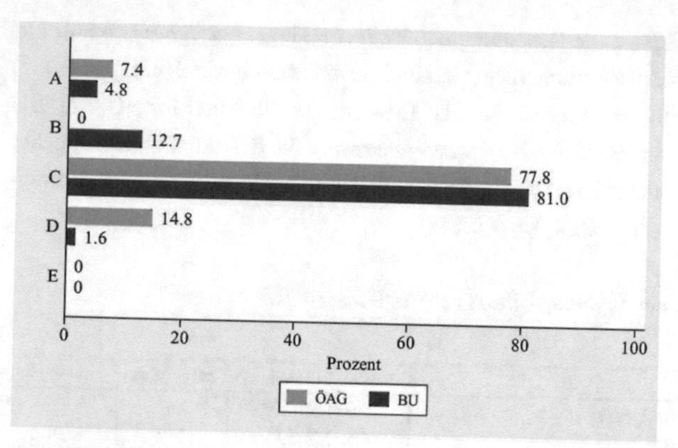

Abbildung 30: Einflussmöglichkeiten nach Vergabeverfahrensarten

Zu Tabelle 43: Für die Testung für ÖAG und für BU wurde das Regelverfahren der *Öffentlichen Ausschreibung* beziehungsweise des EU-Pendants des *Offenen Verfahrens (Item A)* jeweils mit den beiden für die Einflussnahme als am relevantesten bewerteten Verfahren, *Beschränkte Ausschreibung* oder *Nicht offenes Verfahren (Item B)* und *Freihändige Vergabe* oder *Verhandlungsverfahren (Item C)*, betrachtet.

Der Anteil der ÖAG, die bei der *Freihändigen Vergabe (Item C)* die größten Einflussmöglichkeiten sehen, ist signifikant höher als der Anteil der ÖAG, die die größten Einflussmöglichkeiten bei der *Öffentlichen Ausschreibung (Item A)* sehen (C: 77,8 %, A: 7,4 %, $p < 0{,}001$).

Der Anteil der ÖAG, die bei der *Beschränkten Ausschreibung (Item B)* die größten Einflussmöglichkeiten sehen, ist nicht signifikant höher als der Anteil der ÖAG, die die größten Einflussmöglichkeiten bei der *Öffentlichen Ausschreibung (Item A)* sehen (B: 0 %, A: 7,4 %, $p = 0{,}750$).

Die Quote der BU, die bei der *Freihändigen Vergabe (Item C)* die größten Einflussmöglichkeiten sehen, ist signifikant höher als der Anteil der BU, die die größten Einflussmöglichkeiten bei der *Öffentlichen Ausschreibung (Item A)* sehen (C: 81,0 %, A: 4,8 %, $p < 0{,}001$).

Die Quote der BU, die bei der *Beschränkten Ausschreibung (Item B)* die größten Einflussmöglichkeiten sehen, ist nicht signifikant höher als der Anteil der BU, die die größten Einflussmöglichkeiten bei der *Öffentlichen Ausschreibung (Item A)* sehen (B: 12,7 %, A: 4,8 %, $p = 0{,}113$).

Tabelle 43: Ergebnisse der Hypothesentests zu Frage 18

Vergleich der Items

UG	Item	Prozent	p-Wert	H_0
ÖAG, n=27	A	7,4%		
	C	77,8%	<0,001	C≤A
	A	7,4%		
	B	0%	0,750	B≤A
BU, n=63	A	4,8%		
	C	81,0%	<0,001	C≤A
	A	4,8%		
	B	12,7%	0,113	B≤A

Exakter McNemar-Test, einseitig
Items:
A = Öffentliche Ausschreibung (EU: Offenes Verfahren)
B = Beschränkte Ausschreibung (EU: Nicht offenes Verfahren)
C = Freihändige Vergabe (EU: Verhandlungsverfahren)

7.5.2.5 C – Angebotsfrist/zeitliche Lage: Fragen 19 bis 21

Frage 19: Welche strategische Relevanz hat Ihrer Ansicht nach die zeitliche Lage von Ausschreibungen?

In der Tabelle 44 und der Abbildung 31 finden sich die Auswertungsergebnisse zu der Frage 19: Welche strategische Relevanz hat Ihrer Ansicht nach die zeitliche Lage von Ausschreibungen?

Beide Untersuchungsgruppen (UG) beurteilen die zeitliche Positionierung von Ausschreibungen als bedeutsame Gestaltungsmöglichkeit. Die Öffentlichen Auftraggeber (ÖAG) sprechen der Platzierung sogar einen noch etwas höheren Stellenwert zu als die Bauunternehmen (BU).

Tabelle 44: Bedeutsamkeit der zeitlichen Lage von Ausschreibungen

UG	insg.	fehlt	n	1	2	3	4	5	6	7
ÖAG	28	0	28	0 (0%)	0 (0%)	0 (0%)	1 (3,6%)	5 (17,9%)	16 (57,1%)	6 (21,4%)
BU	64	0	64	2 (3,1%)	1 (1,6%)	4 (6,2%)	7 (10,9%)	20 (31,2%)	20 (31,2%)	10 (15,6%)
	92	**0**	**92**	**2 (2,2%)**	**1 (1,1%)**	**4 (4,3%)**	**8 (8,7%)**	**25 (27,2%)**	**36 (39,1%)**	**16 (17,4%)**

Codierung: 1 = keine Relevanz, 7 = sehr hohe Relevanz

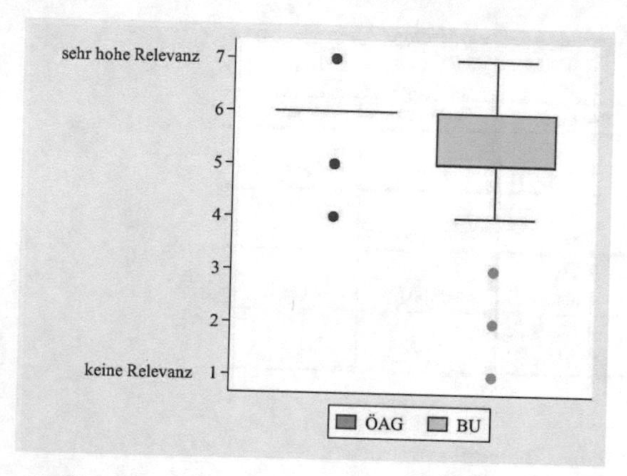

Abbildung 31: Bedeutsamkeit der zeitlichen Lage von Ausschreibungen

ÖAG und BU unterscheiden sich signifikant hinsichtlich ihrer Einschätzung, wie relevant die *zeitliche Lage von Ausschreibungen* ist (p = 0,009[406]). ÖAG schätzen die strategische Relevanz signifikant höher ein als BU (Mw ÖAG 6,0 und BU 5,2).

Frage 20: Wie bewerten Sie die folgenden kalendarischen Zeiträume 2020 für die Platzierung von Bauausschreibungen?

Gegenstand von Tabelle 45 und 46 sowie Abbildung 32 sind die statistischen Resultate zu der Frage 20: Wie bewerten Sie die folgenden kalendarischen Zeiträume 2020 für die Platzierung von Bauausschreibungen?

Der Tabelle 45, deutlicher noch den sechs Boxplot-Paaren in Abbildung 32, ist zu entnehmen, dass die Ausschreibungszeiträume von den Befragten differenziert gesehen werden. Darüber hinaus, dass die Untersuchungsgruppen (UG) in ihren Einschätzungen nicht oder nicht weit auseinander liegen, maximal einen Skalenpunkt. Die Zeiträume lassen sich in drei Gruppen zusammenfassen: Zunächst tendenziell unbedenkliche Zeitabschnitte wie *Feb.: Winterferien (Item B)* und *Mai, Himmelfahrt, Pfingsten (Item D)*. Dann durchaus kritische Phasen wie *Apr.: Karfreitag, Ostern (Item C)*, *Jun.–Aug.: Sommerferien (Item E)* und *Okt.: Herbstferien, Reformationstag (Item F)*. Schließlich der sehr problematische Zeitraum *Dez./Jan.: Weihnachten, Neujahr (Item A)*.

[406] Mann-Whitney-U-Test, zweiseitig.

Tabelle 45: Taktische Relevanz kalendarischer Zeiträume

I.	UG	i.	f.	n	1	2	3	4	5	6	7
A	ÖAG	28	2	26	0 (0%)	0 (0%)	0 (0%)	1 (3,8%)	4 (15,4%)	15 (57,7%)	6 (23,1%)
	BU	64	1	63	2 (3,2%)	6 (9,5%)	2 (3,2%)	2 (3,2%)	9 (14,3%)	18 (28,6%)	24 (38,1%)
		92	**3**	**89**	**2 (2,2%)**	**6 (6,7%)**	**2 (2,2%)**	**3 (3,4%)**	**13 (14,6%)**	**33 (37,1%)**	**30 (33,7%)**
B	ÖAG	28	2	26	1 (3,8%)	7 (26,9%)	6 (23,1%)	5 (19,2%)	5 (19,2%)	2 (7,7%)	0 (0%)
	BU	64	2	62	7 (11,3%)	16 (25,8%)	12 (19,4%)	13 (21,0%)	11 (17,7%)	3 (4,8%)	0 (0%)
		92	**4**	**88**	**8 (9,1%)**	**23 (26,1%)**	**18 (20,5%)**	**18 (20,5%)**	**16 (18,2%)**	**5 (5,7%)**	**0 (0%)**
C	ÖAG	28	2	26	0 (0%)	2 (7,7%)	4 (15,4%)	4 (15,4%)	10 (38,5%)	6 (23,1%)	0 (0%)
	BU	64	2	62	3 (4,8%)	11 (17,7%)	10 (16,1%)	9 (14,5%)	14 (22,6%)	8 (12,9%)	7 (11,3%)
		92	**4**	**88**	**3 (3,4%)**	**13 (14,8%)**	**14 (15,9%)**	**13 (14,8%)**	**24 (27,3%)**	**14 (15,9%)**	**7 (8,0%)**
D	ÖAG	28	2	26	1 (3,8%)	12 (46,2%)	5 (19,2%)	3 (11,5%)	2 (7,7%)	3 (11,5%)	0 (0%)
	BU	64	2	62	9 (14,5%)	14 (22,6%)	11 (17,7%)	13 (21,0%)	3 (4,8%)	4 (6,5%)	8 (12,9%)
		92	**4**	**88**	**10 (11,4%)**	**26 (29,5%)**	**16 (18,2%)**	**16 (18,2%)**	**5 (5,7%)**	**7 (8,0%)**	**8 (9,1%)**
E	ÖAG	28	0	28	0 (0%)	2 (7,1%)	2 (7,1%)	5 (17,9%)	6 (21,4%)	9 (32,1%)	4 (14,3%)
	BU	64	2	62	4 (6,5%)	14 (22,6%)	7 (11,3%)	10 (16,1%)	10 (16,1%)	13 (21,0%)	4 (6,5%)
		92	**2**	**90**	**4 (4,4%)**	**16 (17,8%)**	**9 (10,0%)**	**15 (16,7%)**	**16 (17,8%)**	**22 (24,4%)**	**8 (8,9%)**
F	ÖAG	28	2	26	1 (3,8%)	4 (15,4%)	7 (26,9%)	6 (23,1%)	6 (23,1%)	1 (3,8%)	1 (3,8%)
	BU	64	2	62	4 (6,5%)	16 (25,8%)	11 (17,7%)	15 (24,2%)	12 (19,4%)	3 (4,8%)	1 (1,6%)
		92	**4**	**88**	**5 (5,7%)**	**20 (22,7%)**	**18 (20,5%)**	**21 (23,9%)**	**18 (20,5%)**	**4 (4,5%)**	**2 (2,3%)**

Codierung: 1 = unkritisch, 7 = äußerst kritisch
Item A: Dez./Jan.: Weihnachten, Neujahr (2 Wochen)
Item B: Feb.: Winterferien (1 Woche)
Item C: Apr.: Karfreitag, Ostern (2 Wochen)
Item D: 1. Mai, Himmelfahrt, Pfingsten
Item E: Jun.–Aug.: Sommerferien (6 Wochen)
Item F: Okt.: Herbstferien, Reformationstag (2 Wochen)

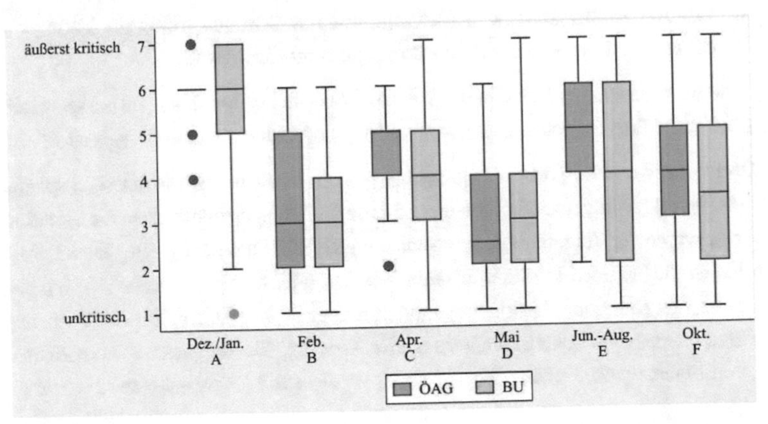

Abbildung 32: Taktische Relevanz kalendarischer Zeiträume

Gemäß Tabelle 46 unterscheiden sich ÖAG und BU signifikant hinsichtlich der kritischen Bewertung des Zeitraums *Juni–August/Sommerferien (E)* für die Platzierung von Bauausschreibungen (p = 0,010). ÖAG bewerten diesen Zeitraum signifikant kritischer als BU (Mw ÖAG 5,1 und BU 4,0). Die übrigen Zeiträume A bis D und F werden von den beiden UG nicht signifikant unterschiedlich bewertet, wobei der Zeitraum *Dezember/Januar (A)* von beiden UG gleichermaßen als besonders kritisch erachtet wird.

Tabelle 46: Ergebnisse der Hypothesentests zu Frage 20

Vergleich der Untersuchungsgruppen ÖAG und BU

Item	UG	n	Mw±Sd (Median)	Min–Max	p-Wert
A	ÖAG	26	6,0±0,7 (6,0)	4–7	
	BU	63	5,5±1,8 (6,0)	1–7	0,894
B	ÖAG	26	3,5±1,4 (3,0)	1–6	
	BU	62	3,2±1,4 (3,0)	1–6	0,498
C	ÖAG	26	4,5±1,2 (5,0)	2–6	
	BU	62	4,2±1,8 (4,0)	1–7	0,319
D	ÖAG	26	3,1±1,5 (2,5)	1–6	
	BU	62	3,5±1,9 (3,0)	1–7	0,388
E	ÖAG	28	5,1±1,4 (5,0)	2–7	
	BU	62	4,0±1,8 (4,0)	1–7	0,010
F	ÖAG	26	3,7±1,4 (4,0)	1–7	
	BU	62	3,5±1,4 (3,5)	1–7	0,419

Codierung: 1 = unkritisch, 7 = äußerst kritisch
Mann-Whitney-U-Test, zweiseitig

Frage 21: Für die Vorbereitung des Auftragnehmers: Wie lang sollte die Frist zwischen Zuschlagserteilung und Baubeginn mindestens sein?

Die Ergebnisse zu der Frage 21 sind in der Tabelle 47 sowie der Abbildung 33 ausgewertet: Wie lang sollte die Frist zwischen Zuschlagserteilung und Baubeginn mindestens sein?

Knapp Dreiviertel der Öffentliche Auftraggeber (ÖAG) schätzen eine Mindestzeitspanne von *vier Wochen* als richtig ein. Die Bauunternehmen (BU) hingegen bewerten die Situation anders. Zwar wurde der Zeitraum von *vier Wochen* gleichfalls am häufigsten genannt, desgleichen haben die längeren Fristen von *sechs Wochen* oder *länger als sechs Wochen* zusammen betrachtet eine hohe Zustimmungsrate von über 57 % erhalten. Für die Vorbereitung der Bauunternehmen sollten mindestens vier Wochen, für komplexere Bauvorhaben und längeren Materialbestellzeiten durchaus sechs Wochen und länger anberaumt werden.

Tabelle 47: Mindestdauer zwischen Zuschlagserteilung und Baubeginn

UG	insg.	fehlt	n	2 Wochen	4 Wochen	6 Wochen	> 6 Wochen
ÖAG	28	0	28	3 (10,7%)	20 (71,4%)	4 (14,3%)	1 (3,6%)
BU	64	1	63	3 (4,8%)	24 (38,1%)	18 (28,6%)	18 (28,6%)
	92	**1**	**91**	**6 (6,6%)**	**44 (48,4%)**	**22 (24,2%)**	**19 (20,9%)**

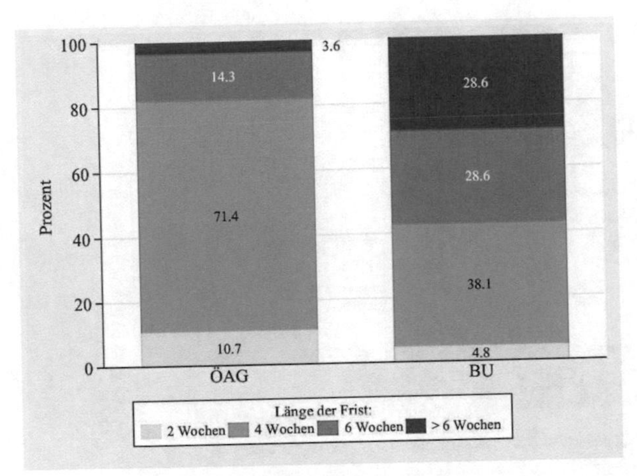

Abbildung 33: Mindestdauer zwischen Zuschlagserteilung und Baubeginn

ÖAG und BU unterscheiden sich signifikant hinsichtlich der bevorzugten *Frist zwischen Zuschlagserteilung und Baubeginn* (p = 0,003[407]). Der überwiegende Teil der ÖAG (71,4 %) bevorzugt einen Zeitraum von vier Wochen; 17,9 % präferieren eine Frist von mindestens sechs Wochen. Bei den BU spricht sich nur gut ein Drittel für eine vierwöchige Frist aus und über die Hälfte (57,2 %) für eine mindestens sechswöchige Frist.

7.5.2.6 D – Unternehmensbezogene Eignungskriterien: Fragen 22 bis 25

Frage 22: Welche Bedeutung hat die Berücksichtigung unternehmensbezogener Eignungskriterien bei der Gestaltung eines Vergabeverfahrens?

Die statistische Ergebnisvorstellung in Tabelle 48 und Abbildungen 34 nehmen Bezug auf die Frage 22: Welche Bedeutung hat die Berücksichtigung unternehmensbezogener Eignungskriterien bei der Gestaltung eines Vergabeverfahrens?

Den Ergebnissen ist zu entnehmen, dass die Befragten Öffentlichen Auftraggeber (ÖAG) und Bauunternehmen (BU) die *Bedeutung der Eignungskriterien* übereinstimmend hoch einschätzen.

Tabelle 48: Bedeutung unternehmensbezogener Eignungskriterien

UG	insg.	fehlt	n	1	2	3	4	5	6	7
ÖAG	28	0	28	0 (0%)	0 (0%)	0 (0%)	2 (7,1%)	8 (28,6%)	11 (39,3%)	7 (25,0%)
BU	64	1	63	1 (1,6%)	3 (4,8%)	4 (6,3%)	5 (7,9%)	8 (12,7%)	23 (36,5%)	19 (30,2%)
	92	**1**	**91**	**1 (1,1%)**	**3 (3,3%)**	**4 (4,4%)**	**7 (7,7%)**	**16 (17,6%)**	**34 (37,4%)**	**26 (28,6%)**

Codierung: 1 = keine Bedeutung, 7 = sehr hohe Bedeutung

407 Exakter Fisher-Test, zweiseitig

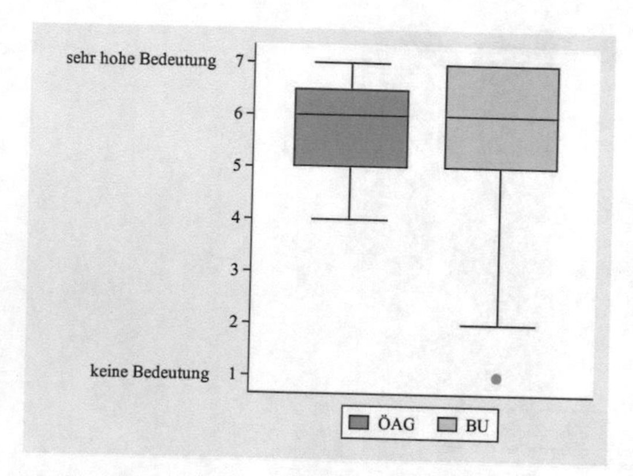

Abbildung 34: Bedeutung unternehmensbezogener Eignungskriterien

Wie Tabelle 48 und Abbildung 34 zeigen, unterscheiden sich ÖAG und BU hinsichtlich der Einschätzung, welche Bedeutung die Berücksichtigung *unternehmensbezogener Eignungskriterien* bei der Gestaltung eines Vergabeverfahrens hat, nicht signifikant (Mw ÖAG 5,8 und BU 5,6, p = 0,950[408]).

Frage 23: Wie zielführend erachten Sie die nachfolgenden Kriterien zur Prüfung der Bietereignung?

Sowohl die Tabellen 49 und 50 als auch die Abbildung 35 erfüllen den Zweck der Resultatpräsentation zu der Frage 23: Wie zielführend erachten Sie die nachfolgenden Kriterien (siehe unten) zur Prüfung der Bietereignung?

Es wurden die vier interessierenden Eignungskriterien in Tabelle 49 und in der Abbildung 35 wiedergegeben: *Befähigungen und Erlaubnisse zur Berufsausübung (Item A)*, die *wirtschaftliche und finanzielle Leistungsfähigkeit (Item B)*, die *technische und berufliche Leistungsfähigkeit (Item C)* und die *Zuverlässigkeit (Item D)*. Alle Einzelkriterien-Mediane liegen entweder auf dem fünften oder sechsten Skalenpunkt, wurden demnach hoch eingeschätzt. Insbesondere bei der *wirtschaftlichen und finanziellen Leistungsfähigkeit (Item B)* ist die Datenverteilung, also die vertikale Ausdehnung des Boxplots, für beide Untersuchungsgruppen (UG) sehr eng (geringer Interquartilabstand zwischen den Skalenpunkten 5 und 6). Alle vier abgefragten Aspekte scheinen den Öffentlichen Auftraggebern (ÖAG) und Bauunternehmen (BU) in der Praxis nahezu gleich wichtig zu sein.

[408] Mann-Whitney-U-Test, zweiseitig

Tabelle 49: Bedeutsamkeit von Prüfkriterien zur Bietereignung

Item	UG	i.	f.	n	1	2	3	4	5	6	7
A	ÖAG	28	0	28	0 (0%)	7 (25,0%)	1 (3,6%)	4 (14,3%)	6 (21,4%)	6 (21,4%)	4 (14,3%)
	BU	64	1	63	0 (0%)	4 (6,3%)	7 (11,1%)	5 (7,9%)	10 (15,9%)	18 (28,6%)	19 (30,2%)
		92	**1**	**91**	**0 (0%)**	**11 (12,1%)**	**8 (8,8%)**	**9 (9,9%)**	**16 (17,6%)**	**24 (26,4%)**	**23 (25,3%)**
B	ÖAG	28	0	28	0 (0%)	2 (7,1%)	0 (0%)	4 (14,3%)	5 (17,9%)	12 (42,9%)	5 (17,9%)
	BU	64	1	63	0 (0%)	1 (1,6%)	3 (4,8%)	6 (9,5%)	22 (34,9%)	20 (31,7%)	11 (17,5%)
		92	**1**	**91**	**0 (0%)**	**3 (3,3%)**	**3 (3,3%)**	**10 (11,0%)**	**27 (29,7%)**	**32 (35,2%)**	**16 (17,6%)**
C	ÖAG	28	1	27	0 (0%)	0 (0%)	0 (0%)	1 (3,7%)	7 (25,9%)	10 (37,0%)	9 (33,3%)
	BU	64	1	63	0 (0%)	1 (1,6%)	2 (3,2%)	2 (3,2%)	14 (22,2%)	22 (34,9%)	22 (34,9%)
		92	**2**	**90**	**0 (0%)**	**1 (1,1%)**	**2 (2,2%)**	**3 (3,3%)**	**21 (23,3%)**	**32 (35,6%)**	**31 (34,4%)**
D	ÖAG	28	0	28	0 (0%)	3 (10,7%)	2 (7,1%)	3 (10,7%)	7 (25,0%)	8 (28,6%)	5 (17,9%)
	BU	64	0	64	1 (1,6%)	5 (7,8%)	3 (4,7%)	6 (9,4%)	15 (23,4%)	16 (25,0%)	18 (28,1%)
		92	**0**	**92**	**1 (1,1%)**	**8 (8,7%)**	**5 (5,4%)**	**9 (9,8%)**	**22 (23,9%)**	**24 (26,1%)**	**23 (25,0%)**

Codierung: 1 = gar nicht, 7 = in hohem Maße
Item A: Befähigungen und Erlaubnisse zur Berufsausübung: Eintragung in Berufs- oder Handelsregister und andere Nachweise (§ 44 VgV 2021)
Item B: Wirtschaftliche und finanzielle Leistungsfähigkeit: bestimmter Mindestjahresumsatz, bestimmter Mindestjahresumsatz im Tätigkeitsbereich des Auftrages, Bilanzen, Betriebshaftpflichtversicherung, Bankerklärungen, Arbeitskräfteentwicklung, geschäftliche Entwicklung, Insolvenz, BIEGE/ARGE und Nachunternehmer (§ 45 VgV 2021)
Item C: Technische und berufliche Leistungsfähigkeit: vergleichbare Referenzen vorheriger Bauaufträge, Beschäftigtenzahl, technische Fachkräfte, Qualitätskontrolle, Maschinen (§ 46 VgV 2021)
Item D: Zuverlässigkeit

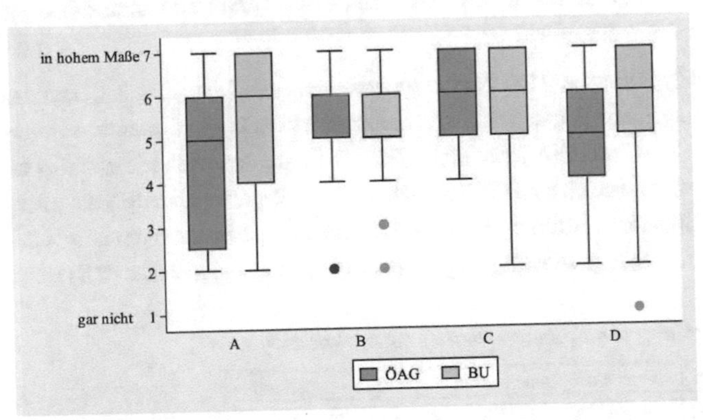

Abbildung 35: Bedeutsamkeit von Kriterien für die Prüfung der Bietereignung

Gemäß dem Statistiktest zu Frage 23 in Tabelle 50 unterscheiden sich ÖAG und BU signifikant hinsichtlich der Einschätzung, wie zielführend die *Befähigungen und Erlaubnisse zur Berufsausübung (A)* zur Prüfung der Bietereignung sind (p = 0,024). BU halten dieses Kriterium signifikant für zielführender als ÖAG (Mw ÖAG 4,5 und BU 5,4). Hinsichtlich der übrigen Kriterien, also der *wirtschaftlichen und finanziellen Leistungsfähigkeit (B)*, der *technischen und beruflichen Leistungsfähigkeit (C)* sowie der *Zuverlässigkeit (D)* unterscheiden sich die beiden UG nicht signifikant.

Tabelle 50: Ergebnisse der Hypothesentests zu Frage 23
Vergleich der Untersuchungsgruppen ÖAG und BU

Item	UG	n	Mw±Sd (Median)	Min–Max	p-Wert
A	ÖAG	28	4,5±1,8 (5,0)	2–7	
	BU	63	5,4±1,6 (6,0)	2–7	0,024
B	ÖAG	28	5,4±1,3 (6,0)	2–7	
	BU	63	5,4±1,1 (5,0)	2–7	0,697
C	ÖAG	27	6,0±0,9 (6,0)	4–7	
	BU	63	5,9±1,1 (6,0)	2–7	0,959
D	ÖAG	28	5,1±1,6 (5,0)	2–7	
	BU	64	5,3±1,6 (6,0)	1–7	0,394

Codierung: 1 = gar nicht, 7 = in hohem Maße
Mann-Whitney-U-Test, zweiseitig

Frage 24: Haben Sie Vergabeverfahren erlebt, bei denen die Eignungs- und Zuschlagskriterien in unzulässiger Weise miteinander vermischt wurden?

Tabelle 51 und Abbildung 36 geben die Ergebnisse zu der Frage 24 wieder: Haben Sie Vergabeverfahren erlebt, bei denen die Eignungs- und Zuschlagskriterien in unzulässiger Weise miteinander vermischt wurden?

In beiden Untersuchungsgruppen (UG) wird mit jeweils rund 60 % eingeschätzt, dass unstatthafte Vermengungen von Eignungs- und Zuschlagskriterien hin und wieder vorkommen. Ein Drittel der ÖAG und fast jeder fünfte BU geben an, dies noch nie erfahren zu haben. Besonders aufschlussreich sind die Resultate in den Kategorien „häufig" und „ständig": Während die Öffentliche Auftraggeber (ÖAG) einschätzen, dies nur marginal zu erleben und zu praktizieren, nehmen dies allerdings über 20 % der Bauunternehmen (BU) wahr.

Tabelle 51: Vermischung von Eignungs- und Zuschlagskriterien

UG	insg.	fehlt	n	noch nie	gelegentlich	häufig	ständig
ÖAG	28	1	27	9 (33,3%)	16 (59,3%)	1 (3,7%)	1 (3,7%)
BU	64	0	64	11 (17,2%)	40 (62,5%)	9 (14,1%)	4 (6,2%)
	92	**1**	**91**	**20 (22,0%)**	**56 (61,5%)**	**10 (11,0%)**	**5 (5,5%)**

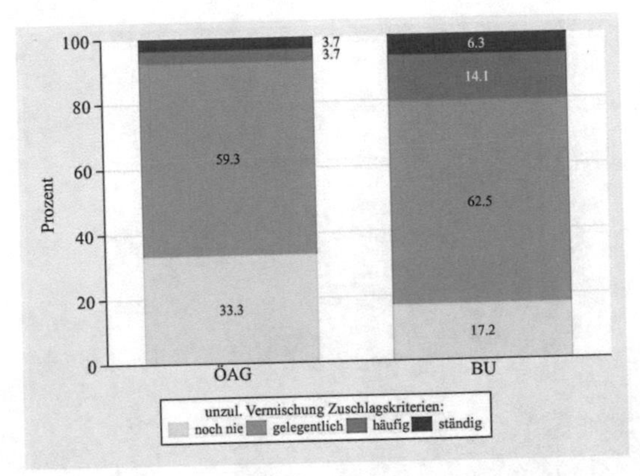

Abbildung 36: Vermischung von Eignungs- und Zuschlagskriterien

ÖAG und BU unterscheiden sich nicht hinsichtlich der Häufigkeit, mit der sie Vergabeverfahren erlebt haben, bei denen die Eignungs- und Zuschlagskriterien in *unzulässiger Weise miteinander vermischt* wurden (p = 0,247[409]). In beiden UG gab mehr als die Hälfte der Befragten an, dies gelegentlich erlebt zu haben (ÖAG 59,3 %, BU 62,5 %). 7,4 % der ÖAG sowie gut 20 % der BU haben dies häufig oder ständig erlebt. Noch nie erlebt haben dies ein Drittel der ÖAG (33,3 %) und 17,2 % der BU.

Frage 25: Erfolgte die Vermischung überwiegend absichtsvoll oder ungewollt?

In der Tabelle 52 und der Abbildung 37 wird Bezug auf die Frage 25 genommen: Erfolgte die Vermischung überwiegend absichtsvoll oder ungewollt?

Beinahe alle Öffentliche Auftraggeber (ÖAG) schätzen ein, dass die Vermengung von Eignungs- und Zuschlagskriterien nicht absichtlich erfolgt. Bei den Bauunternehmen (BU) hingegen, befinden dies nur gut die Hälfte. Eine sehr spannende Situation, die in Kapitel 8 noch eingehender erörtert wird.

Tabelle 52: Bestrebung der Kriterienvermischung

Betrachtung	UG	insg.	fehlt	n	absichtlich	ungewollt
aller Fragebögen.	ÖAG	28	6	22	1 (4,5%)	21 (95,5%)
	BU	64	3	61	32 (52,5%)	29 (47,5%)
		92	**9**	**83**	**33 (39,8%)**	**50 (60,2%)**
ohne Befragte mit Antwort „noch nie“ in Frage 24.	ÖAG	19	2	17	1 (5,9%)	16 (94,1%)
	BU	53	0	53	30 (56,6%)	23 (43,4%)
		72	**2**	**70**	**31 (44,3%)**	**39 (55,7%)**

409 Exakter Fisher Test, zweiseitig

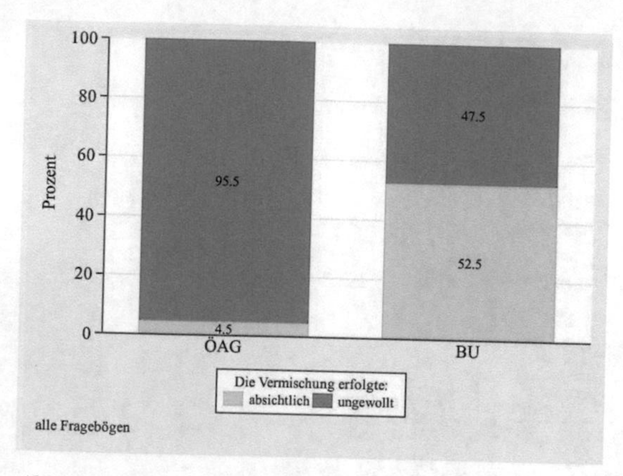

Abbildung 37: Bestrebung der Kriterienvermischung

Von den ÖAG und den BU wird signifikant unterschiedlich eingeschätzt, ob die Vermischung überwiegend *absichtsvoll oder ungewollt* erfolgte ($p < 0{,}001$[410]). Fast alle ÖAG gehen davon aus, dass die Vermischung überwiegend ungewollt war (95,5 %), bei den BU nimmt dies nur knapp die Hälfte der Befragten an (47,5 %).

7.5.2.7 E – Einsatz von Wertungssystemen: Frage 26

Frage 26: Für Bauleistungen: Was ist Ihrer Meinung nach ein angemessenes Preis-Leistungs-Verhältnis, die mittels detailliertem LV beschrieben sind?

Die Resultate zu der Frage 26 werden in den Tabellen 53 und 54 sowie der Abbildung 38 ergründet: Was ist Ihrer Meinung nach ein angemessenes Preis-Leistungs-Verhältnis, die mittels detailliertem LV beschrieben sind?

Die Ergebnisse zeigen zunächst, dass beide Untersuchungsgruppen (UG) mit überwiegender Mehrheit die Preis-Leistungs-Verhältnisse der mittleren *Gruppe B*, also *80/20 % und 70/30 %* als prädestiniert ansehen. Die beiden anderen Gruppen *A (100 % und 90/10 %)* und *C (60/40 % und 50/50 %)* werden als weniger zweckmäßig beurteilt. Bemerkenswert sind zwei Auffälligkeiten bei den Gruppen *A* und *C*: Der Teilaspekt „nur Preis" der Gruppe *A* wird von den Öffentlichen Auftraggebern (ÖAG) viel höher bewertet als von den Bauunternehmen (BU). Nur 6,3 % der BU meinen, dass der Angebotspreis als alleiniges Wertungskriterium adäquat ist. Das gleichgewichtige Verhältnis *„50/50 %"* in *Gruppe C* wird hingegen nur von den BU erachtet und ist zudem mit rund 25 % relativ hoch. Für die Ermittlung des wirtschaftlichsten Angebots akzeptieren die allermeisten BU gleichfalls leistungsbezogene Wertungsaspekte, sogar zu beachtlichen Anteilen.

410 Exakter Fisher-Test, zweiseitig.

Tabelle 53: Angemessenheit von Preis und Leistung

Gruppen-Paare				A		B		C	
UG	**insg.**	**fehlt**	**n**	**100%/0%**	**90%/10%**	**80%/20%**	**70%/30%**	**60%/40%**	**50%/50%**
ÖAG	28	0	28	6 (21,4%)	3 (10,7%)	10 (35,7%)	7 (25,0%)	2 (7,1%)	0 (0%)
BU	64	1	63	4 (6,3%)	0 (0%)	14 (22,2%)	22 (34,9%)	7 (11,1%)	16 (25,4%)
	92	**1**	**91**	**10 (11,0%)**	**3 (3,3%)**	**24 (26,4%)**	**29 (31,9%)**	**9 (9,9%)**	**16 (17,6%)**

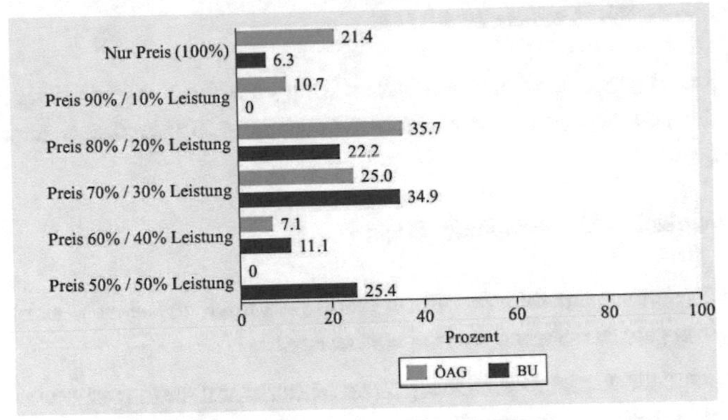

Abbildung 38: Angemessenheit von Preis und Leistung

Wie in Tabelle 54 gezeigt, wurden aus den sechs einzelnen Items drei Item-Gruppen-Paare gebildet und getestet: *A (100 %, 90/10 %)*, *B (80/20 %, 70/30 %)* und *C (60/40 %, 50/50 %)*. Die Hypothesentestung erfolgte jeweils für ÖAG und BU ausgehend von der am häufigsten genannten Item-Gruppe *B* gegen *C* und *A*.

B versus *C* ÖAG: Der Anteil der ÖAG, die ein Preis-Leistungs-Verhältnis von *80 zu 20 oder 70 zu 30 % (B)* als angemessen bewerten (60,7 %), ist signifikant höher als der Anteil der ÖAG, die *60 zu 40 oder 50 zu 50 % (C)* als angemessen erachten (7,1 %; $p < 0,001$).

B versus *A* ÖAG: Das Preis-Leistungs-Verhältnis von *80 zu 20 oder 70 zu 30 % (B)* (60,7 %) wird nicht signifikant häufiger genannt als ein Verhältnis von *100 zu 0 oder 90 zu 10 % (A)* (32,1 %; $p = 0,058$).

B versus *C* BU: Der Anteil der BU, die ein Preis-Leistungs-Verhältnis von *80 zu 20 oder 70 zu 30 % (B)* für angemessen halten (57,1 %), ist signifikant höher als der Anteil der BU, die *60 zu 40 oder 50 zu 50 % (C)* für angemessen halten (36,5 %; $p = 0,045$).

B versus *A* BU: Das Preis-Leistungs-Verhältnis von *80 zu 20 oder 70 zu 30 % (B)* wird signifikant häufiger genannt (57,1%) als das Verhältnis von *100 zu 0 oder 90 zu 10 % (A)* (6,3 %; $p < 0,001$).

Tabelle 54: Ergebnisse der Hypothesentests zu Frage 26

Vergleich der Untersuchungsgruppen ÖAG und BU

Item	Preis/Leistung	ÖAG (n=28)	BU (n=63)
A	100, 90/10	9 (32,1%)	4 (6,3%)
B	80/20, 70/30	17 (60,7%)	36 (57,1%)
C	60/40, 50/50	2 (7,1%)	23 (36,5%)
	B versus A	p=0,058	p<0,001
	B versus C	p<0,001	p=0,045

Einstichprobentest für einen Anteilswert, einseitig, H_0: B ≤ 50 %

Anmerkung: Beim Test B gegen A wurden nur die Item-Gruppen A und B berücksichtigt, daher lautete die Nullhypothese, dass der Anteil der Item-Gruppe B ≤ 50 % beträgt. Analog beim Vergleich B gegen C.

7.5.2.8 F – Kommunikation Angebotsphase: Frage 27

Frage 27: Welche Tragweite hat die schriftliche Kommunikation zwischen Bietern und Auftraggebern während der Angebotsphase?

Die Ergebnisse in der Tabelle 55 und der Abbildung 39 beziehen sich auf die Frage 27: Welche Tragweite hat die schriftliche Kommunikation zwischen Bietern und Auftraggebern während der Angebotsphase?

Sowohl die Öffentlichen Auftraggeber (ÖAG) als auch die Bauunternehmen (BU) schätzen den Stellenwert der Kommunikation als wichtig ein, die ÖAG tendenziell noch etwas gewichtiger.

Tabelle 55: Bedeutung der Kommunikation während der Angebotsphase

UG	insg.	fehlt	n	1	2	3	4	5	6	7
ÖAG	28	0	28	1 (3,6%)	0 (0%)	1 (3,6%)	2 (7,1%)	9 (32,1%)	12 (42,9%)	3 (10,7%)
BU	64	1	63	1 (1,6%)	5 (7,9%)	8 (12,7%)	7 (11,1%)	14 (22,2%)	20 (31,7%)	8 (12,7%)
	92	**1**	**91**	**2 (2,2%)**	**5 (5,5%)**	**9 (9,9%)**	**9 (9,9%)**	**23 (25,3%)**	**32 (35,2%)**	**11 (12,1%)**

Codierung: 1 = keine Bedeutung, 7 = sehr hohe Bedeutung

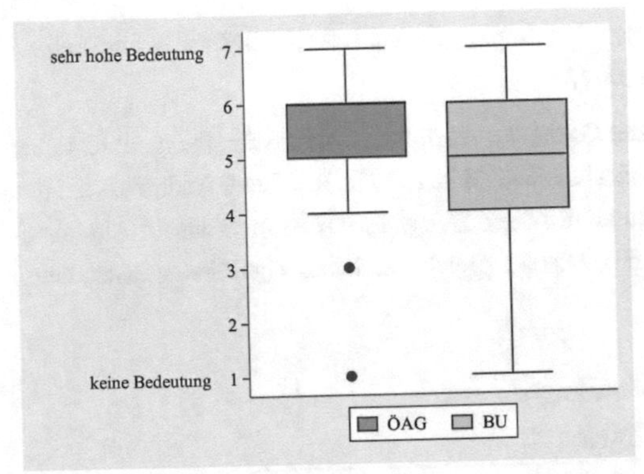

Abbildung 39: Bedeutung der Kommunikation während der Angebotsphase

ÖAG und BU schätzen die Tragweite der *schriftlichen Kommunikation zwischen Bietern und Auftraggebern* nicht signifikant unterschiedlich ein (Mw ÖAG 5,4 und BU 4,9, p = 0,239[411]).

7.5.2.9 Rückmeldungen der ÖAG und BU zum Fragebogen

Bei den Freitextmöglichkeiten gaben 24 Befragte, davon vier Öffentliche Auftraggeber (ÖAG) und 20 Bauunternehmen (BU), eine Rückmeldung (RüM) zum Fragebogen. Wo es zweckmäßig und erkentnisförderlich erschien, wurden diese Rückmeldungen ausgewertet (siehe Anlage 6).

7.5.3 Korrelationen und Vergleiche innerhalb der Untersuchungsgruppen

Die zuvor aufgestellten sieben Zusammenhangsvermutungen fragenübergreifender Merkmale wurden statistisch ausgewertet. Der Zusammenhang zwischen zwei Merkmalen wurde mit dem Rangkorrelationskoeffizienten von Spearman (ρ) quantifiziert. Kein Zusammenhang bestand, wenn der Korrelationskoeffizient 0 war; ein perfekter Zusammenhang bestand, wenn der Koeffizient -1 oder +1 war. Werte dazwischen wiesen auf zwar vorhandene, allerdings weniger optimale Zusammenhänge hin. Je näher der Koeffizient an -1 oder +1 lag, umso ausgeprägter war der Zusammenhang.

Korrelation Nr. 1: F 3 *Berufserfahrung* ↔ F 4 *Anzahl Bauausschreibungen*

Die in der Tabelle 56 dargestellten Daten befassen sich mit der Korrelation Nr. 1: F 3 ↔ F 4.

Bei den Öffentlichen Auftraggebern (ÖAG) ist zu beobachten, dass Befragte mit zunehmender *Berufserfahrung* faktisch mehr *Bauausschreibungen* bearbeiten. Personen mit mehr als zwanzig Jahre Berufserfahrung bearbeiten mehr als 24 Bauausschreibungen pro Jahr. Eine

411 Mann-Whitney-U-Test, zweiseitig.

signifikante Korrelation zwischen der *Berufserfahrung* und der *Anzahl der Bauausschreibungen* besteht nicht (ρ 0,355, p = 0,069).

Bei den Bauunternehmen (BU) ist die Quote der jährlichen *Bauausschreibungen* > 24 über alle Altersstufen hinweg hoch – mindestens 64,7 % bei 11 bis 20 Jahren. Anders als bei den ÖAG bearbeiten Befragte mit bis zu zehn Jahren *Berufserfahrung* mehr als 24 Ausschreibungen pro Jahr. Auch bei den BU besteht gleichsam keine signifikante Korrelation (ρ 0,140, p = 0,271).

Tabelle 56: Korrelation zwischen den Fragen 3 und 4

Auswertung nach Untersuchungsgruppen ÖAG und BU

UG	Berufserfahrung	n	Anzahl der Bauausschreibungen/Jahr bis 12	13 bis 24	> 24
ÖAG	< 5 Jahre	10	5 (50,0%)	2 (20,0%)	3 (30,0%)
	5 bis 10 Jahre	8	3 (37,5%)	3 (37,5%)	2 (25,0%)
	11 bis 20 Jahre	6	1 (16,7%)	3 (50,0%)	2 (33,3%)
	21 bis 30 Jahre	2	0 (0%)	0 (0%)	2 (100%)
	> 30 Jahre	1	0 (0%)	0 (0%)	1 (100%)
BU	< 5 Jahre	1	0 (0%)	0 (0%)	1 (100%)
	5 bis 10 Jahre	1	0 (0%)	0 (0%)	1 (100%)
	11 bis 20 Jahre	17	2 (11,8%)	4 (23,5%)	11 (64,7%)
	21 bis 30 Jahre	29	4 (13,8%)	6 (20,7%)	19 (65,5%)
	> 30 Jahre	16	0 (0%)	2 (12,5%)	14 (87,5%)

Korrelationskoeffizient (ρ) und p-Wert

UG	ρ	p-Wert
ÖAG	0,355	0,069
BU	0,140	0,271

Spearman'scher Rangkorrelationskoeffizient (ρ)

Korrelation Nr. 2: F 3 *Berufserfahrung* ↔ F 6 *Praxistauglichkeit Vergaberecht*

Die Tabelle 57 befasst sich mit der Korrelation Nr. 2: F 3 ↔ F 6.

Bei den Öffentlichen Auftraggebern (ÖAG) ist zu beobachten, dass der Mittelwert der *Praxistauglichkeit* umso kleiner ist, je mehr *Berufserfahrung* die Befragten haben. Die Praktikabilität des Vergaberechts wird mit steigender Expertise geringer eingeschätzt. Eine Ausnahme stellt die einzelne Einschätzung eines Teilnehmers mit mehr als 30 Jahren Erfahrung dar. Eine signifikante Korrelation zwischen *Praxistauglichkeit des Vergaberechtes* und *Berufserfahrung* besteht nicht (ρ -0,178, p = 0,376).

Für die Bauunternehmen (BU) zeichnet sich ein anderes Bild ab. Hier wird mit zunehmender Erfahrung auch die Praktikabilität des Vergaberechts höher eingestuft. Jedoch beginnt die Einstufung erst bei einem Mittelwert von 2 – lediglich von zwei Teilnehmern benannt – und steigt maximal um 1,5 Skalenpunkte auf mäßige 3,5 an. Auch hier besteht bei den BU keine signifikante Korrelation (ρ 0,012, p = 0,926).

Tabelle 57: Korrelation zwischen den Fragen 3 und 6

Auswertung nach Untersuchungsgruppen ÖAG und BU

			Praxistauglichkeit	
UG	**Berufserfahrung**	**n**	**Mw±Sd (Median)**	**Min–Max**
ÖAG	< 5 Jahre	10	4,6±1,0 (4,5)	3–6
	5 bis 10 Jahre	8	4,2±1,4 (4,0)	2–6
	11 bis 20 Jahre	6	3,8±1,2 (4,0)	2–5
	21 bis 30 Jahre	2	3,0±1,4 (3,0)	2–4
	> 30 Jahre	1	7	-
BU	< 5 Jahre	1	2	-
	5 bis 10 Jahre	1	2	-
	11 bis 20 Jahre	17	3,5±1,0 (3,0)	2–5
	21 bis 30 Jahre	29	3,0±1,2 (3,0)	1–5
	> 30 Jahre	16	3,5±1,9 (3,0)	1–7

Codierung F 6 Praxistauglichkeit des Vergaberechts: 1 = gar nicht, 7 = in hohem Maße

Korrelationskoeffizient (ρ) und p-Wert

UG	ρ	p-Wert
ÖAG	-0,178	0,376
BU	0,012	0,926

Spearman'scher Rangkorrelationskoeffizient (ρ)

Korrelation Nr. 3: F 9 *Gestaltungspotenziale* ↔ F 12 *unstatthafte Einflussoptionen*

In Tabelle 58 wird die Korrelation Nr. 3 thematisiert: F 9 ↔ F 12.

Ziel dieser Betrachtung war, sowohl im Hinblick auf Befragte, die keine *Gestaltungspotenziale* sehen, sowie auf Befragte, die sehr wohl Gestaltungspotenziale erkennen, zu beschreiben, wie häufig Frage 12 zum Gebrauch *unstatthafter Einflussoptionen* mit Nein oder mit Ja beantwortet wurde.

Bei den befragten Öffentlichen Auftraggebern (ÖAG) besteht keine signifikante Abhängigkeit zwischen dem *Gebrauch unstatthafter Einflussoptionen* durch Öffentliche Auftraggeber und der Einschätzung, ob es für Öffentliche Auftraggeber *Gestaltungspotenziale* gibt, die sich im Vergabeverfahren nutzen lassen (p = 1,000, φ = 0,010).

Bei den befragten Bauunternehmen (BU) besteht hingegen eine signifikante Abhängigkeit zwischen dem *Gebrauch unstatthafter Einflussoptionen* durch Bauunternehmer und der Einschätzung, ob es für Bauunternehmer *Gestaltungspotenziale* gibt, die sich im Vergabeverfahren nutzen lassen. BU, die Gestaltungspotenziale sehen, geben etwa doppelt so häufig an, dass Bauunternehmen von unstatthaften Einflussoptionen Gebrauch machen, wie BU, die keine Gestaltungspotenziale sehen (63.8 % versus 29.4 %, p = 0,022, φ = 0,305).

Tabelle 58: Korrelation zwischen den Fragen 9 und 12

Auswertung nach Untersuchungsgruppen ÖAG und BU

UG	Gestaltungspotenziale	n	Gebrauch unstatthafter Einflussoptionen nein	ja	p-Wert	φ
ÖAG	nein	2	1 (50,0%)	1 (50,0%)		
	ja	25	12 (48,0%)	13 (52,0%)	1,000	0,010
BU	nein	17	12 (70,6%)	5 (29,4%)		
	ja	47	17 (36,2%)	30 (63,8%)	0,022	0,305

Exakter Fisher-Test, zweiseitig

Korrelation Nr. 4: F 11 *Eigene Kenntnisse vorhandener Gestaltungsmöglichkeiten* (Item 4 – Selbsteinschätzung) ↔ F 14 *Selbstanwendung unstatthafter Einflussoptionen*

In der Tabelle 59 ist die Auswertung zu der Korrelation Nr. 4 verortet: F 11 ↔ F 14.

Es wurde getestet, ob die Verteilung der *Kenntnisse über Gestaltungsmöglichkeiten* bei Befragten, die *selber schon einmal unstatthafte Finessen* angewendet haben, anders ist als bei Befragten, die die Frage mit Nein beantwortet haben.

Weder bei den Öffentliche Auftraggeber (ÖAG) noch bei den Bauunternehmen (BU) unterscheiden sich die Befragten, die *unstatthafte Finessen* angewendet haben, von den Befragten, die *keine unstatthaften Finessen* angewendet haben, signifikant hinsichtlich der *Kenntnisse der Gestaltungsmöglichkeiten* (ÖAG: p = 0,873, BU: p = 0,548).

Tabelle 59: Korrelation zwischen den Fragen 11 und 14

Auswertung nach Untersuchungsgruppen ÖAG und BU

UG	unstatthafte Finessen	n	Kenntnisse (Selbsteinschätzung) Mw±Sd (Median)	Min–Max	p-Wert
ÖAG	nein	20	5,1±1,2 (5,0)	2–7	
	ja	6	5,0±1,5 (5,5)	2–6	0,873
BU	nein	48	4,2±1,3 (4,0)	1–6	
	ja	16	4,4±1,2 (5,0)	2–6	0,548

Codierung F 11 Kenntnisse: 1 = gar nicht, 7 = in hohem Maße
Mann-Whitney-U-Tests, zweiseitig

Korrelation Nr. 5: F 10 *Ausmaß Einflussnahme* ↔ F 15 *Wirkung Losbildung*

Tabelle 60 und Abbildung 40 verdeutlichen die Korrelation Nr. 5: F 10 ↔ F 15.

In Abbildung 40 wurde der Zusammenhang zwischen F 10 *Ausmaß Einflussnahme* und F 15 *Wirkung Losbildung* getrennt für ÖAG und BU in einem Streudiagramm illustriert.

Bei den Öffentlichen Auftraggebern (ÖAG) gibt es keinen signifikanten Zusammenhang zwischen der Einschätzung der *Möglichkeiten der Einflussnahme* für Öffentliche Auftraggeber bei der Ausschreibung und Vergabe öffentlicher Bauaufträge und der *Wirkung der Bildung von Teil- und Fachlosen* für Öffentliche Auftraggeber (ρ = 0,260, p = 0,190)

Bei den Bauunternehmen (BU) gibt es einen signifikant positiven Zusammenhang zwischen der Einschätzung der *Möglichkeiten der Einflussnahme* für Bauunternehmer bei der Ausschreibung und Vergabe öffentlicher Bauaufträge und der *Wirkung der Bildung von Teil- und Fachlosen* für Bauunternehmer. Je höher die Möglichkeiten der Einflussnahme eingeschätzt werden, desto wirkungsvoller wird die Bildung von Teil- und Fachlosen eingeschätzt. Der Zusammenhang ist nicht sehr ausgeprägt (ρ = 0,264, p = 0,038).

Der Korrelationskoeffizient ist mit circa 0,26 in beiden UG sehr ähnlich. Dass der Koeffizient bei BU signifikant von 0 verschieden ist, liegt in der höheren Fallzahl begründet.

Tabelle 60: Korrelation zwischen den Fragen 10 und 15

Auswertung nach Untersuchungsgruppen ÖAG und BU
Korrelationskoeffizient (ρ) und p-Wert

	n	ρ	p-Wert
ÖAG	27	0,260	0,190
BU	62	0,264	0,038

Spearman'scher Rangkorrelationskoeffizient (ρ)

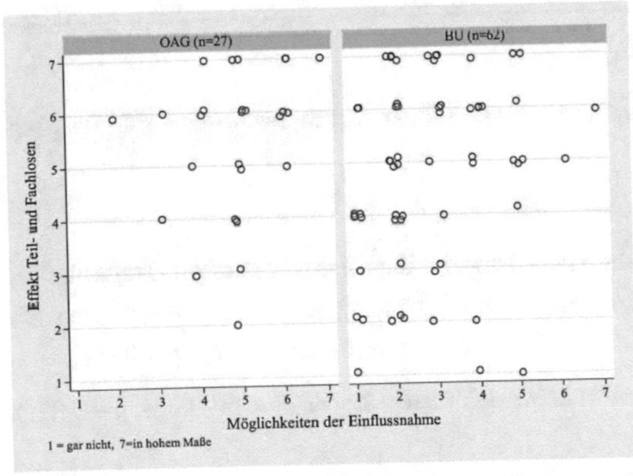

Abbildung 40: Streudiagramm mit Wertepaaren zu F 10 und F 15

Korrelation Nr. 6: F 24 *unzulässige Vermischung von Eignungs- und Zuschlagskriterien* ↔ F 25 *absichtsvoll oder ungewollt*

In der Tabelle 61 ist die Auswertung zu der Korrelation Nr. 6 dargestellt: F 24 ↔ F 25.

Bei den Öffentlichen Auftraggebern (ÖAG) zeigt sich kein signifikanter Zusammenhang zwischen der Häufigkeit, mit der eine *unzulässige Vermischung* erlebt wurde, und der Häufigkeit, mit der die Vermischung als *absichtlich* eingeschätzt wurde (p = 1,000, Cramer's V = 0,149).

Bei den Bauunternehmen (BU) zeigt sich ein signifikanter Zusammenhang zwischen der Häufigkeit, mit der eine *unzulässige Vermischung* erlebt wurde, und der Häufigkeit, mit der die Vermischung als *absichtlich* eingeschätzt wurde. Je häufiger eine unzulässige Vermischung beobachtet wurde, umso größer ist der Anteil der Befragten, die die Vermischung als absichtlich einschätzen (p = 0,006, Cramer´s V = 0,438).

Tabelle 61: Korrelation zwischen den Fragen 24 und 25

Auswertung nach Untersuchungsgruppen ÖAG und BU
Korrelationskoeffizient (Cramer´s V) und p-Wert

UG	unzulässige Vermischung	n	die Vermischung erfolgte absichtlich	ungewollt	p-Wert	V
ÖAG	noch nie	5	0 (0%)	5 (100%)		
	gelegentlich	15	1 (6,7%)	14 (93,3%)		
	häufig	1	0 (0%)	1 (100%)		
	ständig	1	0 (0%)	1 (100%)	1,000	0,149
BU	noch nie	8	2 (25,0%)	6 (75,0%)		
	gelegentlich	40	18 (45,0%)	22 (55,0%)		
	häufig	9	8 (88,9%)	1 (11,1%)		
	ständig	4	4 (100%)	0 (0%)	0,006	0,438

Exakter Fisher-Test, zweiseitig

Korrelation Nr. 7: F 27 *Kommunikation während der Angebotsphase.* ↔ F 3 *Berufserfahrung*

Tabelle 62 legt den Befund zu der Korrelation Nr. 7 dar: F 27 ↔ F 3.

Bei den Öffentlichen Auftraggebern (ÖAG) besteht die Tendenz, dass die Tragweite der *schriftlichen Kommunikation* umso höher eingeschätzt wird, je mehr *Berufserfahrung* die Befragten haben. Der Zusammenhang ist jedoch nicht signifikant (ρ 0,363, p = 0,058).

Bei den Bauunternehmen (BU) besteht keine signifikante Korrelation (ρ -0,024, p = 0,851).

Tabelle 62: Korrelation zwischen den Fragen 27 und 3

Auswertung nach Untersuchungsgruppen ÖAG und BU

UG	Berufserfahrung	n	Tragweite Mw±Sd (Median)	Min–Max
ÖAG	< 5 Jahre	11	4,7±1,6 (5,0)	1–6
	5 bis 10 Jahre	8	5,6±0,9 (6,0)	4–7
	11 bis 20 Jahre	6	6,0±0,6 (6,0)	5–7
	21 bis 30 Jahre	2	5,0±0,0 (5,0)	5–5
	> 30 Jahre	1	7	-
BU	< 5 Jahre	1	5	-
	5 bis 10 Jahre	1	3	-
	11 bis 20 Jahre	16	5,1±1,3 (5,5)	2–7
	21 bis 30 Jahre	29	5,0±1,6 (5,0)	2–7
	> 30 Jahre	16	4,7±1,7 (5,0)	1–7

Codierung F 27 (Tragweite der schriftl. Kommunikation): 1 = keine Bedeutung, 7 = sehr hohe Bedeutung

Korrelationskoeffizient (ρ) und p-Wert

UG	ρ	p-Wert
ÖAG	0,363	0,058
BU	-0,024	0,851

Spearman'scher Rangkorrelationskoeffizient (ρ)

7.6 Ergebnisreflexion durch die Befragten

Um die wesentlichen Resultate der Studie abzusichern, wurden diese zusammengefasst und je drei aus den beiden quantitativen Stichproben (n) willentlich ausgewählten Befragungsteilnehmern der Untersuchungsgruppen (UG) der Öffentlichen Auftraggeber (ÖAG) und Bauunternehmen (BU) zur Kommentierung vorgelegt.

Aufgrund der Anonymität der Erhebung musste bei den ausgewählten Personen zunächst die Information eingeholt werden, ob diese an der Befragung überhaupt teilgenommen hatten und für eine kritische Ergebnisreflexion zur Verfügung stünden. Bei fünf von sechs Angefragten war dies der Fall; eine Person musste wegen Nichtteilnahme an der Erhebung durch eine andere ersetzt werden.

Um den Aufwand für alle möglichst gering zu halten, wurden anschließende Telefonate vereinbart, die mit einem zeitlichen Abstand von ungefähr einer Woche stattfanden. Der Vorteil fernmündlich geführter Gespräche lag darin, dass die Befragten keine schriftliche Formulierungsarbeit leisten mussten und der Verfasser bei Verständnisschwierigkeiten jederzeit nachfragen konnte. Den kontaktierten Personen wurden einige Prüfaspekte in Frageform vorgelegt, mittels derer sie Bewertungen vornehmen konnten:

- Wie schätzen Sie die Bedeutung der Studie ein?
- Sind die Forschungsergebnisse für Ihre eigene Tätigkeit hilfreich?
- Welche Ergebnisse entsprechen Ihren Erwartungen und welche sind unerwartet?
- Konnten Sie neue, bislang unbekannte Erkenntnisse gewinnen?
- Wonach sollte Ihrer Meinung nach hinsichtlich des Themas Ausschreibung und Vergabe noch intensiver geforscht werden?

Um den Befragten die notwendigen Freiheiten einzuräumen, waren diese Punkte mehr als Hilfestellung denn als explizite Vorgaben im Sinne einer verbindlichen Checkliste zu verstehen.

Der Einfachheit halber wurde von einer neuerlichen Audioaufzeichnung der Telefonate und einer gesonderten Prüfung und Freigabe der Notizen durch die Befragten abgesehen. Das Augenmerk lag darauf, welche Ergebnisse den Erwartungen entsprachen und welche Resultate für die Befragten unerwartet waren, und zwar unabhängig von der Zugehörigkeit zur jeweiligen Untersuchungsgruppe. Insbesondere war es von Bedeutung, zu erfahren, welche Schlüsse die Befragten aus den Studienergebnisse für ihre Ausschreibungspraxis ziehen würden. Die von den Befragten geäußerten Anmerkungen wurden vom Verfasser stichpunktartig und anonym niedergeschrieben und in den folgenden Kernaussagen mit einer dreiteiligen Tendenzabstufung „gering“, „mittel“ und „groß“ zusammengefasst:

- Bedeutung der Studie: ÖAG: mittel; BU: mittel bis groß,
- Forschungsergebnisse für eigene Tätigkeit hilfreich: ÖAG: mittel; BU: mittel bis groß,
- erwartete und unerwartete Ergebnisse: ÖAG: mittel; BU: mittel,
- neue Erkenntnisse gewonnen: ÖAG: gering; BU: mittel,
- weiterer Forschungsbedarf: ÖAG: mittel; BU: mittel.

Die Besprechung der einzelnen und der gesamthaften, kontextualen Resultate erfolgt im anschließenden Kapitel 8.

7.7 Kapitelzusammenfassung

Im Rahmen der zweiten, quantitativen Teilstudie wurden die mittels standardisierter Fragebogen erhobenen, aufbereiteten Daten hinsichtlich der Gestaltungsmöglichkeiten bei der öffentlichen Bauauftragsvergabe deskriptiv- und inferenzstatistisch ausgewertet sowie Korrelationen quantifiziert. Durch dieses dreiteilige Analysearrangement ist es gelungen, eine größtmögliche Informationsdichte für die Interpretation der quantitativen Resultate und die finale Diskussion der gesamthaften Forschungsergebnisse zu erhalten. Um dies zu ermöglichen, war es unerlässlich, sich intensiv und detailliert mit der Fragebogenkonstruktion zu befassen und das Vorgehen und die zu treffenden Entscheidungen darzulegen.

Als Kapitelresümee bleibt festzuhalten, dass der Fragebogen sich als geeignetes Erhebungsinstrument erwiesen hat. Er wurde gut von den Befragten angenommen. Dies machte sich insbesondere durch die geringe Anzahl der Ausfälle bemerkbar. Gleichsam wird dies durch die marginalen Beanstandungen der Befragten untermauert. Das Ergebnis ist ein schlüssiges Gesamtbild. Eine erneute Befragung sollte unter unveränderten Voraussetzungen vergleichbare Resultate hervorbringen.

8 Ausgang der Untersuchung

Innerhalb dieses vorletzten Kapitels werden die Befunde sowohl detailliert als auch im größeren Zusammenhang diskutiert, die eingangs aufgestellten Forschungsfragen beantwortet und mögliche Ableitungen für die Vergabepraxis angestellt.

8.1 Diskussion zentraler Ergebnisse der Untersuchung

8.1.1 Erörterung von Einzelergebnissen zu Fragen und Korrelationen

Die induzierten Ergebnisse zu den acht Themenkomplexen der quantitativen Studie werden entsprechend ihrer bestehenden Reihenfolge aus unterschiedlichen Blickwinkeln betrachtet und interpretiert.

8.1.1.1 Demografische Angaben: Fragen 1 bis 5

Der als Erstes zu thematisierende Befund betrifft die *Tätigkeitsschwerpunkte*, die die befragten Öffentlichen Auftraggeber (ÖAG) und Bauunternehmen (BU) in **Frage 2** differenziert angegeben haben. Wie bereits in der statistischen Auswertung dargelegt, setzen die beruflichen Tätigkeiten der Untersuchungsgruppen (UG) unterschiedliche Akzente. Auch wenn keine zuverlässigen Informationen zu den Tätigkeitsverteilungen der mit Ausschreibung und Vergabe betrauten Personen für eine Gegenüberstellung ausfindig gemacht werden konnten, entspricht das Ergebnis doch annähernd den eigenen, langjährigen Erfahrungen. So sind bei den ÖAG überwiegend kaufmännisch und bei den BU technisch geprägte Funktionen anzutreffen. Die vorgefundene Struktur erklärt sich aus den jeweiligen Aufgaben, den Arbeitsstrukturen und den benötigten Qualifikationen. Die vorhandene Verteilung der Beschäftigung kann allgemein als branchentypisch für das Metier der „Bauvergabe" befunden werden. Eine weitere Begründung im Hinblick auf die Frage, warum bei den ÖAG überwiegend kaufmännische Tätigkeiten ausgeübt werden, könnte lauten, dass bei den ÖAG in den letzten zwei Jahrzehnten insbesondere technische Mitarbeiter im Zuge der personellen Verschlankung im öffentlichen Dienst weiter reduziert oder nach extern ausgelagert wurden (z. B. an Berater, Planer, GU). Bei komplexeren Bauvorhaben ist es gar üblich geworden, das techni-

N. Zeglin, *Gestaltungsmöglichkeiten bei der öffentlichen Ausschreibung von Bauleistungen*, Baubetriebswesen und Bauverfahrenstechnik,

sche Know-how vollständig oder teilweise am Markt einzukaufen. Auf die damit einhergehenden negativen Folgen, wie beispielsweise der Verlust von Wissen, gewisse Abhängigkeiten und höhere Kosten, sei an dieser Stelle hingewiesen. Ferner sind zwei weitere Ergebnisaspekte zu beleuchten: die Anteile für juristische und sonstige Tätigkeiten. Dass rund 10 % der befragten ÖAG ein juristisches Betätigungsfeld haben, scheint insofern plausibel, als schließlich das gesamte Vergabeprozedere bei den jeweiligen Vergabestellen liegt. Größere ÖAG halten für die rechtliche Unterstützung eigene, auf Vergaberecht spezialisierte Juristen vor, die die Verwaltungen bei der Ausschreibungsvorbereitung, -durchführung und der Zuschlagserteilung rechtlich begleiten. Unter den befragten BU hat hingegen niemand angegeben, einen juristischen Tätigkeitsschwerpunkt innezuhaben. Entweder erachten die BU die eigenen rechtlichen Kenntnisse als ausreichend oder sie greifen auf externe rechtliche Unterstützung zurück. Letzteres scheint unter Berücksichtigung der Ergebnisse zum Aspekt der *externen Unterstützung* (siehe **Frage 5**) allerdings nur selten zu erfolgen. Die BU verfügen somit über keine eigenen rechtlichen Kapazitäten und ziehen auch nur selten externe juristische Unterstützung hinzu. Die BU vertrauen zur Wahrung ihrer Bewerber-/Bieterinteressen offenbar auf ihre eigenen Rechtskenntnisse. Insofern drängt sich die Frage auf, ob bei den befragten BU eine adäquate rechtliche Expertise vorhanden sei. Den zweiten Tätigkeitsaspekt „Sonstiges" haben lediglich drei befragte BU benannt, wobei nur einer konkret angegeben hat, im Vertrieb tätig zu sein. Zu den anderen beiden BU fehlen individuelle Ausführungen. Ein möglicher Erklärungsansatz könnte darin bestehen, dass dem Verkauf von Bauleistungen in der aktuellen starken Baukonjunktur (= hohe Nachfrage) eine nicht ganz so große Bedeutung zukommt. Eventuell generieren die BU aus bestehenden Geschäftskontakten auskömmliche Bauaufträge, die einen intensiveren Vertrieb obsolet machen. Für einen unmittelbaren Forschungsanschluss könnte der Frage nachgegangen werden, ob die ermittelten Verteilungen gleichsam für alle Teilbranchen und Organisationsgrößen zutreffen oder ob diese sich innerhalb spezifischer Branchen eventuell anders darstellen. Es könnte ferner ergründet werden, welche kaufmännischen oder technischen Ausbildungen eigentlich vorliegen. Und wichtiger noch: welche künftig benötigt werden.

Ergänzend zu den Inhalten der Auswertung hinsichtlich der *Berufserfahrung* (siehe **Frage 3**) ist vor allem die vorgefundene Segmentierung aufseiten der Öffentlichen Auftraggeber (ÖAG) noch eingehender zu besprechen (siehe Abbildung 13). Wie dargelegt, besteht eine substanzielle Verschiebung der Berufspraxis zwischen den beiden Untersuchungsgruppen (UG). Bei den befragten Bauunternehmen (BU) ist diese deutlich größer ausgeprägt als bei den ÖAG. Zu den möglichen Ursachen lassen sich verschiedene Gedankengänge anstellen. Zunächst einmal aus der Blickrichtung von Stellensuchenden und Stellenbewerbern heraus: Es könnte daran liegen, dass versierte Arbeitnehmer die Arbeitsbedingungen und Entfaltungsmöglichkeiten bei den ÖAG als nicht ausreichend attraktiv erachten und sich deshalb deutlich seltener auf vakante Stellen bewerben. Strikte Hierarchien, formale Strukturen, und tarifliche Gehaltsstrukturen wirken möglicherweise eher abschreckend auf Routiniers.

Für Berufsanfänger hingegen könnten geregelte Arbeitszeiten und vorgezeichnete Arbeitsweisen durchaus einen guten Einstieg in dieses Arbeitsfeld bedeuten. Auf diesem Wege können erste Erfahrungen gesammelt und ein fundiertes Fachwissen aufgebaut werden. Es bestehen allerdings auch Deutungsansätze, die im Sektor der ÖAG als Arbeitgeber zu verorten sind. Zunächst sei die vorhandene Altersstruktur in den öffentlichen Verwaltungen angeführt, die eine Neubesetzung von Stellen dringend notwendig macht. Über viele Jahre wurden beispielsweise in Berlin viele Stellen gestrichen und/oder über lange Zeiträume nicht mehr nachbesetzt.[412] Die Arbeitsaufgaben wurden stattdessen auf die verbleibenden Mitarbeiter verlagert, mit den Folgen der Überlastung (Problemspirale: Aufgabenverschiebung → erneute Überlastung → Ausfall), eines stetig ansteigenden Altersdurchschnitts und der Verlagerung des Überalterungsproblems in eine vermeintlich bessere Zukunft.[413] Um die Verwaltungen leistungsfähig zu halten, wurden nunmehr sukzessive neue, zumeist jüngere und hinsichtlich der Personalkosten günstigere Mitarbeiter eingestellt, die in der Konsequenz aber über geringe Berufserfahrungen verfügen. Der (allmählich) eingetretene Fachkräftemangel verändert zusätzlich die Situation dahingehend, dass die ÖAG im zunehmenden Maß mit anderen ÖAG und privaten Arbeitgebern konkurrieren und erfahrene Mitarbeiter, u. a. wegen der tariflichen Entgeltstrukturen und mäßigen individuellen Entwicklungsmöglichkeiten, nur schwer halten können. Den Rückgang der Berufserfahrung zeigt die Stapelsäule der Abbildung 13 recht anschaulich. Den BU gelingt die Bindung von erfahrenen Arbeitnehmern indessen besser. Aber auch die BU stehen vor großen Herausforderungen, denn die hohe Quote von Mitarbeitern mit über zwanzig Jahren Berufserfahrung im Bauwesen (70,3 %) sichert zwar sehr solide das Know-how in den Unternehmen ab, aber nur mit zeitlich beschränkter Perspektive; die Personen sind dem Ruhestand deutlich näher als dem Berufsbeginn. Wenn hingegen bei den qualitativen Interviews ausschließlich Personen mit mehr als zehn Jahren Berufserfahrung angesprochen wurden, konnte dies bei der quantitativen Datenerhebung mittels Fragebogen methodisch nicht abschließend sichergestellt werden. Möglicherweise besteht die statistische Verteilung tatsächlich so wie angetroffen und abgebildet (siehe Abbildung 13) oder die Fragebögen wurden innerhalb der Organisationen an jüngere beziehungsweise weniger erfahrene Mitarbeiter zur Bearbeitung weitergereicht. Dieses ist nicht auszuschließen. Dass diese wiederum über eine geringere Expertise verfügen kann zwar angenommen, aber nicht zwingend geschlussfolgert werden. Es kann nicht stringent abgeleitet werden, dass Teilnehmer mit weniger Berufserfahrung über geringe oder keine Expertise verfügen und umgekehrt. In den vielen Nebengesprächen im Rahmen dieser Studie konnte entsprechendes Fachwissen über alle Jahresbereiche hinweg festgestellt werden. Die Tiefe des Wissens hängt offenbar mehr vom individuellen Grad des Engagements und der Interessenlage ab, als vom Alter/der Berufserfahrung. Auch für den Aspekt Berufs-

412 Vgl. *Berliner Morgenpost*, Öffentlicher Dienst – Berlin beendet den Personalabbau, 2014, Internet.

413 Ebd.

erfahrung ließe sich die Forschung weiterführen, indem untersucht würde, welche Berufserfahrung von den Beteiligten als notwendig erachtet wird und durch welche Maßnahmen diese abzusichern ist.

Näher zu betrachten ist auch die Ergebnissituation zur *Anzahl der Bauausschreibungen*, die die beiden Untersuchungsgruppen (UG) im Jahr bearbeiten (siehe **Frage 4**). Der Anteil der befragten Bauunternehmen (BU), die angegeben haben, mehr als 24 Ausschreibungen/Jahr zu bearbeiten, liegt mit über 70 % etwa doppelt so hoch wie bei den Öffentlichen Auftraggebern (ÖAG). Bei den anderen beiden Kategorien „bis 12" und „13 bis 24" ist das Verhältnis dagegen umgekehrt. Plausibel erscheint zunächst der Umstand, dass BU signifikant mehr Bauausschreibungen bearbeiten müssen, da bei Weitem nicht alle Teilnahmen direkt in Bauaufträgen münden. Eine zugegebenermaßen unprätentiöse Begründung könnte jedoch sein, dass einige befragte ÖAG und BU lediglich in Teilzeit arbeiten oder noch andere Aufgaben erfüllen und deshalb weniger Vorgänge betreuen können. Dies ist möglicherweise dem Umstand zuzuschreiben, dass unter den in einer Organisation gesamthaft zu bewältigenden Ausschreibungen in facto diffizile, umfassende oder besonders gewichtige Bauausschreibungen existieren, die eines ungleich höheren Arbeitsaufwandes bedürfen. Die Tatsache, dass größere Projekte kaum allein durch nur eine Person, sondern innerhalb eines spezialisierten Teams aufgabenteilig bearbeitet werden, relativiert die Aussagekraft der Ergebnisse etwas. Für eine fundierte Beurteilung müssten im Grunde die Begleitumstände und Rahmenbedingungen mit einbezogen werden. Allerdings könnte es in der Tat auch so sein, dass tendenziell einfach zu bearbeitende, routinehafte und unbedenkliche Vorgänge durch Personen mit geringer Berufserfahrung und komplexe, ungewöhnliche und risikobehaftete Vorhaben durch beschlagene Experten betreut werden. Um mehr Klarheit auf diesem Spannungsgebiet zu gewinnen, wurde im Rahmen der theoretischen Fundierung (siehe Kapitel 6) die Zusammenhangsvermutung Nr. 1 zwischen der Berufserfahrung und der Anzahl von Bauausschreibungen aufgestellt. Die statistische Auswertung konnte jedoch für keine der beiden Untersuchungsgruppen (UG) einen signifikanten Zusammenhang feststellen (siehe Abschnitt 7.5.3). Der Aspekt der Berufserfahrung wird im Zusammenhang mit der Einschätzung der „Praxistauglichkeit des Vergaberechts" und der „Kommunikation während der Angebotsphase" nochmals aufgegriffen (Zusammenhangsvermutungen Nr. 2 und 7). Eine Empfehlung zum Forschungsanschluss erfolgt deshalb nicht.

Als letzten Aspekt des ersten Themenkomplexes gilt es die Resultate der *Häufigkeit externer Unterstützung* (siehe **Frage 5**) genauer zu beleuchten. Evident zunächst, dass die Öffentlichen Auftraggeber (ÖAG) weniger zu kaufmännischen und juristischen Themen, dafür mehr zu bautechnischen und planerischen Belangen die Mitwirkung externer Spezialisten heranziehen (siehe Abbildung 15). Dies lässt sich dadurch erklären, dass die ÖAG für die Bearbeitung ihrer Bauvorhaben in hergebrachter Weise auf Objekt- und Fachplaner als Auftragnehmer zurückgreifen (klassisches Dreieck zwischen Bauherrn/Planern/Bauunternehmen). Wie in der statistischen Analyse angemerkt, bringt diese auswärtige Verlagerung sowohl

Vor- als auch Nachteile mit sich. So lassen sich für begrenzte Projektzeiträume notwendige, aber nicht vorhandene Kapazitäten (Anknüpfpunkt zum vorangegangenen Diskurs über die Berufserfahrung) vergrößern und etwaige Wagnisse breiter verteilen. Als Manko können hingegen eine intensivere Steuerung, die Eröffnung weiterer Schnittstellen und die Verringerung beziehungsweise der Verlust des eigenen Know-hows konstatiert werden. Ungleich interessanter ist die Verteilung aufseiten der Bauunternehmen (BU), bei denen nicht etwa eine zum Beispiel gegenläufige U-förmige Ausprägung zu verzeichnen ist, sondern eine circa gleichbleibende Häufigkeit auf niedrigem Niveau um Messpunkt 2. Dies lässt den Schluss zu, dass die BU de facto über alle vier Merkmale hinweg Unterstützung benötigen, mithin auch im Hinblick auf die technischen und planerischen Belange, die fraglos zu den ureigenen Kernkompetenzen der BU zählen dürften. Dieser Sachverhalt lässt sich dadurch erklären, dass auch die BU einer ständigen technischen Weiterentwicklung ausgesetzt und teilweise auf die Zuarbeit von Herstellern und Händlern angewiesen sind. Neue Bauprodukte, Zulassungen, Verarbeitungsverfahren veranlassen die BU, diesbezüglich Unterstützung einzuholen. Der Rückgriff auf Externe kann aber auch daraus resultieren, dass beispielsweise begrenzte Planungsaufgaben von dem ÖAG an den BU übertragen werden und diese sich für deren Bewerkstellung Dritter bedienen (z. B. hinsichtlich der Werk- und Montageplanung (WuM) oder dass für die Bauaufgabe weitergehende Detailplanungen vonnöten sind (z. B. für Schalungssysteme oder Befestigungen). Ein entsprechender Hinweis darauf könnte die Angabe eines BU unter „Sonstiges" sein, zu „technischen Detaillösungen" häufiger die Mitwirkung Außenstehender in Anspruch zu nehmen (siehe Tabelle 13). Daraus resultiert, dass mit zunehmender Technifizierung auch die Anforderungen an die BU und die Notwendigkeit, externe Hilfe einzubinden, weiter zunehmen werden. Aufschlussreich ist die Tatsache, dass die BU, abgesehen von einigen wenigen Ausreißern, einen nur sehr geringen juristischen Beistand von außerhalb der eigenen Organisation benötigen. Dies kann daher rühren, dass nach eigenem Empfinden ausreichend große Kenntnisse der rechtlichen Materie vorliegen, die eine externe Unterstützung entbehrlich machen. Es kann aber auch so sein, dass der juristischen Unterstützung keine größere Aufmerksamkeit beigemessen wird oder vorzugsweise außerjuristische Wege im Umgang mit Ausschreibungen eingeschlagen werden. Der Sachverhalt ließe sich allerdings auch damit erklären, dass den an der Befragung teilgenommenen BU eigene Vergabejuristen zur Verfügung stehen. Die geringe Quote könnte auch darauf zurückzuführen sein, dass BU Juristen nicht vorbereitend oder begleitend einbinden, sondern selektiv nur bei strittigen Zuschlagsentscheidungen – somit deutlich seltener. Nach Ausbreitung der Datenlage könnte in einem weiteren Schritt erforscht werden, welche Unterstützungsleistungen im Detail benötigt werden und wie ÖAG und BU diese künftig zu beschaffen beabsichtigen.

8.1.1.2 Öffentliche Auftragsvergabe: Fragen 6 bis 14

Mit der **Frage 6** erfolgt die Erkundigung nach der *Praxistauglichkeit des Vergaberechts*, die die beiden Untersuchungsgruppen (UG) substanziell unterschiedlich bewerten. Während die Öffentlichen Auftraggeber (ÖAG) lediglich eine mittlere Praktikabilität konstatieren, schätzen die Bauunternehmen (BU) die Bedeutung noch geringer ein. Die Gründe, warum die ÖAG dies etwas besser taxieren als die BU, könnten darin liegen, dass die ÖAG sich für die Vorbereitung, Durchführung und den Abschluss von Vergabeverfahren deutlich intensiver mit der gesamten Materie auseinandersetzen müssen als die ÖAG und deshalb den Nutzen und die Zweckdienlichkeit höher bewerten. Dennoch müssen diese mäßigen Zustimmungsraten nachdenklich stimmen, zumal die Einhaltung von Vergaberegularien auch stark mit der Akzeptanz durch die Anwender einhergeht. Wie in Kapitel 2 erläutert, stellt das Vergaberecht nicht primär auf die Anwendungsfreundlichkeit ab. Genau genommen wird dies nicht explizit als Anliegen aufgeführt. Dennoch sollten die Ergebnisse Anstoß dafür sein, dass die entsprechenden Entscheidungsgremien sich auch mit diesem Aspekt entschieden befassen und Beschlüsse über Änderungen künftig noch eingehender aus diesem Blickwinkel betrachten. Es wird angeregt, die Frage nach der Praxistauglichkeit weiter zu zerlegen und empirisch im Detail nachzufassen, worauf die vorgenommenen Einschätzungen eigentlich basieren und durch welche Anpassungen die Anwendungsfreundlichkeit gesteigert werden könnte. Die statistische Überprüfung der Zusammenhangsvermutung Nr. 2 hat ergeben, dass keine signifikanten Wechselbeziehungen zwischen der Berufserfahrung (Frage 3) und der Praxistauglichkeit des Vergaberechts (Frage 6) vorhanden sind – weder bei den ÖAG noch bei den BU. Im Fall der BU zeichnet sich dennoch ab, dass mit steigender Berufspraxis die Praktikabilität moderat höher eingeschätzt wird (siehe Tabelle 57). Allerdings ist dieses Ergebnis kaum belastbar, da für die Mittelwerte der Merkmale „< 5 Jahre“ und „5 bis 10 Jahre“ nur zwei Datensätze vorliegen. Bei den ÖAG nimmt hingegen die Praktikabilität ab, je länger die Teilnehmer beschäftigt sind. Kritisch: Ob für das ÖAG-Merkmal „> 30 Jahre“ auch jenseits des einzelnen Datensatzes ein größtmöglicher Mittelwert von 7 bestehen würde, muss gleichwohl angezweifelt werden. Ein Blick auf die BU zeigt, dass hier die weite Spreizung von 1 bis 7 maximal groß ausfällt.

Abzuhandeln ist ferner die Resultatlage, in welchem Maße die Befragten die *Rechtsprechung und deren Kommentierung* für zweckdienlich erachten (siehe **Frage 7**). Aus den Studiendaten (siehe Tabelle 16), direkter noch aus der visuellen Boxplot-Darstellung in Abbildung 17, lässt sich herauslesen, dass Öffentliche Auftraggeber (ÖAG) und Bauunternehmen (BU) deren Nützlichkeit grundlegend unterschiedlich bewerten. Einerseits könnte dies daran liegen, dass die ÖAG die einzelnen Vergabeverfahren in ihrer Gesamtheit deutlich intensiver und mit längerem zeitlichem Vorlauf vorbereiten müssen. Schwierige Sachverhalte und problematische Punkte können frühzeitig abgeklärt werden. Insofern findet die juristische Befassung im Grunde fortlaufend, zu unterschiedlich Themen und aus stets verschiedenen Perspektiven statt. Andererseits kommen die BU frühestens mit der Angebotsaufforderung dazu, sich näher mit den konkreten Vergabeunterlagen zu befassen und dies auch nur für die begrenzte Dauer der Bewerbungs- beziehungsweise Angebotsfrist. Mit Ausblick auf die nächste Frage 8 zu den Informationsquellen ist es allerdings so, dass sich beide UG durchaus über allgemeine vergaberechtliche Entwicklungen informieren. Umso erstaunlicher ist es, wie zuvor in Frage 5 thematisiert, dass die BU nur selten externe juristische Hilfe hinzuziehen. Die eigenen Erfahrungen des Verfassers zeigen zudem, dass sich offenbar nur wenige BU von Beginn an mit der notwendigen Intensität mit der Vergabe auseinandersetzen, sondern erst mit fortgeschrittener Angebotsfrist. Manche BU-seitigen Fragen während der Angebotsphase oder Reaktionen auf diese Fragen lassen gar den Schluss zu, dass die Befassung selbst dann mitunter nur oberflächlich erfolgt. Entsprechende Auffälligkeiten zeigen sich dann im Rahmen der Angebotsprüfung. Die Ergebnisse legen nahe, dass sich die ÖAG intensiver mit der Rechtsprechung befassen und sich aktiv auf aktuellen Stand halten. Die BU sind dahingehend eher reaktiv beziehungsweise anlassbezogen ausgerichtet. Augenfällig ist zudem, dass von den Untersuchungsgruppen (UG) jeweils beide Merkmale auffallend ähnlich bewertet werden. Dies legt den Gedankenschluss nahe, dass sowohl ÖAG als auch BU beide Aspekte („Rechtsprechung" und „Kommentierung") als eng miteinander verbunden erachten – wenn auch in unterschiedlicher Ausprägung. Die kongruente Datenlage lässt auch die Folgerung zu, dass ergangene Beschlüsse im Grunde nicht ohne begleitende juristische Meinungsbeiträge betrachtet werden. Andernfalls wären die Merkmale innerhalb der UG unterschiedlich ausgefallen. Die Urteile für sich genommen sind offenbar zu ausführlich oder nicht immer ohne Weiteres verständlich, sodass es einer Zusammenfassung oder Erläuterung bedarf. Auffällig ist ferner, dass sich die Datenstreuung bei den ÖAG zu beiden abgefragten Merkmalen gegenüber den BU vergleichsweise gering ausnimmt. Im Fall der ÖAG besteht eine jeweils um 70 % liegende, hohe Zustimmungsrate. Interessant wäre es, herauszufinden, was genau die Befragten aus den Urteilen und Kommentaren für die eigene Vergabearbeit ableiten und wie sie gewonnene Erkenntnisse vorhalten.

Inhaltlich schließt sich die Betrachtung der Ergebnisse zu **Frage 8** fließend an die vorherige Thematik an. Im Zuge dieser Betrachtung soll ermittelt werden, *auf welchem Wege* sich die befragten Öffentlichen Auftraggeber (ÖAG) und Bauunternehmen (BU) über Rechtsprechungen, Gesetzesänderung und Novellierungen *informieren*. Beide Untersuchungsgruppen (UG) schätzen den „Austausch mit Kollegen" und die „Juristische Beratung" in etwa gleich ein. In den übrigen Items variieren ÖAG und BU hingegen deutlich. Das informelle Gespräch im Kollegenkreis nimmt hier einen sehr hohen Stellenwert ein, weil es ohne großen Aufwand über nahezu alle Aspekte (insbesondere über die brisanten) an fast jedem Ort geführt, unterbrochen und schließlich fortgesetzt werden kann. Sind einmal geeignete Gesprächspartner gewonnen, lässt sich in vertrauensvoller Atmosphäre ein solider Wissensaustausch arrangieren. Allerdings ist dies auch kritisch zu sehen, da die Gefahr besteht, sich mit den stets gleichen Personen zu den stets gleichen Themen auszutauschen. Kombiniert mit einer punktuellen juristischen Beratung und begleitet von regelmäßigen Vergabeschulungen, sollte sich eine fundierte Sachkenntnis herstellen lassen. Schulungen und Seminare werden von den BU mit knapp 50 % und von den ÖAG gar mit knapp 80 % als Informationsquelle angegeben. Die bisweilen geäußerten Zweifel am Expertenstatus relativieren sich hier angesichts der Ergebnisse zur Informationsbeschaffung. Aufschlussreich ist auch die Situation bei den Informationsmitteln. Die ÖAG nutzen elektronische Medien wie Newsletter und Foren häufiger als BU, die wiederum traditionelle Informationsinstrumente wie verlegte Fachpublikationen und Fachzeitschriften bevorzugen. Hier eröffnet sich ein gedanklicher Konnex zu Judikatur und den dazugehörigen Einlassungen der vorherigen Frage 7: Insbesondere wird die kommentierte Rechtsprechung sehr schnell über das Internet verbreitet beziehungsweise ist mit wenigen Mausklicks unmittelbar verfügbar. Möglicherweise besteht auch eine direkte Beziehung zu der Routiniertheit der ÖAG der Frage 3: geringere Berufserfahrung → jüngere Mitarbeiter → größere Affinität zu elektronischen Medien. Wenn hingegen ältere/erfahrene Personen den Umgang erlernen mussten, sind jüngere Personen in die digitale Gesellschaft hineingewachsen. Dem stehen solche Fachpublikationen, also auch Studien wie die hier vorliegende, entgegen, welche von den ÖAG nur noch zu gut 10 % und von den BU zu 20 % für ihre Weiterbildung genutzt werden. Ob dieser abnehmende Trend auch im Bauwesen anhält, könnte vermutet, besser aber noch erforscht werden. Abschließend noch ein Blick auf die letzte Kategorie „Sonstige", die deshalb berücksichtigt wurde, um weitere Aufschlüsse über diesen, im Vorhinein nicht abschließend zu definierenden Komplex zu erhalten. Zwei BU haben ergänzend angegeben, dass überdies ein informatorischer Austausch mit Auftraggebern stattfindet und sogar eigene Studien angestellt werden. Dies erweckt sogleich wissenschaftliche Aufmerksamkeit: In welchem Zusammenhang und in welcher Intensität findet der Austausch statt? Wo liegen die Grenzen des Wissenstransfers? Praktizieren die ÖAG dies auch? Es eröffnen sich interessante Ansätze für eine weitere Exploration dieser Vergabethematik.

Zu bilanzieren sind ferner die Meinungsbilder der befragten Öffentlichen Auftraggeber (ÖAG) und Bauunternehmen (BU) in Hinsicht auf die Frage, ob Gestaltungspotenziale bei Ausschreibung und Vergabe bestehen (siehe **Frage 9**) und wie groß die Einflussmöglichkeiten für die Untersuchungsgruppen sind (siehe **Frage 10**). Ergänzend zur statistischen Analyse in Kapitel 7 soll ein Versuch unternommen werden, die Gründe für diese unerwartete Datenlage zu erörtern. Unerwartet insofern, als beide Untersuchungsgruppen (UG) mit weitgehendem Konsens davon ausgehen, dass sowohl für die eigene UG als auch für die jeweils andere UG umfangreiche Einflussmöglichkeiten vorhanden sind. Die Wertungen für die ÖAG liegen um circa 90 % und für die BU um knapp 75 % (siehe Abbildung 19), was offenbar damit zusammenhängt, dass der Ausschreibungs- und Vergabeprozess für die ÖAG ungleich länger ist und sich bereits in der Vorbereitungsphase umfassende Gestaltungsmöglichkeiten eröffnen, bei denen die BU außen vor sind. Der genannte Sachverhalt gilt etwa für die Bildung von Teil- und Fachlosen, die Festlegung der Vergabeverfahrensart oder der

Aufstellung von Eignungs- und Zuschlagskriterien (siehe Kapitel 3), er betrifft unerwarteterweise auch die geringen Unterschiede zwischen den UG von circa 4 % (für ÖAG) und knapp 1 % (für BU). Obwohl in Frage 10 der statistischen Analyse zunächst hinterfragt, liegt offenbar auch hierin der Grund, warum die Untersuchungsgruppen die größere Einflussnahme aufseiten der ÖAG sehen (siehe Abbildung 20). Die Ursachen hierfür lassen sich jedoch nicht endgültig bestimmen, ohne ins Spekulative abzuschweifen oder den Zufall zu bemühen. Somit besteht ein offener Aufnahmepunkt für die weiterführende wissenschaftliche Bearbeitung. Wie würden die Befragten diese Ergebnisse interpretieren? Besteht für sie überhaupt ein zu beseitigendes Ungleichgewicht oder handelt es sich um eine annehmbare Divergenz, die sich aus den Rollen der ÖAG und BU ergibt? Zu beiden Fragestellungen wurden in Kapitel 6 zwei wissenswerte Annahmen formuliert und in Kapitel 7 deren wechselseitige Bezüge zu anderen Faktoren geprüft. Die Zusammenhangsvermutung Nr. 3 stellt auf *vorhandene Gestaltungspotenziale im Vergabeverfahren* (Frage 9) in Verbindung zum *Einsatz unstatthafter Einflussoptionen* (Frage 12) ab. Für die ÖAG konnten keine bedeutenden Abhängigkeiten festgestellt werden, für die BU allerdings schon. Hier ist es so, dass diejenigen BU, die Einflusspotenziale erkennen, zweimal häufiger als Grund anführen, dass die eigene BU-Untersuchungsgruppe unerlaubte Einflüsse anwende, gegenüber solchen BU, die keine Finessen konstatieren. Ein differenzierter Dialog, in dessen Rahmen die Korrelationsergebnisse aus verschiedenen Blickwinkeln hätten betrachtet und erklärt werden können, ist auch nach langem Sinnieren nicht gelungen. Mögliche Erklärungsansätze bleiben schlichtweg zu vage, selbst für eine zurückhaltende Interpretation. Im Fall der Zusammenhangsvermutung Nr. 5, die das *Ausmaß der Einflussnahme* (Frage 10) mit der *Wirkung der Losbildung* (Frage 15) betrachtet, besteht nur bei den BU eine Kohärenz. Dem Ergebnis nach verhält es sich so (siehe Abbildung 40), dass die Wirkung der Losbildung ansteigt, je größer die Interventionsoptionen von den BU taxiert werden.

Intention der **Frage 11** ist, durch die befragten Untersuchungsgruppen (UG) einschätzen zu lassen, wie gut ihrer Meinung nach die Öffentlichen Auftraggeber (ÖAG), Bauunternehmen (BU) und Architekten/Planer über die Gestaltungsmöglichkeiten Bescheid wissen. Darüber hinaus sollten die Teilnehmer direkt anschließend auch das eigene Maß des Wissens vorhandener Gestaltungsmöglichkeiten einschätzen. Im Ergebnis ist festzustellen, dass die Teilnehmer den Kenntnisstand unter den ÖAG, BU und Planern insgemein als ausgeglichen und gesamthaft im mittleren Wertebereich zwischen 3 und 5 erachten (siehe Abbildung 21). Die Selbsteinschätzungen liegen interessanterweise höher als bei jenen UG, denen die Befragten angehören. Die Teilnehmer schätzen somit ihre eigenen Kenntnisse am größten ein. Der Effekt, dass bei Befragungen sich die einzelnen Teilnehmer gegenüber unmittelbar zu vergleichenden Gruppen stets etwas besser einschätzen, ist weithin bekannt. Für diese Verzerrung gibt es unterschiedliche sozialpsychologische Begründungsansätze, die jedoch nicht weiter entrollt werden können. Der Deutungsansatz dieses Zerrbildes wird in Anbetracht der vorliegenden Daten zu Frage 11 als plausibel erachtet. Für interessierte Leser empfiehlt der

Verfasser den kurzweiligen Wissenschaftsartikel von Jens VOSS im National Geographic[414] hinsichtlich des *Dunning-Kruger-Effekts*. Hierin werden die Auswirkungen kognitiver Verzerrung von Personen mit mäßigem Wissen beschrieben; insbesondere deren Selbstüberschätzung und der Unterschätzung anderer. Über den Sachverhalt, dass sich das Antwortspektrum ausgeprägt über den mittleren Wertebereich erstreckt, sind noch einige Überlegungen anzustellen. Zunächst bleibt festzustellen, dass sich derart enge Datenlagen über die gesamte Studie hinweg nur gelegentlich finden. So liegen nur die Antwortdaten zu fünf Fragen vergleichbar dicht beieinander, allerdings auf verschiedenen Skalenniveaus: Frage 14: gering, Frage 15: hoch, Frage 19: hoch, Frage 22: hoch und Frage 27: hoch. Folglich kann davon ausgegangen werden, dass es sich insgesamt um realistische Antwortsituationen handelt. Im Übrigen konnten innerhalb der Datensätze zu keiner Frage nachteilige Antwortpräferenzen lokalisiert werden. Bei Frage 11 käme zwar die in Kapitel 7 thematisierte Gefahr der „Antworttendenz zur Mitte" bei zum Beispiel bestehender Unsicherheit beim Teilnehmer in Betracht, aber aufgrund der ansonsten markanten Datenverteilungen und der verständlichen Frageformulierung ist dies unwahrscheinlich. Es gibt keine Anzeichen dafür, warum dies bei dieser Frage abweichen könnte. Es sieht tatsächlich so aus, dass ÖAG und BU den drei Beteiligtenparteien ein in etwa gleiches, mittelgroßes Maß an Wissen hinsichtlich der Gestaltungsmöglichkeiten unterstellen. Die zu diesem Betreff aufgestellte Zusammenhangsvermutung Nr. 4 *Maß des eigenen Wissens* (Frage 11) und *Anwendung unstatthafter Finessen* (Frage 14) hat keine diskussionswürdigen Korrelationen ergeben.

Als Nächstes werden die Ergebnisse zum *Einsatz unstatthafter Einflussoptionen* beziehungsweise *Finessen* genauer dargelegt. Dieser Gegenstand erstreckt sich über insgesamt drei Fragen von 12 bis 14 und beginnt mit einer allgemeinen Erkundigung in **Frage 12**, ob Öffentliche Auftraggeber (ÖAG) und Bauunternehmen (BU) widerrechtliche Praktiken anwenden. Bereits hier zeigt sich eine unerwartete Konstellation (siehe Abbildung 22). Sowohl ÖAG als auch BU bestätigen mit einer fast übereinstimmenden und ungemein hohen Quote von circa 50 %, dass ÖAG illegitime Beeinflussungsmethoden anwenden. Drastischer noch der Blick auf die BU-Seite, der offenbart, dass zwar auch die BU ihre eigene Untersuchungsgruppe (UG) mit knapp 55 % vergleichbar hoch einschätzen, die ÖAG überdies davon ausgehen, dass der Anteil gar über 70 % liegt; eine beunruhigende wie zugleich faszinierende Ergebnissituation. Es scheint fast so, als gäbe es unter den Vergabebeteiligten eine gewisse Einmütigkeit, unlautere Praktiken einzusetzen beziehungsweise hinzunehmen. Erstaunlich ist die Tatsache, dass insbesondere die ÖAG, die aufgrund ihrer initiierenden Position eigentlich mehr Spielräume im gesamten Vergabeprozedere haben dürften, die BU hier weit vorne sehen. Ohne die Datenlage der nachfolgenden Frage 13 zu erörtern, kann eine Annäherung kaum erfolgen. Zunächst seien aber die Resultate zu der **Frage 14**, die aus bearbei-

[414] Vgl. *National Geographic*, Dunning-Kruger-Effekt: Warum sich Halbwissende für besonders klug halten, 2021. Internet.

tungstaktischen Gründen nachfolgend gestellt wurde, betrachtet. Sie zielt auf eine Selbsteinschätzung ab: Haben Sie selbst schon einmal unstatthafte Finessen angewandt? Die Situation stellt sich für beide Untersuchungsgruppen (UG) identisch dar: Nur jeder vierte Teilnehmer bestätigt ein unzulässiges Vorgehen, die überwiegende Mehrheit von immerhin 75 % verneint dies. Dass beide Lager abermals gleiche Verteilungen aufweisen, ist aber nicht die einzige Auffälligkeit. Das Ergebnis steht im eklatanten Missverhältnis zu den Resultaten aus Frage 12. Nur 25 % der Befragten geben an, selber unstatthafte Finessen angewandt zu haben, taxieren allerdings mit rund doppelt so hohen Zustimmungswerten, dass dies durch „andere" ÖAG und BU sehr wohl intensiver geschieht. Ganz offensichtlich passen Selbst- und Fremdeinschätzung hier nicht überein. Möglicherweise erfolgte die Selbsteinschätzung in Frage 14 vor dem Hintergrund einer tendenziell positiven Darstellung des eigenen Verhaltens oder auch hinsichtlich einer gesellschaftlich-sozialen Angemessenheit. In Betracht kommt auch, dass die Frage 12 nicht hinreichend präzise gestellt wurde. Möglicherweise hat die Hälfte der Befragten de facto erlebt, dass von ÖAG oder BU unstatthaft Einfluss genommen wurde. Allerdings bleibt zu diffus, in welchem zeitlichen Zusammenhang dies geschah. Aufschlussreicher wäre somit eine Formulierung mit einer siebenfach skalierten Zeitkomponente im Antwortbereich gewesen, beispielsweise: Wie oft erleben Sie, dass von unstatthaften Einflussoptionen Gebrauch gemacht wird? Womöglich hätte sich daraus eine weitere aufschlussreiche Zusammenhangsvermutung ableiten lassen. Im Zusammenhang mit Frage 14 ist ferner der Umstand der umfangreichen freitextlichen Ergänzungen zu besprechen. Von den ÖAG wurden fünf (plus zwei nicht näher bestimmte) und von den BU acht (plus acht weitere, nicht näher bestimmte) unerlaubte Einwirkungen benannt. Diese zusätzlichen Auskünfte der Befragten sind sehr zweckdienlich und helfen dabei, das Betrachtungsspektrum zu erweitern. Bei genauerer Betrachtung ist jedoch zu erkennen, dass alle Nennungen weitgehend mit den Antwortvorgaben aus der vorherigen Frage 13 übereinstimmen. Entweder wurden die Items vom Verfasser bereits präzise erfasst, sodass die Befragten damit konform gehen oder die Faktoren wurden schlechthin übernommen. Es stellt sich die Frage, warum sich die Befragten die Mühe machen sollten, individuell zu ergänzen, um dann lediglich zu repetieren? Dies scheint nicht stringent. Zumal für Frage 13 unter „Sonstiges" von den Befragten gleichwohl differenzierte Faktoren angeführt wurden. Dies führt direkt zu der Auseinandersetzung mit den Resultaten der **Frage 13**. Wie schon in der statistischen Auswertung in Kapitel 7 praktiziert, erfolgt auch hier die Fokussierung auf die meistgenannten Praktiken der ÖAG und BU. Welche Finessen stellen Sie *bei Auftraggebern* am häufigsten fest? Die BU taxieren hinsichtlich der unzulässigen Handlungen, dass, und zwar mit deutlichem Abstand zu allen anderen Items, die *intransparente Angebotswertung* (64,1 %) am häufigsten anzutreffen ist (siehe Abbildung 23). Die Wahl der *falschen Verfahrensart* (7,8 %) wird von den BU am seltensten festgestellt. Die ÖAG erachten dagegen, dass bei der eigenen UG die *unzutreffenden Auftragswertschätzungen* (60,7 %) am häufigsten und *unangemessene Zuschlagskriterien* (10,7 %) am seltensten vorhanden sind. Welche Finessen *bei Bauunternehmen* registriert werden, illustriert Abbildung 24. Hier nennen die BU für die eigene Untersuchungsgruppe (UG) der Bauunternehmen zumeist *spekulative Angebotspreise* (73,4 %) und nur vereinzelt *unvollständige/fehlende Urkalkulationen* (4,7 %). Die ÖAG erachten gleichsam die *spekulativen Angebotspreise* (46,4 %) als die häufigste Praktik bei den BU. Auffällig ist, dass bei der Bewertung der *Öffentlichen Auftraggeber* keine Werte von ÖAG und BU gleichauf liegen. Bei der Beurteilung der Bauunternehmen liegen immerhin zwei Wertepaare mit weniger als einem Prozentpunkt Abweichung sehr dicht beieinander: bei den Items *Fragen zum Zwecke der taktischen Beeinflussung* und *unerlaubte Mischkalkulationen*. Es übersteigt einen annehmbaren Rahmen, zu disputieren, welche Gründe dahinterstecken könnten. Eine eventuell anschließende Forschung könnte der Frage nachgehen, welchen Stellenwert die Befragten den analysierten Items eigentlich beimessen, also wie deren praktische Bedeutung im Einzelnen erachtet wird. Somit kann, wenn die Häufigkeit als „Breite" und die Relevanz gewissermaßen als „Tiefe" gedeutet wird, die Untersuchung nochmals intensiviert werden. Ein letzter Blick ist noch auf die bereits angeschnittenen freien Angaben der Befragten zum Item „Sonstiges" zu richten. Während die ÖAG keinerlei Auskünfte erteilten, haben die BU für beide UG gleich acht ergänzende Nennungen vorgenommen. Sechs entfallen auf die ÖAG, wobei nur fünf davon textlich hinterlegt sind, und zwei auf die BU. Diese asymmetrische Verteilung 5:2 beziehungsweise 6:2 erklärt sich möglicherweise durch die Affinität zur eigenen UG und die vergabemäßige Fokussierung der BU auf die ÖAG-Seite. Andersherum wären womöglich mehr Aspekte von den ÖAG in Richtung der BU angegeben worden. Beachtlich sind die getätigten Angaben der BU aber insbesondere deshalb, weil sie – anders als in Frage 14 – andersartige, die prätendierten Items ergänzende Einflüsse aufzeigen. So stellen die BU fest, dass von den ÖAG fachlich falsche oder unvollständige Ausschreibungen platziert werden und die Bauleistungen fehlerhaft beschrieben als auch mit falschen Mengenangaben (Doppelnennung) versehen werden. Eine problematische Angabe führen die BU gegenüber ihrer eigenen UG an: „Wissensvorsprung durch vorherige Abstimmung". Dieser Aussage nach verschaffen sich die BU einen Kenntnisvorteil im Vergabeverfahren, indem sie im Vorfeld eine gewisse Verständigung suchen. Es ist nicht weiter ausgeführt, mit wem, zu welchem Zeitpunkt und worüber übereingekommen wird. Zweifelsohne kann sich im eigenen Bauunternehmen mit Kollegen oder Mitarbeitern und auch mit externen Beratern vertrauensvoll ausgetauscht werden. Es wären aber auch andere, ungleich zweifelhaftere Konstellationen denkbar. Hier kommt es sicherlich auf den konkreten Einzelfall an. Eine Grenze wäre aber überschritten, wenn beispielsweise unzulässige Marktabsprachen mit Wettbewerbern, Händlern oder Herstellern getroffen würden. Auch aus dieser Thematik könnte sich ein spannendes Betätigungsfeld für kommende Wissenschaftler eröffnen, beispielsweise indem die Beteiligten dahingehend detailliert befragt würden. Zu den auf die Fragen 12 und 14 bezogenen Zusammenhangsvermutungen wurde bereits in den Ergebnisbesprechungen zu den Fragen 9 und 11 Stellung bezogen.

8.1.1.3 A – Bildung von Teil- und Fachlosen: Fragen 15 bis 16

Das als Nächstes auszubreitende Resultat gilt der *Losbildung*, welche die Teilnehmer in **Frage 15** zu bewerten hatten. Besonders deutlich geht aus Abbildung 26 hervor, dass die definitorische Schaffung von mehreren Auftragsteilen durch den Auftraggeber von beiden Untersuchungsgruppen (UG) als sehr effektiv erachtet wird. Dies ist soweit nachvollziehbar, da kleinere Auftragsteile von einem potenziell größeren Kreis von Bauunternehmen (BU) ausgeführt werden können – Folgen: größerer Wettbewerb, günstigere Angebotspreise, Förderung des Mittelstandes – und die Anforderungen an den Teilauftrag, zum Beispiel die notwendige Leistungsfähigkeit, vom Öffentlichen Auftraggeber (ÖAG) individueller an die Bauaufgabe angepasst werden können. Die Anzahl und der Zuschnitt von Teil- und Fachlosen spielen in der Vergabestrategie demnach eine wichtige Rolle. Auf die in Frage 15 bezogene Zusammenhangsvermutung wurde bereits in der Ergebnisbesprechung zu der Frage 10 eingegangen.

In der **Frage 16** wurden die Öffentlichen Auftraggeber (ÖAG) und Bauunternehmen (BU) gebeten, den Gehalt verschiedener Aussagen zu den beiden entgegengesetzten Entwicklungen *Losbildung* (Teil A) und *GU-Vergabe* (Teil B) zu bewerten. Zur Losbildung in **Teil A** liegen die Einschätzungen der Befragten ungefähr gleichauf. Eine besondere Ausnahme stellt die statuierte Behauptung dar, dass eine Vergabe in Losen für die *Mängelhaftung hinderlich* sei (Item E). Hier gehen die Meinungen der ÖAG und BU deutlich auseinander, wie an den abweichenden Medianen (3,0 BU und 5,0 ÖAG) in Abbildung 27 zu erkennen ist. Die BU erachten dies möglicherweise nicht so, weil die Projektorganisation in der Hand des ÖAG liegt. Mittels guter Planung, eindeutiger Beschreibung des Leistungssolls, eines realistischen Zeitplans und der Schaffung am Baubetrieb ausgerichteter Baulose sollte die Abgrenzung der Mängelhaftung kein gravierendes Problem sein. Aber möglicherweise stellen gerade diese Aspekte die ÖAG vor große Herausforderungen. Die Datenbetrachtung zur *erhöhten Koordination* (Item D) lässt ferner den Schluss zu, dass sich die ÖAG vergleichsweise einig sind: Viele Vergabeeinheiten steigern den Synchronisationsaufwand auf der Baustelle. Die BU sehen dies im Ergebnis zwar auch so, wenn auch mit breiterer Antwortstreuung. Spannend wäre die Folgefrage, ab wieviel Losen ein Bauvorhaben hemmende Schnittstellen erzeugt, die Koordination unverhältnismäßig ansteigen lässt und die Mängelhaftung erschwert? Dies hängt zweifelsohne davon ab, wie das entsprechende Bauvorhaben charakterisiert wird und wie der Auftraggeber mit seinen Planern aufgestellt ist. Möglicherweise lässt sich ein modellhafter Ansatz entwickeln, wie viele Lose unter zu definierenden Bedingungen maximal zweckmäßig sind. Bleibt noch, die wichtigsten Ergebnisse zur GU-Vergabe **Teil B** durchzusprechen. Wie schon in der Statistik angemerkt, eröffnet sich ein ähnlicher Anblick wie im Teil A (siehe Abbildung 28). Die Mediane von fünf Items befinden sich auf gleichem Niveau oder höchstens um einen Skalenpunkt versetzt (Items A, B und E). Nur bei *schränkt den Wettbewerb zu sehr ein* (Item D) divergieren die Daten der Mediane prägnant voneinander um abermals zwei Skalierungspunkte (siehe Tabelle 38:

4,0 ÖAG, 6,0 BU). Die konsultierten ÖAG schätzen ein, dass die Gesamtvergabe der Bauleistung an einen Generalunternehmer (GU) den Wettbewerb nur mittelmäßig einschränkt. Die BU gewichten diesen Umstand wesentlich schwerer. Dass für die Übernahme einer Generalunternehmerschaft längst nicht alle BU in Betracht kommen, genau genommen eher wenige größere Baufirmen, ist den Untersuchungsgruppen (UG) hinlänglich bekannt. Dahingehend lässt sich zumindest die große Zustimmungsrate durch die BU deuten. Möglicherweise erachten die ÖAG, dass unter den GU-fähigen Bietern durchaus ein Konkurrenzverhältnis besteht und ein gewisser Wettbewerb herstellbar ist. Anders als zum Teil A wurden von den Befragten für den Teil B unter *Sonstiges* drei weitere Aussagen genannt. Die erste wurde von einem ÖAG formuliert, der darauf hinweist, dass die Leistungsbündelung an GU gleichwohl *wirtschaftliche und technische Ausfallrisiken* mit sich bringt. Ein berechtigter Einwurf, da das Bauvorhaben bei Fortfall des GU sogleich in einen hochproblematischen Zustand übergeht. Je nachdem, in welchem Stadium sich das Bauvorhaben befindet, stellen sich die Optionen für den ÖAG unterschiedlich dar. Die Konsequenzen daraus sind allerdings äußerst vielfältig und übersteigen leider den gesteckten Rahmen dieser Untersuchung. Ganz grundsätzlich ist davon auszugehen, dass ein solches Ereignis erhebliche und weitreichende negative Folgen mit sich bringt: Zeitliche Verzögerungen, höhere Kosten, andere technische Lösungen, neue Bauunternehmen usw. sind dabei nur die ersten in den Sinn kommenden Aspekte. Die zweite Aussage eines BU lässt die Einschätzungen zu den Aussagen der GU-Vergabe in obligater Abhängigkeit zum spezifischen Projekt erkennen. Die dritte Stellungnahme erfolgte gleichfalls von einem BU und erklärt die Kostenersparnis aufseiten der BU für verringerte Bau-/Projektsteuerung in der GU-Konstellation.

8.1.1.4 B – Vergabeverfahrensart: Fragen 17 bis 18

In diesem Textabschnitt wird sich mit der Ergebnissituation zur *Bedeutung der Wahl der Vergabeverfahrensart* aus **Frage 17** befasst. Auch hier hatten die befragten Öffentlichen Auftraggeber (ÖAG) und Bauunternehmen (BU) die Möglichkeit, für beide Untersuchungsgruppen (UG), also für die jeweils eigene und auch für die andere UG, Bewertungen vorzunehmen. Der Datenertrag lässt sich so paraphrasieren, dass beide UG der Verfahrensbestimmung übereinstimmend eine hohe Relevanz zumessen – die Mittelwerte liegen auf dem Skalierungspunkt 5 und 6 (siehe Abbildung 28). Mit Letzterem attestieren die ÖAG ihrer eigenen UG demnach eine nochmals gesteigerte Bedeutung. Bemerkenswert ist die ausgedehnte Datenstreuung ohne Ausreißer bei der Bedeutung für Bauunternehmen durch BU mit Boxplot-Whiskern über die gesamte Skalierungsbreite von 1 bis 7. Die Antwortsituation ist somit uneinheitlicher als bei den drei anderen Fragekonstellationen. Zudem ist erstaunlich, allerdings nicht genauer zu ergründen, dass die Streuungs- und Lagemaße dem Ergebnis zu Frage 15 sehr ähneln (siehe Abbildung 26).

Aus den Ergebnissen der direkt anschließenden **Frage 18** nach der *Vergabeart mit den größtmöglichen Einflussmöglichkeiten* geht hervor, dass die Freihändige Vergabe beziehungsweise das EU-Verhandlungsverfahren die größten Einwirkpotenziale bereitstellen. Wie in Kapitel 3 dargelegt, sind die Freiheitsgrade in diesem Verfahren mitunter am größten. Allerdings trifft dies gleichermaßen für die anderen am Verfahren beteiligten Bieter und für die Öffentlichen Auftraggeber (ÖAG) zu. Es stellt sich die Frage, ob es aus Wettbewerbsgründen nicht klüger erscheint, sich auf die Gestaltungsmöglichkeiten der stärker reglementierten Verfahren, beispielsweise der *Öffentlichen Ausschreibung oder dem Offenen Verfahren (Item A)*, zu fokussieren. Diejenigen Beteiligten, welche die Gestaltungsmöglichkeiten im Detail gut kennen, müssten doch gerade hier ihre Vorteile ausspielen. Vor diesem gedanklichen Hintergrund ist es ferner bemerkenswert, dass die ÖAG der *Beschränkten Ausschreibung/dem Nicht offenen Verfahren (Item B)* gar keine Einflussbedeutung zumessen. Bemerkenswert sind gleichfalls die Teilergebnisse für die Items D und E: Müssten der *Wettbewerbliche Dialog (Item D)* und die *Innovationspartnerschaft (Item E)* nicht dann sogar noch höhere Zustimmungsraten erhalten? Dies lässt sich allerdings schlüssig dadurch erklären, dass diese beiden Vergabeverfahrensarten bei der Ausschreibung und Vergabe von Bauleistungen kaum bis nicht angewandt werden. Es könnte der Frage nachgegangen werden, wie häufig der *Wettbewerbliche Dialog* überhaupt für Bauleistungen eingesetzt wird und wie die Abgrenzungsbegründung zum *Verhandlungsverfahren* lautet. Es eröffnen sich somit weitere Forschungsmöglichkeiten.

8.1.1.5 C – Angebotsfrist/Zeitliche Lage: Fragen 19 bis 21

Die allgemeine strategische Relevanz in puncto *zeitliche Lage von Ausschreibungen*, so wie in **Frage 19** behandelt, zeigt das prononcierteste Resultat der quantitativen Teilstudie. Sowohl Öffentliche Auftraggeber (ÖAG) als auch Bauunternehmen (BU) messen der zeitlichen Lage eine hohe Wichtigkeit zu. Eine beeindruckende Ausprägung der Daten manifestiert sich jedoch in Bezug auf die sehr geringen Streuungsmaße bei beiden Untersuchungsgruppen (UG) (siehe Abbildung 31). Die Teilnehmer, ganz besonders die ÖAG, liegen in ihren Einschätzungen und abgesehen von wenigen Ausreißern weitgehend überein. Dies kann dadurch erklärt werden, dass die ÖAG ihre Vergabeverfahren auch über den Faktor der zeitlichen Lage effektiv steuern können. Demnach ist nicht nur die Angebotsfrist relevant, sondern auch das Einfügen der Ausschreibung in den unmittelbaren zeitlichen Kontext von großer Bedeutung. Über eine für BU unvorteilhafte Lage ließe sich beispielsweise der Wettbewerb verringern.

Die *kalendarischen Zeiträume* waren deshalb Gegenstand der **Frage 20**, die von den Mitwirkenden unterschiedlich prekär erachtet wurden. Unterschiedlich insofern, als sie bezüglich der aufgestellten Zeitabschnitte divergieren. In den Antworten äußern sich die Öffentlichen Auftraggeber (ÖAG) und Bauunternehmen (BU) jedoch vergleichbar. Als überaus kritisch wird von beiden Untersuchungsgruppen (UG) der Jahresübergang Dezember/Januar taxiert. Dieser stellt sich für alle Beteiligten als schwierig dar: für die BU hinsichtlich der Kalkulation, Angebotsbearbeitung und Fristwahrung sowie für die ÖAG bezüglich etwaiger Kommunikation, Rügeverfolgung und Zuschlagserteilung. Ganz besonders sehen dies die ÖAG so, die gelegentlich mit dem Vorwurf konfrontiert sind, gerade diese Jahreszeit zur Wettbewerbsvermeidung zu nutzen. Ihre Zustimmungswerte sind hoch und weisen zudem eine sehr kleine Datenstreuung auf. Es ist folglich zu überlegen, ob im Zeitraum von Mitte Dezember bis Anfang Januar überhaupt Vergabeverfahren platziert werden sollten. Insofern es die Bauvorgaben ermöglichen, kommen verlängerte Angebotsfristen in Betracht.

Zur Fristenthematik wurde schließlich der allgemeinen **Frage 21** nachgegangen, wie lange die *Vorbereitungszeit zwischen Zuschlagserteilung und Baubeginn* im Minimum nach Meinung der Öffentlichen Auftraggeber (ÖAG) und Bauunternehmen (BU) sein soll (siehe Abbildung 33). Die Dauer von zwei Wochen wird in beiden Untersuchungsgruppen (UG) nur von wenigen Teilnehmern für gut erachtet (ÖAG um 10 %, BU um 5 %). Den größten Zuspruch erteilen die Befragten der Frist von vier Wochen, wobei die Quoten bei den ÖAG mit über 70 % und bei den BU mit knapp 40 % variieren. Die BU sprechen sich jeweils mit 28 % auch für sechs und mehr Wochen aus. Dies lässt sich auf den Umstand zurückführen, dass die Vorbereitung für größere, ineinandergreifende Bauvorhaben oder komplizierte Bauleistungen bei den BU ungleich mehr Zeit in Anspruch nimmt. Weitere plausible Erklärungsansätze könnten sich auch darin bestehen, dass die BU vor Baubeginn beispielsweise umfangreiche Werk- und Montageplanungen zu erbringen haben oder dass mitunter erheblich schwankende Lieferzeiten stark nachgefragter Bauteile zu berücksichtigen sind oder dass manche BU sich gar erst im Fall des Zuschlages intensiv mit der Bauaufgabe befassen. Gleichwohl hätte die Frage bei der Aufstellung zielführender ausgerichtet werden oder ergänzt werden können, etwa durch Nennung von Bedingungen oder Voraussetzungen.

8.1.1.6 D – Unternehmensbezogene Eignungskriterien: Fragen 22 bis 25

Die vier nachfolgenden Fragen eröffnen mit dem grundlegenden Informationsersuchen nach der *Bedeutung der Eignungskriterien* in **Frage 22**. Die Daten in Tabelle 48 und Abbildung 34 zeigen, dass beide Untersuchungsgruppen (UG) die Tragweite der Kriterien zur Überprüfung der BU-Befähigung in etwa gleich und zudem hoch einschätzen. Dies zeigt, dass beiden Beteiligtengruppen die Notwendigkeit zur Festlegung der grundlegenden Qualifikation im differenzierten Maße bekannt sind. Ohne angemessene Eignungskriterien bliebe dem Öffentlichen Auftraggeber (ÖAG) unbekannt, ob die Bieter für die Realisierung der Bauaufgabe überhaupt befähigt sind. Und den Bietern würde nicht ersichtlich, welche Anforderungen an den zukünftigen Auftragnehmer eigentlich gestellt werden – was dies anbelangt, ein substanzieller Befund zum Auftakt dieses Themengebiets.

Mit der **Frage 23** erfolgt die Vertiefung zur Feststellung der Bietereignung. Zuerst fällt auf, dass keines der vier definierten Kriterien A bis D von den Öffentlichen Auftraggebern (ÖAG) oder den Bauunternehmen (BU) als irrelevant oder auch nur geringfügig eingestuft wurde. Im Gegenteil, alle Mediane liegen nicht unter Skalierungspunkt 5 (siehe Abbildung 35). Es kann somit angenommen werden, dass für die Beteiligten die Charakteristika faktisch eigenständige und gewichtige Berechtigungen haben. Auf den zweiten Blick fallen Lage und Verteilung der Daten auf, die diskutiert werden müssen. Bereits das erste Item A erregt die Aufmerksamkeit des Betrachters, weil die Datenstreuungen für beide Untersuchungsgruppen (UG) ungewöhnlich breit gefächert sind. Hier ist es offenbar so, dass die BU und, sogar noch etwas mehr die ÖAG, die *Befähigungsnachweise zur Berufsausübung* sehr unterschiedlich gewichten. Der Datenlage in Tabelle 49 ist zu entnehmen, dass immerhin 25 % der befragten ÖAG diesem Kriterium eine geringe Relevanz für die Prüfung der Bieteignung zusprechen. Der Median von 5 zeigt an, dass die Verteilung dann allerdings noch weiter ansteigt. Bei den BU ist die Spreizung auch groß, die Zustimmung nimmt aber eher stetig zu und erreicht den Median bei Skalierungspunkt 6. Ganz anders stellt sich die Konstellation für Item B dar. Hier liegen die Daten in puncto *wirtschaftlicher und finanzieller Leistungsfähigkeit* viel dichter zusammen. Das heißt, dieses Eignungskriterium findet bei allen beiden UG einheitliche und hohe Zustimmung. Die anderen Kriterien werden allerdings auch als sinnvoll für die Bewertung der Bietereignung angesehen. Dass die Wichtigkeit der Eignung etwa gleich eingeschätzt wird, könnte möglicherweise auch daran, liegen, dass prädestinierte und hinreichend qualifizierte BU wohl kein Interesse daran haben dürften, mit minderbefähigten Bietern um Bauaufträge zu konkurrieren. Insofern sind hohe, aber angemessen an der Bauaufgabe ausgerichtete Eignungskriterien sicherlich auch im Sinne der BU. Anschließende Untersuchungen könnten diese vier Eignungskriterien weiter aufgliedern; zum Beispiel eruieren, welche Nachweise für den Eignungscheck besonders probat sind.

Wie häufig die Befragten eine *unzulässige Vermischung von Eignungs- und Zuschlagkriterien* erleben, ist Thema der **Frage 24**. Die Ergebnissituation stellt sich so dar, dass das gesamte Antwortspektrum angeführt ist, die Vermengung allerdings unterschiedlich oft wahrgenommen wird (siehe Abbildung 36). In beiden Untersuchungsgruppen (UG) besteht mit rund 60 % ein sehr großes, etwa gleichgewichtiges Meinungsbild darüber, dass dies nur bisweilen vorkommt. Ähnlich verhält es sich für die Antwortmöglichkeit „ständig". Auch hier liegen die Angaben auf einem ähnlichen Niveau, werden aber ungleich seltener konstatiert: Öffentliche Auftraggeber (ÖAG) lediglich mit 3,7 % und Bauunternehmen (BU) mit geringen 6,2 %. Dies trifft in etwa auch auf die Antwort „häufig" zu. Die zweitgrößten Zustimmungen entfallen auf die Einschätzung, dies „noch nie" registriert zu haben. Im Ergebnis bleibt demnach festzustellen, dass die Vermischung von Eignungs- und Zuschlagkriterien ein sporadisch anzutreffendes Phänomen ist. Eine Ursache könnte darin begründet sein, dass die überwiegenden ÖAG Eignung und Zuschlag (mittlerweile) konsequent voneinander trennen. Infolgedessen ist der Anteil darauf zurückzuführender Beanstandungen durch die BU deutlich rückläufig. Ob der Trend zu einer weitergehenden positiven Veränderung – also strikten Separation – anhält, könnte eine erneute Messung in wenigen Jahren zutage fördern. Es könnte zudem eruiert werden, welche Parameter im Einzelnen kritische Überschneidungen hervorrufen und ob sich Verbesserungsvorschläge ableiten lassen, wodurch sich die Situation für die Beteiligten noch eindeutiger darstellen ließe.

Um dieser Thematik weiter nachzugehen, wurde mit der **Frage 25** thematisch nachgefasst: Erfolgte die Vermischung überwiegend „absichtsvoll" oder „ungewollt"? Die Fragestellung zielt darauf ab, herauszufinden, ob nach Einschätzung der Befragten bei den Öffentlichen Auftraggebern (ÖAG) ein bewusstes Handeln dahintersteckt oder ob dies eher versehentlich beziehungsweise unbedacht geschieht. Mit einer respektablen Mehrheit von über 95 % geben die ÖAG an, dass eine etwaige Vermengung unbeabsichtigt geschieht (siehe Abbildung 37). Die Bauunternehmen (BU) hingegen schätzen dies differenzierter, aber ausgeglichen mit jeweils um 50 % ein. Die Grundlage dieser Auswertung bilden alle Fragebögen. Im unteren Teil der Tabelle 52 wurde zudem untersucht, wie die Antwortsituation aussieht, wenn nur Fragebögen mit den drei ausschließlich beipflichtenden Angaben (gelegentlich, häufig, ständig) die Basis bilden. Die Datenlage ist dann etwas verschoben, aber nicht substanziell anders, weshalb auf eine weitere Grafik verzichtet wurde. Wie können diese beiden unterschiedlichen Ergebnisse erklärt werden? Nach Auffassung der ÖAG geschieht die Vermischung „nie" oder „selten" (> 90 %) und zudem „unbeabsichtigt" (> 95 %). Aus Sicht der ÖAG handelt es sich mithin um ein seltenes und versehentlich ausgelöstes Vorkommnis. Im Vergleich zur Wahrnehmung der BU ist die Darstellung deutlich vorteilhafter für die eigene Untersuchungsgruppe (UG) der ÖAG. Die BU taxieren die Frequenz der „häufigen" und „ständigen" Vermischung sichtlich höher als bei den ÖAG und meinen zudem, dass die Vermischung überwiegend „absichtlich" herbeigeführt wird (52,5 %, siehe zutreffende Zusammenhangsvermutung Nr. 6 Frage 24 mit Frage 25). Vor dieser Datenbasis könnte die Situation von den BU möglicherweise wirklichkeitsnäher bewertet worden zu sein. Dies führt zu der Folgefrage, warum die ÖAG die eigene UG in diesem Punkt unbefangener einschätzen? Antworten könnten darin gesucht werden, dass die ÖAG in der Praxis findiger agieren und diese brisante Frage im Hinblick auf ein sozial erwünschtes Verhalten beantwortet haben. Eine durchaus vorhandene Raffinesse wird demnach als unbedeutend dargestellt, also bagatellisiert. Eine absichtliche Vermengung bedeutet, dass dies von den ÖAG willentlich vorgenommen wird. Es könnte aber auch dadurch erklärt werden, dass aufseiten der ÖAG und BU nicht ausreichend Wissen und Erfahrung vorliegen, um zutreffende Einschätzungen vornehmen zu können. Um findig agieren zu können, bedarf es allerdings eines gewissen Knowhows aufseiten der ÖAG. Möglicherweise lässt sich die hohe Quote des Kriteriums der ungewollten Vermischung aber auch durch eine gewisse Gleichförmigkeit in der organisatorischen Vergabeabwicklung und Unachtsamkeit erklären. Einmal im Grunde erarbeitete Eignungs- und Zuschlagsstandards werden nicht hinterfragt, nicht auf das jeweilige Bauvorhaben angepasst, sondern gedankenlos übernommen. Mit der Folge, dass sich die beiden Kriteriengruppen eventuell inhaltlich überschneiden. Es bleibt eine gewisse Skepsis, ob die befragten ÖAG und BU eine Vermischung von Eignungs- und Zuschlagskriterien überhaupt erkennen und bewerten können. Daraus ergibt sich der berechtigte Einwand, ob diese Frage denn zweckmäßig aufgestellt wurde. Eventuell hätte besser mit einem freien Textfeld nach der Meinung der Befragten sondiert werden können, welche Vermischungen in der Vergabepraxis gewisse Probleme aufwerfen. Daher eröffnen sich auch hier weitere Forschungsmöglichkeiten.

8.1.1.7 E – Einsatz von Wertungssystemen: Frage 26

Den Resultaten der statistischen Analyse zu **Frage 26** ist als Fazit zu entnehmen, dass die mittleren *Relationen von Preis und Leistung mit 80/20 % und 70/30 %*, also die *Gruppe B*, die größte Zustimmung erhielt (siehe Abbildung 38). Auffällig ist ferner, dass das obere Spektrum (Gruppe A mit „90/10 %“ und „nur Preis“) überwiegend von den Öffentlichen Auftraggebern (ÖAG) als adäquat eingeschätzt wird und das untere (Gruppe C mit „60/40 %“ und „50/50 %“) mehrheitlich von den Bauunternehmen (BU) als angebracht beurteilt wird. Zunächst wird die Gruppe A besprochen. Dass die ÖAG einen höhergewichtigen bis ausschließlich geltenden Preis als angemessen erachten, könnte damit expliziert werden, dass der Auswertungsaufwand der Angebote für die ÖAG geringer und der Preiswettbewerb aufgrund des fehlenden beziehungsweise eingeschränkten Interpretationsspielraums ungleich rigoroser ist. Der Angebotspreis ist hier der überragende oder gar einzige Faktor bei der Ermittlung des wirtschaftlichsten Angebots. Dieser Aspekt ist nicht zuletzt auch aus dem Grunde wichtig, da das beste Angebot relativ unprätentiös berechnet oder einfach nur abgelesen werden kann – ein wichtiger Umstand, da einfache Auswertungsmethoden auch von weniger spezialisierten Mitarbeitern angewandt werden können. Zudem können sich die BU im besonderen Maße auf die Kalkulation als Kernstück des Angebots und weniger auf eventuell zu erstellende Konzepte und Arbeitsproben fokussieren. Umso erstaunlicher ist es, dass die BU hohe/höhere Preisanteile bei der Angebotswertung tendenziell am geringsten befürworten. Für die ÖAG macht ein hoher Preisanteil immer dann Sinn, wenn die auszuschreibende Leistung eine geringe Komplexität aufweist, sich wahrlich erschöpfend beschreiben lässt. Das untere Spektrum stellt sich oppositär zum oberen dar: Die ÖAG taxieren geringere Preisanteile als wenig bis gar nicht verhältnismäßig, die BU hingegen sehr wohl. Es scheint doch so, dass die BU im Leistungsteil 20 % und größer weitere Möglichkeiten erkennen, ihre Angebote attraktiver zu gestalten, um ihre Chancen auf Zuschlag respektive Bauaufträge zu erhöhen. Die ÖAG befinden einen Leistungsanteil über 30 % sichtbar ungemäß. Einflüsse in solchem Maß abseits des monetären Faktors stellen die ÖAG womöglich vor größere Herausforderungen. Von den Bietern eingereichte Leistungskonzepte müssen von den ÖAG verstanden, anhand der aufgestellten Wertungsparameter analysiert und schließlich bewertet werden. In Absageschreiben an unterlegene Bieter, mehr noch bei Abhilfeschreiben vorgetragener Rügen oder eingeleiteter Nachprüfungsverfahren müssen Wertungsentscheidungen wohlbegründet dargelegt werden. Die mittlere Gruppe B mit 80/20 % und 70/30 % Gewichtung wird von den ÖAG und den BU als besonders angemessen beurteilt. Der Angebotspreis hat eine hohe, aber keine übersteigerte oder ausschließliche Bedeutung. Vielmehr verbleibt beiden Untersuchungsgruppen (UG) ausreichend Freiraum, die Leistungsbetrachtung gebührend zu berücksichtigen. Die Leistungskomponente wiederum ist nicht so wirkungsreich angelegt, dass sie den Preis in der Bedeutung zu sehr relativiert – summa summarum eine gewisse Ausgewogenheit, die die Befragten in ihrem Abstimmungsverhalten erkennen lassen. Auch zu diesem Thema ergeben sich Anschlussmöglichkeiten für weiterführende Forschungen. Es könnte etwa untersucht werden, wie die UG den Sachverhalt bewerten, wenn eine funktionale Leistungsbeschreibung mittels Leistungsprogramm Grundlage wäre. Oder, wie bereits angesprochen, welche Unterlagen sich für den Leistungsnachweis eignen.

8.1.1.8 F – Kommunikation in der Angebotsphase: Frage 27

Die Erörterung von Einzelfragen und Korrelationen schließt mit der Betrachtung der Ergebnisse zu der letzten **Frage 27** ab, die auf die Bedeutung der *Kommunikation während der Angebotsphase* abstellt. Aus der Ergebniskonstellation geht hervor, dass Öffentliche Auftraggeber (ÖAG) und Bauunternehmen (BU) der Verständigung einen hohen Stellenwert zumessen (siehe Abbildung 39). Dies ist für beide Untersuchungsgruppen (UG) verständlich, da der Austausch neben den Vergabeunterlagen die nächste bedeutende Informationsphase darstellt. Nicht nur die Auftraggeber, sondern auch die Bieter beobachten und bewerten die Fragen der Konkurrenz und Antworten des Auftraggebers akribisch. Jede Information könnte Vorteile gegenüber den anderen Bietern verschaffen, Des- oder Überinformationen könnten allerdings zu Verunsicherung führen. Die statistische Überprüfung der letzten Zusammenhangsvermutung Nr. 7 hat ergeben, dass zwar ein leichter Trend festzustellen ist, also dass die Bedeutung der *Kommunikation während der Angebotsphase* (Frage 27) mit der *Berufserfahrung* (Frage 3) ansteigt, eine Korrelation jedoch nicht besteht (siehe Tabelle 62). Das überaus spannende Themengebiet des Dialogverhaltens innerhalb der Angebotsphase öffnet eine weitere Gelegenheit, die Ergebnisse dieser Arbeit wissenschaftlich auszubauen.

8.1.2 Besprechung der Ergebnisreflexion durch Studienteilnehmer

Neben dieser detaillierten Betrachtung werden die Befunde auch im Hinblick auf ihre übergeordnete Bedeutung für Ausschreibung und Vergabe von Bauleistungen besprochen.

Zunächst wird die Reflexion einiger Fragebogenteilnehmer hinsichtlich der Ergebnisse der quantitativen Studie (siehe Kapitel 7) erörtert. Um ein erstes externes Meinungsbild zu erzeugen, wurden die Studienergebnisse einer kleinen Gruppe zielgerichtet auserwählter Personen vorgestellt, abermals bestehend aus je drei ÖAG und BU, die sowohl in der ersten

Teilstudie interviewt als auch in der zweiten Teilstudie befragt wurden (siehe Abschnitt 4.1.7). Dies war insofern konsequent, als auch den Interviewten die Transkripte der Interviews für ihre individuelle Prüfung zur Verfügung gestellt wurden (siehe Kapitel 5). Die vorgeschlagenen Prüfaspekte beziehen sich auf die *Bedeutung der Studie*, die *Nützlichkeit der Forschungsergebnisse* für die eigene Arbeit, den *Erwartungsgrad der Studienergebnisse*, auf die Dimension *gewonnener Erkenntnisse* und das Maß *weiterer Forschung* zum Thema Ausschreibung und Vergabe. Vorweg sei zusammengefasst, dass die Untersuchungsergebnisse zu den Gestaltungsmöglichkeiten von den sechs konsultierten Teilnehmern insgesamt als gewichtig befunden werden. Dass es sich um eine bedeutungsvolle Themenstellung handelt, zeigt sich ferner am großen Interesse seitens der Studienteilnehmer, sowohl der Interviewten als auch der Befragten. Ein gewisser Zuspruch wurde vom Verfasser zwar angenommen, eine solch gute Resonanz war aber nicht vorhersehbar. Die respektable Rücklaufquote der quantitativen Teilstudie, die umfassenden freitextlichen Anmerkungen, insbesondere aber die generierten Daten signalisieren, dass die Befragten bis zum Schluss motiviert waren, den Fragebogen aufmerksam zu bearbeiten – ein Umstand, den ein unbedeutendes oder ein bereits häufig bearbeitetes Thema wohl kaum hervorgerufen hätte. Allerdings handelt es sich um ein Spezialthema für Vergabeexperten, das keine breite Aufmerksamkeit erzeugt. Die *Bedeutung der Studie* wird von den befragten Öffentlichen Auftraggebern (ÖAG) als mittel und von den Bauunternehmen (BU) als mittel bis groß erachtet. Die unterschiedlichen Relevanzen werden darauf zurückgeführt, dass die beiden Untersuchungsgruppen (UG) ihre Einflussmöglichkeiten im Vergabeverfahren als verschieden ansehen (siehe Deskription und Diskussion zu Fragen 9 und 10). Wenn hingegen für den ÖAG die Gestaltungspotenziale aufgrund der initiierenden Stellung im Vergabeverfahren bereits besser bekannt sein dürften und folglich ein mittlerer Stellenwert angegeben wurde, erhalten die BU mit dieser Studie einen systematischen und ungleich tieferen Einblick in die Ausschreibungs- und Vergabethematik von Bauleistungen und die vorhandenen Einflussmöglichkeiten und schätzen demnach auch den Belang nochmals höher ein. Aber auch die ÖAG bestätigen die Relevanz der Studie und äußerten großes Interesse an den Einschätzungen der BU. Dies war durchgängiger Tenor in den Reflexionsgesprächen. Für beide UG, so die verbalen Hinweise der Befragten, seien die Daten zum Themenkomplex D – Eignung besonders aufschlussreich. Obwohl alle sechs Kontaktierten versicherten, wahrheitsgemäß den Fragebogen ausgefüllt zu haben, äußerten sie Skepsis im Hinblick auf die Datenlage zu den Fragen 24 und 25 und somit die Angaben der übrigen Befragten. In den Einzelgesprächen stellte sich unerwartet heraus, dass alle Befragten entweder „noch nie" (vier Befragte: davon 3 ÖAG und 1 BU) oder „ständig" (zwei Befragte: je 1 ÖAG und BU) Kriterienvemischungen erleben. Es schlossen sich lebhafte Unterredungen über die Wahrnehmung der Verteilung an. Die Befassung der Teilnehmer mit den Studienergebnissen war auch deshalb wichtig, weil die im Querschnittformat angelegte Untersuchung keine abschließende Kenntnis hervorbringen kann. Sie stellt, und dies war mit Aufsetzen des Forschungsdesigns bewusst, eine

Momentaufnahme zum Zeitpunkt der Erhebung dar. Interessant sind auch die Rückmeldungen zur *Nützlichkeit der Forschungsergebnisse* für die Ausübung der eigenen Tätigkeit. Die um Auskunft erbetenen Teilnehmer taxieren die Resultate in Bezug auf ihre Brauchbarkeit für die Vergabearbeit von zweckmäßig (ÖAG: mittel) bis sehr hilfreich (BU: mittel bis groß). Beispielsweise haben die BU-Vertreter im Zusammenhang mit den unstatthaften Finessen (Frage 14) berichtet, dass in der eigenen Untersuchungsgruppe der Umstand von Mischkalkulationen respektive spekulativen Angebotspreisen ausnahmslos durch nicht gewissenhaft aufgestellte Leistungsbeschreibungen durch die Planer verursacht werden. Dies müsse schließlich ein deutliches Signal für die ÖAG sein. Dieser Grund ist nachvollziehbar, wenn auch nicht der alleinige. Die Befragten äußerten, dass nicht nur die einzelnen Gestaltungspotenziale, sondern auch die demografischen Angaben der Fragen 1 bis 5 sehr aufschlussreich seien. Die ausgeübten Tätigkeiten (Frage 2) und die Berufserfahrungen (Frage 3) ermöglichen Rückschlüsse auf die Gegenseite und für die Aufstellung möglicher Strategien. Auf die Erkundigung des Verfassers nach der „Gegenseite" erläuterten die Befragten beider UG, dass die ÖAG oder BU dabei als Pendants verstanden werden, keinesfalls als „Gegner" oder gar als „Feinde". Als mittelgroß taxieren die ÖAG und BU die Resultate hinsichtlich ihrer *Erwartungen*. Demnach kann davon ausgegangen werden, dass die am eigenen Abstimmungsverhalten ausgerichteten Annahmen im Schnitt erfüllt wurden, auch wenn dies letztlich unspezifisch bleibt. Kritisch anzumerken ist, dass einige wenige Befragte erklärten, im Grunde gar keine Erwartungen zu haben, außer ihre individuellen Antworten im Fragebogen mit den Gesamtergebnissen abzugleichen. Letzteres um die eigene Position, den eigenen Wissenstand zu verorten. Der Erwartungshorizont hätte demnach vom Verfasser noch eindeutiger gefasst werden können. Im Grunde ist aber auch dies eine durchaus legitime und schlüssige Reflexion. Der allgemeinen Einschätzung nach haben die Studienresultate eher den BU als den ÖAG *Neue Erkenntnisse* vermittelt (ÖAG: gering, BU: mittel). Alle Befragten schätzen jedoch ein, dass der Wissenszuwachs entsprechend den verschiedenen Themen in der Einzelbetrachtung weiter differenziert und zu diversen Aspekten doch mitunter hoch ist. Die Konsultierten gaben ferner an, dass dies auch von der Geschäftsausrichtung abhängig ist und im individuellen Vergabeverhalten variieren kann. Außerdem resultiert die viel größere Spannung ohnedies aus dem direkten Vergleich mit den eigenen UG und dem Vergleich mit jeweils anderen UG. Interessant wird es, wenn die Datenlage zu Frage 11, also der Erkundigung nach dem Wissen über Gestaltungspotenziale bei der öffentlichen Auftragsvergabe, nochmals vergegenwärtigt wird. Die Befragten haben ihr eigenes Wissen entgegen den ÖAG, den BU und auch den Planern größer eingeschätzt, wobei die ÖAG ihre Kenntnis sogar nochmals höher taxieren als die BU. Unter Zugrundelegung dieser leichten Selbstidealisierung könnte abgeleitet werden, dass der Erkenntniszugewinn tatsächlich etwas größer ausfällt, als von den Responspersonen angegeben. Die mittlere Größeneinstufung würde in Summe aber nicht überschritten werden. Die Gesamtwürdigung fällt so aus, dass sich Bekanntes und Neues in etwa die Waage halten. Der *Weitere Forschungsbe-*

darf wird von beiden Untersuchungsgruppen (UG) moderat bewertet. Die Befragten merkten im Wortwechsel dennoch an, dass es nach ihrem Dafürhalten viel zu wenig Feldforschung zum Thema Vergabe von Bauleistungen gebe. Die Meinungen von ÖAG und weniger noch von BU seien, nach subjektiver Wahrnehmung, nicht oder nur sehr selten gefragt. Bestenfalls werden von Industrieverbänden (BU) oder Wirtschaftsberatungsgesellschaften (ÖAG) sporadisch einzelne Fragen zu begrenzten Problemstellungen gestellt. Sie empfinden derartige Erhebungen aber für wichtig und unerlässlich und postulieren gar eine weitergehende Einbindung. Hierzu einige kritische Anmerkungen. Zunächst ist die Basis für dieses Meinungsbild doch recht klein, um auch nur ansatzweise kennzeichnend für etwaige Ableitungen zu sein. Schließlich besteht eine gewisse Skepsis, ob die konsultierten sechs Personen oder gar die 92 Befragten (Rücklauf der quantitativen Teilstudie) überhaupt einen verlässlichen Überblick über die aktuelle Forschungssituation haben. Es besteht schließlich keine zentrale Erfassung vergabebezogener Explorationen für Bauleistungen. Allerdings gibt es einen umfassenden und regelmäßigen fachlichen Austausch zu verschiedenen Vergabethemen, beispielsweise im Rahmen des jährlich stattfindenden Bau-Vergabetages oder des Vergabetages des Deutschen Vergabenetzwerks. Hingewiesen sei auch auf die informative, halbjährlich erscheinende Vergabestatistik des Bundesministeriums für Wirtschaft und Klimaschutz. Die verschiedenen Anschlussmöglichkeiten für die weiterführende Erforschung wurden sowohl bereits in der statistischen Auswertung (Kapitel 7) als auch in der Ergebnisdiskussion (Kapitel 8) aufgezeigt und werden perspektivisch im Ausblick des Kapitels 9 nochmals zusammengezogen.

8.2 Implikationen für die Ausschreibungs- und Vergabepraxis

Aus den erreichten Ergebnissen und Erkenntnissen lassen sich *praktische Handlungsempfehlungen* schlussfolgern, die von den Öffentlichen Auftraggebern (ÖAG) und Bauunternehmen (BU) in ihre Überlegungen zum künftigen Vorgehen einbezogen werden können. Sie sind als Inspiration zur Optimierung des individuellen Instrumentariums zu verstehen. Außerdem werden *neue Ideen* entfaltet, wie sich der momentane Status der öffentlichen Ausschreibung und Vergabe von Bauleistungen in Zukunft möglicherweise fortentwickeln lässt.

8.2.1 Anwendungsorientierte Folgerungen und Handlungsempfehlungen

Die nachfolgenden *Anregungen* sind wegen der vorausgehenden, umfassenden Befassung mit den Studienresultaten und zugunsten einer prägnanten Veranschaulichung bewusst stichpunktartig und konzentriert abgefasst. Die *Vorschläge* erfolgen abermals in der für die Themenkomplexe A bis F vorgezeichneten Reihenfolge und differenzieren nach den Untersuchungsgruppen (UG) Öffentliche Auftraggeber (ÖAG) und Bauunternehmen (BU).

Themenkomplex A – Bildung von Teil- und Fachlosen

Schaffung von Teil- und Fachlosen, GU-Vergabe (Fragen 15 und 16):

- ÖAG: Das Gebot der losweisen Vergabe gemäß § 97 Abs. 4 GWB ist grundsätzlich zu beachten. Alle benötigten Bauleistungen sind getrennt nach Fach- und Teillosen auszuschreiben und zu vergeben.
- ÖAG: Die Lose sind dabei so zu dimensionieren, dass mittelständische Unternehmen realistische Chancen auf den Zuschlag haben (Mittelstandsschutz).
- ÖAG: Festlegung ausschließlich sinnhafter Teil- und Fachlose, die sich strikt an den Spezifika des jeweiligen Bauvorhabens sowie der aktuellen Marktsituation orientieren und einen größtmöglichen Wettbewerb entfachen.
- ÖAG: Es besteht jedoch keine Verpflichtung, ineffiziente Kleinstlose zu konstituieren.
- ÖAG: Keines der Baulose darf auf ein bestimmtes Bauunternehmen zugeschnitten sein.
- ÖAG: Zwar ist nicht gesetzlich fixiert, wie viele Lose ein Bieter erhalten kann, es ist dennoch darauf zu achten, dass nicht ein Bieter allein alle Lose erhält.
- ÖAG: Ist eine Loslimitierung, also eine maximale Anzahl an Losen pro Bieter beabsichtigt, dann ist dies in den Vergabeunterlagen anzugeben.
- BU: Ohne die Angabe eines Loslimits können alle Bieter unbegrenzt auf alle Teil- und Fachlose Angebote einreichen.
- ÖAG/BU: Aus eigener Erfahrung wird dringend empfohlen, die Folgen etwaiger Loskombinationen und losbezogener Preisnachlässe vorher genau zu durchdenken.
- ÖAG: Das Risiko von Aufhebung und Neuausschreibung infolge einer gegebenenfalls unzulässigen Gesamtvergabe entfällt.
- ÖAG: Die Gesamtvergabe der Bauleistung an einen Bieter ist nach § 97 Abs. 4 GWB ausnahmsweise zulässig, sofern wirtschaftliche und/oder technische Gründe dies rechtfertigen.
- ÖAG: Für die Gesamtvergabe bedarf es einer ausführlichen, schlüssigen und auf das konkrete Bauvorhaben abgestellten Begründung. Alle Abwägungen und Entscheidungen für eine Gesamtvergabe und gegen eine mittelstandsförderliche Losbildung sind im Vergabevermerk zu dokumentieren.
- ÖAG: Eine Gesamtvergabe ist sorgfältig zu begründen. Beispielsweise fällt der oftmals bemühte hohe Aufwand wegen zusätzlicher Schnittstellen oder schwierige Gewährleistungsabgrenzungen etc. nach Auffassung der Vergabekammer des Bundes regelmäßig

nicht darunter: *„Dass aktuelle Prozesse und Organisationsabläufe geändert und angepasst werden müssten, wenn eine Leistung […] durch mehr Auftragnehmer erbracht werden soll […], sei jeder Losvergabe immanent."*[415]

- ÖAG: Die Gesamtvergabe sollte nicht als Ausgleich eventuell vorhandener Unzulänglichkeiten beim Auftraggeber dienen, zum Beispiel in der Projektorganisation oder der Planung.
- ÖAG: Von einer bloßen *„Flucht in den Generalauftrag"*[416] wird strikt abgeraten. Neben den vergaberechtlichen Komplikationen sollten sich daraus ergebenen Projektrisiken beachtet werden (beherrschende Stellung des GU gegenüber ÖAG, Projektwissen verbleibt beim GU, geringer Einfluss auf Planer und Nachunternehmer (Inhalte, Termine, Kosten etc.).
- ÖAG: Abgeraten wird gleichsam von einer vermeintlich findigen Losvermeidung durch den Einsatz unangemessener Eignungs- und Zuschlagskriterien oder inadäquater Gewichtungen.
- ÖAG: Bei einer zulässigen GU-Vergabe könnte das Vergabeverfahren mehrstufig angelegt sein, um den Bieter mit der besten bautechnischen Lösung und dem wirtschaftlichsten Angebot zu ermitteln. Zunächst wäre gemeinsam mit einer beschränkten Anzahl von Bietern in mehreren Arbeitsrunden eine zweckmäßige Aufgabenstellung zu erarbeiten. Hierbei könnten die Bieter anhand der vorläufigen Stufenresultate sukzessive reduziert und die verbleibenden (mindestens drei) Bieter schließlich zur Angebotsabgabe aufgefordert werden. Ein solches Verfahren bedarf allerdings umfassender Kenntnisse und großer Fertigkeiten bei den ÖAG und muss perspektivisch sehr gut vorbereitet, intensiv durchgeführt und zügig/transparent ausgewertet werden. Um die Bieter zur Teilnahme zu motivieren, den erfolglosen Aufwand und den Unmut bei den unterlegenen Bietern für ein solch einlässliches Engagement abzufangen, muss ein angemessener und abgestufter finanzieller Ausgleich vorgesehen werden. Zu beachten ist ferner, dass die BU einem Wissenstransfer an unmittelbare Wettbewerber äußerst kritisch gegenüberstehen.
- BU: Es gilt ein Augenmerk auf die Losbildung des ÖAG zu legen. Bei Unklarheiten im Zuschnitt der Lose oder der GU-Vergabe beim ÖAG ist um Erläuterung zu bitten, gegebenenfalls ungerechtfertigte Lose oder die Gesamtvergabe zu rügen.
- ÖAG: Ein möglicher Kompromiss zwischen Los- und Generalauftrag könnte – bei Beachtung der zuvor genannten Aspekte – die Etablierung zweckmäßiger, mittelstandsgängiger und handhabbarer Vergabepakete einander ähnlicher Bauleistungen sein.

[415] Vergabekammer des Bundes (VK Bund), Beschluss 15.7.2021, VK Bund 1-54/21.
[416] *Dippel, N.* Gebot der Losaufteilung: Alles andere ist ein alter Hut, 2021. Internet.

- ÖAG: Für die Definition von Vergabeeinheiten bedarf es aktueller Marktkenntnisse und Projekterfahrung.
- ÖAG: Die Entscheidungen sind stets im Spannungsfeld zwischen ökonomischem Einkauf und mittelständischer Belange zu erwägen.
- ÖAG: Unabhängig von der Los- oder Gesamtvergabe ist über das Vergabeverfahren umfassender Wettbewerb herzustellen.
- Innovativ: Sobald die GU-Vergabe angestrebt wird, muss die gesetzliche Mindestfrist für die Angebotsphase um das Doppelte verlängert werden, mit verpflichtender Vorinformation und Vorüberprüfung der Stichhaltigkeit der Begründung. Es müssen BIEGE/ARGE-Konstituierung mittelständiger Unternehmen zugelassen werden.

Themenkomplex B – Vergabeverfahrensarten

Bestimmung der/Einfluss durch die Vergabeart (Fragen 17 und 18):

- ÖAG: Es könnte zunächst geprüft werden, ob für die benötigte Bauleistung eine Pflicht zur Ausschreibung besteht oder ein Direktauftrag nach § 3a Absatz 4 VOB/A unter Beachtung der Haushaltsgrundsätze der Wirtschaftlichkeit und Sparsamkeit ohne Vergabeverfahren möglich ist. Allerdings: nur bis max. 3.000 € Auftragswert.
- ÖAG: Es sollte ferner geklärt werden, ob möglicherweise individuelle Ausnahmen vorhanden sind, zum Beispiel Inhouse-Vergaben, Interkommunale Zusammenarbeit oder ob Situationen der Dringlichkeit und Geheimhaltung (Beschränkte Ausschreibung) anliegen oder Ausschreibungen wegen gewerblicher Schutzrechte schlichtweg unzweckmäßig sind (Freihändige Vergabe).
- ÖAG: Von zentraler Bedeutung ist die Schätzung des zum Zeitpunkt der Bekanntmachung voraussichtlichen Netto-Gesamtauftragswerts, anhand dessen zunächst zu klären ist, ob die vorhandenen Finanzmittel ausreichen und ob nach Maßgabe des EU-Schwellwerts Nationale oder EU-Vergabeverfahren anzuwenden sind.
- EU-Schwellenwert für Bauaufträge, ab 1.1.2022: *5.382.000 € netto*
- ÖAG: Realistische und nachvollziehbare Schätzung des Gesamtwerts aller Fach- und Teillose, die im funktionalen/räumlichen/zeitlichen Zusammenhang mit dem Bauvorhaben stehen (einheitlicher Charakter) einschließlich aller Optionen. Es sollte auf Erfahrungen eigener Ausschreibungen (gegebenenfalls Planer), durchgeführter Marktsondierungen und branchenspezifischer Datenbanken zurückgegriffen werden. Etwaige Preissteigerungen sind zu berücksichtigen. Empfehlung: Je näher sich der Gesamtwert am EU-Schwellenwert befindet, desto exakter sollte die Schätzung durchgeführt werden.
- ÖAG: Ausdrücklich wird vor dem Versuch gewarnt, den Marktwert absichtlich so zu veranschlagen beziehungsweise die Bauleistung so zu zergliedern, um das europäische

Vergaberecht zu umgehen. Vorschlag: Bei einem bereits knapp unterhalb der EU-Schwelle befindlichen Schätzungsergebnis könnte EU-weit ausgeschrieben werden.

- ÖAG: Der einmal regulär festgestellte Auftragswert bleibt während des gesamten Vergabeverfahrens richtungsweisend, unbedeutend von der späteren, gegebenenfalls abweichenden Angebotssituation. Der Auftraggeber ist deshalb und wegen eventuell dahingehender Rügen gut beraten, die Auftragswertschätzung von Beginn an in der Vergabeakte festzuhalten.
- ÖAG: Unter Umständen sind etwaige Sonderregeln zu beachten, beispielsweise befristet veränderte Wertgrenzen für Bauleistungen zu Wohnzwecken infolge der Covid-19-Pandemie bis 31.12.2021.
- ÖAG: Angeraten wird, dem Beschaffungsprojekt die formal richtige Vergabeordnung zuzuordnen: für Bauleistungen, die VOB/A 2019 beziehungsweise ab Erreichen des EU-Schwellenwerts die VOB/A-EU 2019. Tipp: Bei gemischten Leistungen wie Liefer- und Bauleistungen sollte überlegt werden, welche Leistungsart den bestimmenden Charakter hat.
- ÖAG: Entsprechend der Auftragswertschätzung kommen vier nationale Vergabeverfahren unterhalb und fünf EU-Vergabeverfahren ab Erreichen der EU-Schwelle in Betracht.

  Unterhalb besteht eine verbindliche Rangfolge: *Öffentliche Ausschreibung*, *Beschränkte Ausschreibung*, *Freihändige Vergabe* (nicht förmlich) und *Direktauftrag*. Oberhalb kann zwischen *Offenem Verfahren* (unbeschränkte Teilnehmer, keine Verhandlung) und *Nicht offenem Verfahren* (mit/ohne Teilnahmewettbewerb, beschränkte Teilnehmer, keine Verhandlung) frei gewählt werden. Für konzeptionelle Lösungen und vielfältige Situationen empfiehlt sich das *Verhandlungsverfahren* (mit/ohne Teilnahmewettbewerb, gegebenenfalls beschränkt, Verhandlung möglich, sinnvoll abgestuft), da es dem ÖAG und den Bietern größere Spielräume für die Aufgabenerfüllung eröffnet. Der *Wettbewerbliche Dialog* sollte erwogen werden, wenn der Bedarf an Bauleistungen wegen der vorhandenen Komplexität nicht differenziert beschrieben werden kann und die vorgenannten Verfahren kein befriedigendes Ergebnis erwarten lassen. Allerdings besteht für das Bauwesen tendenziell kein Mehrwert gegenüber dem Verhandlungsverfahren. Folglich wird gleichsam für die Beschaffung marktgängiger Bauleistungen von dem Einsatz der *Innovationspartnerschaft* abgeraten. Diese Verfahrensart ist sehr seltenen Konstellationen vorbehalten, in denen zunächst Forschung und Entwicklung beispielsweise ganz neue Baustoffe oder Bauverfahren hervorbringen, die dann im anschließenden Bauvorhaben eingesetzt/angewandt werden. Wichtig: Für die ÖAG ist zu beachten, dass mit größeren Freiheitsgraden auch höhere Kompetenzen bei dem eingesetzten Personal benötigt werden.
- ÖAG: Beachtenswert bei der EU-Vergabe ist das 20-Prozent-Kontigent gemäß § 3 Abs. 9 VgV 2021 (Bagatellklausel), das dem ÖAG ermöglicht, einzelne Baulose bis zum

geschätzten Wert von 1.000.000 €, maximal bis zu einer addierten Lossumme von 20 % des Gesamtauftragswerts, national auszuschreiben – mithin als Beschränkte oder Freihändige Vergabe.

Themenkomplex C – Angebotsfrist/zeitliche Lage

Fristendimensionierung und zeitliche Stellung der Ausschreibung (Fragen 19 bis 21):

- ÖAG: Um aus einem regelrechten, möglichst umfassenden Wettbewerb mehrere exakt (durch-)kalkulierte Angebote zu erhalten, wird den Auftraggebern dringend empfohlen, eine dem Leistungsgegenstand angemessene beziehungsweise den EU-Mindestfristen entsprechende Angebotsfrist zu bestimmen.
- ÖAG: Zu berücksichtigen ist, dass den Bietern durch Feiertage, Wochenenden, interne Abstimmungsprozederen, Ortsbesichtigung, NU-Akquisition und dergleichen de facto kürzere Bearbeitungszeiten verbleiben.
- ÖAG: Es empfiehlt sich, besser das eigene Prozedere zu straffen und die Vergaben zeitlich einzuplanen und dafür etwas längere Angebotsfristen vorzusehen, die sich noch stärker nach der Bauaufgabe, dem Kalkulationsaufwand und der aktuellen Marktsituation ausrichten – quasi ein Zeitinvest in gut fundierte Angebote. Diese sind allerdings auch maßgeblich von der Qualität der Leistungsbeschreibung abhängig.
- ÖAG: Auf Fristverkürzungen wegen Dringlichkeit oder Vorinformation sollte zugunsten eines größtmöglichen Wettbewerbs besser verzichtet werden.
- ÖAG: Die Vorinformation ist stattdessen ein probates Mittel, die Marktteilnehmer über ein bevorstehendes Vergabeverfahren zu informieren. Interessierte Bieter können sich besser vorbereiten, wodurch der Wettbewerb zusätzlich gefördert wird.
- ÖAG: Um eine größtmögliche Einflussnahme über flexiblere Vergabearten oder kürzere Verfahrensfristen zu erreichen, tendieren manche ÖAG leicht- und eilfertig dazu, auf besondere Sachverhalte und Ausnahmefälle abzustellen – vornehmlich auf eine selbstpostulierte Dringlichkeit. Von einer derartigen Ausweitung kann nur gewarnt werden.

  Eine Dringlichkeit liegt nur dann vor, wenn objektiv betrachtet unvorhersehbare Situationen eintreten, die nicht dem ÖAG zuzuschreiben sind und die zudem dringende und zwingende Gründe implizieren, von der Regelkonformität abweichen zu müssen. Der ursächliche Zusammenhang zwischen Sachverhalt und zeitlicher Kalamität dürfte bei genauer Betrachtung und gebotener Sorgfalt allerdings selten zu konstatieren sein. Eine Dringlichkeit ist hingegen dann gegeben, wenn beispielsweise die körperliche Unversehrtheit oder das Leben in Gefahr sind oder wenn unvermittelt erhebliche Risiken auftreten. Letzteres umfasst auch finanzielle Risiken wie zum Beispiel die Zahlungsunfähigkeit beauftragter Bauunternehmen. Eine etwaige fehlende Finanzierbarkeit oder ein selbstverursachter Zeitdruck gehören regelmäßig nicht dazu.

- BU: Um die Zuschlagchancen zu vergrößern, sollten die Bieter durchaus die gesamte Dauer der Angebotsfrist dafür nutzen, die einzureichenden Angebote und Nebenangebote möglichst opportun aufzustellen. Dabei sollte aber keinesfalls die Angebotsfrist aus den Augen verloren gehen, da ansonsten der obligatorische Ausschluss vom Vergabeverfahren droht.
- BU: Die Bieter sollten die Angebotszeit gleich von Beginn der Bekanntmachung an nutzen und nicht zu lange mit der Sichtung der Vergabeunterlagen und der Angebotserstellung zu warten. Möglicherweise ergeben sich relevante Fragen an den Auftraggeber, die etwas Reaktionszeit benötigen. Sobald die Angebotsfrist nicht angemessen erscheint, sollte bei dem ÖAG eine angebrachte Verlängerung erbeten werden.
- ÖAG/BU: Ziel ist das wirtschaftlichste Angebot, nicht die am schnellsten erstellte Offerte.
- ÖAG: Neben der Angebotsfrist lassen sich Vergabeverfahren zudem über die zeitliche Lage wirkungsvoll lenken. Durch die taktische Einbindung in den kalendarischen Kontext kann, je nach Intention des Auftraggebers, der Wettbewerb gefördert oder beeinträchtigt werden.

  Den Entscheidern wird nahegelegt, den Jahresübergang Dezember/Januar, die Osterfeiertage und die Sommerzeit (mindestens aber die lokale Ferienzeit) nach Möglichkeit zu meiden oder ausgedehnt mit verlängerten Angebotsfristen zu überspannen – optimaler Weise derart, dass um die schwierigen Zeiträume herum ausreichend Vor- und Nachlaufzeit berücksichtigt wird – beispielsweise für die Dauer von jeweils einer Woche.
- ÖAG: Wie bei der Losbildung und der Dimensionierung der Angebotsfrist wird auch für die zeitliche Anordnung der Ausschreibung eindringlich angeraten, diesen Aspekt rechtzeitig in die Überlegungen zur taktischen Ausrichtung des Vergabeverfahrens einzubeziehen.
- ÖAG: Anhand der empirischen Ergebnisse wird gleichfalls dafür geworben, die frei zu bestimmende Frist zwischen Zuschlagserteilung und Baubeginn auf circa vier Wochen festzulegen. Je nach Komplexitätsgrad des Bauvorhabens, der organisatorischen und planerischen Vorbereitung des Bauunternehmens, der Gewerksituation auf der Baustelle usw. kann diese angepasst, also verkürzt oder verlängert werden.

Themenkomplex D – Unternehmensbezogene Eignungskriterien

Kriterien für die Bietereignung (Fragen 22 bis 25):

- ÖAG: Um eine ordnungsgemäße Bauausführung abzusichern, sind von dem ÖAG zweckmäßige, an der Bauaufgabe ausgerichtete Eignungskriterien aufzustellen und einschließlich der dahingehend zu erbringenden Nachweise in der Vergabebekanntmachung vollumfänglich anzugeben.

- Die Eignungskriterien sind mit der Bekanntmachung vollständig und direkt, das heißt ohne weiteres Recherchieren oder Unterlagensichtung, im Vergabeprozess unveränderbar darzulegen. Eine einzelne elektronische Verlinkung auf exakt diejenige Textpassage der Vergabeunterlagen, die sich mit der Eignung befasst, ist allerdings statthaft. Ein eingehendes Erforschen der gesamten Vergabeunterlagen nach etwaigen Eignungsparametern ist dem interessierten Bieter hingegen nicht zumutbar.
- ÖAG/BU: Die Eignungskriterien sollen dem Auftraggeber dabei helfen, über die Bieter objektive Prognosen ihrer Eignung zum Zeitpunkt des Baubeginns anzustellen.
- ÖAG: Die in § 97 Abs. 1 bis 5 GWB 2021 festgeschriebenen allgemeinen Vergabegrundsätze (siehe Abschnitt 2.3: Wettbewerbsprinzip, Transparenzgebot, Gebot der Wirtschaftlichkeit und Verhältnismäßigkeit, Gebot der Gleichbehandlung und Verbot von Diskriminierung, Förderung mittelständischer Interessen) sind aufgrund der Priorität gegenüber der VgV und der VOB/A auch bei der Bestimmung der Eignungskriterien unbedingt zu beachten.
- ÖAG/BU: Keinesfalls dürfen sich Eignungskriterien (nur zum Nachweis der Befähigung) und Zuschlagskriterien (nur zur Ermittlung des wirtschaftlichsten Angebots) miteinander vermengen – schon gar nicht absichtlich –, sie sind vielmehr strikt getrennt voneinander zu betrachten. Gemäß der Empirie handelt es sich um ein eher seltenes, aber bedeutungsvolles Phänomen. Es wird deshalb dazu angeraten, sich mit den Unterschieden zu befassen, um erkennen zu können, wann Überschneidungen vorliegen.
- ÖAG: Aufgrund der anliegenden Subjektivität müssen die Kriterien angemessen und bei gegenläufigen Belangen wohl abgewogen sein. Wie schon bei der Losbildung bedarf es abermals einer Begründung und Dokumentation.
- ÖAG: Standardisierte Eignungs- und Zuschlagsstandards können der Orientierung dienen, sollten aber stets für das jeweilige Bauvorhaben hinterfragt und angepasst werden.
- ÖAG: Die Eignungskriterien sind auf die Tauglichkeit, die Befugnis zur Berufsausübung und somit auf die wirtschaftliche, finanzielle, technische oder berufliche Leistungsfähigkeit der Bieter abzustellen.
- ÖAG: Es gibt keine zwingende Verpflichtung zum Einsatz der Einheitlichen Europäischen Eigenerklärung (EEE), nicht unterhalb des EU-Schwellenwertes auf nationaler Ebene und auch nicht ab Erreichen des EU-Schwellenwerts auf EU-Ebene. Es können eigene Vorlagen verwendet werden.
- BU: Allerdings haben die Bauunternehmen bei EU-Vergabeverfahren die Möglichkeit, statt der ÖAG-Formulare die EEE einzusetzen, die dann von den ÖAG als Eignungsnachweis akzeptiert werden müssen. Die Pflicht zur Vorlage der ÖAG-Formulare entfällt somit. Genauso können BU auf anerkannte Präqualifizierungssysteme verweisen, aus denen die ÖAG die notwendige Fachkunde und Leistungsfähigkeit ersehen können.

Mit dem ÖAG abzuklären wäre jedoch die nochmalige Verwendung bereits vorliegender Nachweise aus anderen, aktuellen Ausschreibungen.

- ÖAG: Für die Bestimmung von Eignungskriterien, die dem Nachweis der *wirtschaftlichen und finanziellen Leistungsfähigkeit* dienen, können verschiedene Nachweise benannt werden (siehe Abschnitt 3.1.4.1). Diesbezüglich kann auch ein allgemeiner und auftrags- beziehungsweise tätigkeitsbezogener *Mindestumsatz* verlangt werden. Ohne dass besondere Wagnisse vorliegen, sollte dieser grundsätzlich nicht das *Doppelte des taxierten Auftragswerts* übersteigen. Der anzusetzende *Umsatzzeitraum* darf *maximal drei Jahre* betragen, wobei für eine bessere Prognoseeinschätzung empfohlen wird, die *letzten drei abgeschlossenen, aufeinanderfolgenden Geschäftsjahre* zu verwenden.
- ÖAG: Unterhalb der EU-Schwellwerte bestehen teilweise abweichende oder keine Regeln. Es ist ratsam, sich über die zutreffenden Vergaberegelwerke über die Unterschiede im Detail zu informieren.
- ÖAG: Für die Festlegung von Anforderungen zur *technischen und beruflichen Leistungsfähigkeit* sollten beispielsweise formularmäßig drei Referenzen abgeschlossener Bauaufträge (optional: mit Eignungsbezug zu vergleichbaren Bauleistungen) dargelegt werden, die nach Meinung des Bieters der ausgeschriebenen Bauaufgabe entsprechen. Für den Realisierungszeitraum der letzten fünf Jahre sind jeweils Angaben zu Bauvorhaben, zum Bauherrn, zu Bauleistungen, zur Ausführungsdauer und zum Auftragswert zu machen. Zwar wären weniger als drei und mehr als fünf Jahre Realisierungszeitraum denkbar, aber weniger praktikabel beziehungsweise aufschlussreich. So könnten größere/komplexere Baumaßnahmen noch gar nicht abgeschlossen sein und länger zurückliegende kaum noch Aussagekraft haben.
- BU: Es sollten unbedingt aktuelle Referenzen angegeben werden, die der Bauleistung in Art und Umfang nahekommen. Ein Überfrachten mit einer Vielzahl von Bauprojekten und ausgedehnten Unterlagen sollte jedoch tunlichst vermieden werden. Ungünstig wäre, die daraus resultierende Auswahl der zu beurteilenden Bauvorhaben dem ÖAG zu überlassen. Ungleich besser wäre die punktgenaue Darstellung geeigneter Vorhaben auf dem vorhandenen Formblatt, gegebenenfalls mit kleiner Anlage.
- ÖAG: Ferner wird nahegelegt, Informationen zu den Beschäftigten der letzten drei Jahre sowie vorhandenes Fach- und Führungspersonal im Unternehmen und deren Ausbildung anhand einer Personalübersicht einzuholen. Dabei ist exakt darauf zu achten, dass diese nicht mit den auftragsbezogenen Zuschlagskriterien vermengt werden.
- ÖAG: Die Bieter sollten zur Auskunft angehalten werden, welche Baumaschinen und Geräte grundsätzlich im Bauunternehmen vorhanden sind und welche gegebenenfalls regelmäßig hinzugemietet werden.

- ÖAG: Insbesondere sollte bei den Bietern Auskünfte über die beabsichtigten Eigen- und Fremdleistungsanteile eingeholt werden. Die Bauunternehmen haben dabei anzugeben, welche Leistungen mit eigenen Kapazitäten ausgeführt werden und welche gegebenenfalls von Nachauftragnehmern.
- BU: Sofern von dem ÖAG für bestimmte Bauleistungen eine Pflicht zur Eigenleistung durch den Bieter/Auftragnehmer auferlegt wurde – als Abweichung vom Regelfall –, muss dieser die Aufgabe mit eigenem Personal erledigen. Allerdings können fundierte Argumente gewisse Ausnahmen rechtfertigen. Beispielsweise wenn der BU für die Bauausführung nicht eingerichtet ist oder wenn der ÖAG dem konkreten Nachunternehmereinsatz im Einzelnen gestattet oder wenn eine BIEGE/ARGE eine bestimmte Aufteilung der Bauarbeiten vorsieht. In jedem Fall bedarf es einer Prüfung durch den ÖAG, der sich einer substantiierten und hilfreichen Begründung kaum verschließen wird. Allerdings: Welche plausible Argumentation könnte ein Einzelunternehmen bei vernünftiger Losbildung vortragen, sich um eine Bauleistung zu bemühen, die im Kern aber nicht selbst erbracht werden kann?
- ÖAG: Es besteht die weitere Ausnahmemöglichkeit, die im Übrigen zulässige *Eignungsleihe* bei Nachunternehmen oder Bietergemeinschaften in problematischen Sonderfällen zu begrenzen. Dies ist regelmäßig dann gegeben, wenn einzelne Bauaufgaben so heikel sind, dass sie von der begründeten Eigenleistungspflicht abgedeckt sind. Der Auftraggeber sollte darauf achten, dass der eignungsgebende Nachunternehmer tatsächlich über die benötigte Eignung verfügt, die er zu verleihen beabsichtigt. Andernfalls besteht eventuell eine unsichere Eignungslücke. Um dieses Risiko zu überbrücken, kann der ÖAG von beiden Parteien, also Bieter und Nachunternehmen, eine gemeinschaftliche Haftung für den von der Eignungsleihe betroffenen Leistungsteil einfordern.

Themenkomplex E – Einsatz von Wertungssystemen

Preis-Leistungs-Verhältnis (Frage 26):

- ÖAG: Nach § 127 Abs. 1 GWB 2021 ergeht der Zuschlag auf das wirtschaftlichste Angebot, das zuvor anhand des besten Preis-Leistungs-Verhältnisses zu bestimmen ist.
- ÖAG: Wenn der Ausschreibungsgegenstand es rechtfertigt, ist es möglich, den Zuschlag alleinig auf ein Zuschlagskriterium abzustellen – zumeist auf den Angebotspreis. Dies ist nur möglich, wenn die Bauleistungen exakt und detailliert beschrieben und alle beeinflussenden Rahmenbedingungen aufgezeigt werden können. Bei der Ermittlung sind etwaige Alternativen, Optionen und bedingte/unbedingte Preisnachlässe zu beachten – sofern vom ÖAG vorher zugelassen.

- ÖAG: Insofern sich die Bauauftragsvergabe am besten Preis-Leistungs-Verhältnis orientiert, müssen Mindestanforderungen und Zuschlagskriterien (gegebenenfalls aufgeteilt in Haupt- und Unterkriterien) formuliert und eine Gewichtung mit Bewertungsschemata bestimmt werden.
- ÖAG: Sowohl die Mindestanforderungen als auch die nichtpreislichen Zuschlagskriterien sind verhältnismäßig, wettbewerbsförderlich und diskiminierungsfrei abzufassen. Bewertet werden die von den Bietern einzureichenden Konzepte anhand der von dem ÖAG aufgestellten Zuschlagskriterien, wie Bauqualität, technischer Wert, Ästhetik, Umweltaspekte, Bauzeiten oder soziale Gesichtspunkte. Alle Anforderungen, Zuschlagskriterien einschließlich der Unterkriterien sind in der Auftragsbekanntmachung zu benennen und zu veranschaulichen. Bei der späteren Bewertung sind die ausschlaggebenden Überlegungen und Gründe ersichtlich festzuhalten.
- BU: Den Bieter sei angeraten, möglichst verständlich den Erfüllungsgrad der Kriterien vorzubringen.
- ÖAG: Ist beabsichtigt, den Preis und die Leistung ins gleiche Verhältnis von 50 % zu 50 % zu setzen, wird zum Einsatz der bewährten einfachen oder erweiterten Richtwertmethode angeraten. Beide Verfahren sind vergleichsweise robust und eingängig in der Anwendung. Die Ermittlung des besten Preis-Leistungs-Verhältnisses erfolgt durch die Berechnung des Quotienten von Angebotspreis und Leistung. Die Zuschlagsformel bringt dabei die Kennzahl (Z) hervor, die sich durch Division der Leistungsfähigkeit (L, in Punkten) durch den Angebotspreis (P, in Euro) ergibt, also $Z = L/P$. Die Leistungsfähigkeit (L) wird in Punkten auf von den Bietern einzureichende Konzepte ermittelt. Der Angebotspreis (P) wird in Euro angegeben und könnte neben dem Angebotspreis auch die Lebenszykluskosten für Instandhaltung, Wartung oder Beseitigung umfassen. Das Angebot mit der geringsten Kennzahl (Z) stellt das wirtschaftlichste Angebot dar und muss folglich beauftragt werden.
- ÖAG: Allerdings können bei diesen eingängigen Wertungsverfahren regelmäßig schwierige Situationen entstehen, wenn preislich günstige Angebote mit tendenziell geringer Leistung und gleichzeitig hochpreisige Angebote mit eher hoher Leistung vorliegen. Beide Konstellationen haben das mathematische Potenzial, ähnliche oder gar gleiche Kennzahlen (Z) hervorbringen. Es ist zunächst diffus, welche Leistung welchen Preis begründet. Für den Fall, dass Angebote identische Kennzahlen aufweisen, sollte der ÖAG im Vorfeld bekanntgeben, ob das Los entscheiden soll oder der Auftrag an den Bieter mit dem besseren Abschlusskriterium, dem geringsten Preis oder der höheren Leistung vergeben wird. Sollten gar Preis und Leistung identisch sein, müsste wieder auf einen Losentscheid zurückgegriffen werden.
- ÖAG: Darauf aufbauend berücksichtigt die erweiterte Richtwertmethode das wirtschaftlichste Angebot mit der geringsten Kennzahl eine definierte Schwankungsbreite von

zum Beispiel ±10 %. Bei der Ermittlung des wirtschaftlichsten Angebots werden nunmehr alle Angebote betrachtet, die sich innerhalb dieser Schwankungsbreite befinden – alle übrigen Angebote bleiben außen vor. Die Schwankungsbreite sollte, gegebenenfalls nach Marktsondierung, daher zwischen 10 bis 20 % abweichen. Andernfalls würde ein zu enger Fokus gesetzt oder würden zu viele Angebote einbezogen. Die verbleibenden Angebote werden hinsichtlich der Zuschlagsfähigkeit zunächst als gleichberechtigt angesehen. Die finale Zuschlagsentscheidung ergeht an dasjenige Angebot, welches in der Schwankungsbreite liegt und ein vordefiniertes, für die Bauleistung bedeutsames Abschlusskriterium (z. B. Wert oder Güte eines essenziellen Aspekts) im besten Maße entspricht.

- ÖAG: Um von vornherein leistungsschwache oder teure Angebote auszuschließen, kann der ÖAG eine Preisobergrenze und/oder eine Mindestpunktzahl der Leistung definieren. Alle Angebote, die preislich darüber oder leistungsmäßig darunter liegen, werden nicht berücksichtigt.
- ÖAG: Insofern unterschiedliche Gewichtungen von Preis und Leistung angestrebt werden, kommen die Interpolationsmethode oder die Preisquotientenmethode in Betracht. Bei der Interpolationsmethode werden zunächst der geringste Angebotspreis mit der größtmöglichen Preispunktzahl und ein imaginäres, aber tatsächlich nicht vorhandenes Angebot in doppelter Angebotshöhe mit null Preispunkten versehen. Anschließend werden die Preispunktzahlen für die übrigen, dazwischenliegenden Angebote interpolativ ermittelt. Die Preisquotientenmethode setzt hingegen das preislich günstigste Angebot (100 %) in Beziehung zu den übrigen Angeboten.
- Es empfiehlt sich, die Preisquotientenmethode mit einem Mindestabstand von zwanzig Prozentpunkten von Preis und Leistung zu einander aufzustellen, beispielsweise mit 60 %/40 %, und darüber hinaus in Schritten von fünf Prozentpunkten abzustufen, beispielsweise 65 %/35 %.[417]
- ÖAG: Für Bauleistungen wird jedoch nahegelegt, die Preiskomponente nicht zu marginalisieren – sie sollte 50 % nicht unterschreiten.
- ÖAG: In der Festlegung der Wertungsmethode steckt ein großes Gestaltungspotenzial. Es ist stets zu überlegen, welche Wertungsmethoden für die benötigten Leistungen geeignet sind und wie viele Wertungskriterien hinsichtlich der Leistungsfähigkeit angemessen sind. Die Anzahl der Kriterien hat auch insofern Einfluss, als eventuell schlechtere Leistungen eines Merkmals durch bessere Leistungen eines anderen Merkmals ausgeglichen werden können. Hierzu sollten sich die ÖAG frühzeitig mit den Zuschlagsformeln und Zuschlagskriterien befassen. Für Letztere können insbesondere Konzepte, beispielsweise zur Einhaltung wichtiger Termine (auch für Kosten und Qualitäten),

[417] Vgl. *Fachverlag Ferber*, Praxisratgeber Vergaberecht, Das Preis-Leistungsverhältnis und die Bewertungsmatrizen im Vergaberecht, 2017. Internet.

nebst Anregungen zur Verringerung der ÖAG-seitig veranschlagten Bauzeit bewertet werden. Da das Führungspersonal eine überaus wichtige Rolle spielt, wird vorgeschlagen, Erfahrung, Qualifikation und Motivation zu erfragen und zu beurteilen. Die Bieter sollten dementsprechend aufgefordert werden, ein auf das BV abgestelltes Einsatzkonzept des Schlüsselpersonals mit Namen, Einsatzquantum, Funktion, Stellvertretung einschließlich der Lebensläufe einzureichen. Es empfiehlt sich auch, die vom Bieter vorzusehende Baustelleneinrichtung und Baustellenlogistik skizzieren und beschreiben zu lassen. Gleichsam können vom ÖAG geplante Abläufe und ausgemachte Schwierigkeiten von den Bietern geprüft und deren dahingehende Optimierungsvorschläge bepunktet werden. Denkbar sind gleichsam Einschätzungen zur Führung der eigenen Nachunternehmer und die Abstimmungen mit anderen Baufirmen auf der Baustelle. Im Einkauf sehr beliebt, wenn auch selten ÖAG-seitig weitergehend unterlegt, ist das Antragen von wertanalytischen Anregungen durch die Bieter (Value Engineering): Wie können Kosten reduziert, Qualitäten erhöht oder das Bauvorhaben besser aufgestellt werden? Ein weiteres Zuschlagskriterium könnte auf die kalkulatorischen Zuschläge für AGK, BGK, Wagnis und Gewinn ausgerichtet sein.

- Ferner sollte das auserkorene Wertungssystem in Abwandlungen anhand zurückliegender Ausschreibungen beispielhaft getestet werden, um Schwachstellen, Verzerrungen oder Widersprüche zu erkennen und vor der Bekanntmachung zu beseitigen. An die in der Bekanntmachung veröffentlichte Wertungsmethode ist der ÖAG gebunden, eine spätere Änderung ist nicht möglich.
- ÖAG/BU: Keinesfalls dürfen sich Eignungskriterien (zum Nachweis der Befähigung) und Zuschlagskriterien (zur Ermittlung des wirtschaftlichsten Angebots) miteinander vermengen – schon gar nicht absichtlich –, sie sind vielmehr strikt getrennt voneinander zu betrachten.
- BU: Den Bietern wird angeraten, ihre Angebote an dem gesetzten Wertungssystem auszurichten und ihre Zuschlagschancen zu berechnen.

Themenkomplex F – Kommunikation Angebotsphase

Kommunikation während der Angebotsphase (Frage 27):

- BU: Um einen aufschlussreichen Austausch initiieren zu können, sollten die Bieter zunächst die Auftragsbekanntmachung und die Vergabeunterlagen gründlich studieren. Damit ausreichend Zeit für die Kommunikation (und Kalkulation) verbleibt, wird nahegelegt, diese Sichtung umgehend nach Veröffentlichung beziehungsweise Kenntnis durchzuführen.
- BU: Die Bieter sind verpflichtet, dem ÖAG auf etwaige inhaltliche Diskrepanzen, Gegensätze oder Inkonsequenzen hinzuweisen. Hier gilt es taktisch abzuwägen, welche Sachverhalte mit welcher Absicht zu hinterfragen sind und welche Aspekte besser nicht

oder gegebenenfalls später thematisiert werden. Je nach Intention (z. B. technische Erkenntnis, wettbewerbliches Kalkül, Verlängerung der Angebotsfrist) müssen eine geschickte Formulierung und der passende Zeitpunkt dafür gefunden werden. Dies wird in Anbetracht der näherkommenden Angebotsfrist zunehmend schwieriger.

- BU: Die Bieter sollten bei dem ÖAG präzisierende oder ergänzende Auskünfte erbitten und aufgeführte, aber eventuell fehlende Unterlagen anfordern.
- ÖAG: Um die Kommunikation innerhalb der Angebotsfrist zu bündeln und eine termingerechte Verfahrenssteuerung zu ermöglichen, wird den ÖAG angeraten, eine verbindliche Frist anzugeben, bis wann etwaige Anliegen heranzutragen und Bieterfragen zu stellen sind. Diese Kommunikationsfrist ist abermals angemessen zu der Angebotsfrist zu dimensionieren und sollte vom Ende her betrachtet etwa zehn Tage betragen.
- ÖAG: Der ÖAG darf allerdings keine Fragen abweisen oder unbeachtet lassen, die nach dieser Kommunikationsfrist eingehen. Die Bieter haben schließlich die Möglichkeit, bis zum Ablauf der Angebotsfrist die Auftragsbekanntmachung und die Vergabeunterlagen durchzusehen und festgestellte Diskrepanzen, Gegensätze oder Inkonsequenzen mitzuteilen oder Fragen zu stellen.
- ÖAG: Es wird dazu angeraten, jedem vorgetragenen Missstand bestmöglich abzuhelfen, ausnahmslos jede Frage zu beantworten, die gesamte Bieterkommunikation revisionssicher zu dokumentieren und gegebenenfalls die Angebotsfrist gebührend zu verlängern – und zwar in jedem Verfahrensstadium. Bei EU-Vergabeverfahren ist der ÖAG verpflichtet, innerhalb von sechs Tagen beziehungsweise vier Tagen (bei Nicht offenem Verfahren und Verhandlungsverfahren ohne Teilnahmewettbewerb) nach Bietermitteilung entsprechende Auskünfte zu erteilen.
- ÖAG: Damit die Bieter ihre Angebote exakt ausarbeiten können und um potenzielle Rügen infolge inhaltsloser Trivialantworten zu vermeiden, sollten die Antworten prägnant und substantiiert erfolgen. Wenn sich Fragen partout nicht beantworten lassen, könnten die Gründe nebst Vorschlägen zum Umgang hierfür genannt und/oder vorläufige Annahmen getätigt werden. Phrasenhafte Antworten sind zu vermeiden, genauso wie ausbleibende Antworten.
- ÖAG: Die anonymisierten Bieterfragen und die dazugehörigen Antworten des Auftraggebers müssen allen Bietern gleichberechtigt zugänglich gemacht und über die E-Vergabe-Plattform dokumentiert werden. Sie sind Bestandteil der Vergabeakte und führen die Vergabeunterlagen weiter fort. Eine ausgebliebene Übermittlung der Fragen und Antworten an die Bieter hätte weitreichende Konsequenzen: Der ÖAG wäre dann gezwungen, das Vergabeverfahren aufzuheben.

- ÖAG: Wiederholende Sachverhalte oder bloße Hinweise auf Fundstellen in den Vergabeunterlagen und dergleichen können allerdings bilateral erfolgen. Obacht ist bei planmäßigen Baustellenbesichtigungen während der Angebotsphase oder unvorhergesehenen Besprechungen geboten. Um keine Informationsverzerrungen hervorzurufen, sollte darauf verwiesen werden, Bieterfragen nur schriftlich zu stellen.
- BU: Es wird angeraten, alle Bieterfragen und Auftraggeberantworten stets achtsam zu verfolgen.

8.2.2 Ideen zur Weiterentwicklung der aktuellen Vergabesituation

Nachfolgend einige *Ansätze*, *Impulse* und *Inspirationen*, wie sich die derzeitige Konstellation der öffentlichen Ausschreibung und Vergabe von Bauleistungen weiterdenken und verbessern lässt:

- Um die von den Befragten als mäßig eingestufte Praxistauglichkeit des Vergaberechts zu erhöhen und um mehr Bieter zur Teilnahme an öffentlichen Ausschreibungen zu motivieren, ist es grundsätzlich notwendig, den *administrativen Aufwand* weiter zurückführen, vorhandene *Strukturen* zu *straffen* und *Werkzeuge* zu *vereinheitlichen*. So müsste beispielsweise die Einheitliche Europäische Eigenerklärung (EEE), die bislang aufgrund ihrer Unverbindlichkeit keine Wirkung entfachen konnte, zumindest bei EU-Verfahren obligatorisch sein – im Grunde auch bei nationalen Verfahren. Von den ÖAG sollte in Bezug auf die Bietereignung das Instrument der Präqualifikation intensiver genutzt werden.
- An EU-Ausschreibungen in Deutschland beteiligen sich mit überwiegender Mehrheit hiesige Bauunternehmen oder Firmen mit starken deutschen Niederlassungen; internationale Bieter sind nur sehr selten anzutreffen. Der gemeinschaftliche Kerngedanke, eine *breite Marktöffnung in Europa* zu realisieren und dadurch den *Wettbewerb* zu *stärken*, ist im Bauwesen kaum zu erkennen. Hier bedarf es mehr als eines gemeinsamen Standardvokabulars (CPV) für die einheitliche Klassifizierung öffentlicher Aufträge in der Europäischen Union (EU) und Auftragsbekanntmachungen in verschiedenen Sprachen. Zunächst wäre es interessant in Erfahrung zu bringen, wie die europäischen Baufirmen (nach Größe und nach Branchen etc.) möglichen Engagements im Ausland überhaupt gegenüberstehen. Hier könnte eine größer angelegte *Befragung* innerhalb der EU, jeweils organisiert über die nationalen Interessenverbände, Aufschlüsse hervorbringen. Worauf liegt der geografische Fokus der Bautätigkeiten: regional, national, europäisch oder gar international? Was sind die Haupthemmnisse sich außerhalb des gewohnten Marktes hinaus zu beteiligen und wie ließen sich diese beseitigen beziehungsweise reduzieren? Möglicherweise sind Sprache, (Bau-)Kultur und örtliche Verbundenheit viel stärkere Identifikationsmerkmale als vermutet.

- Markterkundungen vor Initiierung eines Vergabeverfahrens sind mittlerweile zulässig und sollten vom ÖAG intensiver genutzt werden, um den aktuellen *Beschaffungsmarkt* gründlich zu *sondieren*, die *Bauleistung erschöpfend zu beschreiben* und vom *Auftragswert* her besser *einschätzen* zu können. Vor Markterkundungen, die zielgerichtet den Zweck verfolgen, den Wettbewerb mittels spezifischer Alleinstellung einzuschränken oder gar zu eliminieren, sei allerdings gewarnt.

- Jedem Vergabeverfahren ab einem geschätzten Netto-Auftragswert von beispielsweise 1.000.000 € sollte eine *Vorinformation* mit der beabsichtigten Auftragsvergabe *zur Marktaktivierung* vorgeschaltet werden. Der zeitliche Vorlauf bis zur Ausschreibung sollte nicht mehr als sechs Monate betragen und die Möglichkeit zur Fristverkürzung entfallen.

- Insofern nur das Preiskriterium bei der Ermittlung des wirtschaftlichsten Angebots angelegt wird, die benötigte Bauleistung zudem eindeutig beschrieben und die Angebotspreisspanne (min./max.) realistisch eingegrenzt werden können, käme eine *elektronische Auktion* in Betracht. Es handelt sich um kein eigenständiges Verfahren, sondern um ein spezielles Prozedere innerhalb eines regulären Vergabeverfahrens, bei denen geeignete Bieter einen offenen Unterbietungswettbewerb vollziehen. Dieser kann vom ÖAG in mehreren Gebotsrunden mit jeweils festen Biet-Zeiträumen von z. B. wenigen Stunden organisiert sein. Den Bietern werden die Zwischenstände der Gebote und die eigene Platzierung stets transparent (ggf. anonymisiert) mitgeteilt. Der Zuschlag erhält schließlich derjenige Bieter mit dem niedrigsten Angebotspreis (oder größten Preisnachlass). Vom ÖAG sollte zuvor eine Markterkundung durchgeführt, ggf. eine Vorinformation platziert und eine entsprechende Softwarelösung für die Teilnehmer bereitgestellt werden.

- Bei steigenden Anforderungen fällt auch der Planung eine besonders hohe Bedeutung zu. Um nicht alleinig den Objekt- und Fachplanern die technische Lösungsfindung zu überlassen, sollten die Bieter/BU möglichst frühzeitige in den aktiven Planungsprozess eingebunden werden. So ließe sich das umfassende praktische und bautechnische Wissen zur *bestmöglichen Lösungsfindung* der Bauaufgabe nutzen und zur *Steigerung der Planungsqualität* einsetzen. Dies könnte bei größeren Bauvorhaben durch ein Partnerschaftsmodell wie beispielsweise Partnering oder Alliancing[418], aber auch durch Übertragung von Planungsleistungen oder Beauftragung erweiterter Werk- und Montageplanung (WuM) an den BU ermöglicht werden.

- Bauvorhaben werden oftmals mit Auseinandersetzungen zu Terminen, erhöhten Kosten und veränderten Qualitäten begleitet. Deshalb sollte bereits mit der Ausschreibung der Bauleistung ein auf *Kooperation* ausgelegtes und *ausgewogenes Verhältnis* zwischen Auftraggeber/Bauherrn und Auftragnehmer/Bauunternehmen und Planern angestrebt

[418] Vgl. *Faber, S.*, Entwicklung eines Partnering-Modells für Infrastrukturprojekte, 2013, S. 74 ff.

werden. Die Ausschreibungsunterlagen sollten dementsprechend nicht als abgeschlossenes Vertragswerk mit umfassenden Bestimmungen angelegt werden, sondern vielmehr flexibel auf ein *gemeinsames Leistungssoll* ausgerichtet sein. Die Zusammenarbeit ließe sich insbesondere dadurch stärken, dass eigennützige Positionen zum beiderseitigen Vorteil in gemeinschaftliche Zielsetzungen und Problemlösungen überführt werden. Der Grundgedanke besteht darin, Konfliktpotenzial möglichst frühzeitig zu erkennen, zu verringern und aufkommende Spannungen umgehend aufzulösen.[419] *„Das Streitpotenzial kann aber mit verschiedenen Ansätzen entschärft werden. Wichtig ist zunächst, dass eine Kooperationskultur etabliert wird, etwa durch eine gemeinsam entwickelte und unterschriebene Projektcharta und gemeinsame Kick-off-Termine der beteiligten Personen. Einige Konflikte lassen sich dadurch vermeiden, dass das bauausführende Unternehmen möglichst frühzeitig in die Planung einbezogen wird. Durch vertragliche Anreizmodelle wie Beschleunigungs- und Kostenoptimierungsprämien können die Interessen des Generalunternehmers sowie des Auftraggebers besonders wirkungsvoll in Einklang gebracht werden. Da eine schnelle baubegleitende Konfliktlösung in aller Regelkostengünstiger und besser für den Projekterfolg ist, ist es zielführend, außergerichtliche Konfliktlösungsmöglichkeiten festzulegen. Die Parteien können insbesondere interne Streitbeilegungsmechanismen, Schlichtungsverfahren, Adjudikation durch einen unabhängigen sachverständigen Experten oder letztlich eine Schiedsklausel vereinbaren.“*[420]

- Um den partnerschaftlichen Gedanken zu manifestieren, sollten den – sofern überhaupt notwendigen – Malusregelungen auch stets adäquate und lukrative Bonusregelungen gegenüberstehen. Der Bauerfolg könnte vom Erreichen zuvor gemeinsam festzulegender Leistungskennzahlen abhängig gemacht werden. So könnten positive Anreize geschaffen und rigorosem Nachtragsmanagement entgegengewirkt werden.
- Im Gegenzug sollte zwischen den Parteien eine *vertrauliche Offenlegung* der tatsächlichen Einzelkosten für sämtliche Teilleistungen, aller veranschlagten Gemeinkosten wie AGK und BGK als auch von Wagnis und Gewinn praktiziert werden (sog. Open Book Policy). Um möglichen Verzerrungen in der Zuschlagskalkulation präventiv entgegenzuwirken, empfiehlt HECK, insbesondere die Baustellengemeinkosten (BGK) in ihren einzelnen Positionen detailliert darlegen zu lassen (z. B. Kran, Kosten für das Führungs- und Aufsichtspersonal, Vermessung).[421] Der BU gestattet dem ÖAG die volle Einsichtnahme in seine Baukostenstruktur, damit gemeinsam mögliche Kostenverursacher aus-

[419] Vgl. *Paar, L.*, Handlungsempfehlungen für ein alternatives Abwicklungsmodell für Infrastrukturprojekte in Österreich, 2019, S. 226 f.

[420] *KPMG Law*, News Services: Vergabe an Generalunternehmer – Leitfaden für öffentliche Auftraggeber, 2021. Internet.

[421] Vgl. *Heck, D.*, Grundsätzliches zu den Geschäftsgemeinkosten, 2017, S. 15.

findig gemacht, Kostensenkungspotenziale realisiert werden und eine effektive Kostensteuerung ermöglicht werden. Allerdings sollte der ÖAG die interne Einsichtsmöglichkeit nicht nur dafür nutzen, um die Gewinnspanne/Marge beim Bieter zu senken.

- Das Einreichen von *Nebenangeboten* durch die Bieter sollte grundsätzlich *immer zulässig* sein, unabhängig davon, ob EU- oder nationale Verfahren durchgeführt werden. Nur in begründeten Ausnahmen sollte davon abgewichen werden dürfen. Der Aufwand für die ÖAG innerhalb der Angebotsauswertung ist dadurch zwar höher (auch die notwendigen Kompetenzen) und eventuell mit einigen Unsicherheiten auf Auftraggeberseite verbunden, die Nebenangebote allerdings auch technologisch und wirtschaftlich viel interessanter.
- Da die verwendeten Baumaterialien sich über den gesamten Lebenszyklus auf die Gesundheit der Menschen und die Umwelt auswirken, müssen bei der Beschaffung von Bauleistungen immer auch qualitative Anforderungen an die *Nachhaltigkeit* berücksichtigt werden. Ziel ist eine wirtschaftliche, qualitative und nachhaltige Material- und Baustoffauswahl. Die Implementierung von *ökonomischen*, *ökologischen* und *sozialen Zuschlagkriterien* erfolgt dabei über die Planungsvorgaben technischer Spezifikationen in der Leistungsbeschreibung, deren Gewichtung als Unterkriterien im Wertungssystem. Die Bieter legen den Erfüllungsgrad der Anforderungen anhand von Konzepten dar, mit Angaben zu: Herstellungsverfahren, Ressourcensituation, Emissionseintrag, Transport, Einbau, Betrieb/Nutzung, Um- und Rückbau, Kreislaufwirtschaft etc. Möglicherweise kommen auch Eignungsanforderungen an den BU hinsichtlich seiner technischen Leistungsfähigkeit in Betracht (Werkzeuge, geschulte Mitarbeiter).

8.3 Beantwortung der Forschungsfragen

Die Studienresultate haben somit Antworten auf alle fünf in Abschnitt 1.4 formulierten, *untersuchungsleitenden Forschungsfragen* liefern können, die an dieser Stelle nochmals kurz repetiert werden:

1. Wird das Vergaberecht von den Anwendern, also den öffentlichen Auftraggebern und den privatwirtschaftlichen Bewerbern/Bietern als sinnvoll und praktikabel erachtet?

Die Mehrheit der interviewten Experten erkennt die grundlegende Idee des Vergaberechts – Wettbewerb, Gleichbehandlung, Nichtdiskriminierung, Transparenz, Verhältnismäßigkeit – durchaus als vernünftig und sinnstiftend an, schätzt die Ausformung allerdings zugleich als formalistisch, übergeregelt, bürokratisch und zu komplex ein (siehe Interview, Frage 3). Die Befragten beider Untersuchungsgruppen der quantitativen Teilstudie bestätigen die *mäßige Praxistauglichkeit*, wobei die Öffentlichen Auftraggeber (ÖAG) die Praktikabilität etwas höher bewerten als die Bauunternehmen (BU) (siehe Fragebogen Frage 6).

2. Lassen die formalen Vorgaben des Vergaberechts eine Einflussnahme grundsätzlich zu?

In beiden Teilstudien wurde die Gestaltungsthematik aus unterschiedlichen Betrachtungswinkeln untersucht; dabei konnte sowohl qualitativ und auch quantitativ festgestellt werden, dass für beide Untersuchungsgruppen (UG) *Einwirkungsmöglichkeiten vorhanden* sind.

3. Welche Gestaltungsspielräume und Hemmnisse sind gesamthaft vorhanden und wie werden diese von den Beteiligten eingeschätzt?

In Kapitel 3 erfolgte zunächst eine zielgerichtete Untersuchung vergaberechtlicher Instrumente und Möglichkeiten, aus der hervorging, dass in den verschiedenen Vergabeverfahren *unterschiedliche Einflusspotenziale* für ÖAG und BU vorhanden sind. Durch die darauffolgenden mündlichen und schriftlichen Befragungen (Kapitel 5 und 7) wurde untersucht, in welchem Maß diese Einflussoptionen den Akteuren bekannt sind und Praxisrelevanz aufweisen. Als Ergebnis konnten *differenziert effektive Gestaltungsspielräume* eruiert werden.

4. Können aus den Befragungsergebnissen Anregungen und Handlungsempfehlungen für die Ausschreibungs- und Vergabepraxis geschlussfolgert werden?

Über die ausführliche *Berichterstattung der statistischen Resultate* (siehe Kapitel 7) und der einlässlichen *Ergebnisbesprechung* (siehe dieses Kapitel 8) hinausgehend, konnten zudem einige *praxisbezogene Hinweise und Vorschläge artikuliert* werden (siehe Abschnitt 8.2.1).

5. Inspiriert die gewonnene Erkenntnislage zu neuen Ideen für eine innovative Weiterentwicklung der öffentlichen Vergabe von Bauleistungen?

Auch diese Frage ist eindeutig zu bejahen. Die profunde Befassung mit den Studienergebnissen führte zu *inspirierenden Aufschlüssen*, aus denen sich *zukunftsweisende Leitbilder* für die öffentliche Ausschreibung und Vergabe von Bauleistungen herleiten ließen (siehe Abschnitt 8.2.2). Auch diese zukunftsgerichteten Ausgangspunkte bilden innerhalb der Vergabematerie ein wissenschaftliches Novum.

8.4 Eruierung der Zielerreichung anhand der Zielsetzung

Gleichfalls wird eruiert, ob und in welchem Grad die in Kapitel 1 aufgestellten *Ziele* erreicht werden. Die letzten beiden Abschnitte weisen somit im unmittelbaren Zirkelschluss auf die Einleitung der Untersuchung zurück. Für eine bessere Nachvollziehbarkeit werden die in der *Zielsetzung* benannten Interessen einzeln rekapituliert und beurteilt.

1. Ergründen vorhandener Gestaltungspotenziale: In einem ersten, sehr wichtigen, weil grundlegenden Arbeitsschritt konnten unter Einbezug von Gesetzgebung und Rechtsprechung die gesamthaft vorhandenen Gestaltungspotenziale *umfassend analysiert und erfolgreich systematisiert* werden (siehe Kapitel 3).

2. Erzeugen exzeptioneller Daten: Die anfängliche Literaturrecherche hat ergeben, dass kaum empirische Daten zu den Gestaltungsmöglichkeiten bei der öffentlichen Ausschreibung von Bauleistungen vorliegen und dass dieses Thema in Deutschland bislang recht wenig Forschungsinteresse hervorgerufen hat. Konkrete Erhebungen, bei denen Öffentliche Auftraggeber (ÖAG) und Bauunternehmen (BU) zu den Gestaltungspotenzialen befragt wurden, waren überhaupt nicht zu finden. Deshalb wurde ein für den Komplex der öffentlichen Ausschreibung und Vergabe *neuartiger empiristischer Forschungsansatz* bestimmt und ein detailliertes Forschungsdesign für eine *methodenkombinierte Doppelstudie* aufgestellt (siehe Kapitel 4). Erst dadurch ist es gelungen, eine *ergiebige Datengrundlage* herzustellen, die sowohl für diese Untersuchung als auch darüber hinaus für weitere spezifische Auswertungen genutzt werden kann.

3. Eigenständiger, spezifischer Forschungsbeitrag: Die Untersuchung trägt dazu bei, das eingangs beschriebene *Forschungsdefizit zu verkleinern* beziehungsweise *das Wissen um die öffentliche Auftragsvergabe von Bauleistungen zu erweitern*. Die vorliegende, individuelle Dissertationsarbeit ordnet sich von der Art der Forschung, des Bearbeitungsumfangs und des Erkenntnisbelangs stimmig in die bestehende Forschung (siehe Abschnitt 1.3) ein, schreibt den Forschungsstand weiter fort und zeigt der Wissenschaftsgemeinschaft zudem mögliche Anknüpfungspunkte für eine fortführende Exploration auf.

4. Vorannahme bestätigt: Die in der Einleitung zunächst generell aufgestellte Vermutung, dass das Wissen um Gestaltungsmöglichkeiten bei ÖAG und BU die Ausschreibung und Vergabe von Bauleistungen maßgeblich beeinflusst (siehe Abschnitt 1.3), hat sich im Hinblick auf die gewonnenen Erkenntnisse *als zutreffend herausgestellt*.

5. Forschungsfragen beantwortet: Auf alle fünf in Kapitel 1 formulierten, untersuchungsleitenden Fragestellungen konnten *substantiierte Antworten gefunden* werden (siehe den vorherigen Abschnitt 8.2).

6. Ermitteln relevanter Gestaltungspotenziale aus den Erfahrungen der ÖAG und BU (siehe Frage 3): Die Untersuchung reüssiert vor allem dadurch, dass durch eine planvolle, ineinandergreifende Untersuchungskonzeption *unterschiedlich wirkungsvolle Gestaltungsspielräume im Vergabeverfahren empiristisch aufgeklärt werden konnten*.

7. Ableiten von Handlungsempfehlungen für die Praxis (siehe Frage 4): Aus den quantitativen Befragungsergebnissen und der Resultatdiskussion konnten darüber hinaus *Vorschläge und Handlungsempfehlungen für die Ausschreibungs- und Vergabepraxis* geschlussfolgert werden.

8. Explizieren progressiver Ansätze (siehe Frage 5): Ferner hat die Erkenntnislage zu *neuen Denkanstößen und Ideen für eine innovative Fortschreibung* der öffentlichen Ausschreibung und Vergabe von Bauleistungen angeregt. Es ist gelungen, über die Empirie hinausgehende, unkonventionelle *Impulse für eine zukünftige Weiterentwicklung der Vergabethematik* zu setzen.

Im Ergebnis bleibt zu konstatieren, dass alle zu Beginn definierten Ziele der Untersuchung erreicht wurden und das Forschungsvorhaben nach umfassender Bearbeitung nun mit der nachfolgenden Schlussbetrachtung in Kapitel 9 erfolgreich beendet werden kann.

9 Schlussbetrachtung

Den Ausklang der Studie bilden drei knappe Textabschnitte: ein kurz gefasster Abriss der Untersuchung nebst wissenschaftlicher Bilanz, eine selbstkritische Reflexion zu den Grenzen dieser Studie und zu guter Letzt ein Ausblick auf weitergehende Forschungsmöglichkeiten zum Thema öffentliche Auftragsvergabe von Bauleistungen.

9.1 Zusammenfassung und Abschlussresümee

Zunächst soll die nachfolgende Rekapitulation eine *finale Übersicht* über die einzelnen Kapitel und deren Zwischenergebnisse vermitteln.

Die Arbeit ist in neun aufeinander aufbauende Kapitel gegliedert. Im **ersten Kapitel** erfolgte die thematische Einordnung der Untersuchung in einen übergeordneten Zusammenhang. Hierzu war es essenziell, zunächst die Ausgangssituation zu beschreiben, die Problemstellung anzureißen und die Forschungsmotivation zu erläutern. Es folgten die Betrachtung des wissenschaftlichen Forschungsstands, die Beschreibung der Forschungslücke und die Formulierung von Annahmen sowie die Formulierung untersuchungsleitender Fragestellungen. Außerdem wurden Ziele bestimmt, das empirische Vorgehen vorgestellt und die zu erwartenden Ergebnisse skizziert.

Im **zweiten Kapitel** wurde der bauökonomische und vergaberechtliche Bezugsrahmen abgesteckt, indem die bei der öffentlichen Auftragsvergabe zu beachtenden nationalen und europäischen Regelwerke expliziert wurden.

Gegenstand des **dritten Kapitels** war die eingehende Untersuchung vorhandener Gestaltungsmöglichkeiten anhand der für Bauleistungen relevanten Gesetze und Verordnungen wie GWB, VgV, VOB/A, der – durchaus uneinheitlichen – Rechtsprechung und darauf bezogener Kommentare. Es konnten vielfältige Einflussmöglichkeiten, Auslegungen, Interpretationen ausgemacht werden, die im Vergabeverfahren von den Öffentlichen Auftraggebern (ÖAG) und Bauunternehmen (BU) mit unterschiedlicher Wirksamkeit eingesetzt werden können.

N. Zeglin, *Gestaltungsmöglichkeiten bei der öffentlichen Ausschreibung von Bauleistungen*, Baubetriebswesen und Bauverfahrenstechnik,

Kapitel 4 beinhaltet die Entfaltung des empirischen Forschungsdesigns, Festlegungen zum methodischen Vorgehen sowie Einschätzungen zur wissenschaftlichen Beschaffenheit und zur sequenziellen Textur der beiden komplementären Teilstudien.

Kapitel 5 bildet mit der ersten, qualitativen Teilstudie einen von zwei empirischen Schwerpunkten der Untersuchung von Gestaltungsmöglichkeiten bei der öffentlichen Bauauftragsvergabe. Im Rahmen der Vorbereitung der Experteninterviews erfolgte zunächst eine grundlegende Interviewkonfiguration, die Erstellung eines Interviewleitfadens und dessen Testung. Die aufgezeichneten Audiodaten der zehn Experteninterviews wurden transkribiert, bereinigt und einer extrahierenden Inhaltsanalyse unterzogen. Die verdichteten Aussagen der interviewten Öffentlichen Auftraggeber (ÖAG) und Bauunternehmen (BU) konnten schließlich interpretiert und einer Relevanzbeurteilung A bis C unterzogen werden. Dabei konnten insgesamt sechs A-eingestufte Themenkomplexe, also mit hoher Bedeutung und wirkungsvollem Gestaltungspotenzial identifiziert werden.

Innerhalb des **sechsten Kapitels** ging es, ausgehend von den Resultaten der ersten, qualitativen Teilstudie, um die Fundierung einer wissenschaftlich-theoretischen Basis für die zweite, quantitative Teilstudie. Grundlegend hierfür waren die modellhafte Vereinfachung der Ausschreibungs- und Vergabekomplexität und die Aufstellung einer Leithypothese sowie mehrerer Forschungshypothesen und Zusammenhangsvermutungen.

Die zweite, quantitative Teilstudie in **Kapitel 7** nimmt die Ergebnisse der ersten, qualitativen Teilstudie direkt auf und untersucht anhand eines standardisierten Fragebogens die sechs bedeutsamsten Gestaltungspotenziale. Das Instrument Fragebogen musste für die Datenerhebung zuvor hinsichtlich der Konstruktion, der äußeren Gestaltung und insbesondere des Inhalts, also der Fragen, Items und Antwortmöglichkeiten, Skalierung, akkurat aufgesetzt und getestet werden. Darüber hinaus bedurfte es umfangreicher Vorbereitungen und Begleitmaterialien für den Gebrauch des Fragebogens durch die Befragten. Die Rücklaufsituation war bei beiden Untersuchungsgruppen (UG) der Öffentlichen Auftraggeber (ÖAG) und der Bauunternehmen (BU) sehr erfreulich und wird auf die intensive Organisation und die flankierenden Maßnahmen zurückgeführt. Die mittels der Fragen erhobenen Daten wurden aufbereitet und einer eingehenden statistischen Auswertung beider Untersuchungsgruppen unterzogen, und zwar deskriptiv und inferenzstatistisch (spezifische Forschungshypothesen) sowie hinsichtlich der Korrelationen (Zusammenhangsvermutungen). Anhand der quantitativen Primärdaten konnten beide Stichproben (n) für ÖAG und BU zu allen abgefragten Gestaltungspotenzialen im Hinblick auf Unterschiede beschrieben werden. Weiter konnten Folgerungen für die beiden Grundgesamtheiten (N) vorgenommen sowie vermutete Zusammenhänge zwischen verschiedenen Merkmalen herausgestellt werden. Die quantitativen Ergebnisse wurden zudem einer Reflexion einer kleinen Gruppe von Befragten ÖAG und BU unterzogen, die eine mittlere bis teilweise große Relevanz konzedieren.

Das **achte Kapitel** nimmt die vorausgehende statistische Auswertung auf und expandiert diese, indem zunächst die Resultate und die Rückmeldungen der befragten ÖAG und BU zu den quantitativen Ergebnissen ausgiebig diskutiert werden. Aus diesem Diskurs heraus werden sodann eigenständige Handlungsempfehlungen für die Ausschreibungs- und Vergabepraxis deduziert und neue Ideen für die öffentliche Ausschreibung und Vergabe von Bauleistungen expliziert. Im Rekurs auf Kapitel 1 werden schließlich die eingangs aufgestellten Forschungsfragen beantwortet und die Zielerreichung bilanziert.

In diesem letzten, **neunten Kapitel** gilt es die Untersuchung in ihren einzelnen Kapiteln zu aggregieren und in der Gesamtheit zu resümieren. Zudem werden die Restriktionen der Forschung beleuchtet und wird perspektivisch auf unmittelbare Anschlussmöglichkeiten für die künftige Erforschung der Thematik hingewiesen.

Das *abschließende Fazit der Studie* fällt durchweg positiv aus. In zwei aufwendig angelegten, einander ergänzenden Teilstudien ist es gelungen, *exzeptionelle Primärdaten* zu gewinnen, die in diesem Themenfeld bis dahin überhaupt nicht verfügbar waren. Erst diese singuläre Datenlage ermöglichte es, *ergiebige Datenanalysen* durchzuführen, um die gestellten *Forschungsfragen* zu beantworten und die *Zielerreichung* zu überprüfen. Der besondere Vorteil dieser selbst erhobenen Daten ist, dass sie sich nicht nur im Rahmen dieser Studie sehr gut nutzen lassen, sondern eine darüber hinausgehende Verarbeitung ermöglichen. Aus der ersten, qualitativen Teilstudie ging zunächst hervor, dass sich das *Experteninterview als ein geeignetes Erhebungsinstrument* für die Erfassung qualitativer Daten zu Gestaltungsmöglichkeiten erwiesen hat. Durch diese große Nähe zu den Befragten ist es gelungen, einen *tiefen, explorativen Einblick in das Thema* zu erhalten und *authentische Daten* zu generieren. Die interviewten ÖAG- und BU-Experten waren der Ansicht, dass dieses Thema für die *Praxis bedeutsam* ist und dass *Gestaltungspotenziale* bei Ausschreibung und Vergabe von Bauleistungen, die sich für die strategische Ausrichtung durchaus nutzen lassen, tatsächlich *vorhanden* sind. Die Annahme, dass nicht alle Gestaltungspotenziale gleichbedeutend sind, hat sich durch die *erfolgreiche Sondierung* als zutreffend herausgestellt. In einer dreistufig angelegten Clusterauswertung A, B+/B- und C konnten von den Interviewten sechs als besonders wirkungsvoll A-eingestufte Themenkomplexe ermittelt werden. Darüber hinaus wurden anhand der qualitativen Aufschlüsse Überlegungen zur *wissenschaftlichen Abstrahierung* angestellt, aus denen ein simplifizierendes *Theoriemodell*, eine generalisierende *Leithypothese* sowie mehrere *Forschungshypothesen* und *Zusammenhangsvermutungen* hergeleitet werden konnten. Die gut fundierte Datenlage und die theoretischen Überlegungen waren Ausgangsbasis für die zweite, quantitative Teilstudie. Darauf aufbauend hat die zweite, quantitative Teilstudie die *sechs effektvollsten Themenkomplexe* aufgenommen und noch eingehender untersucht. Für die Erfassung quantitativer Daten zu Gestaltungsmöglichkeiten kam als Erhebungsinstrument ein *standardisierter Fragenbogen* zum Einsatz, der von den Befragten sehr gut angenommen wurde. Durch die *distanzierte, explanative Sicht auf das Thema* konnten *verallgemeinerbare Daten* erzeugt werden. Bei der statistischen Auswertung der Einzelfragen zu den Gestaltungspotenzialen wurden beide Stichproben (n) auf signifikante Unterschiede zwischen den Untersuchungsgruppen (UG) ÖAG und BU untersucht. Die wesentlichen Einzelergebnisse der Deskription, der Inferenzstatistik (Hypothesen) und der Zusammenhangsvermutungen (Korrelationen) wurden ausführlich interpretiert und diskutiert. Als Fazit lässt sich festhalten, dass einige statistische Resultate mit den aufgestellten Hypothesen und Zusammenhangsvermutungen übereinstimmen, andere hingegen divergent ausfallen. Bei einigen Aspekten konnten signifikante Unterschiede zwischen den Untersuchungsgruppen oder Widersprüche festgestellt werden, bei anderen wiederum nicht. Repräsentative Aussagen aus der Stichprobe (n) auf die Grundgesamtheit (N) sind infolge der unbekannten Merkmalsverteilung in der Population nur bedingt möglich.

Die Untersuchung von Gestaltungspotenzialen bei Ausschreibung und Vergabe von Bauleistungen hat dazu beigetragen, den *Forschungsstand* zu erweitern, das *Verständnis* des öffentlichen Auftragswesens zu *fördern* und zu *neuen Erkenntnissen* zu gelangen. Die eingangs festgestellte *empirische Forschungslücke* konnte durch planvolle Befragungen von Öffentlichen Auftraggebern (ÖAG) und Bauunternehmen (BU) *verkleinert*, die artikulierten *Forschungsfragen* konnten *beantwortet* und die avisierten *Ziele erreicht* werden: Das Wissen um Gestaltungsspielräume lässt sich von den ÖAG und den BU bei der Ausschreibung und Vergabe von Bauleistungen gezielt nutzen. Das hierfür angewandte *methodenkombinierte Vorgehen* hat sich für die eingehende Erforschung der Thematik als besonders geeignet erwiesen. Erst durch das qualitative und quantitative Zusammenspiel ist es überhaupt gelungen, einen *konsolidierten Einblick* in das Thema der öffentlichen Auftragsvergabe von Bauleistungen zu erhalten. Der Studienaufbau hat sich als überaus *forschungsförderlich* und *zielgerichtet* erwiesen. Die Bedeutung für die Praxis besteht vor allem darin, dass die Beschäftigung mit den einzelnen, unterschiedlich wirksamen Gestaltungsmöglichkeiten die Chancen für eine erfolgreiche Vergabe oder Erlangung eines Bauauftrags erhöhen kann. Die aus der Ergebnisdiskussion konkludierten *Anregungen und Handlungsempfehlungen* zeigen den beteiligten ÖAG und BU zudem *neue Perspektiven* jenseits der empirischen Datenlage auf. Überdies wurden verschiedene *Überlegungen* angestellt und *Vorschläge* unterbreitet, wie sich die derzeitige Vergabesituation *innovativ fortschreiben* lässt. Ein überaus spannendes, aber auch sehr spezielles Dissertationsthema, bei dem die Sichtweisen der ÖAG und BU über die Gestaltungsmöglichkeiten bei Ausschreibung und Vergabe von Bauleistungen im Zentrum des Forschungsinteresses stehen.

9.2 Limitationen und kritische Reflexion

In dieser Schlussbetrachtung geht es vorrangig darum, über die bereits im Detail kritisch angemerkten Aspekte hinausgehende Grenzen der durchgeführten Untersuchung aufzuzeigen, sich mit unerwarteten Sachverhalten auseinanderzusetzen und auf Optimierungen hinzuweisen.

Vorangestellt sei zunächst die Erkenntnis, dass der umfassende Aufbau dieser Studie, insbesondere die kombinierte Forschungsmethodik mit zwei eingehenden Teilstudien, eine erheblich *zeitaufwendigere Bearbeitung* zur Folge hatte als anfänglich prognostiziert. Gleichsam hat das beachtete Prinzip der intersubjektiven Rekonstruierbarkeit zu einer *umfassenden Dokumentation* des methodischen Vorgehens, der jeweiligen Einzelentscheidungen und der Zwischenergebnisse geführt. Dies ging wiederum mit einer obligatorischen, aber annehmbaren *Extensivierung der Dissertationsschrift* einher. Aus Sicht des Verfassers war die einlässliche Befassung auch deshalb geboten, weil es die Beurteilung der Eignung zu selbständiger wissenschaftlicher Arbeit eminent vereinfacht. Der Forschungsbericht wäre ohne Promotionsbezug wohl kompakter ausgefallen.

Bereits während der qualitativen Datenerhebung deutete sich an und wurde durch die Transkription und Auswertung schließlich bestätigt, dass die Dimensionierung des Interviewleitfadens im oberen Bereich des Annehmbaren und Handhabbaren lag. Obwohl die Interviewten sich sehr kooperativ zeigten und qualitativ wertige Ergebnisse erreicht wurden, empfiehlt sich eine grundsätzliche Beschränkung auf maximal zehn Fragenschwerpunkte oder vier Leitfadenseiten und eine Interviewstunde. Im Pretest sollte neben inhaltlichen Aspekten explizit auf die Interviewdauer geachtet werden. Ähnlich verhält es sich mit der schriftlichen Befragung mittels Fragebogen innerhalb der zweiten, quantitativen Teilstudie. Rückblickend betrachtet stimmt die zuvor ermittelte Bearbeitungsdauer von 20 Minuten zwar mit der Ausfüllrealität überein, dennoch erscheint der zehnseitige Fragebogen mit immerhin 27 Fragen doch relativ zu mächtig. Eine Reduzierung beider Erhebungsinstrumente wäre der Handhabung, der Fokussierung und der Gesamterscheinung etwas zuträglicher gewesen. Künftigen Forschern wird daher empfohlen, ihre Werkzeuge von Anfang auf das absolut notwendige Maß zu beschränken.

Wegen ausbleibender und negativer Rückmeldungen angefragter Interessenverbände im Bauwesen wurde für die Datenauswahl der Bauunternehmen (BU) der quantitativen Teilstudie auf eigene Kontakte zurückgegriffen. Für eine optimierte Datenbasis wäre es womöglich zweckmäßiger gewesen, auf eine Auswahlgesamtheit gelisteter Mitglieder/Baufirmen eines anerkannten Bauverbandes oder gar mehrerer Verbände Bezug zu nehmen. Zum gegenseitigen Vorteil könnte beispielsweise eine Interessengemeinschaft oder dergleichen als Ideengeber, Multiplikator und künftiges Netzwerk fungieren. Dieser strategisch-konzeptionelle Gesichtspunkt einer erweiterten Kooperation sollte bereits am Anfang, also mit Aufstellung eines ersten Forschungsplans, gut überlegt werden.

Ein weiterer erwähnenswerter Limitationsaspekt betrifft den Kreis der am Ausschreibungs- und Vergabeprozess Beteiligten. In der frühen Projektierungsphase wurde erwogen, neben den Öffentlichen Auftraggebern (ÖAG) und Bauunternehmen (BU) zusätzlich Planer als dritte Untersuchungsgruppe in die Befragung einzubeziehen. Die Idee dahinter war, die Analyseperspektive der Gestaltungsmöglichkeiten bei der Ausschreibung und Vergabe im Sinne einer Datentriangulation durch den Blickwinkel von Objekt- und Fachplanern zu erweitern. Von dieser Gruppenkonstellation wurde allerdings Abstand genommen, da eine solche Erweiterung wohl deutlich über den annehmbaren Dissertationsrahmen hinausgegangen wäre und gleichsam die „Ein-Mann-Forschungsressource" überbeansprucht hätte. Eine Herausforderung hätte zudem die Tatsache dargestellt, dass die Planerfunktion vertraglich beim Auftragnehmer verankert ist und der Planer in der Regel dem AG in Form von Leistungsverzeichnissen, Zeichnungen, Berechnungen „zuarbeitet" und – anders als die Bieter – am Verfahren nicht unmittelbar selbst beteiligt ist. Ein derartiger Ansatz könnte Gegenstand eines größer angelegten Forschungsprojekts sein.

Der Vollständigkeit halber sei noch kritisch angemerkt, dass von den Ergebnissen nicht ohne Weiteres auf eventuell vorhandene *Kausalzusammenhänge* Ursache x → Wirkung y geschlossen werden konnte. Hierzu wären experimentelle Forschungsdesigns, etwa ein Vergabeversuch mit veränderten Bedingungen, vonnöten gewesen. Aus den bereits erwähnten Gründen ließ sich ein solcher allerdings nicht sinnvoll umsetzen. Insofern eröffnet sich eventuell auch hier ein weiterer Forschungsansatz.

Abschließend bleibt zu erwähnen, dass sich die Befunde nicht per se verallgemeinern lassen, da die Untersuchung als singuläre Querschnittstudie angelegt wurde. Für die Erhöhung der externen Validität beispielsweise hätte es einer noch größer angelegten Längsschnittstudie mit zeitlich versetzten Messwiederholungen bedurft. Eine solche lag, genau wie eine Vollerhebung, wegen der forschungsökonomischen Grenzen dieses Promotionsvorhabens nicht im Bereich des Möglichen. Insofern sollten zukünftige Untersuchungen den Forschungsgedanken dieser Studie aufgreifen, die Resultate replizierend überprüfen und gegebenenfalls andersartige Forschungskonstrukte testen. Es könnte der Frage nachgegangen werden, welche Aspekte aus Sicht der ÖAG und BU bei der öffentlichen Auftragsvergabe unbedingt abgeschafft, verändert und neu eingeführt werden müssen. Die umfassende Dokumentation dieses Forschungsprojekts sollte eine gute Ausgangsbasis dafür bilden.

Demnach bestehen zweifelsohne einige Einschränkungen, die allerdings als wissenschaftsüblich anzusehen sind.

9.3 Ausblick auf weiterführende Forschung

Den Abschluss dieser Studie bilden einige Anregungen zu möglichen Anschlüssen für weiterführende Forschungen zum Thema der öffentlichen Auftragsvergabe von Bauleistungen.

Beispielsweise könnte zunächst eine *Replikationsstudie* unter identischen Forschungsparametern durchgeführt werden, um die Resultatsituation dieser Einzelfallstudie zu evaluieren und die Datenlage weiter zu festigen. Diese Wiederholung könnte sich gegebenenfalls auch nur auf eine der beiden Teilstudien beziehen, also qualitativ oder quantitativ ausgerichtet sein. Denkbar wäre auch, dass sich zwei Forscher zeitgleich, aber arbeitsteilig dieser Thematik annehmen, um voneinander unabhängige Überprüfungen zu vollziehen. Die Forschung könnte desgleichen auf die *Planer als dritte Untersuchungsgruppe ausgeweitet* werden, um den Gedankengang der beschriebenen Datentriangulation hier nochmals aufzugreifen. Unter Beibehaltung des identischen Forschungsdesigns könnten Architekten und/oder Fachplaner (gegebenenfalls auch GU) mittels eines erprobten Leitfadens interviewt und anhand des bewährten Fragebogens konsultiert werden. Die ergänzenden Ergebnisse könnten den hier erzeugten und analysierten Daten gegenübergestellt und gesamthaft besprochen werden. Die wissenschaftliche Erkenntnis zur Vergabethematik könnte überdies durch eine *Längsschnittstudie mit Messintervallen* vorangetrieben werden, in der beispielsweise drei Datenerhebungen nacheinander zu verschiedenen Zeitpunkten angesetzt und die Resultate anschließend miteinander verglichen werden. Dieses sequenzielle Vorgehen wäre vorzugsweise dann sinnvoll, wenn konkrete vergaberechtliche Anpassungen bevorstehen, deren Auswirkungen sich mithin über einen gewissen zeitlichen Verlauf zeigen. Relativ unprätentiös wäre auch eine *Sekundäranalyse* der bereits erzeugten quantitativen Daten. Durch andere Auswertungsansätze, etwa durch neue Korrelationsbetrachtungen, könnten dem vorhandenen Datenmaterial eventuell noch weitere Erkenntnisse abgewonnen werden. Denkbar und sehr interessant wären zudem Änderungen der verwendeten *Erhebungsinstrumente*: Statt Experteninterviews und Fragebögen könnten beispielsweise Telefonbefragungen und/oder Onlinesurveys durchgeführt werden. Hieraus könnte sich eine spannende Debatte um die folgende Frage ergeben: Führen unterschiedliche Befragungswerkzeuge zu unterschiedlichen Ergebnissen? Wenn es gelänge, einen oder mehrere renommierte *Interessenverbände* für eine breitere Erforschung der Gestaltungs- und Verbesserungspotenziale zu aktivieren, könnte eine umfassende Erhebung mit einer großen Stichprobe unter den Mitgliedern einer bestimmten Region erwogen werden. Damit entfiele auch die statistische Unsicherheit einer Stichprobe und die Repräsentativität der Resultate wäre a priori gegeben, da sämtliche Elemente der Grundgesamtheit beinhaltet wären.

Die folgende, aus der Studie hervorgegangene *Anschlussthese* könnte künftigen Forschern einen Startimpuls geben: Je intensiver sich die Vergabebeteiligten mit den Gestaltungsmöglichkeiten befassen, desto größer ist die Akzeptanz der vorhandenen und zu entwickelnden vergaberechtlichen Rahmenbedingungen.

Literaturverzeichnis

Monographien und Beiträge in Sammelbänden

Albers, Sönke u. a. (Hrsg.) [2009]: Methodik der empirischen Forschung, 3., überarb. und erw. Auflage, Weisbaden: Gabler/GWW Fachverlage, 2009

Althaus, Stefan/Heindl, Christian [2013]: Der öffentliche Bauauftrag, München: Beck, 2013

Ax, Thomas/Schneider, Matthias/Häfner, Sascha [2005]: Die Wertung von Angeboten durch den öffentlichen Auftraggeber, Berlin: Lexxion, Der Juristische Verl., 2005

Bänsch, Axel/Alewell, Dorothea [2020]: Wissenschaftliches Arbeiten, 12. Aufl., Berlin: De Gruyter Oldenbourg, 2020

Balog, Andreas [2009]: Makrophänomene und Handlungstheorie.: Colemans Beitrag zur Erklärung sozialer Phänomene., in: *Jens Greve/Rainer Schützeichel/Annette Schnabel* (Hrsg.), 2009, S. 251-266

Bartelt, Justus [2017]: Der Anwendungsbereich des neuen Vergaberechts, Berlin: Duncker & Humblot, 2017

Belke, Andreas [2017]: Vergabepraxis für Auftragnehmer: Rechtliche Grundlagen – Vorbereitung – Abwicklung, Wiesbaden: Springer Vieweg, 2017

Berner, Fritz/Kochendörfer, Bernd/Schach, Rainer [2020]: Grundlagen der Baubetriebslehre 1: Baubetriebswirtschaft, 3. Aufl. 2020, Wiesbaden: Springer Vieweg, 2020

Berner, Fritz/Kochendörfer, Bernd/Schach, Rainer [2013]: Grundlagen der Baubetriebslehre 2: Baubetriebsplanung, 2. Aufl. 2013, Wiesbaden: Springer Vieweg, 2013

Bogner, Alexander/Littig, Beate/Menz, Wolfgang [2014]: Interviews mit Experten: Einepraxisorientierte Einführung, Aufl. 2014, Wiesbaden: Springer Fachmedien Wiesbaden GmbH, 2014

Bortz, Jürgen/Döring, Nicola [2016]: Forschungsmethoden und Evaluation: in den Sozial- und Humanwissenschaften, 5., überarb. Aufl, Heidelberg: Springer, 2016

Bräkling, Elmar/Oidtmann, Klaus [2019]: Beschaffungsmanagement – Erfolgreich einkaufen mit Power in Procurement, Wiesbaden: Springer Gabler Verlag, 2019

Buber, Renate/Holzmüller, Hartmut H. (Hrsg.) [2009]: Qualitative Marktforschung: Konzepte – Methoden – Analysen, 2. Aufl, Wiesbaden: Betriebswirtschaftlicher Verlag Dr. Th. Gabler, 2009

Bundesministerium für Wirtschaft und Technologie [2008]: Kostenmessung der Prozesse öffentlicher Liefer-, Dienstleistungs- und Bauaufträge aus Sicht der Wirtschaft und der öffentlichen Auftraggeber: Szudie im Auftrag des Bundesministeriums für Wirtschaft und Technologie, März 2008

N. Zeglin, *Gestaltungsmöglichkeiten bei der öffentlichen Ausschreibung von Bauleistungen*, Baubetriebswesen und Bauverfahrenstechnik,

Bundesvereinigung der kommunalen Spitzenverbände [2010]: Public Procurement: Öffentliche Anhörung des Europäischen Parlaments (IMCO) vom 27.1.2010, Brüssel

Byok, Jan/Jaeger, Wolfgang [2011]: Kommentar zum Vergaberecht: Erläuterungen zu den vergaberechtlichen Vorschriften des GWB und der VgV, 3., überarbeitete Auflage, Frankfurt am Main: Recht u. Wirtschaft, 2011

Coleman, James S.: Grundlagen der Sozialtheorie: Band 1 Handlungen und Handlungssysteme, 3. Auflage

Contag, Corinna/Zanner, Christian [2019]: Vergaberecht nach Ansprüchen: Entscheidungshilfen für Auftraggeber, Planer und Bauunternehmen, Wiesbaden: Springer Vieweg, 2019

Dageförde, Angela [2013]: Einführung in das Vergaberecht, 2., überarb. Aufl, Berlin [u.a.]: Lexxion Verl.-Ges., 2013

Dimbath, Oliver [2011]: Einführung in die Soziologie, 3463 : Soziologie, Stuttgart: UTB, 2011

Dittmar, Norbert [2009]: Transkription: Ein Leitfaden mit Aufgaben für Studenten, Forscher und Laien, Bd. 10, 3. Aufl, Wiesbaden: VS, Verl. für Sozialwiss., 2009

Döring, Christian u. a. (Hrsg.) [2013]: VOB Teile A und B – Kommentar, 18., überarb. Aufl, Köln: Werner, 2013

Ehret, Patrick [2017]: Die Auswirkungen eines fehlerhaften oder verzögerten Vergabeverfahrens auf den privatrechtlichen Bauvertrag, Berlin: Lexxion, 2017

Endress, Martin [2018]: Soziologische Theorien kompakt, 3. Auflage, Berlin: De Gruyter Oldenbourg Verlag, 2018

Esser, Hartmut [1993]: Soziologie: Allgemeine Grundlagen, Frankfurt/Main/New York: Campus, 1993

Faber, Silvan [2013] Entwicklung eines Partnering-Modells für Infrastrukturprojekte, Kassel: University Press, 2013

Fabry, Beatrice/Meininger, Frank/Kayser, Karsten [2013]: Vergaberecht in der Unternehmenspraxis: Erfolgreich um öffentliche Aufträge bewerben, 2., überarbeitete und erw. Aufl, Wiesbaden: Springer Gabler, 2013

Ferber, Thomas [2015]: Bieterstrategien im Vergaberecht, Köln: Bundesanzeiger Verlag, 2015

Ferber, Thomas [2013]: Praxisratgeber Vergaberecht: Fristen im Vergabeverfahren, 3. Aufl, Darmstadt: Ferber, 2013

Frey, Dieter/Gollwitzer, Peter M./Stahlberg, Dagmar [1993-2002]: Einstellung und Verhalten: Die Theorie des überlegten Handeln und die Theorie des geplanten Verhaltens, in: *Dieter Frey/Martin Irle* (Hrsg.), 1993-2002, S. 361–398

Frey, Dieter/Irle, Martin (Hrsg.) [1993-2002]: Theorien der Sozialpsychologie: Kognitive Theorien, Bd. 1, 2., vollständig überarb. und erw. Aufl., Bern: Huber, 1993-2002

Froschauer, Ulrike/Lueger, Manfred [2020]: Das qualitative Interview: Zur Praxis interpretativer Analyse sozialer Systeme, Wien: Facultas, 2020

Gläser, Jochen/Laudel, Grit [1999]: Theoriegeleitete Textanalysen: Das Potential einer variablenorientierten qualitativen Inhaltsanalyse, Berlin

Gläser, Jochen/Laudel, Grit [2012]: Experteninterviews und qualitative Inhaltsanalyse als Instrumente rekonstruierender Untersuchungen, Wiesbaden: VS, Verl. für Sozialwiss, 2012

Greve, Jens/Schützeichel, Rainer/Schnabel, Annette (Hrsg.) [2009]: Das Mikro-Makro-Modell der soziologischen Erklärung: Zur Ontologie, Methodologie und Metatheorie eines Forschungsprogramms, Wiesbaden: VS Verlag für *Sozialwissenschaften / GWV Fachverlage GmbH, Wiesbaden, 2009*

Heck, Detlef (Hrsg) [2017]: Grundsätzliches zu den Geschäftsgemeinkosten, in: 9. Grazer Baubetriebs und Baurechtsseminar, Tagungsband 2017, Die Geschäftsgemeinkosten – ein Buch mit sieben Siegeln, Graz: Verlag der Technischen Universität Graz, 2017

Helfferich, Cornelia [2011]: Die Qualität qualitativer Daten, 4. Aufl, Wiesbaden: VS-Verl., 2011

Hettich, Lars/Braun, Christian/Soudry, Daniel [2014]: Das neue Vergaberecht: Eine systematische Darstellung der neuen EU-Vergaberichtlinien 2014, Bd. 49, Köln: Bundesanzeiger, 2014

Hillebrandt, Frank [2014]: Soziologische Praxistheorien: Eine Einführung, Wiesbaden: Springer VS, 2014

Himmel, Wulf [2015]: Nutzenoptimierte Vergabe öffentlicher Bauaufträge, Berlin, DVP-Verlag, 2015

Hofmann, Sascha [2017]: Bewertung der Nachhaltigkeit von Bauunternehmen, Dortmund, 2017

Hollenberg, Stefan [2016]: Fragebögen: Fundierte Konstruktion, sachgerechte Anwendung und aussagekräftige Auswertung, Wiesbaden: Springer Fachmedien, 2016

Hug, Theo/Poschenik, Gerald [2020]: Empirisch forschen: Die Planung und Umsetzung von Projekten im Studium, Bd. 3357, Konstanz: UVK-Verl.-Ges., 2020

Jäger, Christoph [2009]: Die Vorbefassung des Anbieters im öffentlichen Beschaffungsrecht, Zürich: Dike-Verlag, 2009

Jörg Deckers [2010]: Die vergaberechtliche Relevanz von Änderungen öffentlicher Aufträge, Bonn: ohne Verlag, 2010

Kaiser, Robert [2014]: Qualitative Experteninterviews: Konzeptionelle Grundlagen und praktische Durchführung, Wiesbaden: Springer Fachmedien Wiesbaden GmbH, 2014

Kallus, K. Wolfgang [2016]: Erstellung von Fragebogen, 2. Auflage, Wien: Verlag Facultas, 2016

Kapellmann, Klaus Dieter/Langen, Werner [2015]: Einführung in die VOB, B: Basiswissen für die Praxis, 24., neu bearb. Aufl, Köln: Werner, 2015

Kirchhoff, Sabine u. a. [2010]: Der Fragebogen: Datenbasis, Konstruktion und Auswertung, 5. Auflage, Wiesbaden: VS Verlag für Sozialwissenschaften, 2010

Koch, Frauke [2013]: Flexibilisierungspotenziale im Vergabeverfahren: Nachverhandlungen und Nebenangebote, Bd. 40, Baden-Baden: Nomos, 2013

Kommunale Gemeinschaftsstelle für Verwaltungsmanagement [2009]: Interkommunale Zusammenarbeit erfolgreich planen, durchführen und evaluieren: Bericht Nr. 5/2009, Köln: Selbstverlag, 2009

Kuckartz, Udo [2014]: Mixed methods: Methodologie, Forschungsdesigns und Analyseverfahren, Wiesbaden: Springer VS, 2014

Lamnek, Siegfried/Krell, Claudia [2016]: Qualitative Sozialforschung: Mit Online-Materialien, 6., vollständig überarbeitete Aufl, 2016

Leinemann, Ralf [2011]: Die Vergabe öffentlicher Aufträge, 5. Aufl, Neuwied: Werner, 2011

Loer, Elmar [2007]: Public private partnership und public public partnership: Kooperations- und Konzessionsmodelle sowie interkommunale Zusammenarbeit im Lichte des Vergaberechts, Bd. 15, Göttingen, Niedersachsen [Germany]: V & R Unipress, 2007

Mayring, Philipp [2010]: Design, in: *Günter Mey/Katja Mruck* (Hrsg.), 2010

Mayring, Philipp [2015]: Qualitative Inhaltsanalyse: Grundlagen und Techniken, 12., Neuausgabe, 12., vollständig überarbeitete und aktualisierte Aufl, Weinheim, Bergstr: Beltz, J, 2015

Mayring, Philipp [2016]: Einführung in die qualitative Sozialforschung: Eine Anleiting zu qualitativem Denken, 6., überarb. Aufl, Weinheim/Basel: Beltz Verlag, 2016

Meiß, Fabian [2018]: Gesellschaftliche Umstrukturierungen und die Auswirkungen auf die Vergabe öffentlicher Aufträge, Berlin: Duncker & Humblot, 2018

Mey, Günter/Mruck, Katja [2007]: Qualitative Interviews, in: *Gabriele Naderer* (Hrsg.), 2007, S. 247–278

Mey, Günter/Mruck, Katja (Hrsg.) [2010]: Handbuch Qualitative Forschung in der Psychologie, Wiesbaden: VS, Verl. für Sozialwiss., 2010

Miller, David/Popper, Karl R. (Hrsg.) [1995]: Lesebuch: Ausgewählte Texte zur Erkenntnistheorie, Philosophie der Naturwissenschaften, Metaphysik, Sozialphilosophie, Stuttgart: UTB GmbH, 1995

Mühlenkamp, Holger [2010]: Ökonomische Analyse von Public Private Partnerships (PPP): PPP als Instrument zur Steigerung der Effizienz der Wahrnehmung öffentlicher Aufgaben oder als Weg zur Umgehung von Budgetbeschränkungen?, FÖV 55, Speyer: Selbstverlag, 2010

Müller-Mitschke, Tobias [2012]: Konfliktfeld De-facto-Vergabe, hrsg. von Rainer Schröder, Bd. 18, Berlin: Lexxion, Der Jur. Verl, 2012

Naderer, Gabriele (Hrsg.) [2007]: Qualitative Marktforschung in Theorie und Praxis: Grundlagen, Methoden und Anwendungen, Wiesbaden: Gabler, 2007

Noch, Rainer [2015]: Vergaberecht kompakt: Handbuch für die Praxis, 6., [aktualisierte] Aufl, Köln: Werner Verlag, 2015

Oehme, Carsten [2013]: Die Vergabe von Aufträgen als öffentlich-rechtliches Handlungsinstrument in Deutschland und Frankreich: Rechtsvergleichende Untersuchung der Entwicklung und rechtlichen Qualifikation des Vergabewesens und der öffentlichen Beschaffungsverträge im Gemeinsamen Binnenmarkt, Bd. 39, Baden-Baden: Nomos, 2013

Paar, Lena [2019]: Handlungsempfehlungen für ein alternatives Abwicklungsmodell für Infrastrukturprojekte in Österreich, Schriftenreihe des Instituts für Baubetrieb und Bauwirtschaft der Technischen Universität Graz, Heft 41, Graz: Verlag der TU-Graz, 2019

Popper, Karl R. [1995]: Rationalitätsprinzip, in: *David Miller/Karl R. Popper* (Hrsg.), 1995, S. 350–359

Porst, Rolf [2014]: Fragebogen: Ein Arbeitsbuch, 4. Auflage, Wiesbaden: Springer VS, 2014

Poschmann, Verena [2010]: Vertragsänderungen unter dem Blickwinkel des Vergaberechts: Eine Untersuchung der Umgehungsmöglichkeiten des Vergaberechts durch Vertragsgestaltung, Bd. 1162, Berlin: Duncker & Humblot, 2010

Rack, Oliver/Christophersen, Timo [2009]: Experimente, in: *Sönke Albers* u. a. (Hrsg.), 2009, S. 17-32

Rechten, Stephan/Röbke, Marc [2014]: Basiswissen Vergaberecht: Ein Leitfaden für Ausbildung und Praxis, Köln: Bundesanzeiger, 2014

Reidt, Olaf u. a. [2011]: Vergaberecht: Kommentar, 3., neu bearb. Aufl, Köln: O. Schmidt, 2011

Rohrmüller, Johann [2014]: Vergaberecht: Textsammlung mit Erläuterungen ; VOB/A und B – VOL/A und B – VOF – GWB (4. Teil) – VgV – SektVO – VSVgV, 2., neu bearb. Aufl, Stuttgart/München [u.a.]: Boorberg, 2014

Rosa, Hartmut/Kottmann, Andrea/Strecker, David [2018]: Soziologische Theorien, Konstanz [u.a.]: UVK-Verlagsgesellschaft, 2018

Schleissing, Philipp [2012]: Möglichkeiten und Grenzen vergaberechtlicher In-House-Geschäfte: Unter Berücksichtigung der Ausgestaltungsmöglichkeiten kommunaler Konzernstrukturen, Bd. 33, Baden-Baden: Nomos, 2012

Schneider, Daniel [2016]: Optimierung der Eignungsprüfung bei der Vergabe öffentlicher Bauaufträge nach VOB/A, Braunschweig: Schriftenreihe des Instituts für Bauwirtschaft und Baubetrieb, Heft 60, 2016

Schranner, Urban [2013]: Allgemeine Erläuterungen zu den Verhandlungen über den Abschluss eines Bauvertrages, in: *Christian Döring* u. a. (Hrsg.), 2013

Schütte, Dieter B. u. a. [2014]: Vergabe öffentlicher Aufträge: Eine Einführung anhand von Fällen aus der Praxis, Stuttgart: W. Kohlhammer, 2014

Shadish, William R./Cook, Thomas D./Campbell, Donald T. [2002]: Experimental and quasi-experimental Designs for generalized causal inference, Belmont: Wadsworth, 2002

Solbach, Markus/Bode, Henning [2015]: Praxiswissen Vergaberecht: Die aktuellen Grundlagen, Berlin: De Gruyter, 2015

Steiner, Elisabeth/Benesch, Michael [2018]: Der Fragebogen: Von der Forschungsidee zur SPSS-Auswertung, Bd. 8406, 5. Auflage, 2018

Steinke, Ines [1999]: Kriterien qualitativer Forschung: Ansätze zur Bewertung qualitativ-empirischer Sozialforschung, Weinheim: Juventa Verlag, 1999

Steinke, Ines [2009]: Die Güte qualitativer Marktforschung, in: *Renate Buber/Hartmut H. Holzmüller* (Hrsg.), 2009, S. 261-284

Tausendpfund, Axel [2009]: Gestaltungs- und Konkretisierungsmöglichkeiten des Bieters im Vergaberecht: Eine systematische Darstellung für Bieter und Auftraggeber, Bd. 635, Baden-Baden: Nomos, 2009

Wach, Marco [2018]: Nachhaltigkeitsmanagement in Bauunternehmen, Aus Forschung und Praxis, Schriftenreihe des Instituts für Baubetriebswesen der Technischen Universität Dresden, Bd. 18, Dresden: expert-verlag (Hrsg. Schach, R.), 2018

Weyand, Rudolf [2013]: Vergaberecht: Praxiskommentar zu GWB, VgV, SektVO, VSVgV, VOB/A 2012, VOL/A, VOF ; mit sozialrechtlichen Vorschriften, 4. Aufl, München: Beck, 2013

Wietersheim, Mark von [2017]: Vergaberecht: GWB, VgV, SektVO, KonzVgV, VOB/A, München: Beck, 2017

Zeiss, Christopher [2012]: Sichere Vergabe unterhalb der Schwellenwerte, 2., aktualisierte und überarb. Aufl, Köln: Bundesanzeiger, 2012

Internetquellen

Bartsch, Wolfgang [2012]: Schwächen von Zuschlagsformeln im Vergleich: White Paper (2012), https://www.iabg.de/fileadmin/media/Geschaeftsfelder/InfoKom/Vergabemanagement/Zuschlagsformel/Flyer/Flyer___Vergabemangemt_Zuschlagsformeln_Schwaechen.pdf (Zugriff: 18.6.2016)

Berliner Morgenpost [2014]: Öffentlicher Dienst – Berlin beendet den Personalabbau (2014), https://www.morgenpost.de/berlin/article132293503/Oeffentlicher-Dienst-Berlin-beendet-den-Personalabbau.html (Zugriff: 27.2.2023)

Berliner Stadtentwicklung [2020]: Übersicht öffentlicher Auftraggeber (2020), https://ssl.stadtentwicklung.berlin.de/ULVAuskunft/nutzer.shtml (Zugriff: 5.2.2020)

Bundesanzeiger Verlag Vergabe: Vergaberecht für Anbieter: Leitfaden, https://www.bundesanzeiger-verlag.de/fileadmin/BIV-Portal/pdf/Vergaberecht_Anbieter_Banz.pdf (Zugriff: 4.10.2015)

Bundesministerium der Justiz und für Verbraucherschutz [2021]: Gesetz gegen Wettbewerbsbeschränkungen (GWB 2021), https://www.gesetze-im-internet.de/gwb/BJNR252110998.html (Zugriff: 23.1.2021)

Bundesministerium für Umwelt, Naturschutz, Bau und Reaktorsicherheit [2016]: Bekanntmachung VOB 2016 vom 19.1.2016 im Bundesanzeiger: BAnz AT 19.1.2016 (2016), https://www.bundesanzeiger.de/ebanzwww/wexsservlet?page.navid= official_starttoofficial_view_publication&session.sessionid= 223ab6aaf48be0c7a16c27b4c301b4c5&fts_search_list.selected=c19aebfb5c9c7a00&&fts_search_list.destHistoryId=06938&fundstelle=BAnz_AT_19.01.2016_B3 (Zugriff: 26.3.2016)

Bundesministerium für Verkehr und digitale Infrastruktur [2021]: Öffentlich-Private Partnerschaften (2021), https://www.bmvi.de/DE/Themen/Mobilitaet/Strasse/OEPP-Bundesfernstrassenbau/oepp-bundesfernstrassenbau.html (Zugriff: 3.2.2021)

Bundesministerium für Wirtschaft und Energie [2015]: Öffentliche Aufträge (2015), http://www.bmwi.de/DE/Themen/Wirtschaft/Wettbewerbspolitik/oeffentliche-auftraege.html (Zugriff: 7.1.2015)

Bundesministerium für Wirtschaft und Energie [2021]: Öffentliche Aufträge und Vergabe: Übersicht und Rechtsgrundlagen auf Bundesebene (2021). https://www.bmwi.de/Redaktion/DE/Artikel/Wirtschaft/vergabe-uebersicht-und-rechtsgrundlagen.html (Zugriff: 27.1.2021)

Bundesministerium des Innern, für Bau und Heimat [2021]: Bauauftragsvergabe VOB (2021), https://www.bmi.bund.de/DE/themen/bauen-wohnen/bauen/bauwesen/bauauftragsvergabe/bauauftragsvergabe-artikel.html (Zugriff: 26.1.2021)

Deutsches Vergabeportal: 19 Vertragsparteien der WTO am GPA: Armenien, Aruba, Europäische Union (27 Mitgliedsstaaten), Hongkong (China), Island, Israel, Japan, Kanada, Liechtenstein, Moldau, Montenegro, Neuseeland, Norwegen, Schweiz, Singapur, Südkorea, Taiwan, Ukraine und die USA, https://www.dtvp.de/wissen/vergabelexikon/a (Zugriff: 24.1.2021)

Deutscher Städte- und Gemeindebund [2021]: Vergaberecht: Marktvolumen aller öffentlichen Aufträge in Deutschland (2021), *https://www.dstgb.de/dstgb/Homepage/Schwerpunkte/Vergaberecht/* (Zugriff: 26.1.2021)

Dippel, Norbert [2021]: Gebot der Losaufteilung: Alles andere als ein alter Hut (2021), https://blog.cosinex.de/2021/10/28/vergabekammer-bund-beschluss-vorrang-losvergabe/ (Zugriff: 26.11.2021)

DTAD Deutscher Auftragsdienst [2020]: Öffentliche Ausschreibungen (2020), https://www.dtad.com/de/module/oeffentliche-ausschreibungen (Zugriff: 14.9.2020)

Europäische Kommission [2011]: Wirkung und Wirksamkeit des EU-Rechts für das öffentliche Auftragswesen: Zeit für Ergebnisse (Zusammenfassung der Bewertung) (2011), http://ec.europa.eu/internal_market/publicprocurement/docs/modernising_rules/executive-summary_de.pdf (Zugriff: 17.3.2015)

Europäische Kommission [2015]: Öffentliche Aufträge: Regeln und Verfahren (2015), http://europa.eu/youreurope/business/public-tenders/rules-procedures/index_de.htm (Zugriff: 22.3.2015)

Europäisches Parlament [2021], Öffentliches Auftragswesen: Handelsvolumen öffentlicher Aufträge (2021), https://www.europarl.europa.eu/factsheets/de/sheet/34/offentliches-auftragswesen (Zugriff: 26.1.2021)

Europäische Union, 27 Mitgliedsstaaten seit 1.1.2021: Belgien, Bulgarien, Dänemark, Deutschland, Estland, Finnland, Frankreich, Griechenland, Irland, Italien, Kroatien, Lettland, Litauen, Luxemburg, Malta, Niederlande, Österreich, Polen, Portugal, Rumänien, Schweden, Slowakei, Slowenien, Spanien, Tschechien, Ungarn und Zypern, https://europa.eu/european-union/about-eu/countries_de (Zugriff: 24.1.2021)

Fachverlag Ferber [2021], Praxisratgeber Vergaberecht: Das Preis-Leistungsverhältnis und die Bewertungsmatrizen im Vergaberecht (2017), https://fachverlag-ferber.blogspot.com/2017/05/das-preis-leistungs-verhaltnis-und-die.html (Zugriff: 19.12.2021)

Gesellschaft für Evaluation e.V. [2016]: Standards für Evaluation (2016), https://www.degeval.de/degeval-standards/standards-fuer-evaluation/ (Zugriff: 27.10.2017)

Industrie- und Handelskammer zu Berlin [2015]: Die Vergabe öffentlicher Aufträge (2015), https://www.ihk-berlin.de/blob/bihk24/recht_und_steuern/downloads/2253228/9e273b96819263070f823f9b117ecf62/Merkblatt_Die_Vergabe_oeffentlicher_Auftraege-data.pdf (Zugriff: 27.5.2016)

KPMG Law [2021]: Services: Vergabe an Generalunternehmer – Leitfaden für öffentliche Auftraggeber, https://www.%3A%2F%2Fkpmg-law.de%2Fnewsservice%2Fvergabe-an-generalunternehmer-leitfaden-fuer-oeffentliche-auftraggeber%2F%3Fcreatepdf%3D11368&usg=AOvVaw3t-V7HJa49nkbfjzwNs3z (Zugriff: 27.12.2021)

Reguvis Fachmedien [2021]: Ausnahme 1: Produktvorgabe ist durch den Auftragsgegenstand gerechtfertigt (2021), https://www.reguvis.de/xaver/vergabeportal/start.xav?start=%2F%2F*%5B%40attr_id%3D%27vergabeportal_13066017291%27%20and%20%40outline_id%3D%27vergabeportal_BasiswissenVergaberecht_Aufl2_13065854091%27%5D (Zugriff: 4.2.2021)

Schumm, Martin: Wer hat denn nun Recht? – Richtige Gewichtung der Zuschlagskriterien schwer gemacht!, http://www.euroforum.de/vergaberecht/wer-hat-denn-nun-recht-richtige-gewichtung-der-zuschlagskriterien-schwer-gemacht/ (Zugriff: 10.6.2015)

statista Das Statistik-Portal [2019]: Bauhauptgewerbe – Anzahl der Betriebe in Deutschland 2018 (2019), https://de.statista.com/statistik/daten/studie/192164/umfrage/anzahl-der-betriebe-im-bauhauptgewerbe-seit-1999/ (Zugriff: 14.9.2020)

statista Das Statistik-Portal [2021]: Öffentliche Aufträge: Wert der Bauaufträge nach auftraggebenden Bundesländern im Jahr 2019 (2021), https://de.statista.com/statistik/daten/studie/295356/umfrage/wert-der-oeffentlichen-bauauftraege-nach-auftraggebenden-bundeslaendern/ (Zugriff: 26.1.2021)

Submissionsanzeiger [2020]: Ausschreibungs- und Vergabelexikon (2020), http://www.submission.de/glossar.php#jump190 (Zugriff: 14.9.2020)

Supplement zum Amtsblatt der Europäischen Union [2021]: Formular Auftragsbekanntmachung (2021), https://simap.ted.europa.eu/documents/10184/99158/DE_F02.pdf (Zugriff: 7.1.2021)

THIS Fachmagazin Tiefbau, Hochbau, Ingenieurbau, Straßenbau [2012]: Eignungskriterien und Zuschlagskriterien, http://www.this-magazin.de/artikel/bmbw_Eignungskriterien_und_Zuschlagskriterien__1358501.html (Zugriff: 10.6.2015)

TU-Braunschweig [2013]: Forschungsbericht SWD – 10.8.17.7-12.7: Vorlage und Überprüfung der Eignungsnachweise nach § 6 VOB/A in der Praxis (2013) (Zugriff: 1.5.2015)

Vergabekooperation Berlin [2020]: Öffentliche Auftraggeber (2020), vergabekooperation.berlin/NetServer/ (Zugriff: 15.2.2020)

Voss, Jens [2021]: Dunning-Kruger-Effekt: Warum sich Halbwissende für besonders klug halten, https://www.nationalgeographic.de/wissenschaft/2020/06/dunning-kruger-effekt-warum-sich-halbwissende-fuer-besonders-klug-halten (Zugriff: 10.10.2021)

Anlagen

N. Zeglin, *Gestaltungsmöglichkeiten bei der öffentlichen Ausschreibung von Bauleistungen*, Baubetriebswesen und Bauverfahrenstechnik,

Anlage 1 Interviewleitfaden

Interviewleitfaden V. 5.3

1. Einleitung

→ *Audioaufzeichnung starten*

- **Begrüßung und Dank** für Bereitschaft zur Interview-Teilnahme.
- Hinweis und **Einverständnis zu Audioaufzeichnung und Vertraulichkeit**: Das Interview wird für eine zügige Interviewführung audio-aufgezeichnet und später ausgewertet. Alle Angaben werden vertraulich behandelt und anonymisiert verarbeitet.

  → *Zustimmung einholen: Audioaufzeichnung/Datenverwendung*
- Hinweis auf **freiwillige Teilnahme**: Die Interviewteilnahme erfolgt freiwillig mit der Möglichkeit, das Interview ohne nachteilige Folgen jederzeit beenden zu können.
- **Vorstellung Interviewpartner**

  Vorname Name, Funktion, Institution.
- **Hintergrund, Thema und Nutzen der Befragung**

  Aus einer ersten beruflichen Neugier entwickelte sich ein eingehendes Interesse am Thema der strategischen Ausrichtung von ÖAG/Bietern bei der öffentlichen Vergabe von Bauleistungen. Hieraus resultierte dann die vertiefende Befassung in Form einer empirischen Untersuchung im Rahmen einer Promotion zum Dr.-Ing. am Institut für Baubetriebswesen der TU-Dresden (Doktorvater Prof. Rainer Schach).

  Ziel der Untersuchung: Eruieren, ob und welche Gestaltungs- und Beurteilungsmöglichkeiten für ÖAG und Bauunternehmen in Vergabeverfahren vorhanden sind.
- **Interviewdauer**: Ca. 90 Minuten. Kritische Anmerkungen sind sehr willkommen.
- Bevor es losgeht: Gibt es **Fragen oder Anmerkungen**?

2. Interview-Eröffnung

Prolog (Ziel: Einstieg in den Forschungsgegenstand, Einbezug des Befragten in Interview-Entwicklung, thematische Expansion)

1. Erzählen Sie mal, welche **Erfahrungen** haben Sie mit der Öffentlichen Auftragsvergabe von Bauleistungen bislang gemacht?

3. Allgemeine Sondierung

A) Zum Interviewpartner (Ziel: Einschätzung, ob geeigneter Auskunftgeber)

2. Betreuen Sie **regelmäßig** öffentliche Auftragsvergaben für Bauleistungen?

   Nachfrage 2.1: Treffen Sie dabei persönlich **wichtige Entscheidungen**?
   ↳ Eigenständig oder in einem Gremium?
   ↳ Könnten Sie bitte ein typisches Beispiel nennen?

Nachfrage 2.3: Ziehen Sie dabei die **Expertise Dritter** hinzu?
↳ Wie sieht die Unterstützung konkret aus?
↳ Wer trifft die finalen Entscheidungen?

B) Zur öffentlichen Auftragsvergabe (Ziel: Allg. Einstellung zur ÖA herausfinden)

3. Wie beurteilen Sie die rechtliche **Regelungsmaterie** zur ÖA im Bauwesen?

Nachfrage 3.1: Woran machen Sie Ihre Einschätzung fest?
↳ Sehen das Ihre Kollegen auch so?

Nachfrage zur Auslegung des Vergaberechts 3.2: Wie bewerten Sie die **Rechtsprechung** zur ÖA im Bauwesen?

Nachfrage 3.3: Und wie schätzen Sie die **Kommentare** in Fachbeiträgen ein?
↳ Nutzen Sie diese Kommentierungen für Ihre Arbeit?
↳ Nutzen Sie auch andere Quellen?

4. Spezifische Sondierung

C) Kenntnisse und Verhalten der Vergabebeteiligten (Ziel: Verhaltensreflexion)

4. Gibt es Ihrer Meinung nach **Gestaltungspotenziale**, die sich im Vergabeverfahren nutzen lassen?
↳ Situativ nachhaken…

Nachfrage 4.1: Was meinen Sie, kennen und nutzen ÖAG und BU alle **Gestaltungsmöglichkeiten** im Vergabeverfahren?

Nachfrage 4.2: Worauf basiert Ihre Annahme?
↳ Können Sie eine entsprechende Situation beschreiben?
↳ Wird auch von unzulässigen Einflussoptionen Gebrauch gemacht?

Nachfrage 4.3: Würden Sie sagen, dass Ihnen alle Potenziale bekannt sind?
↳ Wie informieren Sie sich über Gestaltungsmöglichkeiten?

D) Zu den Gestaltungspotenzialen (Ziel: Herausfinden, welche „Stellschrauben“ bekannt und in der Praxis relevant sind)

Strukturelle Lenkung im Vergabeverfahren

5. Für wie wichtig erachten Sie eine realistische **Schätzung des Auftragswertes**?

Nachfrage 5.1: Wie kommen Sie zu Ihrer Bewertung?

Nachfrage 5.2: Haben Sie Vergabeverfahren erlebt, bei der die Angebotspreise erheblich (± 20 %) vom geschätzten Auftragswert abwichen?
↳ Was waren die Gründe dafür?
↳ Was waren die Folgen?

6. Ist die Bildung von **Teil- und Fachlosen** ein wichtiges Strategem?

Nachfrage 6.1: Können Sie Ihre Einschätzung bitte kurz erläutern?
↳ Marktgängige Vergabepakete, Generalunternehmer…

7. Fällt der **Wahl der Vergabeverfahrensart** eine große Bedeutung zu?
↳ Situativ nachhaken…

Nachfrage 7.1: Worin bestehen die wesentlichen Vor-/Nachteile?
↳ Verhandlung...

Nachfrage 7.2: Inwiefern ist die sog. **Bagatellklausel** strategisch wichtig?
↳ Bitte vertiefen...

8. Wie beurteilen Sie die **Vergabefristen** hinsichtlich strategisches Momentum?

   Nachfrage 8.1: Sind die **Mindestfristen** ausreichend dimensioniert?

   Nachfrage 8.2: Hat die **zeitliche Lage** eine strategische Relevanz?
   ↳ Haben sich in der Praxis gewisse Leitlinien herausgebildet?

Detailsteuerung im Vergabeverfahren

9. Gemäß den allgemeinen Vergabegrundsätzen (§ 97 GWB) dürfen ÖAG Bauaufträge ausschließlich an **fachkundige** (Kenntnisse, Fähigkeiten und Erfahrungen), **leistungsfähige** (wirtschaftliche, finanzielle sowie technische und personelle Situation), **zuverlässige** und **gesetzestreue** Unternehmen vergeben. Hieraus resultiert die Plicht des ÖAG, die notwendige Bietereignung anhand von exakt formulierten Kriterien vorher festzulegen und später zu überprüfen.

   Welche Bedeutung hat die Berücksichtigung **unternehmensbezogener Eignungskriterien** bei der Gestaltung eines Vergabeverfahrens?
   ↳ Situativ nachhaken...

   Nachfrage 9.1: Sind Ihnen selber schon mal Ausschreibungen mit unfairen **Eignungskriterien** bzw. **Mindestanforderungen** begegnet?
   ↳ Haben Sie ein Beispiel?
   ↳ Was könnten die Gründe dafür gewesen sein?
   ↳ Wie sind Sie damit umgegangen?

10. Auch nach der Vergaberechtsreform 2016 gilt weiterhin die Devise, dass der Zuschlag gemäß GWB auf das wirtschaftlichste Angebot zu erteilen ist. Verändert hingegen ist, dass dieses nunmehr nach dem besten Preis-Leistungsverhältnis zu ermitteln ist. Die wirtschaftliche Würdigung von Angeboten erfolgt dabei anhand von **auftragsbezogenen Zuschlagskriterien** und deren Gewichtung untereinander.

    Was ist Ihrer Meinung nach ein **angemessenes und praxisgerechtes Preis-Leistungs-Verhältnis** (x % Preis, y % Leistung) für Bauleistungen, die anhand eines detaillierten LV erschöpfend beschrieben werden können?

    Nachfrage 10.1: Was veranlasst Sie zu dieser Einschätzung?

    Nachfrage 10.2: Ab wann wäre der Preisanteil unter- oder überbewertet?
    ↳ Wie wäre das Verhältnis bei einem funktionalen Leistungsprogramm?

    Für die Bewertung von Angeboten existieren verschiedene Methoden [u. a. Leistungs-/Preismethode, einfache/erweiterte/gewichtete Richtwertmethode (Referenzwert, Median), Interpolationen, Benotungen etc.].

    Nachfrage 10.3: Aus Ihrer persönlichen Erfahrung heraus: Wie beurteilen Sie den Einsatz von Wertungssystemen zur Ermittlung des wirtschaftlichsten Angebots?
    ↳ Reicht es nicht aus, dass preisgünstigste Angebot zu beauftragen?
    ↳ Situativ nachhaken...

11. Bis zum Erreichen der EU-Schwellenwerte sind Nebenangebote grundsätzlich zulässig, sofern diese vom Auftraggeber nicht von vornherein ausdrücklich ausgeschlossen wurden. Bei EU-Vergabeverfahren müssen Nebenangebote vom ÖAG wiederum explizit zugelassen sein, ansonsten können sie mit der ersten Wertungsstufe nicht mehr berücksichtigt werden. Nebenangebote sind allerdings immer dann nicht zugelassen, wenn vom ÖAG in der Vergabebekanntmachung keine Angaben gemacht wurden.

    Birgt die Zulassung von techn. oder kaufm. **Nebenangeboten** ein hohes Einflusspotenzial?
    ↳ Situativ nachhaken…

    Nachfrage 11.1: Können Sie einen Fall schildern?
    ↳ Situativ nachhaken…

    Nachfrage 11.2: Was halten Sie von der Einreichung mehrerer **Hauptangebote**?

12. Produktneutralität – § 7 Abs. 2 Satz 1 VOB/A: *„Soweit es nicht durch den Auftragsgegenstand gerechtfertigt ist, darf in technischen Spezifikationen nicht auf eine bestimmte Produktion ... verwiesen werden, wenn dadurch bestimmte Unternehmen oder bestimmte Produkte begünstigt oder ausgeschlossen werden.“*

    Steht die gebotene **Produktneutralität** Ihrer Meinung nach im Widerspruch zum allg. Leistungsbestimmungsrecht des ÖAG (Produktvorgabe)?

    Nachfrage 12.1: Können Sie Ihre Einschätzung untermauern?
    ↳ Situativ nachhaken…

    Nachfrage 12.2: Stellen **Produktvorgaben** (vorausgesetzt objektiv auftragsbezogen und ohne diskriminierende Wirkung formuliert) ein gewichtiges Entfaltungspotenzial für den ÖAG dar?
    ↳ Erläutern lassen…

13. Welche Tragweite hat die **Kommunikation** während der Angebotsphase?

    Nachfrage 13. 1: Haben Sie in der Praxis erfahren, dass die Bieter den Austausch mit dem ÖAG intensiv verfolgen?
    ↳ Situativ nachhaken: z. B. auch Austausch der Bieter untereinander ggf. Handel
    ↳ Welche Bedeutung haben Rügen und Vergabenachprüfungsverfahren?
    ↳ Welche die Aufhebung von Vergabeverfahren?

14. Der ÖAG kann bei berechtigten Zweifeln beim Bieter nachdrücklich Aufklärung fordern.

    Welche Gestaltungsoptionen bietet die **Aufklärung** unklarer Angebotsbelange?
    ↳ Situativ nachhaken…

    Das Verhandeln von Angebotspreisen und -inhalten ist wg. der Wahrung der Vergabegrundsätze generell unzulässig. Es sei denn, dass sie wegen einer funktionalen Beschreibung der Bauleistung im Sinne einer notwendigen, unerheblichen Präzisierung geboten ist o. ein Verhandlungsverfahren gewählt wurde.

    Nachfrage 14.1: Wie wichtig erachten Sie die **Verhandlung von Angebotspreisen**?
    ↳ Situativ nachhaken…

5. Wissenschaftstheoretischer Ansatz

E) Argumentation und Zusammenhänge (Ziel: Herausfinden, ob Begründungen und Beziehungen widerspruchsfrei sind, Vermeidung von Beliebigkeit)

I. Ist folgende Auffassung zutreffend?
Die 'strategische Ausrichtung bei Ausschreibung und Vergabe' wird maßgeblich durch die 'formalen Vorgaben des Vergaberechts' und die vorhandenen 'Gestaltungs- und Beurteilungsspielräume sowie Einflusspotenziale' beeinflusst.

Nachfrage I.1: Bestehen weitere Einflussgrößen?

Nachfrage I.2: Wie beurteilen Sie folgende (prob.) Zusammenhangsvermutung:
Eine strategische Ausrichtung führt nicht zwangsläufig zur einer erfolgreichen Vergabe, sie erhöht aber dessen Wahrscheinlichkeit.

F) Leithypothese (Ziel: Bestätigung der Schlussfolgerung)

II. Ist folgende Vermutung zutreffend?
Wenn die Vergabe durch gewisse Gestaltungs- und Beurteilungsspielräume beeinflusst werden kann, **dann** müssen sich die Einflussmöglichkeiten in Art und Maß konkret bestimmen lassen.

G) Bildung Theoriemodell (Ziel: Klären, ob der Ansatz rationaler Akteure die Handlungsgrundlage bildet)

III. Würden Sie sagen, dass das Verhalten der Akteure auf situationsbezogenem und **vernunftgeleitetem menschlichen Handeln** beruht (rationelles Verhalten)?

Nachfrage III.1: Können Sie dies an einem Praxisbeispiel darlegen?

Stichwort III.2: **Homo oeconomicus**, der analytisch nach einer optimalen Kosten-Nutzen-Relation strebt u. das hierfür benötigte Instrumentarium bedacht auswählt?

Schluss

- Bestehen Ihrer Meinung nach **weitere Gestaltungsspielräume**?
- Waren die **Interviewdauer und der -verlauf** akzeptabel?
- Gib es **Verbesserungsmöglichkeiten** in der Interviewführung?
- **Danksagung** für die Geduld und überaus hilfreichen Einschätzungen
- Würden Sie an einer Befragung mittels **Fragebogen teilnehmen**?
- Möchten Sie die **Audioaufzeichnung** und/oder das **Transskript** haben?
- **Interview beenden und Uhrzeit angeben**

→ *Audioaufzeichnung beenden*

Anlage 2 Interviewbericht-Nr. 7

Bericht Experten-Interview

Interview-Nr.:	**07/10_BU** (Leitfaden: Version 5.1)
Interview-Partner:	ANONYM 7
Untersuchungsgruppe:	Bauunternehmen
Ort:	ANONYM
Datum, Uhrzeit, Dauer:	14.11.2018, 15:31-16:47 Uhr, 1:16:35 Std.
Interviewführung u. -bericht:	Norbert Zeglin

Nachbereitung

- **Teilnehmer**: Interviewer und Interview-Partner, keine weiteren Personen.
- **Audioaufzeichnung**: Der digitale Mitschnitt erfolgte mit dem Interview-Aufnahmegerät Olympus LS-P1. Die Stereo-Aufnahme weist eine klare Klangqualität bei geringen Rauschinterferenzen und guter Lautstärke auf. Die Sitzpositionen waren in etwa einen Meter zum Mikrofon entfernt.
- **Eindruck Räumlichkeit**: Das Interview fand in einem geeigneten Büro beim Befragten statt. Der Raum und die Ausstattung hatten keine negativen Einflüsse auf die Interviewführung.
- **Eindruck Interviewpartner**: Die Befragung erfolgte freiwillig. Der Interviewte machte einen motivierten, interessierten und fachlich versierten Eindruck. Die Reaktionen auf die Fragen erfolgten umgehend ohne Verzögerung. Sehr kooperativer und umgänglicher Interviewpartner mit guten kommunikativen Kompetenzen.
- **Eindruck Befragungssituation**: Nach kurzer Aufwärmphase offenes und vertrauensvolles Gespräch. Freundliche Atmosphäre, gute Interaktionen. Es gab keine schwierigen Passagen oder gar eine Gesprächskrise. Es bestand eine gegenseitige Verständlichkeit. Bei Unklarheiten wurde beidseitig nachgefragt. Es gab keine Interaktionseffekte (sog. Eisberg-, Paternalismus-, Rückkopplungs-, Katharsiseffekt).
- **Eindruck Interviewführung**: Die Gesprächsführung lag rollengerecht beim Interviewer. Dem Befragten wurden ausreichend Freiräume für eigene Ausführungen gewährt. Es gab keine Widersprüche in den Ausführungen des Befragten. Die Ausführungen erfolgten aufrichtig, es gab keine Anzeichen von Verzerrungen oder Verschweigen heikler Aspekte. Das Interview erfolgte durchgängig ohne Unterbrechungen. Der Interview-Partner empfand die Gesprächsdauer als angemessen.
- **Umstände**: Es gab keine Störungen durch äußere Einflüsse (Telefonanrufe, Ablenkungen, Lärm, Termindruck etc.).
- **Verbesserungspotenzial**: Keine Erkenntnisse.
- **Freigabe**: Die Interview-Aufzeichnung kann transkribiert und ausgewertet werden.
- **Teilnahme schriftl. Befragung:** Ja. **Forschungsergebnisse**: Ja.
- **Übersendung Audioaufzeichnung/Transskript des Interviews:** Nein/Nein.

Anlage 3 **Extraktionstabelle**

Auszug: Fragen 8, 8.1 und 8.2

Extraktionstabelle zur qualitativen Inhaltsanalyse

Empirisches Datenmaterial: Transkriptionen problemzentrierter Experten-Interviews-Nr. 1 bis 10
Leitfaden: Version 5.3
Auswertungskategorie: Gestaltungspotenziale – allgemein, strukturelle Lenkung und Detailsteuerung

4. Spezifische Sondierung

D) Zu den Gestaltungspotenzialen (Ziel: Herausfinden, welche "Stellschrauben" bekannt und in der Praxis relevant sind)

Strukturelle Lenkung im Vergabeverfahren

Frage 8: Wie beurteilen Sie die Vergabefristen hinsichtlich strategisches Momentum?

Gegenstand:

Verfahrensfristen

Charakter:	Informell
Inhalt:	Erkundigung
Geltungsbereich:	ÖAG und BU

	Fundstelle (Befragter, Seite/Zeile):	Aussagen der Befragten:	Rel.
ÖAG	ANONYM-Nr. 1, S. 14/Z. 534	Einhaltung von Mindestfristen wesentlich.	B+
	ANONYM-Nr. 2, S. 14/Z. 553	*"Wesentlicher Kernpunkt".*	
	ANONYM-Nr. 3, S. 12/Z. 499	*"spielen untergeordnete Rolle".*	
	ANONYM-Nr. 4, S. 12/Z. 461	Zustimmung. *"Gerade wenn Gewerkebündelungen stattfinden, muss man den Firmen einfach viel mehr Zeit lassen."*	
	ANONYM-Nr. 5, S. 11/Z. 419, 421, 439	Außerordentliche hohe Bedeutung.	
BU	ANONYM-Nr. 6, S. 22/Z. 944	Wichtige Bedeutung.	B+
	ANONYM-Nr. 7, S. 13/Z. 495 ff.	Ungenaue Antwort, deshalb keine Nachfrage.	
	ANONYM-Nr. 8, S. 11/Z. 431	Bestätigt strategische Gewichtigkeit.	
	ANONYM-Nr. 9, S. 13/Z. 530, 546	Bedeutsam: *"Es muss halt realistisch möglich sein, auch die Ausschreibung so zu durchdringen, dass man auch ein wirtschaftliches Angebot abgeben kann."*	
	ANONYM-Nr. 10, S. 11/Z. 423, 433	Strategisch eher unbedeutsam und in der Handhabung auch *"unproblematisch"*.	

Auswertung: Die Erkundigung nach den Vergabefristen hat insgesamt, aber auch innerhalb der jeweiligen Untersuchungsgruppen, ein geteiltes Antwortecho hervorgerufen. Das Spektrum erstreckt sich von unbedeutend bis wesentlich.

Interpretation: Die zunächst unerwartet divergierende Antwortsituation erklärt sich möglicherweise dadurch, dass einerseits auf die Mindestfristen als minimal anzusehende Zeiträume Bezug genommen wurde. Hier ist es von größter Relevanz, diese einzuhalten. Andererseits ist dies für die Bearbeitung und Kalkulation eines wirtschaftlichen Angebots offenbar nicht so bedeutend.

Bedeutung: B+. Vom Antworttrend her mittleres, aber interessantes Gestaltungspotenzial. Aufgrund der Limitation dieser Forschungsarbeit wird in der zweiten, quantitativen Teilstudie ausschließlich auf A-bewertete Aspekte fokussiert und dieser Gesichtspunkt demnach nicht weiter verfolgt. Allerdings stellt er mit der Relevanz B+ einen durchaus interessanten Punkt für gesonderte Untersuchungen außerhalb dieser Studie dar (Implikation für weitere Forschung).

Nachfrage 8.1: Sind die Mindestfristen ausreichend dimensioniert?

Gegenstand:

Fristenlänge

Charakter:	Informell
Inhalt:	Erkundigung
Geltungsbereich:	ÖAG und BU

	Fundstelle (Befragter, Seite/Zeile):	Aussagen der Befragten:	Rel.
ÖAG	ANONYM-Nr. 1, S. 14/Z. 538, 539	Fristenfestlegung liegt im Ermessen des AG. Für kompakte Ausschreibung angemessen, für komplexere Ausschreibungen im Einzelfall anzupassen.	B-
	ANONYM-Nr. 2, S. 14/Z. 572; S. 15/Z. 577	Zustimmung für kleinere, einfache Verfahren, teilweise zu lang. Verneinung bei komplexen Ausschreibungen – eher zu kurz. Fristen individuell anpassen.	
	ANONYM-Nr. 3, S. 12/Z.513; S. 13/Z. 514	Grundsätzlich ausreichend, aber: *"Bei Großprojekten reichen die nicht aus, definitiv nicht aus."* Es ist los-, leistungs- und projektabhängig zu dimensionieren.	
	ANONYM-Nr. 4, S. 12/Z. 472	Dem Grunde nach *"in Ordnung"*.	
	ANONYM-Nr. 5, S. 11/Z. 423	Mindestfristen reichen oftmals nicht.	
BU	ANONYM-Nr. 6, S. 22/Z. 951, 952	Bekräftigung: *"Ja, die sind ausreichend dimensioniert."*	B-
	ANONYM-Nr. 7	[Ungenaue Antwort auf Frage 8, deshalb auch hierzu keine Nachfrage.]	
	ANONYM-Nr. 8, S. 11/Z. 431	Empfindet Mindestfristen *"teilweise als zu lang"*.	
	ANONYM-Nr. 9, S. 13/Z. 530	Aus Antwortkontext: Projektabhängig, könnten bei komplexen Bauvorhaben aber durchaus zu kurz sein.	
	ANONYM-Nr. 10, S. 11/Z. 433	Aus Antwortkontext: In der Handhabung *"unproblematisch"*.	

Auswertung: Grundsätzlich sind die Mindestfristen für herkömmliche, etablierte und marktgängige Vergabeverfahren beziehungsweise Bauvorhaben angemessen. Bei ineinandergreifenden, vielschichtigen Vergabeeinheiten oder ungewöhnlichen Leistungen tendenziell zu kurz.

Interpretation: Für erwartungsgemäße Bauleistungen ausreichend. Allerdings: Immer dort, wo spezielle Leistungen oder besondere Präferenzen abgefragt werden beziehungsweise unklare Rahmenbedingungen vorherrschen, sollte im Vorfeld kritisch ergründet werden, ob die Mindestfristen ausreichen oder besser ausgedehnt werden sollten. Andernfalls besteht das Risiko, keine oder flüchtig/nachlässig kalkulierte, teure Angebote zu erhalten.

Bedeutung: B-. Eher mittleres, mäßig aufschlussreiches Gestaltungspotenzial. Aufgrund der Limitation dieser Forschungsarbeit wird in der zweiten, quantitativen Teilstudie ausschließlich auf A-bewertete Aspekte fokussiert und dieser Gesichtspunkt demnach nicht weiter verfolgt. Wegen der Relevanzeinstufung B- ist eine gesonderte Untersuchungen außerhalb dieser Studie kaum erfolgversprechend (keine Implikation für weitere Forschung).

Nachfrage 8.2 (einschl. NNF 8.2.1): Hat die zeitliche Lage eine strategische Relevanz?

Gegenstand:

Fristenlage

Charakter:	Informell
Inhalt:	Erkundigung
Geltungsbereich:	ÖAG und BU

	Fundstelle (Befragter, Seite/Zeile):	Aussagen der Befragten:	Rel.
ÖAG	ANONYM-Nr. 1, S. 14/Z. 553, 563, 575, 579, 583	Große Bedeutung. Die Angebotsfrist wird um die Dauer von Feiertagen, Schließzeiten etc. entsprechend verlängert. Es wird allerdings *"...zu jeder Zeit ausgeschrieben."* Gefahr, andernfalls keine Angebote zu erhalten.	A
	ANONYM-Nr. 2, S. 15/Z. 587, 589, 593, 614, 618	Zustimmung – strategisches Moment, z. B. durch zeitliches verknappen oder verlängern [P: wenig Kommunikation; U: ungünstige Lage = kaum Bearbeitungszeit; W: keine Angebote].	
	ANONYM-Nr. 3, S. 13/Z. 531, 545, 550, 551, 553 ff.	Ja, *"eine strategische Bedeutung"*. P: Marktbeschränkung; U: ungünstige zeitl. Planung; W: keine/teure Angebote.	
	ANONYM-Nr. 4, S. 12/Z. 483, 490	Klare Bestätigung. Ausschreibungen über Feiertage etc.: *"Das ist tatsächlich wirklich ein absolutes Problem."* Verkürzungen oder Verlängerungen werden praktiziert.	
	ANONYM-Nr. 5, S. 11/Z. 441, 451	Positive Resonanz. Es wird über Feiertage ausgeschrieben, die Fristen dann aber auch verlängert. Steuerung: Anderfalls geben nur vorinformierte Bieter Angebote ab.	
BU	ANONYM-Nr. 6, S. 22/Z. 972, 988	Bestätigung: *"Das ist ganz, ganz wichtig." "Insofern hat die Zeit, wann ich etwas auf den Markt bringe, schon ein strategisches Moment, auf jeden Fall und zwar ein ganz entscheidendes."*	A
	ANONYM-Nr. 7, S. 13/Z. 522, 525	Zustimmung. Beispiel Ausschreibung über Weihnachten: *"Das schränkt die Möglichkeiten der Bieter schon von vornherein ein."*	
	ANONYM-Nr. 8, S. 13/Z. 495, 503, 506	Beipflichtung: *"Ich merke natürlich sehr wohl, dass das ein strategischer Aspekt ist."* Feiertagsbezug; *"Das sind manchmal schon knappe Dinger."*	
	ANONYM-Nr. 9, S. 13/Z. 557, 560, 562, 573	Zustimmung strategische Relevanz: *"ein nicht zu unterschätzender Punkt"*.	
	ANONYM-Nr. 10, S. 11/Z. 443, 461	Bestätigung: *"Auf alle Fälle."* W: Fristverlängerungen beantragen; P: *"reduzierte Leistungsfähigkeit"*.	

Auswertung: Die zeitliche Lage ist sowohl für ÖAG als auch für BU überaus bedeutungsvoll.

Interpretation: Die zeitliche Konstellation von Ausschreibungen ist für beide Untersuchungsgruppen von Belang, da Auftraggeber über de facto Zeitverkürzung den Wettbewerb durchaus steuern können. U: zu wenig Zeit beim ÖAG, absichtliche Limitierung des Wettbewerbs; W: keine oder wenige, zumeist überteuerte Angebote; P: Einschränkung des Marktes.

Bedeutung: A. Große Relevanz und wirkungsvolles Gestaltungspotenzial. Eine vertiefende Befassung im Rahmen der zweiten, quantitativen Teilstudie sollte wichtige Aufschlüsse ermöglichen. Dieser A-eingestufte Aspekt wird somit weiter verfolgt.

Legende: ÖAG = Öffentlicher Auftraggeber, BU = Bauunternehmen, U = Ursachen, W = Wirkungen, P = Phänomene, F = Frage, NF = Nachfrage, NNF = Nach-Nachfrage.

Relevanzabstufung: A = Große Relevanz und wirkungsvolles Gestaltungspotenzial, B+ = Vom Antworttrend her mittleres, aber interessantes Gestaltungspotenzial, B- = Eher mittleres, mäßig aufschlussreiches Gestaltungspotenzial, C = Tendenziell geringes beziehungsweise unwesentliches Gestaltungspotenzial.

Anlage 4 Fragebogen

Zweite Teilstudie als quantitative Befragung mittels Fragebogen.

Bis zum **01.03.2020** zurücksenden!

Expertenbefragung

Gestaltungspotenziale bei Ausschreibung und Vergabe öffentlicher Bauaufträge

Liebe Teilnehmerin, lieber Teilnehmer,

im Rahmen meiner von Prof. Dr.-Ing. Rainer Schach betreuten wissenschaftlichen Promotionsstudie am Institut für Baubetriebswesen der TU-Dresden untersuche ich, wie Öffentliche Auftraggeber und Bauunternehmen die Steuerungsmöglichkeiten bei Ausschreibung und Vergabe öffentlicher Bauaufträge beurteilen.

Ihr Fachwissen und Ihre persönlichen Erfahrungen sind dabei von großem Interesse und für das Gelingen der Studie sehr bedeutsam!

Die dafür benötigten quantitativen Daten werden schriftlich anhand dieses standardisierten Fragebogens **anonym** erhoben und anschließend statistisch ausgewertet. Ihre Antworten lassen keine Rückschlüsse auf Sie zu!

Der Fragebogen umfasst sechs Themenbereiche, dauert ca. **20 Minuten** und die Teilnahme ist selbstverständlich freiwillig.

Ich bedanke mich für Ihre hilfreiche Unterstützung und stehe für Rückfragen gerne zur Verfügung.

Viel Spaß beim Ausfüllen!

Ihr

Norbert Zeglin
Berlin, im Februar 2020

Doktorand Norbert Zeglin, TU-Dresden, Fakultät Bauingenieurwesen, Institut für Baubetriebswesen

Anleitung zum Ausfüllen

Bevor Sie mit dem Ausfüllen beginnen, lesen Sie bitte zunächst jede Frage bzw. Aussage und die Antwortmöglichkeiten gründlich durch.

Bitte beachten Sie die in Klammern gesetzten *(Hinweise in Kursivdruck)*, z. B. ob Einfach- oder Mehrfachnennungen vorgesehen sind, und etwaige Begriffserläuterungen in den Fußnoten.

Beantworten Sie die Fragen bzw. beurteilen die Aussagen in der festgelegten Reihenfolge durch eindeutiges Ankreuzen der Ihrer Ansicht nach zutreffenden Kästchen der Antwortvorgaben und Skalen.

Bei einigen Fragen sind 5er- und 7er-Antwortskalen vorgegeben, die sich von ihren Bedeutungen her stets von links (geringster Wert) nach rechts (höchster Wert) in gleichen Abständen numerisch erhöhen. Wie am nachfolgenden Beispiel der Frage 7 zu sehen ist, werden ausschließlich die Anfangs- und Endpunkte 1 (◀ „gar nicht“) und 7 („in hohem Maße“ ▶), nicht aber die Zwischenpunkte von 2 bis 6 verbal beschrieben.

Beispiel: 7. Wie hilfreich sind die folgenden Faktoren für Ihre Arbeit?
(Bitte kreuzen Sie jeweils nur einen Wert auf der Skala an.)

	◂ gar nicht 1	2	3	4	5	in hohem Maße ▸ 6	7
Kommentare zu Urteilen in Fachbeiträgen	❑	❑	❑	❑	❑	❑	❑

Wenn Sie für die Antwortkategorie „Kommentare zu Urteilen in Fachbeiträgen" den niedrigsten Wert für richtig erachten, kreuzen Sie bitte ganz links die 1 an. Wenn Sie meinen, dass der höchste Wert zutreffend ist, kreuzen Sie hingegen ganz rechts die 7 an. Mit den Zwischenpunkten 2 bis 6 können Sie Ihre Einschätzung weiter abstufen, wobei die 4 den Skalenmittelpunkt darstellt.

Bitte wählen Sie nur aus den vorgegebenen Antwortmöglichkeiten aus und fügen selber keine Ankreuzkästchen oder Kategorien hinzu. Schriftliche Eintragungen nehmen Sie bitte nur dort vor, wo durchgängige Linien und das Symbol ✍ dies vorsehen, z. B. bei sonstigen Antwortmöglichkeit oder beim Feedback am Ende.

Hinterlassen Sie keine persönlichen Informationen, die Rückschlüsse auf Sie bzw. Ihr Unternehmen ermöglichen (z. B. durch Nennung von Bauvorhaben, Verfahrensweisen etc.).

Anmerkungen und Anregungen können Sie gerne als Freitext im Feedback-Feld auf der letzten Seite hinterlassen.

Demographische Angaben

1. Welcher Untersuchungsgruppe gehören Sie an?
(Bitte nur eine Antwortmöglichkeit ankreuzen.)

Öffentlicher Auftraggeber (ÖAG).. ❑

Bauunternehmen (BU) .... ❑

2. Welchen Schwerpunkt hat Ihre berufliche Tätigkeit?
(Bitte nur eine Antwortmöglichkeit ankreuzen.)

kaufmännisch .... ❑

technisch.. ❑

juristisch .... ❑

Sonstige (✍): ____ ❑

3. Über welche Berufserfahrung im Bauwesen verfügen Sie?
(Bitte nur eine Antwortmöglichkeit ankreuzen.)

weniger als 5 Jahre .... ❑

5 bis 10 Jahre... ❑

11 bis 20 Jahre... ❑

21 bis 30 Jahre... ❑

mehr als 30 Jahre... ❑

4. Wie viele Bauausschreibungen bearbeiten Sie in einem Jahr?
(Bitte nur eine Antwortmöglichkeit ankreuzen.)

bis 12 .... ❑

13 bis 24 .... ❑

mehr als 24 .... ❑

5. Wie häufig ziehen Sie dabei externe Unterstützung hinzu?
(Bitte kreuzen Sie jeweils nur einen Wert auf der Skala an.)

	◂ nie 1	2	3	4	immer ▸ 5
Zu kaufmännischen Aspekten	❑	❑	❑	❑	❑
Zu bautechnischen Belangen	❑	❑	❑	❑	❑
Zu planerischen Themen	❑	❑	❑	❑	❑
Zu juristischen Gesichtspunkten	❑	❑	❑	❑	❑
Sonstiges (✍): ____________	❑	❑	❑	❑	❑

Öffentliche Auftragsvergabe

6. Wie praxistauglich erachten Sie das Vergaberecht[1]?
(Bitte kreuzen Sie nur einen Wert auf der Skala an.)

◂ gar nicht 1	2	3	4	5	6	in hohem Maße ▸ 7
❑	❑	❑	❑	❑	❑	❑

7. Wie hilfreich sind die folgenden Faktoren für Ihre Arbeit?
(Bitte kreuzen Sie jeweils nur einen Wert auf der Skala an.)

	◂ gar nicht 1	2	3	4	5	6	in hohem Maße ▸ 7
Rechtsprechung (KG/OLG[2], VK[3])	❑	❑	❑	❑	❑	❑	❑
Kommentare zu Urteilen in Fachbeiträgen	❑	❑	❑	❑	❑	❑	❑

8. Wie informieren Sie sich über vergaberechtliche Entwicklungen?
(Maximal drei Antworten möglich.)

Austausch mit Kollegen .... ❑

Juristische Beratung .... ❑

[1] Gesamtheit aller vergaberechtlichen Bestimmungen, u. a. GWB, VgV, VOB, BHO/LHO etc.
[2] Kammergericht (Oberlandesgericht).
[3] Vergabekammer.

Schulungen und Seminare .... ❑
Fachpublikationen .... ❑
Fachzeitschriften .... ❑
Newsletter .... ❑
Internet-Foren, Blogs .... ❑
Sonstige (✍): ____________ ❑

---

9. Grundsätzlich: Gibt es Ihrer Meinung nach Gestaltungspotenziale, die sich im Vergabeverfahren nutzen lassen?
(Bitte beide Sichten: Kreuzen Sie jeweils nur eine Antwortmöglichkeit an.)

	ja	nein
Für öffentliche Auftraggeber	❑	❑
Für Bauunternehmen	❑	❑

---

10. Wie hoch schätzen Sie die Möglichkeiten der Einflussnahme bei Aus-schreibung und Vergabe öffentlicher Bauaufträge ein?
(Bitte beide Sichten: Kreuzen Sie jeweils nur eine Antwortmöglichkeit an.)

	◂ gar nicht 1	2	3	4	5	6	in hohem Maße ▸ 7
Für Öffentliche Auftraggeber	❑	❑	❑	❑	❑	❑	❑
Für Bauunternehmen	❑	❑	❑	❑	❑	❑	❑

---

11. Was meinen Sie, wie gut kennen die u. g. Beteiligten die vorhandenen Gestaltungsmöglichkeiten bei der öffentlichen Auftragsvergabe?
(Bitte alle Sichten: Kreuzen Sie jeweils nur einen Wert auf der Skala an.)

	◂ gar nicht 1	2	3	4	5	6	in hohem Maße ▸ 7
Öffentliche Auftraggeber	❑	❑	❑	❑	❑	❑	❑
Bauunternehmen	❑	❑	❑	❑	❑	❑	❑
Architekten, Planer, Ingenieure	❑	❑	❑	❑	❑	❑	❑
Sie selbst	❑	❑	❑	❑	❑	❑	❑

---

12. Wird auch von unstatthaften Einflussoptionen Gebrauch gemacht?
(Bitte beide Sichten: Kreuzen Sie jeweils nur eine Antwortmöglichkeit an.)

	ja	nein
Durch öffentliche Auftraggeber	❑	❑
Durch Bauunternehmen	❑	❑

13. Welche Finessen stellen Sie dabei am häufigsten fest?
(Bitte bearbeiten Sie beide Komplexe: A und B.)

A) Bei Auftraggebern …
(Bitte max. drei Antwortmöglichkeiten ankreuzen.)

Inkorrekte Leistungseinordnung (z. B. Bau- statt Lieferleistung) .... ❑

Falsche Verfahrensart (z. B. Verhandlungs- statt Offenes Verfahren). ❑

Unzutreffende Auftragswertschätzung .... ❑

Unangemessene Mindestfristen .... ❑

Ungerechtfertigte Eignungsanforderungen .... ❑

Unangemessene Zuschlagskriterien .... ❑

Intransparente Angebotswertung .... ❑

Illegitime Hersteller-/Produktvorgaben .... ❑

Sonstige (✍): ____________________ ❑

B) Bei Bauunternehmen/Bietern …
(Bitte max. drei Antwortmöglichkeiten ankreuzen.)

Spekulative Angebotspreise .... ❑

Intransparente Angebotskalkulationen .... ❑

Unvollständige/fehlende Urkalkulationen .... ❑

Unerlaubte Mischkalkulationen .... ❑

Bei Vorgaben im LV: abweichende Hersteller/Produkte .... ❑

Überbewertete Referenzen .... ❑

Einreichung bewusst unvollständiger Unterlagen .... ❑

Stellen von Fragen zum Zwecke der taktischen Beeinflussung .... ❑

Sonstige (✍): ____________________ ❑

---

14. Haben Sie selber schon einmal unstatthafte Finessen angewandt?
(Bitte nur eine Antwortmöglichkeit ankreuzen und ggf. ergänzen.)

ja	nein
❑	❑

Und zwar folgende (✍): ____________________

____

A – Bildung von Teil- und Fachlosen

Grundsätzlich gilt bei öffentlichen Bauaufträgen das Gebot der Losvergabe (§ 97 Abs. 4 GWB). Demnach hat die Vergabe von Bauleistungen aufgeteilt der Menge nach in Teillosen (z. B. Bauabschnitte, Gebäudeteile etc.) und/oder der

Art der Bauleistung oder des Fachgebiets (Gewerke) nach in Fachlosen zu erfolgen.

15. Vom Potenzial der Einflussnahme her: Für wie wirkungsvoll erachten Sie die Bildung von Teil- und Fachlosen?

(Bitte beide Sichten: Kreuzen Sie jeweils nur einen Wert auf der Skala an.)

	◂ gar nicht 1	2	3	4	5	6	in hohem Maße ▸ 7
Für öffentliche Auftraggeber	❑	❑	❑	❑	❑	❑	❑
Für Bauunternehmen	❑	❑	❑	❑	❑	❑	❑

16. Bitte bewerten Sie die nachfolgenden Aussagen:

(Bitte kreuzen Sie jeweils nur einen Wert auf der Skala an.)

	◂ gar nicht zutreffend 1	2	3	4	5	6	in hohem Maße ▸ zutreffend 7
Die Bildung von marktgemäßen Teilleistungen …							
steigert die Wettbewerbssituation	❑	❑	❑	❑	❑	❑	❑
fördert den Mittelstand	❑	❑	❑	❑	❑	❑	❑
erzeugt nachteilige Schnittstellen	❑	❑	❑	❑	❑	❑	❑
bedarf erhöhter Gewerke-Koordination	❑	❑	❑	❑	❑	❑	❑
erschwert die Mängelhaftung	❑	❑	❑	❑	❑	❑	❑
Sonstige (✍): ______	❑	❑	❑	❑	❑	❑	❑
Die Gesamtvergabe der Bauleistung an einen Generalunternehmer aus technischen und/oder wirtschaftlichen Gründen[4] …							
gestattet bessere Projektabwicklung, da alle „Leistungen aus einer Hand"	❑	❑	❑	❑	❑	❑	❑
erleichtert die Steuerung des Bauablaufs	❑	❑	❑	❑	❑	❑	❑
ermöglicht die Einhaltung der Bauzeit	❑	❑	❑	❑	❑	❑	❑
schränkt den Wettbewerb zu stark ein	❑	❑	❑	❑	❑	❑	❑
widerspricht der Mittelstandsförderung	❑	❑	❑	❑	❑	❑	❑
erhöht die Angebotspreise/Baukosten	❑	❑	❑	❑	❑	❑	❑
Sonstige (✍): ______	❑	❑	❑	❑	❑	❑	❑

[4] Gemäß § 5 Abs. 2 Satz 2 VOB/A.

B – Vergabeverfahrensarten

17. Welche Bedeutung hat die Wahl der Vergabeverfahrensart?
(Bitte beide Sichten: Kreuzen Sie jeweils nur einen Wert auf der Skala an.)

	◂ keine 1	2	3	4	5	6	eine äußerst hohe ▸ 7
Für öffentliche Auftraggeber	❑	❑	❑	❑	❑	❑	❑
Für Bauunternehmen	❑	❑	❑	❑	❑	❑	❑

18. Welche Vergabeart eröffnet Ihnen die größten Einflussmöglichkeiten?
(Bitte nur eine Antwortmöglichkeit ankreuzen.)

Öffentliche Ausschreibung (EU: Offenes Verfahren) ❑
Beschränkte Ausschreibung (EU: Nichtoffenes Verfahren) ❑
Freihändige Vergabe (EU: Verhandlungsverfahren) ❑
[kein nationales Pendant] (EU: Wettbewerblicher Dialog) ❑
[kein nationales Pendant] (EU: Innovationspartnerschaft) ❑

C – Angebotsfrist/Zeitliche Lage

19. Welche strategische Relevanz hat Ihrer Ansicht nach die zeitliche Lage von Ausschreibungen?
(Bitte kreuzen Sie nur einen Wert auf der Skala an.)

◂ keine Relevanz 1	2	3	4	5	6	sehr hohe ▸ Relevanz 7
❑	❑	❑	❑	❑	❑	❑

20. Wie bewerten Sie die folgenden kalendarischen Zeiträume 2020 für die Platzierung von Bauausschreibungen?
(Bitte kreuzen Sie jeweils nur einen Wert auf der Skala an.)

	◂ unkritisch 1	2	3	4	5	6	äußerst kritisch ▸ 7
Dez./Jan.: Weihnachten/Neujahr (2 Wo.)	❑	❑	❑	❑	❑	❑	❑
Feb.: Winterferien (1 Woche)	❑	❑	❑	❑	❑	❑	❑
Apr.: Karfreitag, Ostern (2 Wochen)	❑	❑	❑	❑	❑	❑	❑
Mai: 1. Mai, Himmelfahrt, Pfingsten	❑	❑	❑	❑	❑	❑	❑
Jun./Jul./Aug.: Sommerferien (6 Wochen)	❑	❑	❑	❑	❑	❑	❑
Okt.: Herbstferien, Reformationstag (2 Wo.)	❑	❑	❑	❑	❑	❑	❑

21. Für die Vorbereitung des Auftragnehmers: Wie lang sollte die Frist zwischen Zuschlagserteilung und Baubeginn mindestens sein?

(Bitte nur eine Antwortmöglichkeit ankreuzen.)

2 Wochen .... ❑

4 Wochen .... ❑

6 Wochen .... ❑

länger als 6 Wochen .... ❑

D – Unternehmensbezogene Eignungskriterien

Gemäß den allgemeinen Vergabegrundsätzen (§ 122 Abs. 1 GWB) dürfen Bauaufträge ausschließlich an fachkundige, leistungsfähige und zuverlässige Unternehmen vergeben werden.

22. Welche Bedeutung hat die Berücksichtigung unternehmensbezogener Eignungskriterien bei der Gestaltung eines Vergabeverfahrens?

(Bitte kreuzen Sie nur einen Wert auf der Skala an.)

◂ keine Bedeutung						sehr hohe ▸ Bedeutung
1	2	3	4	5	6	7
❑	❑	❑	❑	❑	❑	❑

23. Wie zielführend erachten Sie die nachfolgenden Kriterien zur Prüfung der Bietereignung?

(Bitte kreuzen Sie jeweils nur einen Wert auf der Skala an.)

	◂ gar nicht			in hohem Maße ▸			
	1	2	3	4	5	6	7
Befähigungen und Erlaubnisse zur Berufsausübung (§ 44 VgV): Eintragung in Berufs- oder Handelsregister und andere Nachweise etc.	❑	❑	❑	❑	❑	❑	❑
Wirtschaftliche und finanzielle Leistungsfähigkeit (§ 45 VgV): bestimmter Mindestjahresumsatz, bestimmter Mindestjahresumsatz im Tätigkeitsbereich des Auftrages, Bilanzen, Betriebshaftpflichtversicherung, Bankerklärungen, Arbeitskräfteentwicklung, geschäftliche Entwicklung, Insolvenz, BIEGE/ARGE und Nachunternehmer etc.	❑	❑	❑	❑	❑	❑	❑
Technische und berufliche Leistungsfähigkeit (§ 46 VgV): vergleichbare Referenzen vorheriger Bauaufträge, Beschäftigtenzahl, technische Fachkräfte, Qualitätskontrolle, Maschinen etc.	❑	❑	❑	❑	❑	❑	❑

Zuverlässigkeit:
Unbedenklichkeitsbescheinigungen Steuern Beiträge Sozialversicherung u. Berufsgenossenschaft, Erklärungen zu Verfehlungen etc. ... ❑ ❑ ❑ ❑ ❑ ❑ ❑

24. Haben Sie Vergabeverfahren erlebt, bei denen die Eignungs- und Zuschlagskriterien in unzulässiger Weise miteinander vermischt wurden?
(Bitte nur eine Antwortmöglichkeit ankreuzen.)

noch nie .... ❑
gelegentlich .... ❑
häufig .... ❑
ständig .... ❑

25. Erfolgte die Vermischung überwiegend absichtsvoll oder ungewollt?
(Bitte nur eine Antwortmöglichkeit ankreuzen.)

absichtlich .... ❑
ungewollt .... ❑

E – Einsatz Wertungssysteme

Die Ermittlung des wirtschaftlichsten Angebots erfolgt anhand von auftragsbezogenen Zuschlagskriterien und deren Gewichtung untereinander.

26. Für Bauleistungen: Was ist Ihrer Meinung nach ein angemessenes Preis-Leistungs-Verhältnis, die mittels detailliertem LV beschrieben sind?
(Bitte nur eine Antwortmöglichkeit ankreuzen.)

Nur der Preis (100%) .... ❑
Preis 90% / Leistung 10% .... ❑
Preis 80% / Leistung 20% .... ❑
Preis 70% / Leistung 30% .... ❑
Preis 60% / Leistung 40% .... ❑
Preis 50% / Leistung 50% .... ❑

F – Kommunikation Angebotsphase

27. Welche Tragweite hat die schriftliche Kommunikation zwischen Bietern und Auftraggebern während der Angebotsphase?
(Bitte kreuzen Sie nur einen Wert auf der Skala an.)

◂ keine Bedeutung — sehr hohe Bedeutung ▸

1 2 3 4 5 6 7

❑ ❑ ❑ ❑ ❑ ❑ ❑

Das war die letzte Frage - vielen Dank für Ihre wichtige und konstruktive Unterstützung!

Rückmeldungen ausdrücklich erwünscht!
Abschließend können Sie auf den nachfolgenden Leerzeilen noch gerne Ihr Feedback an mich notieren – Ihr Beitrag ist sehr willkommen.

(✍)____

____

____

____

____

____

____

____

____

____

Schluss

Bitte senden Sie den Fragebogen **bis zum 01.03.2020** mittels vorbereitetem Rückumschlag an mich zurück.

Bitte beachten Sie, dass Sie mit der Rücksendung Ihr Einverständnis zur anonymisierten Bearbeitung und Auswertung Ihrer Daten erteilen.

Wenn Sie am Gewinnspiel teilnehmen wollen, versenden Sie bitte auch Ihre ausgefüllte Rückantwort-Postkarte.

Ende des Fragebogens

Anlage 5 Datenmatrix
(Auszug)

ID	f1	f2	sonst.	f3	f4	f5_1	f5_2	f5_3	f5_4	f5_5	sonst.	f6
Kapitel	Demographische Angaben											Öf
Frage	1.	2.		3.	4.	5.						6.
Aspekt	Untersuchungsgruppe	Schwerpunkt berufl. Tätigkeit		Berufserfahrung Bauwesen (Jahre)	Bauausschreibungen/Jahr	Häufigkeit ext. Unterstützung kaufm.	baut.	plan.	jur.	Sonstiges		Praxistauglichkeit Vergaberecht
Code	ÖAG: 1 BU: 2	kaufm.: 1 techn.: 2 jurist.: 3 Sonst.: 4	Text Sonst.	<5: 1 5-10: 2 11-20: 3 21-30: 4 >30: 5	bis 12: 1 13-24: 2 >24: 3	1-5	1-5	1-5	1-5	1-5	Text Sonst.	1-7
Frgb. 1	1	2		2	2	1	3	3	3			2
Frgb. 2	2	2		4	3	3	3	2	2			3
Frgb. 3	1	1		3	3	2	5	5	2			4
Frgb. 4	2	1		4	3	1	1	3	2			3
Frgb. 5	2	1		3	3	1	1	1	1			5
Frgb. 6	1	2		4	3	1	3	4	2			2
Frgb. 7	2	2		5	3	2	2	1	3			3
Frgb. 8	2	2		4	3	1	1	1	2			4
Frgb. 9	-	-			3	1	1	2	1			4
Frgb. 10	2	2		2	3	1	1	1	1			2

Anlage 6 Feedback der ÖAG und BU zum Fragebogen

Vier Rückmeldungen von Öffentlichen Auftraggebern (RüM ÖAG):

RüM ÖAG 1: *„1. Viele Abhängigkeiten werden ignoriert: Gewerke, Größe/Umfang, Technische Schwierigkeiten. 2. Fragebogen ist personen-abhängig: Diffus... Ergebnisse."*

Verfasser: Die vorgebrachten Abhängigkeiten wurden durchaus frühzeitig erkannt, konnten bei der Anlage der Forschungskonstruktion allerdings aufgrund der sehr individuellen Wahrnehmungen nicht weitergehend berücksichtigt werden. So wurde beispielsweise bei der anfänglichen Ideensammlung erwogen, ein beispielhaftes Vergabeverfahren mit Gewerken, Auftragswerten und technischen Herausforderungen zum Gegenstand zu machen. Dies wurde allerdings verworfen, da eben solche Aspekte wie zum Beispiel *„Gewerke"*, *„Größe/Umfang"* oder *„technische Schwierigkeiten"* von den Bietern (Befragten) doch sehr unterschiedlich wahrgenommen worden wären. Abgesehen davon, dass ein testweises, gar experimentelles Vergabeverfahren wohl kaum auf Akzeptanz gestoßen wäre – ganz im Gegenteil: dies hätte evtl. zu ernsthaften Problemen führen können (Aufwandsentschädigung, Schadenersatzansprüche etc.). Eine derart spezifische Ausrichtung über das Gewerk, den Auftragswert oder die Problemstellung hätte ferner zu einer problematischen Auswahl und Stichprobengröße geführt. Zum zweiten Kritikpunkt war anzumerken, dass mittels standardisierten Fragebogeninstruments zwei an der Vergabe beteiligte Untersuchungsgruppen befragt wurden, deren Teilnehmer ihre persönlichen Einschätzungen und Meinungen zu definierten Themen abgeben konnten. Für eine Klärung wäre eine persönliche Rückfrage während der Bearbeitungszeit sowohl für den Forschenden als auch den Befragten hilfreich gewesen. So bleibt die hilfreich gemeinte Kritik ohne Nutzen.

RüM ÖAG 2: *„Das Einflusspotenzial von Nachträgen seitens der BU wäre ein interessanter Aspekt zur Analyse der Finessen gewesen."*

Verfasser: Durchaus, ist aber weniger ein Thema der gegenständlichen Vergabestruktur, als vielmehr ein (überaus wichtiger) Aspekt des spezifische Bauvorhabens mit seinen Einflussparametern (z. B. Qualität der Planung und der Leistungsbeschreibung, Bauen im Bestand und gegebenenfalls unter laufendem Betrieb, eingeschränkte Baustelleneinrichtung).

RüM ÖAG 3: *„Die jetzige Marktlage erfordert gut gestaltete und transparent durchgeführte Verfahren. Hierzu müssen verantwortliche Mitarbeiter exzellent ausgebildet und befähigt sein. Dies bedeutet regelmäßigen Austausch und Fortbildung."*

RüM ÖAG 4: *„Eine Frage/Betrachtung in Bezug auf die Beauftragung regionaler/nationaler/internationaler Unternehmen wäre noch interessant gewesen."*

Zwanzig Rückmeldungen von Bauunternehmen (RüM BU):

RüM BU 1: *„Abhängig von der ausgeschriebenen Leistung (KGR oder Gewerke) sind m. E. n. unterschiedliche Bewertungsmaßstäbe der v. g. Fragestellungen anzusehen. Hierbei ist insbesondere der mögliche Planungsprozess als Grundlage d. Ausschreibung maßgeblich – eine Vielzahl von Leistungen werden "Stiefmütterlich" behandelt, anhand v. Hersteller beigestellter Muster-Ausschreibungstexte veröffentlicht und im Nachgang bei Vergabe* *falsch bewertet. Dafür ist eine Differenzierung d. Gestaltungsmöglichkeiten m. E. n. erforderlich.“*

RüM BU 2: *„Ausschreibungen der öffentlichen Hand stehen aktuell unter starkem politischen Druck (Wohnungsbau) und können über die Verwaltungen gar nicht adäquat umgesetzt werden. Wir finden oft sehr schlecht vorbereitete Verfahren vor, in denen die Akteure geradezu hilflos erscheinen bzw. nicht mit ausreichend Fachkunde versehen sind.“*

RüM BU 3: *„Bei Architekten die oft die Ausschreibungen vorbereiten gibt es große Unsicherheit, Unwissen zu Gestaltung und Entscheidung von Ausschreibungen. Die Qualität und das Verständnis sind eher unterdurchschnittlich. Hier fehlt es oft an Schulung, Fachwissen dies trifft häufig auch auf die ausschreibenden Stellen zu.“*

RüM BU 4: *„Bei Losvergabe werden alle Gewerke aufgeführt. Tatsache ist, dass wenige Unternehmer alle Gewerke haben/beschäftigen. Es sind Subunternehmer involviert. Deshalb sind dann Qualität und Quantität nicht gut. Mein Vorschlag: Vergabe empfehlenswert nach Gewerken. Ausschreibung besser nach Gewerken, da dann zeitlich und personelle Abdeckung besser möglich und Preiskalkulation stabiler.“*

RüM BU 5: *„Bei Änderung des Vergaberechts und eine größere Gewichtung oder Parameter wie Bauzeit, Personal-/Geräteeinsatz wird die Langlebigkeit des ... estellten Produkts erhöht.“*

RüM BU 6: *„Bin gespannt, ob Ihre Studie langfristig zu einer Änderung des Vergaberechts führt. Viel Erfolg!“*

RüM BU 7: *„Die Frage E 26 verstehe ich nicht, insbesondere im Hinblick auf die Einschätzbarkeit/Prüfbarkeit.“*

Verfasser: Es war nicht zu ergründen, worauf sich die vorgetragene Unverständlichkeit konkret bezog. Möglicherweise darauf, was in der Fragestellung unter „wirtschaftlichstes Angebot“ (nicht das preisgünstigste) oder „Leistung“ zu verstehen war. Unklar blieb auch, warum dem Befragten die *„Einschätzbarkeit/Prüfbarkeit“* Probleme bereitete. Die eigentlich sehr willkommene Kritik blieb somit ohne Substanz. Für eine Klärung wäre eine persönliche Rückfrage während der Bearbeitungszeit sowohl für den Forschenden als auch den Befragten hilfreich gewesen.

RüM BU 8: *„Die Vergabe von Teilleistungen ist immer vom Projekt abhängig! Fachliche Kompetenz der Projektbeteiligten ist zwingend erforderlich. Dies betrifft die Planung, korrekte Massenermittlung und LV-Aufstellung. Grundsätzlich wäre es auch in Deutschland vorteilhafter, wenn nicht unbedingt das "preiswerteste" den Zuschlag erhalten muss! Es sollten immer Referenzen der 3 letzten Projekte (aus Ag-Sicht) eingeholt werden (einschl. pers. Gespräch bzw. Auftraggeberschreiben!).“*

RüM BU 9: *„Die besten Preise erzielen öffentliche Auftraggeber bei öffentlichen Ausschreibungen. Am gemütlichsten ist es natürlich bei beschränkter oder auch (...) freihändiger Vergabe. Der "wettbewerbliche Dialog" oder die "Innovationspartnerschaft" sind natürlich das I-Tüpfelchen.“*

RüM BU 10: *„Entscheidend ist für ein wettbewerblich einwandfreies Vergabeverfahren: 1. Ein exaktes L. V. d. h. ein hinreichend klares Leistungsverzeichnis.*

Damit verbunden eine detaillierte Planung im Sinne einer abgeschlossenen Ausführungsplanung nach HAOI!"

RüM BU 11: *„Folgende Kriterien führen zu deutlich höher qualitativen Angeboten und Leistungsverträgen für Bauleistungen: 1. ausreichende Bearbeitungszeit (mind. 4 Wo.), 2. fachlich hochqualifizierte Leistungsbeschreibung, 3. ausreichender Zeitraum zwischen Auftragserteilung und Baubeginn (mind. 4 Wo. besser 8-10 Wochen), 4. Gestattung alternativer Angebote."*

RüM BU 12: *„Fragen gehen tw. am Themenkomplex vorbei."*

Verfasser: Leider blieb die Kritik an der Ausrichtung der Fragestellungen sehr vage. Welche konkreten Fragestellungen wurden denn als unpassend wahrgenommen? Wodurch hätte präzisiert werden können? Wurde der Themenkomplex vom Befragten richtig verstanden? Für einen Erkenntnisgewinn wäre eine persönliche Darlegung während der Bearbeitungszeit sowohl für den Forschenden als auch den Befragten hilfreich gewesen.

RüM BU 13: *„Gerade in öffentlichen Ausschreibungen erlebe ich immer wieder zusammenkopierte LV, fröhlich falsche Anforderungen oder die "Handschrift" von Mitbewerbern. LV ... werden teilweise von nicht Fachleuten erstellt. Meist wird nur nach Preis entschieden."*

RüM BU 14: *„Grundsätzlich sollte immer der teuerste und der billigste Bieter vom weiteren Verfahren ausgeschlossen werden. Auch eine Pauschalierung des Auftrages würde helfen, die Baukosten im offenen Vergabeverfahren besser kontrollieren zu können."*

RüM BU 15: *„Hoffe, die Auswertungen gehen auch den betreffenden Entscheidern im Öffentlichen Raum zu!!"*

RüM BU 16: *„Ich betrachte für die ausgeschriebenen Leistungen die Bewertungskriterien 100 % auf den Preis für negativ. M. E. wirkt sich das negativ auf die Qualität aus. Es gab mal eine Zeit, da wurden Angebote mit billigen Preisen als unseriös abgehandelt. Weiterhin zu bemängeln wäre die teils sehr lückenhafte Ausführung mancher Planungsunterlage die ausschließlich zu diverse Nachträge führen."*

RüM BU 17: *„Nicht jede Frage war eindeutig so formuliert, dass eine eindeutige Antwort möglich war."*

Verfasser: Besser wären konkrete Hinweise gewesen, welche Fragen beziehungsweise Antwortvorgaben unpräzise formuliert waren und Vorschläge, wodurch eine Präzisierung hätte erreicht werden können. Auch hier: Für einen Erkenntnisgewinn wäre eine persönliche Darlegung während der Bearbeitungszeit sowohl für den Forschenden als auch den Befragten hilfreich gewesen.

RüM BU 18: *„Problem aus meiner Sicht ist auch, dass immer wieder Dumping-Angebote angenommen werden, die dann Schlechtleistungen nach sich ziehen, aber keine Negativ-Referenzen (oder Register) geführt werden."*

RüM BU 19: *„Sehr geehrter Herr Zeglin, ich habe die Fragen aus der Perspektive eines Unternehmers (...) beantwortet. Für uns ist das Vergaberecht, speziell der Kalkulation mit vorbestimmten Zuschlägen aufgrund unseres hohen Anteils an Fabrikproduktion besonders unhandlich."*

RüM BU 20: *„Viel Erfolg!"*

Printed in the United States
by Baker & Taylor Publisher Services